Mathematik für berufliche Gymnasien

11 Schwerpunkt Technik

Schroedel

Mathematik für berufliche Gymnasien
11 Schwerpunkt Technik

Herausgegeben von
Prof. Dr. Heinz Griesel, Dr. Andreas Gundlach, Prof. Helmut Postel, Heinz Klaus Strick, Friedrich Suhr

Für das berufliche Gymnasium bearbeitet von
Heinz Klaus Strick, Stefan Burgk, Gabriele Klinkhammer

Die vorliegende Ausgabe *Elemente der Mathematik* für das berufliche Gymnasium basiert auf dem Unterrichtswerk *Elemente der Mathematik* für allgemeinbildende Gymnasien.

Zum Schülerband erscheint: Lösungen Best.-Nr. 978-3-507-87414-5

© 2011 Bildungshaus Schulbuchverlage
Westermann Schroedel Diesterweg Schöningh Winklers GmbH, Braunschweig
www.schroedel.de

Das Werk und seine Teile sind urheberrechtlich geschützt. Jede Nutzung in anderen als den gesetzlich zugelassenen Fällen bedarf der vorherigen schriftlichen Einwilligung des Verlages.
Hinweis zu § 52a UrhG: Weder das Werk noch seine Teile dürfen ohne eine solche Einwilligung gescannt und in ein Netzwerk eingestellt werden. Dies gilt auch für das Intranet von Schulen und sonstigen Bildungseinrichtungen.
Auf verschiedenen Seiten dieses Buches befinden sich Verweise (Links) auf Internet-Adressen.
Haftungshinweis: Trotz sorgfältiger inhaltlicher Kontrolle wird die Haftung für die Inhalte der externen Seiten ausgeschlossen. Für den Inhalt dieser externen Seiten sind ausschließlich deren Betreiber verantwortlich. Sollten sie bei dem angegebenen Inhalt des Anbieters dieser Seite auf kostenpflichtige, illegale oder anstößige Inhalte treffen, so bedauern wir dies ausdrücklich und bitten Sie, uns umgehend per E-Mail davon in Kenntnis zu setzen, damit beim Nachdruck der Verweis gelöscht wird.

Druck A^2 / Jahr 2014
Alle Drucke der Serie A sind im Unterricht parallel verwendbar.

Redaktion: Dr. Ute Lindemann
Herstellung: Udo Sauter
Umschlaggestaltung: sensdesign, Roland Sens, Hannover
Illustrationen: Dietmar Griese, Laatzen
Zeichnungen: Michael Wojczak, Budjadingen; Langner und Partner, Hemmingen
Satz: Konrad Triltsch Print und Digitale Medien GmbH, Ochsenfurt
Druck und Bindung: westermann druck GmbH, Braunschweig

ISBN 978-3-507-**87035**-2

Vorwort

Zur allgemeinen Zielsetzung des Buches

Elemente der Mathematik wurde auf der Basis der Bildungspläne für das Berufliche Gymnasium entwickelt. Der Aufbau und die didaktische Konzeption des vorliegenden Buches zielen darauf hin, vielfältige Lernsituationen zum Erwerb fachlicher und überfachlicher Kompetenzen bereitzustellen. So werden die Lernenden optimal auf das Abitur vorbereitet und den Lehrenden werden Anregungen und Hilfen für einen zeitgemäßen Mathematikunterricht gegeben.

Zum Entwicklungsstand des vorliegenden Buches

Neben den Erfahrungen aus dem Unterricht in den beruflichen Gymnasien sind aktuelle fachdidaktische Erkenntnisse bei der Entwicklung des vorliegenden Buches eingeflossen.

Die Entwicklung der überfachlichen Kompetenzen erfolgt über Aktivitäten der Lernenden, Voraussetzung für Aktivität überhaupt ist Grundwissen, womit wiederum inhaltliche Kompetenzen verbunden sind. Die Kompetenzentwicklung insgesamt kann bei Lernenden über vier Aktivitätsbereiche sowohl analysiert, als auch konstruiert werden. So fördert das vorliegende Buch die Entwicklung von Kompetenzen aus den Bereichen Lernen, Begründen, Problemlösen und Kommunizieren in besonderer Weise dadurch, dass die Zugänge und Aufgaben – auch verstärkt durch den Einsatz neuer Technologien – gezielt darstellend-interpretative Aktivitäten, heuristisch-experimentelle Aktivitäten, kritisch-argumentative Aktivitäten, aber auch formal-operative Aktivitäten einfordern. Die reichhaltige Aufgabenkultur ermöglicht es den Schülerinnen und Schülern, durch Anknüpfung an Alltagserfahrungen und an Vorerfahrungen im Mathematik-Unterricht mathematische Zusammenhänge eigenständig zu entdecken und zu entwickeln. Dabei werden sie sich der Lösungsstrategien bewusst und erkennen Fehler und Umwege als Bestandteile von Lernprozessen. (Aufgaben zur Fehlersuche sind am Symbol zu erkennen.) Insbesondere wird bei den Aufgaben Wert gelegt auf das Ermöglichen unterschiedlicher Unterrichtsformen, zu erkennen an den Symbolen für Partnerarbeit und für Gruppenarbeit.

Zum Aufbau des Buches

1. Das Buch ist in 3 Kapitel gegliedert. Jedes Kapitel beginnt mit einem **Lernfeld**. Hier haben die Lernenden anhand verschiedener Problemsituationen die Gelegenheit, neue Inhalte über eigene Wege zu erarbeiten. Die Problemstellungen eines Lernfeldes müssen nicht im Block nacheinander bearbeitet werden, vielmehr ist es dem Lehrenden überlassen, an welchen Stellen im Unterricht das jeweilige Problem als Zugang zu neuen Erkenntnissen genutzt wird.

2. Die Erarbeitung des Stoffes erfolgt in einzelnen **Lerneinheiten**, die alle durchnummeriert und im Inhaltsverzeichnis aufgeführt sind. Eine Lerneinheit beginnt im Allgemeinen mit einer problemorientierten **Einstiegsaufgabe** mit vollständiger Lösung, die zum Kern der Einheit führt. Ist das Problem allerdings so gelagert, dass die Lernenden kaum eine Chance haben, selbstständig eine Lösung zu finden, so wird statt der Einstiegsaufgabe eine aktivitätsbezogene **Einführung** in das Problem gegeben. Sowohl die Einstiegsaufgaben mit Lösung, als auch die Einführungen geben den Lernenden die wertvolle Gelegenheit, die Lerneinheiten in Ruhe zu Hause nachzuarbeiten. Lehrerinnen und Lehrer können sich an diesen Stellen schnell einen Überblick über den vorgeschlagenen didaktisch methodischen Weg der Autoren verschaffen und ihn deshalb leichter für ihr eigenes Curriculum nutzen, abändern oder einen anderen Zugang wählen.

Um den Theorieteil einer Lerneinheit im Buch übersichtlicher beieinander zu haben, folgen nach der Einstiegsaufgabe bzw. der Einführung **weiterführende Aufgaben**, die im Unterricht in aller Regel erst nach einer ersten Festigung der neuen Inhalte behandelt werden. Deshalb ist in den weiterführenden Aufgaben auch immer an einer Überschrift zu erkennen, welcher weiterführende Aspekt angesprochen wird, sodass die Lehrenden entscheiden können, ob und wann sie diesen Aspekt behandeln möchten. Falls der Aspekt behandelt werden soll, empfehlen die Autoren die Behandlung der weiterführenden Aufgaben im Unterricht. Das schließt nicht aus, dass Schülerinnen und Schüler diese Aufgaben eigenständig bearbeiten und ihr Ergebnis präsentieren. Die Lösungen jedoch sollten zur Ergebnissicherung im Unterricht besprochen werden.

Die Ergebnisse aus den Einstiegsaufgaben bzw. Einführungen und mitunter auch aus weiterführenden Aufgaben werden in übersichtlichen **Informationen** mit Definitionen, Sätzen und Beispielen zusammengefasst.

Die **Übungsaufgaben** beginnen in aller Regel mit einer **alternativen Einstiegsaufgabe** , deren Lösung nicht im Buch ausgeführt wird. Damit wird oft auch ein anderer, in der Lösung offener Zugang zum Kern der Lerneinheit angeboten.

3. Neben den oben erwähnten Lerneinheiten werden im Buch auch Lerneinheiten zum **selbst lernen** angeboten, in der das Thema so aufbereitet ist, dass es von den Lernenden selbstständig bearbeitet werden kann.

4. Unter der Überschrift **Blickpunkt** werden innermathematische, aber insbesondere auch fachübergreifende, komplexere Themen, die von besonderem Interesse sind und in engem Zusammenhang mit dem Lerninhalt des Kapitels stehen, als Ganzes behandelt. Diese Abschnitte eignen sich auch zur Differenzierung und Förderung von eigenständigen Schüleraktivitäten über einen etwas größeren Zeitraum.

6. Den Abschluss eines Kapitels bildet ein **Kompetenz-Check**. Die Aufgaben dienen der Organisation des selbstständigen Lernprozesses. Zur Kontrolle sind alle Lösungen im Anhang des Buches abgedruckt.

Im Buch verwendete Symbole

 Alternativer Einstieg

 Partnerarbeit

 Gruppenarbeit

 thematisiert häufige Schülerfehler

 Einsatz eines Computer-Algebra-Systems sinnvoll

 Einsatz eines Tabellenkalkulationsprogramms sinnvoll

■ kennzeichnet Abschnitte zum Selbst lernen

Inhaltsverzeichnis

1 Von Daten zu Funktionen – Beschreibende Statistik 7

Lernfeld: Erheben, Darstellen und Auswerten von Daten 8

1.1 Erheben, Darstellen und Auswerten statistischer Daten 10
    1.1.1 Merkmale und deren Häufigkeiten 10
    1.1.2 Kumulierte Häufigkeitsverteilungen 15
    1.1.3 Klassenbildung – Histogramme 18
    1.1.4 Analyse von grafischen Darstellungen 23
1.2 Mittelwerte – Lagemaße 28
    1.2.1 Das arithmetische Mittel einer Häufigkeitsverteilung 28
    1.2.2 Der Median einer Häufigkeitsverteilung 32
    1.2.3 Das geometrische und das harmonische Mittel 38
1.3 Streumaße 42
    1.3.1 Perzentile einer Verteilung und Boxplots 42
    1.3.2 Streuungsmaße bei Häufigkeitsverteilungen von quantitativen Merkmalen ... 47
    1.3.3 Die Minimumeigenschaft der mittleren quadratischen Abweichung bezüglich des arithmetischen Mittelwerts **selbst lernen** 51
1.4 Funktionen aus Daten – Regression und Korrelation 53
    1.4.1 Ausgleichsgeraden – lineare Regression 53
    1.4.2 Regression und Korrelation 61
Kompetenz-Check 67

2 Funktionen 69

Lernfeld: Funktionale Zusammenhänge 70

2.1 Funktionsbegriff – Modellieren von Sachverhalten 72
2.2 Lineare Funktionen 79
    2.2.1 Begriff der linearen Funktion 79
    2.2.2 Gegenseitige Lage von Geraden 82
2.3 Quadratische Funktionen 86
    2.3.1 Defintion – Nullstellen – Linearfaktordarstellung 86
    2.3.2 Scheitelpunktform einer quadratischen Funktion – Extremwertbestimmung ... 92
    2.3.3 Bestimmung quadratischer Funktionen 100
2.4 Ganzrationale Funktionen 105
    2.4.1 Potenzfunktionen mit natürlichen Exponenten 105
    2.4.2 Begriff der ganzrationalen Funktion 110
    2.4.3 Globalverlauf ganzrationaler Funktionen 113
    2.4.4 Symmetrie **selbst lernen** 116
    2.4.5 Nullstellen ganzrationaler Funktionen – Polynomdivision 119
2.5 Gebrochenrationale Funktionen 126
    2.5.1 Potenzfunktionen mit negativen ganzzahligen Exponenten 126
    2.5.2 Eigenschaften gebrochenrationaler Funktionen 129

	2.5.3 Rationale Funktionen in technischen Anwendungen	135
2.6	Exponential- und Logarithmusfunktionen	140
	2.6.1 Exponentielles Wachstum	140
	2.6.2 Exponentialfunktionen – Eigenschaften	144
	2.6.3 Die Eulersche Zahl e – Exponentialfunktionen zur Basis e	149
	2.6.4 Exponentielle Regression	153
	2.6.5 Lösen von Exponentialgleichungen – Logarithmus	156
	2.6.6 Logarithmusfunktionen	162
	2.6.7 Exponential- und Logarithmusfunktionen in technischen Anwendungen	164
2.7	Trigonometrische Funktionen	167
	2.7.1 Sinus, Kosinus und Tangens im rechtwinkligen Dreieck – Wiederholung	167
	2.7.2 Sinus und Kosinus am Einheitskreis	169
	2.7.3 Bogenmaß eines Winkels	173
	2.7.4 Definition und Eigenschaften der Sinusfunktion	175
	2.7.5 Strecken des Graphen der Sinus- und Kosinusfunktion	177
	2.7.6 Verschieben der Graphen der Sinus- und Kosinusfunktion **selbst lernen**	183
	2.7.7 Allgemeine Sinusfunktion	186
	2.7.8 Modellieren mit allgemeinen Sinusfunktionen – Anwendungen	190
Kompetenz-Check		194

3 Differenzialrechnung ... 197

Lernfeld: Änderungen beschreiben ... 198

3.1	Tangentensteigung und Änderungsrate – Ableitung	200
	3.1.1 Steigung eines Funktionsgraphen in einem Punkt – Ableitung	200
	3.1.2 Lokale Änderungsrate	204
	3.1.3 Ableitung der Quadratfunktion – Brennpunkteigenschaft	210
	3.1.4 Ableitung weiterer Funktionen **selbst lernen**	217
3.2	Differenzierbarkeit – Ableitungsfunktion	220
	3.2.1 Differenzierbarkeit	220
	3.2.2 Ableitungsfunktion	224
	3.2.3 Ableitung der Sinus- und Kosinusfunktion	229
	3.2.4 Ableitung der Potenzfunktionen – Potenzregel	231
3.3	Ableitungsregeln	232
	3.3.1 Faktorregel	232
	3.3.2 Summenregel	235
3.4	Differenzialrechnung in technischen Anwendungen	239
	Kompetenz-Check	242

Anhang ... 245

Lösungen zum Kompetenz-Check ... 245
Stichwortverzeichnis ... 249
Verzeichnis mathematischer Symbole ... 251
Bildquellen ... 252

1 Von Daten zu Funktionen – Beschreibende Statistik

Täglich begegnen uns in den Medien Informationen mit statistischen Daten zu wirtschaftlichen und sozialen Zuständen und Vorgängen in unserer Welt. Diese Daten müssen systematisch erfasst und ausgewertet werden: Dazu muss im Vorfeld genau überlegt werden, welche Daten erhoben werden. Dann wird eine große Zahl von Einzeldaten in Tabellen zusammengefasst und repräsentative Werte werden miteinander verglichen; Grafiken sollen die erhobenen Daten veranschaulichen.

Manchmal will man aufgrund von vorhandenen Daten Prognosen erstellen: Wird die Entwicklung so weitergehen?

Welche Informationen kann man den folgenden Grafiken entnehmen?

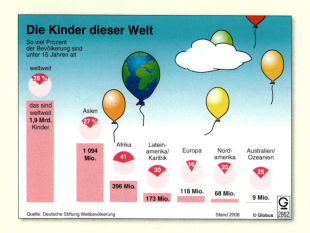

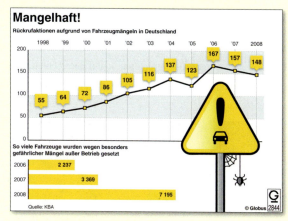

In diesem Kapitel

- erweitern Sie Ihre Kenntnisse über das Erfassen und Darstellen von Daten aus Erhebungen;
- untersuchen Sie Mittelwerte und Streuung von Daten;
- lernen Sie, wie man für Messdaten optimal angepasste lineare Modelle bestimmen kann und welche Folgerungen aus diesen zulässig sind.

Erheben, Darstellen und Auswerten von Daten

Viele leere Autos

1 Die meisten Pkw in Deutschland sind für 5 Personen zugelassen, aber nur selten sind alle Plätze besetzt, wenn die Fahrzeuge unterwegs sind.

- Überlegen Sie in Partnerarbeit, welche Unterschiede es vermutlich im Verlauf eines Tages bzw. einer Woche gibt. Stellen Sie konkrete Vermutungen auf, wie viele von 100 Pkw zu unterschiedlichen Tageszeiten bzw. an den verschiedenen Tagen und auf verschiedenen Straßen (z. B. Neben- und Hauptstraßen) mit 1, 2, 3, 4, 5 Personen besetzt sind.
- Planen Sie eine Erhebung, um Ihre Vermutungen zu überprüfen. Überlegen Sie sich, wie umfangreich Ihre Erhebung sein müsste, damit man die Ergebnisse als repräsentativ bezeichnen kann. Entscheiden Sie sich gegebenenfalls für einen bestimmten eingeschränkten Aspekt des Auftrags.
- Bei einer Verkehrszählung von 400 Pkw auf einer Hauptstraße wurden gezählt: 297 Pkw mit einer Person, 87 mit 2 Personen, 15 mit 3 Personen und 1 Pkw mit 4 Personen. Wie viele Personen waren dies im Mittel?
- Überlegen Sie, wie man folgenden Zufallsversuch simulieren könnte: In 100 Pkw fahren insgesamt 130 Personen mit. In wie vielen Pkw sitzt eine Person, in wie vielen sitzen 2, 3, 4 oder 5 Personen?

„... wie ein Ei dem anderen"

2 Eier sehen irgendwie gleich aus – und dennoch sind sie nicht gleich.

- Man unterscheidet verschiedene Handelsklassen und Größen. Recherchieren Sie, welche Einteilung im Handel vorgenommen wird.

Gewicht (in g)	Anzahl der Eier mit diesem Gewicht	Gewicht (in g)	Anzahl der Eier mit diesem Gewicht
60	1	67	8
61	4	68	6
62	15	69	6
63	14	70	2
64	19	71	2
65	8	72	1
66	14	73	0

- In zehn Packungen zu je zehn Eiern einer bestimmten Klasse und Größe ergab sich die in der Tabelle angegebene Gewichtsverteilung. Stellen Sie diese grafisch dar. Welches Gewicht ergibt sich im Mittel?
- Führen Sie selbst Gewichtskontrollen durch. Werden die vorgeschriebenen Grenzen immer eingehalten? Liegt der Mittelwert des Gewichts in der Mitte des vorgeschriebenen Intervalls?

Gerecht verteilt?

3 Die Grafik zeigt die Verteilung des Gesamteinkommens auf die Bevölkerung in Deutschland.

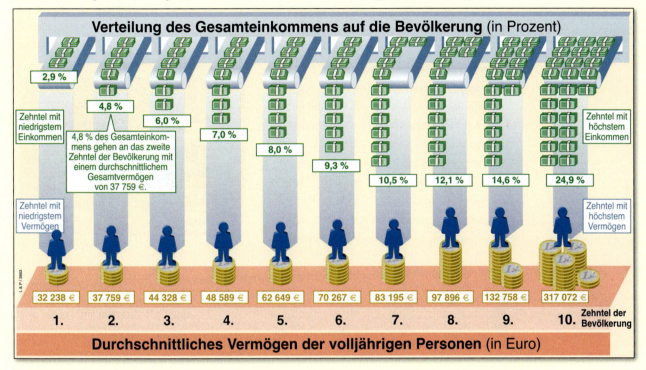

- Welche Aussagen über die Vermögensverteilung lassen sich aus der Grafik ablesen? Erarbeiten Sie in Gruppenarbeit einen geeigneten Text zur Erläuterung.
- Zeichnen Sie einen Boxplot zur Einkommensverteilung.
- Bestimmen Sie aus den gegebenen Informationen einen ungefähren Wert für das durchschnittliche Vermögen der volljährigen Personen in Deutschland.

Blick in die Zukunft

4 Die Anzahl der Verkehrstoten auf Deutschlands Straßen nimmt seit Jahren kontinuierlich ab.
- Im Jahr 2008 gab es 4 467 Verkehrstote. Entspricht dies dem Trend der letzten Jahre?
- Welche Prognose würden Sie für 2015 abgeben? Modellieren Sie die weitere Entwicklung mithilfe einer geeigneten linearen Funktion.
- Tauschen Sie Argumente darüber aus, ob eine Modellierung mit einem anderen Funktionstyp vielleicht angemessener sein könnte.

1.1 Erheben, Auswerten und Darstellen statistischer Daten

1.1.1 Merkmale und deren Häufigkeiten

Aufgabe

1 In einer Zeitung war die nebenstehende Schlagzeile abgedruckt. Anlass hierfür war eine Veröffentlichung des Kraftfahrt-Bundesamtes mit Daten des zurückliegenden Jahres. Die Tabelle unten enthält Angaben über die Lackfarben der Pkw, die im Jahr 2008 neu zugelassen wurden. (Aktuelle Daten findet man im Internet unter www.kba.de.)

Haben Frauen tatsächlich einen anderen Farbgeschmack als Männer? Ist die Schlagzeile berechtigt?

Untersuchen Sie anhand der Daten die Häufigkeitsverteilung des *qualitativen Merkmals Autofarbe*.

Frauen bevorzugen farbige Autos
Neue Daten des Kraftfahrt-Bundesamtes veröffentlicht

Zulassungen	gesamt	weiß	rot	gelb/orange	blau/grün	grau	schwarz	sonstiges
gesamt	3 090 040	193 569	182 885	76 886	442 446	1 151 919	966 729	75 606
auf Frauen	420 447	29 848	46 480	15 973	65 758	131 706	119 888	10 794
sonstige	2 669 593	163 721	136 405	60 913	376 688	1 020 213	846 841	64 812

In der Tabelle sind die auf Männer zugelassenen Fahrzeuge nicht ausdrücklich aufgeführt. Unter „sonstige Zulassungen" sind auch Zulassungen von Firmen und Gesellschaften (juristischen Personen) enthalten. Insofern wird der Farbgeschmack von *Frauen* mit dem der *Männer und juristischen Personen* verglichen.

Lösung

Um die Daten für Frauen und Männer vergleichen zu können, muss man statt der absoluten Häufigkeiten die relativen Häufigkeiten der Pkw betrachten, die im Jahr 2008 zugelassen wurden. Wir bestimmen deshalb die relativen Häufigkeiten in der folgenden Tabelle.

Zulassungen	gesamt	weiß	rot	gelb/orange	blau/grün	grau	schwarz	sonstiges
gesamt	3 090 040	6,3 %	5,9 %	2,5 %	14,3 %	37,3 %	31,3 %	2,4 %
auf Frauen	420 447	7,1 %	11,1 %	3,8 %	15,6 %	31,3 %	28,5 %	2,6 %
sonstige	2 669 593	6,1 %	5,1 %	2,3 %	14,1 %	38,2 %	31,7 %	2,4 %

Wir lesen ab:
- Bei den von Frauen gekauften Autos ist der Anteil der rot, blau, grün, orange oder gelb lackierten Autos höher als bei den Männern;
- Bei den von Männern gekauften Autos ist der Anteil der grau oder schwarz lackierten Autos höher als bei den Frauen.

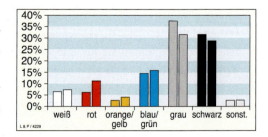

1.1 Erheben, Auswerten und Darstellen statistischer Daten

Nun ermitteln wir die Anteile der von Frauen gekauften Autos mit farbigen bzw. nicht farbigen Lackierungen und vergleichen sie mit den Anteilen bei Männern (Tabelle rechts), dabei sehen wir weiß, schwarz und grau als „nicht farbig" an.

	nicht farbig	farbig
Frauen	66,9 %	33,1 %
Männer	76,1 %	23,9 %

Wir stellen fest: Sowohl bei den Frauen als auch bei den Männern ist der Anteil der eher „farblosen" Pkw höher als der mit farbiger Lackierung. Die Schlagzeile, dass Frauen farbige Lacke bevorzugen, ist also nicht berechtigt. Eine Formulierung „Frauen kaufen eher ein Auto mit farbigem Lack als Männer" wäre angemessener.

Weiterführende Aufgaben

2 Stichprobe – Rangmerkmale

Die Tabelle rechts zeigt die Ergebnisse von Befragungen in West- und Ostdeutschland auf die Frage *„Sind sie mit Ihrer Lebenssituation zufrieden?"*

	Westd.	Ostd.
sehr zufrieden	27 %	12 %
zufrieden	34 %	31 %
mal so, mal so	24 %	25 %
nicht zufrieden	13 %	22 %
überhaupt nicht zufrieden	2 %	10 %

a) Welches Merkmal wurde in der Erhebung erfasst, welche Ausprägungen wurden erfasst?

b) Die Stichprobe setzte sich zu 20 % aus Personen aus Ostdeutschland sowie zu 80 % aus Personen aus Westdeutschland zusammen. Warum wurde diese Stichprobe daher als „repräsentativ" bezeichnet?

c) Geben Sie auch ein Gesamtergebnis der Erhebung an.

3 Häufigkeitsverteilung von qualitativen und quantitativen Merkmalen

Die Tabelle unten enthält die Ergebnisse aller 306 Spiele der Fußball-Bundesliga aus der Spielzeit 2008/09. Die Tabelle kann man nach unterschiedlichen Gesichtspunkten (Eigenschaften) auswerten. Zählen Sie aus, wie oft die folgenden Ausprägungen auftreten:

(1) Anzahl der Siege von Heimmannschaften bzw. von Gastmannschaften und Anzahl der Unentschieden

(2) Anzahl der deutlichen Siege (mindestens 2 Tore Unterschied), knappen Siege, der Unentschieden, knappen Niederlagen, deutlichen Niederlagen aus der Sicht der Heimmannschaften

(3) Anzahl der Spiele mit Tordifferenz +6, +5, …, 0, −1, …, −5 aus der Sicht der Heimmannschaften

(4) Anzahl der Spiele mit 0, 1, 2, …, 9 Toren

Stellen Sie die statistischen Daten angemessen dar.

Spielzeit 2008/09	Wolfs	Bayern	Stutt	Hertha	HSV	BVB	Hoff	Schalke	Lev	Brem	Hann	Köln	Frank	Boch	MGL	Cottb	Karls	Biele
Wolfsburg		5:1	4:1	2:1	3:0	3:0	4:0	4:3	2:1	5:1	2:1	2:1	2:2	2:0	3:0	3:0	1:0	4:1
München	4:2		2:1	4:1	2:2	3:1	2:1	0:1	3:0	2:5	5:1	1:2	4:0	3:3	2:1	4:1	1:0	3:1
Stuttgart	4:1	2:2		2:0	1:0	2:1	3:3	2:0	0:2	4:1	2:0	1:3	2:0	2:0	2:0	2:0	3:1	0:0
Berlin	2:2	2:1	2:1		2:1	1:3	1:0	0:0	1:0	2:1	3:0	2:1	2:1	2:0	2:1	0:1	4:0	1:1
Hamburg	1:3	1:0	2:0	1:1		2:1	1:0	1:1	3:2	2:1	2:1	0:1	1:0	3:1	1:0	2:0	2:1	2:0
Dortmund	0:0	1:1	3:0	1:1	2:0		0:0	3:3	1:1	1:0	1:1	3:1	4:0	1:1	2:1	1:1	4:0	6:0
Hoffenheim	3:2	2:2	0:0	0:1	3:0	4:1		1:1	1:4	0:0	2:2	2:0	2:1	0:3	1:0	2:0	4:1	3:0
Schalke	2:2	1:2	1:2	1:0	1:2	1:1	2:3		1:2	1:0	3:0	1:0	1:0	1:0	3:1	4:0	2:0	0:0
Leverkusen	2:0	0:2	2:4	0:1	1:2	2:3	5:2	2:1		1:1	4:0	2:0	1:1	1:1	5:0	1:1	0:1	2:2
Bremen	2:1	0:0	4:0	5:1	2:0	3:3	5:4	1:1	0:2		4:1	3:1	5:0	3:2	1:1	3:0	1:3	1:2
Hannover	0:5	1:0	3:3	2:0	3:0	4:4	2:5	1:0	1:0	1:1		2:1	1:1	1:1	5:1	0:0	3:2	1:1
Köln	1:1	0:3	0:3	3:1	2:0	0:1	1:3	1:0	0:2	1:0	2:1		1:1	1:1	2:4	1:0	0:0	1:1
Frankfurt	0:2	1:2	2:2	0:2	2:3	0:2	1:1	1:2	0:2	0:5	4:0	2:2		4:0	4:1	2:1	2:1	1:1
Bochum	2:2	0:3	1:2	2:3	1:1	0:2	1:2	2:1	2:3	0:0	0:2	1:2	2:0		2:2	3:2	2:0	2:0
M'gladbach	1:2	2:2	1:3	0:1	4:1	1:1	1:1	1:0	1:3	3:2	3:2	1:2	1:2	0:1		1:3	1:0	1:1
Cottbus	2:0	1:3	0:3	1:3	1:2	0:3	0:2	3:0	2:1	3:1	0:2	2:3	1:1	0:1			1:0	2:1
Karlsruhe	2:1	0:1	0:2	4:0	3:2	0:1	2:2	0:3	3:3	1:0	2:3	0:2	0:1	1:0	0:0	0:0		0:1
Bielefeld	0:3	0:1	2:2	1:1	2:4	0:0	0:2	0:2	2:1	2:2	2:2	2:0	0:0	1:1	0:2	1:1	1:2	

Information

(1) Merkmale, Merkmalsausprägungen, Merkmalsträger und Merkmalsarten

Die Daten in den Aufgaben 1, 2 und 3 sind statistischen Erhebungen entnommen. Da in der Tabelle von Aufgabe 1 *alle* Fahrzeuge erfasst sind, die im Jahr 2008 neu zugelassen wurden, geben uns die Daten Informationen über die **Grundgesamtheit** aller *im Jahr 2008 zugelassenen Pkw*, den so genannten **Merkmalsträgern** der Erhebung.

Im Unterschied zu einer Erhebung in der Gesamtheit erfasst man in einer **Stichprobe** nur die Daten für einen Teil der Grundgesamtheit (siehe Aufgabe 2).

Für das **Merkmal** *Lackfarbe* wurden die **Merkmalsausprägungen** *weiß, rot, blau, grün, grau, schwarz* und *sonstige* unterschieden.

Im Unterschied zu Aufgabe 1 werden in Aufgabe 3(3) und (4) **quantitative Merkmale** betrachtet: Die Merkmalsausprägungen sind Zahlen +6, +5, ..., −5 bzw. 0, 1, 2, ..., 9. Dagegen gehören die Ausprägungen *weiß, rot* usw. in Aufgabe 1 bzw. die Ausprägungen *Heimsieg, Auswärtssieg, Unentschieden* in Aufgabe 3(1) zu so genannten **qualitativen Merkmalen**.

Bei Eigenschaften oder Bewertungen wie in den Aufgaben 2 oder 3(2), für die eine natürliche Reihenfolge möglich ist, spricht man auch von **Rangmerkmalen**.

- Ausprägungen von quantitativen Merkmalen sind Zahlen oder Größenwerte (Messdaten), mit denen sinnvolle Rechenoperationen durchgeführt werden können.
- Ausprägungen von qualitativen Merkmalen sind Namen oder Eigenschaften, mit denen keine Rechenoperationen möglich sind.
- Ausprägungen von speziellen qualitativen Merkmalen, den Rangmerkmalen, sind Eigenschaften oder Bewertungen, für die eine natürliche Reihenfolge der Anordnung möglich ist.

(2) Absolute und relative Häufigkeit, Häufigkeitsverteilung eines Merkmals

Unter der **absoluten Häufigkeit** einer Merkmalsausprägung versteht man die Anzahl der Merkmalsträger, auf welche die Merkmalsausprägung zutrifft.

Als **relative Häufigkeit** einer Merkmalsausprägung bezeichnet man den Anteil, mit dem diese Ausprägung unter den Merkmalsträgern einer Erhebung auftritt. Es gilt also:

$$\text{relative Häufigkeit einer bestimmten Merkmalsausprägung} = \frac{\text{Anzahl der Merkmalsträger mit dieser bestimmten Merkmalsausprägung}}{\text{Anzahl aller Merkmalsträger in der Erhebung}}$$

Relative Häufigkeiten oder Anteile werden in Prozent, als Bruch oder als Dezimalbruch angegeben und am übersichtlichsten in Tabellenform festgehalten.

Beispiele:

- Autofarbe (siehe Aufgabe 1)

Autofarbe	weiß	rot	orange/gelb	blau/grün	grau	schwarz	sonstige	Summe
Anteil	6,3%	5,9%	2,5%	14,3%	37,3%	31,3%	2,4%	100,0%

- Tore in der Bundesliga Spielzeit 2008/09 (siehe Aufgabe 3)

Anzahl k der Tore	0	1	2	3	4	5	6	7	8	9
Anteile der Spiele mit k Toren	0,049	0,141	0,252	0,232	0,154	0,101	0,052	0,013	0,003	0,003

Eine Tabelle oder eine grafische Darstellung, in der jeder Merkmalsausprägung eines bestimmten Merkmals eine relative Häufigkeit zugeordnet wird und in der die Summe der relativen Häufigkeiten 1 beträgt, beschreibt die **Häufigkeitsverteilung** dieses Merkmals.

1.1 Erheben, Auswerten und Darstellen statistischer Daten

In den Beispielen ist die Häufigkeitsverteilung des Merkmals *Autofarbe* bzw. die Häufigkeitsverteilung des Merkmals *Anzahl der in einem Fußballspiel der Saison 2008/09 geschossenen Tore* in Form einer Tabelle gegeben.

Da die Tabellen alle möglichen Ausprägungen eines Merkmals enthalten, muss die Summe der zugehörigen relativen Häufigkeiten stets 100% ergeben; rundungsbedingt sind geringe Abweichungen möglich.

(3) Grafische Darstellung von Häufigkeitsverteilungen

In Zeitungen finden wir Häufigkeitsverteilungen oft als **Säulendiagramme** (auch **Stabdiagramme** genannt) mit nebeneinander stehenden, gleich breiten Rechtecken dargestellt.

Auf der Achse nach rechts werden die möglichen Merkmalsausprägungen abgetragen. Diese Achse heißt **Merkmalsachse**. Auf der Achse nach oben werden die relativen oder absoluten Häufigkeiten abgetragen – diese Achse heißt **Häufigkeitsachse**.

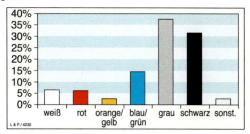

Beispiel: Säulendiagramm zur Häufigkeitsverteilung des Merkmals *Autofarbe*

Statt Säulendiagramme findet man auch häufig Balkendiagramme, das sind um 90° gedrehte Säulendiagramme.

Weitere Darstellungsformen sind Kreisdiagramm und Blockdiagramm.

In **Kreisdiagrammen** ist jeder Merkmalsausprägung ein Kreissektor zugeordnet, dessen Mittelpunktswinkel (im Vergleich zum Vollwinkel von 360°) der relativen Häufigkeit der jeweiligen Ausprägung entspricht.

Bei **Blockdiagrammen** ist jeder Merkmalsausprägung ein Teilrechteck (Block) eines großen Rechtecks zugeordnet, dessen Länge (im Vergleich zur Gesamtlänge des Rechtecks) der relativen Häufigkeit der jeweiligen Ausprägung entspricht.

Partei	Anteil Zweitstimmen
CDU	27,27 %
CSU	6,53 %
FDP	14,56 %
SPD	23,03 %
Linke	11,89 %
Grüne	10,71 %
sonstige	6,01 %
gesamt	100,00 %

Beispiel: Bundestagswahl 2009

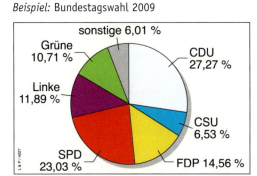

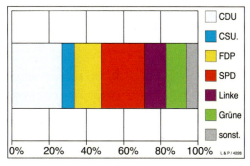

Oft findet man auch Grafiken, aus denen man die *Entwicklung der relativen Häufigkeiten* ablesen kann:

Dies geschieht in Form der sogenannten **Polygonzüge**, bei denen die zu den jeweiligen Zeitpunkten erhobenen relativen Häufigkeiten durch Strecken miteinander verbunden werden – was jedoch eigentlich problematisch ist (siehe hierzu 1.1.4).

Übungsaufgaben

 4 Seit dem 1. Januar 2002 ist der EURO als gemeinsame Währung in 12 Ländern der Europäischen Union eingeführt. Seitdem sind weitere Länder hinzugekommen. Die einzelnen Länder prägen die Münzen mit den nachfolgend angegebenen Quoten.

a) Führen Sie eine Stichprobe durch. Prüfen Sie z. B., wie hoch der Anteil von Münzen aus anderen Ländern in den Portmonees der Schüler/innen Ihres Kurses ist.
Wie lässt sich erklären, dass die Abweichungen zum Teil sehr groß sind?

b) Die deutschen Münzen werden in fünf Prägeanstalten hergestellt. Prüfen Sie, ob die Anteile in der Stichprobe mit den gesetzlich festgelegten Anteilen übereinstimmen. Überlegen Sie, warum Abweichungen auftreten.

Land	Anteil
Deutschland	32,38 %
Frankreich	15,52 %
Italien	15,12 %
Spanien	13,49 %
Niederlande	5,33 %
Belgien	3,73 %
Österreich	3,43 %
Griechenland	2,54 %
Portugal	2,47 %
Irland	2,05 %
Finnland	2,00 %
Zypern	0,75 %
Slowenien	0,56 %
Malta	0,38 %
Luxembourg	0,23 %

Prägeanstalt (Zeichen)	Anteil
A (Berlin)	20 %
D (München)	21 %
F (Stuttgart)	24 %
G (Karlsruhe)	14 %
J (Hamburg)	21 %

 5 Überlegen Sie, welche Merkmale mit welchen Merkmalsausprägungen in einer Erhebung erfasst werden können. Notieren Sie mindestens drei Beispiele mit unterschiedlichen Arten von Merkmalen. Geben Sie jeweils an, ob es sich bei den Merkmalen um quantitative oder qualitative Merkmale (gegebenenfalls auch Rangmerkmale) handelt.
(1) Erfassung von Schülerdaten durch das Sekretariat einer Schule
(2) Erfassung von Wetterdaten in einer Wetterstation
(3) Durchführung einer Meinungsbefragung mit vorgegebenen Standpunkten

6 Bei Meinungsbefragungen sind oft mögliche Antwort-Alternativen vorgegeben:
„Dieser Meinung stimme ich voll und ganz zu."; „Dieser Meinung stimme ich im Wesentlichen zu.";
„Weiß nicht, kann ich nicht beurteilen."; „Diese Meinung teile ich nicht.";
„Diese Meinung lehne ich ganz und gar ab."
Manchmal benutzt man auch eine Rangskala oder Bewertungsskala $+2, +1, 0, -1, -2$ zur Bewertung. Man spricht dann von *skalierten Merkmalen*.
Überlegen Sie, warum Merkmale, die auf solche Weise bewertet werden, trotzdem keine quantitativen Merkmale sind.

 7 Aus den Daten des Kraftfahrt-Bundesamtes (Internet unter *www.kba.de*) kann man auch Informationen über die bevorzugten Farben von Fahrzeugen verschiedener Hersteller entnehmen, z. B. fällt auf, dass die Lackfarbe schwarz bei BMW-Fahrern besonders beliebt ist.
Untersuchen Sie die Abweichungen der relativen Häufigkeiten einzelner Hersteller zu den Anteilen in der Gesamtheit. Formulieren Sie geeignete Zeitungsschlagzeilen.

1.1.2 Kumulierte Häufigkeitsverteilungen

Aufgabe

1 Am 01.01.2009 waren in Deutschland insgesamt 41 321 171 Pkw zugelassen. Die nebenstehende Tabelle enthält die für die folgenden Fragen benötigten Informationen.

a) Wie viel Prozent der Pkw hatten ihre Erstzulassung

(1) nach dem 01.01.2000

(2) vor dem 01.01.1995

(3) zwischen dem 01.01.1996 und dem 01.01.2006

b) Geben Sie einen Schätzwert für die Anzahl der Pkw an, die zum ersten Mal nach dem 01.07.2004 zugelassen wurden. Welche Annahme muss man für die Schätzung machen? Wann wäre sie gerechtfertigt?

Erstzulassung nach dem 01.01.	Anzahl	Erstzulassung nach dem 01.01.	Anzahl
2008	2 765 733	1994	36 741 527
2007	5 550 544	1993	37 742 070
2006	8 693 365	1992	38 672 002
2005	11 502 146	1991	39 441 711
2004	14 190 509	1990	39 951 865
2003	16 831 094	1989	40 268 039
2002	19 382 371	1988	40 489 958
2001	21 885 326	1987	40 647 929
2000	24 336 327	1986	40 751 652
1999	27 033 084	1985	40 814 029
1998	29 535 431	1984	40 862 880
1997	31 758 487	1983	40 905 632
1996	33 762 407	1982	40 937 426
1995	35 429 275	1981	40 963 573

Lösung

a) Zunächst ergänzen wir die o. a. Tabelle durch eine weitere Spalte, in der wir die relativen Häufigkeiten eintragen.

Erstzulassung nach dem 01.01.	Anzahl	Anteil (rel. H.)	Erstzulassung nach dem 01.01.	Anzahl	Anteil (rel. H.)
2008	2 765 733	6,7 %	1994	36 741 527	88,9 %
2007	5 550 544	13,4 %	1993	37 742 070	91,3 %
2006	8 693 365	21,0 %	1992	38 672 002	93,6 %
2005	11 502 146	27,8 %	1991	39 441 711	95,5 %
2004	14 190 509	34,3 %	1990	39 951 865	96,7 %
2003	16 831 094	40,7 %	1989	40 268 039	97,5 %
2002	19 382 371	46,9 %	1988	40 489 958	98,0 %
2001	21 885 326	53,0 %	1987	40 647 929	98,4 %
2000	24 336 327	58,9 %	1986	40 751 652	98,6 %
1999	27 033 084	65,4 %	1985	40 814 029	98,8 %
1998	29 535 431	71,5 %	1984	40 862 880	98,9 %
1997	31 758 487	76,9 %	1983	40 905 632	99,0 %
1996	33 762 407	81,7 %	1982	40 937 426	99,1 %
1995	35 429 275	85,7 %	1981	40 963 573	99,1 %

(1) Die benötigte Anzahl kann dann unmittelbar in der Tabelle abgelesen werden: Nach dem 01.01.2000 wurden 24 336 327 der insgesamt zugelassenen 41 321 171 Pkw zugelassen, das sind 58,9 %.

(2) Man kann die zugelassenen Pkw unterteilen in solche, die nach dem 01.01.1995 zugelassen wurden, und solche, die vor dem 01.01.1995 zugelassen wurden (am Neujahrstag selbst kann kein Fahrzeug zugelassen werden). Da beide Anteile zusammen 100 % ergeben müssen und wir den Anteil der Fahrzeuge, die nach dem 01.01.1995 zugelassen wurden, unmittelbar in der erweiterten Tabelle ablesen können, ergibt sich ein Anteil von 100 % − 85,7 %, also von 14,3 % für den Anteil der Fahrzeuge, die vor dem 01.01.1995 zugelassen wurden.

(3) 81,7 % der Pkw wurden nach dem 01.01.1996 zum ersten Mal zugelassen; 21,0 % wurden nach dem 01.01.2006 zugelassen. Die Differenz 81,7 % − 21,0 % = 60,7 % ergibt den gesuchten Anteil der in den Jahren 1996 bis 2005 zugelassenen Fahrzeuge.

b) Da nur die Daten vom 01.01.2004 und vom 01.01.2005 und keine weiteren Informationen vorliegen, lässt sich ein Wert für den 01.07.2004 nur durch (lineare) Interpolation schätzen. Der Mittelwert von 14 190 509 und 16 831 094 ist 12 846 327,5; dies entspricht einem Anteil von 31,1 %. Die Schätzung mithilfe eines linearen Modells könnte verbessert werden, wenn man beispielsweise Informationen über das Zulassungsverhalten für die einzelnen Monate hätte und diese sich im Laufe der Jahre nicht ändern.
Hinweis: In den letzten Jahren erfolgten bis zur Jahresmitte etwa 51 % der Neuzulassungen eines Jahres; daher erscheint die Schätzung gerechtfertigt.

Information

(1) Kumulierte Häufigkeitsverteilungen

Oft liegen Daten so vor, dass sich die relativen Häufigkeiten auf Merkmalswerte bis zu einer oberen Intervallgrenze beziehen. Diesen **kumulierten Häufigkeitsverteilungen** kann man unmittelbar oder durch kleine Rechnung die relativen Häufigkeiten für ganze Bereiche entnehmen (siehe Aufgabe 1). Umgekehrt kann man zu jeder Häufigkeitsverteilung durch fortgesetztes Addieren von relativen Häufigkeiten eine kumulierte Häufigkeitsverteilung erstellen. (Zur Tabelle rechts siehe Aufgabe 3 auf Seite 11.)

cumulare (lat.): anhäufen

Anzahl k der Tore	Anteil der Spiele mit k Toren	Anteil der Spiele mit bis zu k Toren
0	0,049	0,049
1	0,141	0,190
2	0,252	0,441
3	0,232	0,673
4	0,154	0,827
5	0,101	0,928
6	0,052	0,980
7	0,013	0,993
8	0,003	0,997
9	0,003	1,000

(2) Grafische Darstellung von kumulierten Häufigkeitsverteilungen

Kumulierte Verteilungen können in Form von treppenförmigen Säulendiagrammen dargestellt werden, bei denen zwischen den Rechtecken keine Lücken gelassen werden (siehe die linke Abbildung).
Eine andere Darstellungsform ist der **Polygonzug** (rechte Abbildung). Hier können wir Zwischenwerte ablesen, die nicht wirklich erhoben wurden.

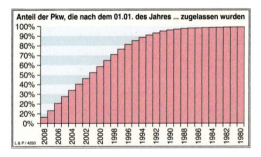 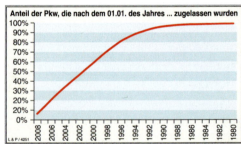

Übungsaufgaben

 2 Die Tabelle enthält die Einwohnerzahlen der Bundesrepublik Deutschland (Stand 01.01.2007) in verschiedenen Altersgruppen.

a) Wie viele Einwohner haben ein Alter, das unter 10, 20, 30, ... Jahren liegt?

b) Geben Sie einen Schätzwert an, wie viele Einwohner unter 25, 45, 65, 85 Jahren alt sind. Welche Bedenken haben Sie hinsichtlich des von Ihnen angegebenen Schätzwerts?

Alter	Einwohner
bis unter 10	7 404 982
10 bis unter 20	8 798 748
20 bis unter 30	9 767 398
30 bis unter 40	11 188 006
40 bis unter 50	13 743 853
50 bis unter 60	10 808 684
60 bis unter 70	9 763 122
70 bis unter 80	7 035 271
80 bis unter 90	3 236 583
90 und mehr	568 259
gesamt	82 314 906

3

Viele Autofahrer mit 50 % Rabatt

Nach Angaben des Verbandes der Haftpflichtversicherer sind ca. zwei Drittel der Autofahrer sieben oder mehr Jahre schadenfrei, was in der Regel 50 % Rabatt bringt.

Wie groß ist der Anteil der Autofahrer, die

(1) mindestens 50 % Rabatt [40 %; 60 %] erhalten,

(2) mehr als 5 Jahre unfallfrei sind,

(3) weniger als 70 % des Beitragssatzes zahlen müssen,

(4) höchstens 10 Jahre schadenfrei sind?

Anzahl der schadenfreien Jahre	Anzahl der Versicherten (in 1 000)	Höhe des Beitragssatzes
0 bis unter 2	2 531	mind. 100 %
2 bis unter 3	1 519	85 %
3 bis unter 4	1 672	75 %
4 bis unter 5	1 698	65 %
5 bis unter 6	1 722	60 %
6 bis unter 7	1 689	55 %
7 bis unter 9	3 160	50 %
9 bis unter 11	2 955	45 %
11 bis unter 14	5 480	40 %
14 bis unter 18	3 699	35 %
18 und mehr	11 861	30 %

4 Bei der Erfassung der Altersstruktur von Kino-Besuchern ergaben sich deutliche Unterschiede bei den verschiedenen Kino-Typen.

a) Bestimmen Sie für die verschiedenen Kino-Typen den Anteil der Besucher, die

(1) 40 Jahre oder älter sind,

(2) mindestens 20 Jahre, aber weniger als 30 Jahre sind.

b) Geben Sie einen Schätzwert an, wie viele der Kinobesucher jünger sind als 32 Jahre.

Alter bis unter ... Jahren	Programm- und Filmkunst-Kinos	Multiplex-Kinos	Kino-Center	Traditionelle Kinos
16	1,4 %	10,9 %	14,4 %	12,2 %
20	4,2 %	21,4 %	23,1 %	18,3 %
25	15,5 %	36,9 %	32,2 %	25,2 %
30	21,9 %	49,1 %	42,1 %	34,4 %
40	47,4 %	74,4 %	67,7 %	56,5 %
50	67,3 %	89,9 %	86,4 %	76,2 %

Die Aufgaben und weitere Informationen findet man unter www.mathe-kaenguru.de

5 Am Känguru-Wettbewerb, einem weltweit durchgeführten Mathematik-Wettbewerb, beteiligten sich im Jahr 2009 in Deutschland insgesamt 606 378 Schülerinnen und Schüler der Klassen 5 bis 13; die von den Teilnehmern erreichten Punktzahlen kann man der nebenstehenden Tabelle entnehmen.

Wie viel Prozent der Teilnehmer erreichten

(1) weniger als 70 Punkte,

(2) 50 Punkte oder mehr,

(3) mindestens 60, aber weniger als 80 Punkte?

weniger als ... Punkte	Anzahl der Teilnehmer
40	144 750
50	284 570
60	416 257
70	510 892
80	564 176
90	589 731
100	600 266
120	605 711
140	606 324

1.1.3 Klassenbildung – Histogramme

Einführung

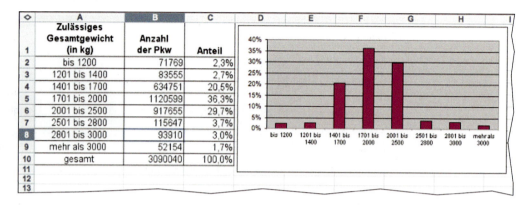

Das obenstehende Blatt einer Tabellenkalkulation enthält statistische Angaben über das zulässige Gesamtgewicht von den in Deutschland im Jahr 2008 zugelassenen Pkw.

Bei der statistischen Erhebung der Daten wurden alle möglichen Merkmalsausprägungen erfasst. Für die Auswertung und Darstellung dieser Daten war es jedoch sinnvoll, nicht alle auftretenden Merkmalsausprägungen einzeln aufzulisten, sondern ganze Bereiche zu so genannten **Klassen** zusammenzufassen.

Die **Klassengrenzen** wurden dabei so gewählt, dass Pkws, die gleichen steuerlichen und rechtlichen Regeln unterliegen, zu einer Klasse gehören. Dies führt dazu, dass die **Klassenbreiten**, also die Differenzen zweier aufeinander folgender Klassengrenzen, unterschiedlich groß sind.

Die Häufigkeitsverteilung des Merkmals *zulässiges Gesamtgewicht (in kg)* wurde für die gewählten Klassen oben in einer Tabelle und in einem Säulendiagramm dargestellt. Unten ist die Häufigkeitsverteilung in einem anderen Diagrammtyp, einem **Histogramm**, dargestellt.

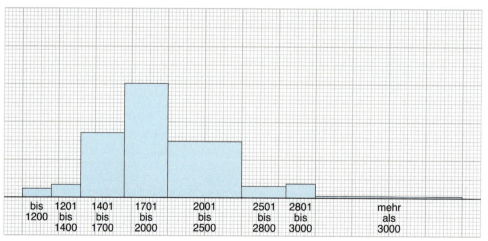

Beim Vergleich von *Säulendiagramm* und *Histogramm* fällt auf:
- *Rechteckbreiten:* Alle Rechtecke haben beim *Säulendiagramm* die gleiche Breite, obwohl die Klassenbreiten offensichtlich unterschiedlich sind. So hat z. B. die Klasse von 0 bis 1 200 kg die Breite 1 200, die Klasse von 1 201 bis 1 400 kg hat die Breite 200 und die Klasse von 1 401 bis 1 700 hat die Breite 300. Beim *Histogramm* dagegen ist die Breite eines Rechteckes gleich der jeweiligen Klassenbreite.
- *Rechteckhöhen:* Die Höhe der Rechtecke im *Säulendiagramm* ist proportional zu der zugehörigen relativen Häufigkeit, welche man auf der Häufigkeitsachse ablesen kann.

Das *Histogramm* hat keine Häufigkeitsachse, die zugehörigen relativen Häufigkeiten wurden hier in die jeweiligen Rechtecke geschrieben. Sie sind in diesem Diagramm offensichtlich nicht proportional zur Höhe des jeweiligen Rechtecks. Vergleicht man den Flächeninhalt eines Rechtecks mit der zugehörigen relativen Häufigkeit, so stellt man fest:

In einem Histogramm sind die Flächeninhalte der Rechtecke über den Klassen proportional zur relativen Häufigkeit dieser Klassen.

Beim *Zeichnen eines Histogramms aus den Daten einer Tabelle* muss Folgendes beachtet werden:

Bei einem Histogramm zeichnet man über der jeweiligen Klasse auf der Merkmalsachse ein Rechteck.

Das Rechteck hat dabei die gleiche Breite wie die jeweilige Klasse auf der Merkmalsachse. So hat z. B. die Klasse von 1401 bis 1700 kg eine Breite 300 auf der Merkmalsachse, das zugehörige Rechteck ebenfalls.

Um die Höhe für ein Rechteck zu bestimmen, wählt man zunächst einen Gesamtflächeninhalt G für das Histogramm, z. B. G = 100.

Die Klasse von 1401 bis 1700 kg hat eine relative Häufigkeit von 20,5 %, dies entspricht für G = 100 einem Flächeninhalt von 20,5 bei einer Breite von 300.

Also hat dieses Rechteck eine Höhe von $\frac{20,5}{300}$.

Die Höhen der anderen Rechtecke erhält man entsprechend.

Aufgabe

1 Im Jahr 2007 wurden in Deutschland insgesamt 684 862 Kinder geboren.
Vergleichen Sie die beiden Statistiken, aus denen zu entnehmen ist, wie alt die Mütter bei der Geburt ihres Kindes waren.

Alter der Mütter (in Jahren)	Anzahl
unter 20	22 878
20 bis unter 25	104 731
25 bis unter 30	203 212
30 bis unter 35	204 900
35 bis unter 40	123 205
40 bis unter 45	24 962
45 und älter	974
gesamt	684 862

Alter der Mütter (in Jahren)	Anzahl
unter 21	37 005
21 bis unter 25	90 604
25 bis unter 29	158 074
29 bis unter 33	175 994
33 bis unter 37	137 951
37 bis unter 41	69 996
41 und älter	15 238
gesamt	684 862

Stellen Sie die Daten jeweils mithilfe eines Histogramms dar.
Beachten Sie die unterschiedlichen Klassenbreiten.

Lösung

In den beiden Statistiken wurden unterschiedliche Klassenbreiten gewählt: in der ersten eine Breite von 5 Jahren, in der zweiten eine Breite von 4 Jahren.

Daher treten bei der ersten Statistik in den meisten Klassen größere Werte auf als bei der zweiten Statistik. Da die Gesamtzahl der erfassten Frauen in beiden Statistiken gleich ist und die Daten auf gleich viele Klassen verteilt sind, ist klar, dass die beiden „Rand"-Klassen bei der zweiten Statistik größer sind als bei der ersten Statistik.

Um die Histogramme zeichnen zu können, müssen wir noch die Breite der Rand-Klassen festlegen:

Auch wenn es in einzelnen Fällen vorkommt, dass Mädchen, die jünger als 14 Jahre sind, bzw. Frauen, die älter als 50 Jahre sind, Kinder gebären, zeichnen wir die unterste Klasse mit der Breite 6 Jahre bzw. 7 Jahre und die oberste Klasse mit der Breite 5 Jahre bzw. 9 Jahre.

Alter der Mütter (in Jahren)	Anzahl	Fläche	Breite	Höhe
unter 20	22 878	3,3	6	0,56
20 bis unter 25	104 731	15,3	5	3,06
25 bis unter 30	203 212	29,7	5	5,93
30 bis unter 35	204 900	29,9	5	5,98
35 bis unter 40	123 205	18,0	5	3,60
40 bis unter 45	24 962	3,6	5	0,73
45 und älter	974	0,1	5	0,03
gesamt	684 862	100,0		

Alter der Mütter (in Jahren)	Anzahl	Fläche	Breite	Höhe
unter 21	37 005	5,4	7	0,77
21 bis unter 25	90 604	13,2	4	3,31
25 bis unter 29	158 074	23,1	4	5,77
29 bis unter 33	175 994	25,7	4	6,42
33 bis unter 37	137 951	20,1	4	5,04
37 bis unter 41	69 996	10,2	4	2,56
41 und älter	15 238	2,2	7	0,32
gesamt	684 862	100,0		

Die Höhen der Histogramme bestimmen wir, wie in der Einführung beschrieben:

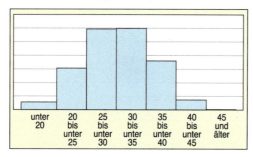 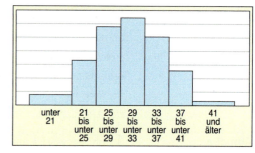

Weiterführende Aufgabe

2 Unterschiedliche Möglichkeiten der Klassenbildung

Bei einem Sportfest in einer Schule wurden folgende 50 Zeiten für den 75-m-Lauf der Mädchen gemessen:

Zeit in s	11,0	11,1	11,2	11,3	11,4	11,5	11,6	11,7	11,8	11,9	12,0	12,1	12,2
Anzahl	0	1	0	1	0	1	0	0	1	2	1	1	4
Zeit in s	12,3	12,4	12,5	12,6	12,7	12,8	12,9	13,0	13,1	13,2	13,3	13,4	13,5
Anzahl	2	4	2	0	1	2	5	3	4	1	3	2	0
Zeit in s	13,6	13,7	13,8	13,9	14,0	14,1	14,2	14,3	14,4	14,5	14,6	14,7	14,8
Anzahl	2	0	1	1	2	0	1	0	0	1	0	1	0

a) Warum ist es sinnvoll, aufeinander folgende Werte zu einer *Klasse von Daten* zusammenzufassen? Wie steht es dann um die Genauigkeit der Messdaten?

b) Fassen Sie (1) je zwei, (2) je drei Messwerte zusammen und bestimmen Sie die Häufigkeitsverteilungen. Welche der beiden Klassenbildungen erscheint günstiger?

c) Wie groß ist der Anteil der Schülerinnen, die weniger als 11,5 s; 12,0 s; 12,5 s; 13,0 s; ...; 15,0 s benötigen? Welche Klassenbildung wählt man am günstigsten, um die geforderten Anteile zu bestimmen?

Information

(1) Klassenbildung

Wenn die Anzahl der Merkmalsträger zu gering oder die Anzahl der Merkmalsausprägungen zu hoch ist, kann es sinnvoll sein, verschiedene Merkmalsausprägungen zusammenzufassen. Dies kann geschehen
- bei quantitativen Merkmalen, indem man Intervalle von Messdaten bildet,
- bei qualitativen Merkmalen ohne natürliche Reihenfolge, indem man mehrere Eigenschaften zusammenfasst, bei Farben z. B. kann man mit *rot* eine ganze Klasse von Rottönen erfassen,
- bei Rangmerkmalen, indem man die Anzahl der Ränge reduziert.

Durch diese **Klassenbildung** werden Statistiken übersichtlicher; es gehen aber durch die Zusammenfassung Informationen verloren. Allerdings können durch Klassenbildung auch Informationen manipuliert werden, indem die Klassenbreiten unterschiedlich gewählt werden, dies aber bei der Grafik nicht berücksichtigt wird.

(2) Histogramme bei klassierten Daten

Liegen statistische Daten nur in Form von *klassierten Daten* vor (d.h. nicht als Einzeldaten, sondern zusammengefasst für Intervalle), dann wird die Häufigkeitsverteilung oft mithilfe eines **Histogramms** dargestellt. Dieses setzt sich aus einzelnen Rechtecken zusammen, deren *Breite* durch das jeweilige Klassenintervall bestimmt ist und deren *Flächeninhalt* proportional zu den zugehörigen absoluten Häufigkeiten ist. Wenn die Häufigkeitsverteilung durch relative Häufigkeiten gegeben ist, dann ist der gesamte Flächeninhalt aller Rechtecke gleich 1.

Damit man sich beim „Lesen" eines Histogramms nicht irrtümlich an der 2. Achse orientiert (sich also auf die Höhe der Rechtecke konzentriert), werden oft keine Bezeichnungen an diese Achse geschrieben.

Die Grafik zeigt, welche Anteile die verschiedenen Altersgruppen an der Gesamtbevölkerung in Deutschland haben. Es ist allerdings zweifelhaft, ob diese Grafik hilfreich ist, denn dadurch, dass die Klasseneinteilungen sehr unterschiedlich sind, verliert man den „Überblick".

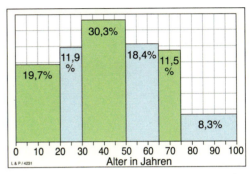

Beispiel: Altersverteilung der Einwohner Deutschlands

(3) Histogramme bei Klassen mit gleicher Breite

Die Darstellungsform des Histogramms wird auch gewählt, wenn die Intervalle gleich lang sind. Ist die Intervallbreite gleich 1, dann wird der Flächeninhalt der einzelnen Rechtecke durch die jeweilige Höhe bestimmt. Daher ist die Beschriftung der 2. Achse richtig: Hier wird tatsächlich die relative Häufigkeit abgetragen.

Hinweis: Mit der Körpergröße z. B. 150 cm wird das Intervall 149,5 cm ≤ x < 150,5 cm beschrieben.

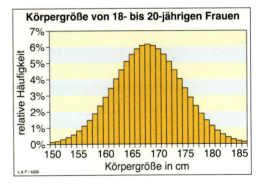

Die Darstellungsform des Histogramms ist auch üblich, wenn die Häufigkeitsverteilung von Merkmalen veranschaulicht werden soll, bei der nur einzelne Merkmalsausprägungen (Ergebnisse) möglich sind. Wir werden diese in Jahrgangsstufe 12/13 verwenden.

Übungsaufgaben **3** Bei einem Lehrgang werden die unten angegebenen Zeiten beim 50-m-Kraulschwimmen erzielt.

Zeit (in s)	30	31	32	33	34	35	36	37	38	39	40	41	42	43
Anzahl der Schwimmer	1	1	1	3	1	4	6	5	7	4	3	1	2	1

a) Erläutern Sie, inwiefern hier schon eine Klassenbildung bei den Merkmalsausprägungen vorliegt.

b) Reduzieren Sie die Anzahl der Klassen auf die Hälfte und stellen Sie die Häufigkeitsverteilung in einem Histogramm dar.

4 Die Studie *Die Bevölkerung Deutschlands bis 2050* nimmt verschiedene Modellrechnungen hinsichtlich der Bevölkerungsentwicklung vor.
Bestimmen Sie jeweils die relativen Häufigkeiten für die verschiedenen Altersgruppen und stellen Sie die Verteilungen mithilfe von Histogrammen dar. Wählen Sie als Klassenbreite der Merkmalsausprägung *65 und älter* ein Intervall von 30 Jahren.

Alter von ... bis unter ... Jahren	Modellrechnung zum 31.12. des Jahres*)			
	2020	2030	2040	2050
unter 20	14 552	13 927	12 874	12 094
20 – 35	14 860	13 254	12 639	12 086
35 – 50	15 691	16 064	14 569	13 574
50 – 65	19 500	16 361	15 672	15 123
65 und älter	18 219	21 219	22 786	22 240
Insgesamt	82 822	81 220	78 539	75 117

*) Variante 5: mittlere Lebenserwartung, mittlerer Wanderungssaldo von mindestens 200 000

5

a) Zeichnen Sie ein Histogramm zu der Häufigkeitsverteilung für die Hubraumgröße der im Jahr 2008 in Deutschland neu zugelassenen Pkw.

Personenkraftwagen	
Hubraum bis 999 cm^3	111 908
1000 – 1199 cm^3	166 739
1200 – 1399 cm^3	576 606
1400 – 1599 cm^3	514 147
1600 – 1799 cm^3	226 790
1800 – 1999 cm^3	934 725
2000 – 2499 cm^3	242 509
2500 – 2999 cm^3	236 532
3000 – 3999 cm^3	45 877
4000 und mehr cm^3	34 207
Insgesamt	3 090 040

b) Die Tabelle rechts enthält Daten über die Höchstgeschwindigkeit der insgesamt in Deutschland zugelassenen Pkw.
Fassen Sie diese Daten zu Klassen zusammen und stellen Sie diese in einem Histogramm dar.

bis 25 km/h	7 672
von 26 – 50 km/h	1 437
von 51 – 100 km/h	76 297
von 101 – 110 km/h	56 131
von 111 – 120 km/h	109 145
von 121 – 130 km/h	270 604
von 131 – 140 km/h	715 592
von 141 – 150 km/h	2 742 889
von 151 – 160 km/h	5 150 987
von 161 – 170 km/h	6 147 629
von 171 – 180 km/h	6 495 701
von 181 – 190 km/h	6 342 005
von 191 – 200 km/h	4 788 184
von 201 – 210 km/h	3 418 801
von 211 – 220 km/h	1 902 842
von 221 – 230 km/h	1 445 101
von 231 – 240 km/h	680 503
von 241 – 250 km/h	654 084
über 250 km/h	117 132
Zusammen	41 122 736

6 Vorschläge für eigene Projekte
Ermitteln Sie die geforderten Daten und stellen Sie diese grafisch dar. Wählen Sie geeignete Klassen.
(1) Wie viel Taschengeld erhalten Jugendliche monatlich?
(2) Wie viel Geld geben Jugendliche monatlich für Kinobesuche aus?

1.1.4 Analyse von grafischen Darstellungen

In Zeitungen und Zeitschriften findet man oft Grafiken, die den Betrachter gewollt oder ungewollt irreführen; daher ist es wichtig, sich bewusst zu machen, worauf es bei einer angemessenen grafischen Darstellung ankommt.

Aufgabe

1 Grafische Darstellung von flächigen Objekten

In Zeitschriften und Zeitungen erscheinen oft Grafiken, die beim Betrachter einen falschen Eindruck erwecken.

a) Nach einer Information des Statistischen Bundesamtes kamen im Jahr 2006 in Deutschland insgesamt 5 091 Menschen bei Verkehrsunfällen ums Leben, davon 1 384 innerorts, 3 062 außerorts (ohne Autobahn) und 645 auf Autobahnen.

Wenn man diese Daten grob rundet, könnte man sagen: In Deutschland kamen innerorts ungefähr doppelt so viele Menschen ums Leben wie auf den Autobahnen und ungefähr doppelt so viele außerorts wie innerorts.

Begründen Sie, dass die grafische Darstellung diese Zahlenverhältnisse nicht angemessen wiedergibt.

b) Die Werbeabteilung einer Fernsehillustrierten will in einer Anzeige die Zunahme der Verkaufszahlen veranschaulichen:

2004: durchschnittlich 453 000 verkaufte Exemplare,
2008: durchschnittlich 727 000 verkaufte Exemplare.

Mit welchem Faktor muss das Foto der Illustrierten vergrößert werden, damit die Veränderung angemessen dargestellt wird?

Lösung

a) In der Grafik wurde die Seitenlänge des Verkehrschildes verdoppelt. Dadurch wurde sein Flächeninhalt vervierfacht.

Der optische Eindruck rührt vom Flächeninhalt her und legt somit eine Vervierfachung statt eine Verdopplung nahe.

b) Wir bestimmen den Faktor k, mit dem man die Verkaufszahlen im Jahr 2004 vervielfachen muss, um die im Jahr 2008 zu erhalten:

$k = \frac{729\,000}{456\,000} \approx 1{,}61$

Zur Veranschaulichung werden rechteckige Fotos verwendet. Der Flächeninhalt des Fotos für 2008 muss k-mal so groß sein wie der des Fotos für 2004.

Folglich muss die Seitenlänge mit dem Faktor $\sqrt{k} \approx \sqrt{1{,}61} \approx 1{,}27$, also auf 127 % vergrößert werden.

Weiterführende Aufgaben

2 Grafische Darstellung bei räumlichen Objekten

a) Nach einer Information des Bundesumweltamtes konnte in den letzten 10 Jahren der Anteil an wieder verwendbaren Wertstoffen im Müllaufkommen der Bundesbürger noch einmal verdoppelt werden.
Ein Grafiker wird beauftragt, diese Entwicklung durch Darstellung einer quaderförmigen Verpackung zu veranschaulichen.
Begründen Sie, dass die Grafik rechts die Verdopplung nicht angemessen wiedergibt.

b) Der Trinkwasserverbrauch in Deutschland pro Einwohner und Tag nahm von 147 l im Jahr 1990 auf 125 l im Jahr 2008 ab.
Was muss ein Grafiker beachten, der diese Entwicklung mit unterschiedlich großen Badewannen darstellen möchte?

3 Achseneinteilung bei Linien- und Säulendiagrammen

Die Grafik rechts soll den Erfolg der Bemühungen um eine Verringerung des CO_2-Ausstoßes darstellen.

a) Warum erscheint die Verringerung besonders eindrucksvoll?

b) Kritiker bemängeln, dass insgesamt immer noch zu viel CO_2 ausgestoßen wird. Zeichnen Sie ein Diagramm, das diese Aussage verdeutlicht.

c) Welchen Vorteil hat es, wenn man statt eines Liniendiagramms ein Säulendiagramm zeichnet?

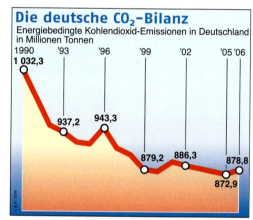

4 Räumliche Anordnung von Objekten

a) Betrachten Sie die Quader in dem Raum unten. Welchen Eindruck haben Sie von ihrer Größe?

b) Untersuchen Sie, ob die Grafik einen angemessenen Eindruck vermittelt.

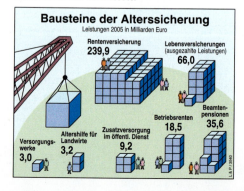

1.1 Erheben, Auswerten und Darstellen statistischer Daten

Information

In Zeitungen und Zeitschriften findet man oft Grafiken, die den Betrachter irreführen können. Dies kann ohne Absicht geschehen – dann wäre es ein „handwerklicher Fehler" – oder gezielt – dann kann man dies als (versuchte) Manipulation ansehen.

Folgende Gesichtspunkte sollten bei der Erstellung von Grafiken beachtet werden.

(1) Falsche Darstellung von Größen durch Flächen und Körper

Werden Flächen zur Veranschaulichung gewählt, dann muss der *Flächeninhalt* proportional zur dargestellten Größe abgebildet werden: Sollen zwei Größen miteinander verglichen werden und ist eine Größe k-mal so groß wie die andere, dann muss jede Strecke mit dem Faktor $\sqrt{k}$ multipliziert werden.

Werden Körper zur Veranschaulichung gewählt, dann muss das *Volumen* proportional zur dargestellten Größe abgebildet werden: Sollen zwei Größen miteinander verglichen werden und ist eine Größe k-mal so groß wie die andere, dann muss jede Strecke mit dem Faktor $\sqrt[3]{k}$ multipliziert werden.

Beispiele:

- Der Grafiker hat das Motiv „Nationalfahne" mit verschiedenen Zoomeinstellungen gezeichnet. Man könnte die Größe der Fahnen hinsichtlich der Proportionalität zum Anteil der einzelnen Reiseziele beispielsweise dadurch

überprüfen, dass man die Breite *oder* die Höhe der Fahnen nachmisst *oder* auch etwa die Länge der Diagonale.

- Der Grafiker hat das Motiv „Mülltonne" mit verschiedenen Zoomeinstellungen gezeichnet. Man könnte die Größe der Tonnen hinsichtlich der Proportionalität zum Anteil der einzelnen Müllarten beispielsweise dadurch überprüfen, dass man den Durchmesser *oder* die Höhe der Tonnen nachmisst *oder* auch etwa den Abstand der Tonnen-Henkel.

(2) Eindruck bei räumlichen Anordnungen

Werden Gegenstände und Figuren in einer Grafik hintereinander angeordnet, dann erscheinen Objekte im Vordergrund größer als vergleichbare im Hintergrund. Es entsteht manchmal der Eindruck, als seien alle Figuren gleich groß. Um diesen Effekt zu vermeiden, muss man die hinteren Objekte kleiner zeichnen.

(3) Falscher Eindruck bei der Darstellung von Veränderungen (*Matterhorn-Effekt*)

Wird die volle Größe der Grafikfläche für die Darstellung eines Verlaufs genutzt, ohne dass der Ursprung des Koordinatensystems oder die Bezugsachsen unmittelbar erkennbar sind, erscheinen auch geringfügige Veränderungen wie steile Berge – daher wird diese Form der beabsichtigten oder unabsichtigen Manipulation auch als *Matterhorn-Effekt* bezeichnet.

Matterhorn
(Gipfel der Walliser Alpen, 4478 m ü. M.)

Beispiel: Bei der abgebildeten SPIEGEL-Grafik zur Lage der SPD im Herbst 2007 hat man den Eindruck, dass sowohl die Mitgliederzahlen als auch die Stimmanteile bei den Bundestagswahlen gegen null gehen.

Übungsaufgaben **5** Stellen Sie sich vor, Sie haben als Grafiker den Auftrag die Verteilung der Größe der Städte und Gemeinden in Deutschland grafisch darzustellen, dabei möchten Sie nicht auf die Darstellungsform Säulendiagramm zurückgreifen (vgl. rechts), sondern stattdessen Häuser in verschiedenen Größen zeichnen.
Beurteilen Sie die folgende Grafik, bei der – im Vergleich zur Grafik mit den Säulendiagrammen – größere Klassen gebildet wurden.

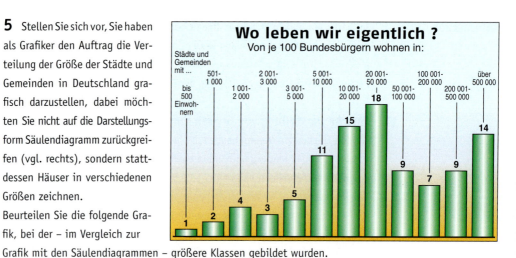

6 2008 lebten auf den Kontinenten:

Asien	4 052 Mio.
Afrika	967 Mio.
Amerika	915 Mio.
Europa	736 Mio.
Australien/Ozeanien	35 Mio.

a) Erläutern Sie, warum die nebenstehende Grafik nicht gelungen ist.

b) Gehen Sie aus von der Figur für Europa. Berechnen Sie dann für die anderen Kontinente den Faktor, mit dem der Grafiker diese Figur hätte vergrößern müssen.

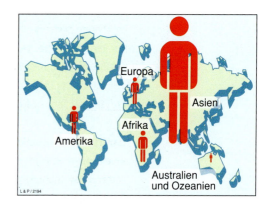

7 Werden diese Informationen durch die bildlichen Darstellungen richtig wiedergegeben?

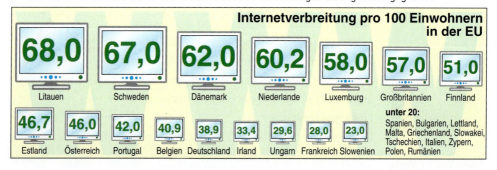

8 Untersuchen Sie, ob die Grafiken einen angemessenen Eindruck vermitteln.

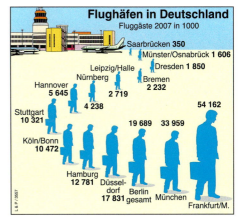

9 Welche Maße müsste man für eine Grafik wählen, wenn als Motiv eine quaderförmige Tonne verwendet würde?

Skizzieren Sie selbst eine solche Tonne für ein Land am unteren bzw. oberen Ende bzw. im Mittelfeld der Übersicht.

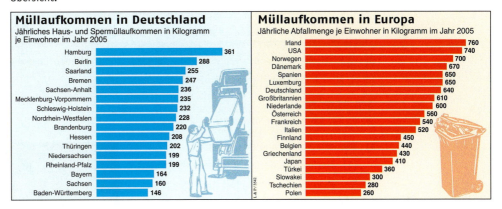

10 In der abgebildeten Grafik links ist der Stimmanteil der im Deutschen Bundestag vertretenen Parteien seit Gründung der Bundesrepublik im Jahr 1949 dargestellt.

Warum ist die gewählte Darstellungsform eigentlich falsch?

Welchen Vorteil hat es (trotzdem), wenn man bei einer Grafik die Darstellungsform Polygonzug wählt?

11 Suchen Sie in Zeitungen und Zeitschriften nach Darstellungen, die einen unangemessenen Eindruck hervorrufen. Hängen Sie die Beispiele zusammen mit eigenen Darstellungen des jeweiligen Sachverhalts im Klassenraum aus.

Schreiben Sie einen Leserbrief.

1.2 Mittelwerte – Lagemaße

> Im Mittel werden deutsche Männer 76,6 Jahre alt; sie essen im Mittel pro Jahr 67 kg Kartoffel (-produkte) und trinken im Mittel pro Tag 0,32 l Bier.

Solche oder ähnliche Nachrichten findet man täglich in den Zeitungen. Die Mittelwerte werden aus Häufigkeitsverteilungen berechnet. Obwohl hierbei umfangreiches Datenmaterial auf eine einzige Kennzahl reduziert wird, können Mittelwerte trotzdem interessante Informationen geben, wenn man Vergleichszahlen aus anderen Gesamtheiten daneben stellt, z. B. beträgt die Lebenserwartung in Irland 74,7 Jahre, der durchschnittliche Jahreskonsum von Kartoffeln in Italien ist 40 kg und die Franzosen trinken im Mittel pro Tag 0,1 l Bier. Ziel dieser Ein-Zahl-Informationen ist es, dem Leser ein ungefähres Bild von einer Sachsituation zu vermitteln.

1.2.1 Das arithmetische Mittel einer Häufigkeitsverteilung

Aufgabe 1

> **Die Deutschen haben immer weniger Kinder**
> Nur noch 0,9 Kinder leben im Schnitt in jedem Haushalt – viele 1-Personen-Haushalte.

Das statistische Bundesamt veröffentlichte folgende Informationen über die Anzahl der ledigen Kinder (ohne Altersbegrenzung) in den Haushalten:

Anzahl k der Kinder	0	1	2	3	4 und mehr
Anteil h(k) der Haushalte mit k Kindern	48,3 %	21,1 %	21,3 %	6,9 %	2,4 %

a) Wie viele Kinder sind dies im Mittel?
  (1) Bestimmen Sie zunächst den Mittelwert unter der Annahme, dass die Daten aus einer repräsentativen Stichprobe von 1 000 Haushalten stammen.
  (2) Wie kann man den Mittelwert auch ohne absolute Häufigkeiten bestimmen?
b) Über Haushalte mit 5, 6, … Kindern sind in der o. a. Häufigkeitsverteilung keine Angaben gemacht. Welchen Einfluss hätten Daten hierüber auf die Mittelwertbildung?

Lösung

a) (1) Wir können die Gesamtzahl der Kinder in den 1 000 Haushalten der Stichprobe wie folgt bestimmen:

$483 \cdot 0$ (483 Haushalte ohne Kinder) $+ 211 \cdot 1$ (211 Haushalte mit je 1 Kind) $+ 213 \cdot 2$ (213 Haushalte mit je 2 Kindern) $+ 69 \cdot 3$ (69 Haushalte mit je 3 Kindern) $+ 24 \cdot 4 = 940$ (24 Haushalte mit je 4 Kindern)

Zur Vereinfachung haben wir hier mit 24 Haushalten mit je 4 Kindern gerechnet.
Für den Mittelwert $\overline{x}$ gilt also:

$$\overline{x} = \frac{483 \cdot 0 + 211 \cdot 1 + 213 \cdot 2 + 69 \cdot 3 + 24 \cdot 4}{1000} = \frac{940}{1000} = 0{,}940$$

Im Zähler des Bruchs steht die Gesamtzahl der Kinder in 1 000 Haushalten. Im Nenner steht die Gesamtzahl der Haushalte bei dieser Stichprobe.

Ergebnis: Durchschnittlich leben also in den Haushalten in Deutschland ca. 0,94 Kinder.

1.2 Mittelwerte – Lagemaße

(2) Den Bruch zur Berechnung von $\bar{x}$ in (1) kann man auch anders schreiben:
$\bar{x} = \frac{483}{1000} \cdot 0 + \frac{211}{1000} \cdot 1 + \frac{213}{1000} \cdot 2 + \frac{69}{1000} \cdot 3 + \frac{24}{1000} \cdot 4$,
also
$\bar{x} = 0{,}483 \cdot 0 + 0{,}211 \cdot 1 + 0{,}213 \cdot 2 + 0{,}069 \cdot 3 + 0{,}024 \cdot 4$

Anteil der Haushalte ohne Kinder

Anteil der Haushalte mit 2 Kindern

Ergebnis: Man kann den Mittelwert auch ohne Kenntnis der absoluten Häufigkeiten berechnen, indem man die Summe der Produkte aus der Anzahl k der Kinder und dem zugehörigen Anteil h(k) bildet.

b) Die „ungenauere" Angabe „4 Kinder und mehr" spielt bei der Mittelwertbildung praktisch keine Rolle, da der Anteil dieser Haushalte sehr klein ist. Auch wenn man mit einer genaueren Information rechnen würde, z. B. 1,8 % Haushalte mit 4 Kindern, 0,4 % Haushalte mit 5 Kindern, 0,2 % Haushalte mit 6 Kindern, ergäbe sich (fast) der gleiche Wert:
$\bar{x} = 0{,}483 \cdot 0 + 0{,}211 \cdot 1 + 0{,}213 \cdot 2 + 0{,}069 \cdot 3 + 0{,}018 \cdot 4 + 0{,}004 \cdot 5 + 0{,}002 \cdot 6 = 0{,}948$

Weiterführende Aufgabe

2 Mittelwert bei klassierten Daten

Liegen statistische Daten nur in Form von klassierten Daten vor, dann kann man statt des Mittelwertes der Einzelwerte (ersatzweise) den Mittelwert der *Klassenmitten* berechnen.

(1) Bestimmen Sie die durchschnittliche Wochenarbeitszeit in West- bzw. Ostdeutschland.

(2) Woran liegt es, dass der berechnete Mittelwert nicht mit dem in der Grafik angegebenen Wert übereinstimmt?

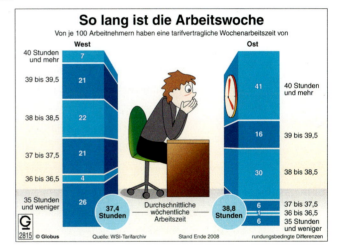

Information

(1) Arithmetisches Mittel einer Häufigkeitsverteilung

In den Aufgaben 1 und 2 haben wir den Mittelwert bei quantitativen Merkmalen betrachtet. Zur Unterscheidung von anderen Mittelwerten bezeichnen wir diesen Mittelwert als *arithmetisches Mittel*.

> **Definition: Arithmetisches Mittel einer Häufigkeitsverteilung**
>
> Gegeben ist ein quantitatives Merkmal mit den Merkmalsausprägungen (Merkmalswerten) x_1, x_2, x_3, …, x_m.
>
> Sind $h(x_1)$, $h(x_2)$, $h(x_3)$, …, $h(x_m)$ die zugehörigen relativen Häufigkeiten, mit denen diese Merkmalsausprägungen auftreten, dann ist das **arithmetische Mittel $\bar{x}$ der Häufigkeitsverteilung** definiert:
> $\bar{x} = h(x_1) \cdot x_1 + h(x_2) \cdot x_2 + h(x_3) \cdot x_3 + \ldots + h(x_m) \cdot x_m$, wobei $h(x_1) + h(x_2) + \ldots + h(x_m) = 1$.
>
> Hierfür schreibt man kurz: $\bar{x} = \sum_{i=1}^{m} h(x_i) \cdot x_i$
>
> Man bezeichnet $\bar{x}$ auch als **gewichtetes Mittel** der Ausprägungen $x_1, x_2, x_3, \ldots, x_m$.

Hinweis: Sind statt der relativen Häufigkeiten $h(x_i)$ die absoluten Häufigkeiten $H(x_i)$ bei einer Grundgesamtheit vom Umfang n gegeben, so kann man das arithmetische Mittel $\bar{x}$ wie folgt berechnen:

$$\begin{aligned}\bar{x} &= h(x_1) \cdot x_1 + h(x_2) \cdot x_2 + h(x_3) \cdot x_3 + \ldots + h(x_m) \cdot x_m \\ &= \frac{H(x_1)}{n} \cdot x_1 + \frac{H(x_2)}{n} \cdot x_2 + \frac{H(x_3)}{n} \cdot x_3 + \ldots + \frac{H(x_m)}{n} \cdot x_m \\ &= \frac{H(x_1) \cdot x_1 + H(x_2) \cdot x_2 + H(x_3) \cdot x_3 + \ldots + H(x_m) \cdot x_m}{n}\end{aligned}$$

, wobei $H(x_1) + H(x_2) + H(x_3) + \ldots + H(x_m) = n$.

(2) Arithmetisches Mittel mithilfe einer Tabellenkalkulation bestimmen

Die schriftliche Berechnung des arithmetischen Mittelwerts einer Häufigkeitsverteilung oder die Berechnung mithilfe eines Tabellenkalkulationsprogramms erfolgt am praktischsten in Form einer Tabelle (eines Rechenblatts):

Beispiel (vgl. Aufgabe 1)

Merkmalsausprägungen x_i	relative Häufigkeiten $h(x_i)$	Produkte $x_i \cdot h(x_i)$
x_1	$h(x_1)$	$x_1 \cdot h(x_1)$
x_2	$h(x_2)$	$x_2 \cdot h(x_2)$
⋮	⋮	⋮
x_m	$h(x_m)$	$x_m \cdot h(x_m)$
	Summe:	$\bar{x}$

	A	B	C
1	Anzahl k der Kinder	Anteil der Haushalte mit k Kindern	Produkt
2	0	0,483	0
3	1	0,211	0,211
4	2	0,213	0,426
5	3	0,069	0,207
6	4	0,018	0,072
7	5	0,004	0,02
8	6	0,002	0,012
9		Summe	0,948
10			

(C2: =A2*B2)

(3) Mittelwertbildung bei klassierten Daten

Liegen statistische Daten nur in Form von klassierten Daten vor, dann ist es üblich, statt des Mittelwerts der nicht vorliegenden Einzelwerte ersatzweise den *Mittelwert der Klassenmitten* zu berechnen (auch als *praktischer Mittelwert* bezeichnet). Oft ist es allerdings schwierig, einen angemessenen Wert für die Klassenmitte der „untersten" bzw. der „obersten" Klasse anzugeben.

Übungsaufgaben **3**

a) Wie alt ist die Bevölkerung Deutschlands im Mittel?
b) Gibt es einen Unterschied zwischen West- und Ostdeutschland?

Alter bis unter … Jahren	kumuliert gesamt	kumuliert West (ohne Berlin)	kumuliert Ost (mit Berlin)
10	7 404 982	6 161 628	1 243 354
20	16 203 730	13 466 486	2 737 244
30	25 971 128	21 080 972	4 890 156
40	37 159 134	30 166 518	6 992 616
50	50 902 987	41 080 053	9 822 934
60	61 711 671	49 518 744	12 192 927
70	71 474 793	57 107 084	14 367 709
80	78 510 064	62 606 737	15 903 327
90	81 746 647	65 210 516	16 536 131
gesamt	82 314 906	65 666 642	16 648 264

4 Bestimmen Sie den mittleren zeitlichen Aufwand, um zur Arbeitsstätte zu gelangen.

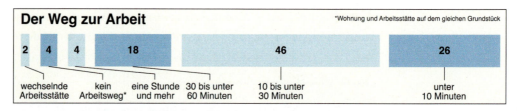

Der Weg zur Arbeit — 2 wechselnde Arbeitsstätte | 4 kein Arbeitsweg* | 4 eine Stunde und mehr | 18 30 bis unter 60 Minuten | 46 10 bis unter 30 Minuten | 26 unter 10 Minuten
*Wohnung und Arbeitsstätte auf dem gleichen Grundstück

1.2 Mittelwerte – Lagemaße

5 Die untenstehende Tabelle gibt an, wie viele von 100 000 Neugeborenen das Alter x erreichen.
Wie kann man mithilfe dieser Angaben die durchschnittliche Lebenserwartung von Frauen bzw. Männern bestimmen?
Führen Sie die Rechnung mithilfe einer Tabellenkalkulation durch.

Alter x	männlich	weiblich	Alter x	männlich	weiblich
0	100 000	100 000	50	94 447	97 026
1	99 544	99 620	55	91 733	95 583
5	99 452	99 535	60	87 765	93 483
10	99 393	99 488	65	82 042	90 571
15	99 326	99 441	70	73 595	85 994
20	99 059	99 324	75	61 490	78 399
25	98 686	99 189	80	46 179	66 178
30	98 331	99 049	85	28 411	47 471
35	97 922	98 860	90	12 671	25 436
40	97 306	98 545	95	3 420	8 069
45	96 242	97 987	100	484	1 316

6 Vergleichen Sie die Angaben der Presseerklärung des Bundesamtes für Statistik mit den Daten der Tabelle (Angaben in 1 000).

WIESBADEN – Wie das Statistische Bundesamt (Destatis) mitteilt, unterscheiden sich die Wohnverhältnisse im früheren Bundesgebiet (ohne Berlin) und in den neuen Ländern (mit Berlin) nach wie vor deutlich. So hatten die Wohnungen eine durchschnittliche **Wohnfläche** von **93,9** Quadratmetern im Westen und **76,5** Quadratmetern im Osten.

Wohnfläche	West (ohne Berlin)	Ost (mit Berlin)	gesamt
unter 40 m²	1 206	481	1 687
40 m² bis unter 60 m²	4 195	2 190	6 385
60 m² bis unter 80 m²	6 870	2 217	9 087
80 m² bis unter 100 m²	5 136	1 121	6 257
100 m² bis unter 120 m²	3 592	798	4 390
120 m² und mehr	7 446	946	8 392

7 Immer mehr 1-Personen-Haushalte in Deutschland

In Deutschland leben im Schnitt nur noch 2,1 Personen im Haushalt – vor hundert Jahren waren es noch mehr als doppelt so viele.
Überprüfen Sie die Angaben über den Mittelwert.

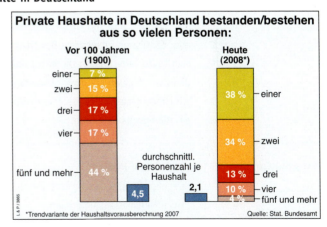

8 Bestimmen Sie das mittlere monatliche Nettoeinkommen in Deutschland. Stellen Sie die Verteilung auch mithilfe eines Histogramms dar.

monatliches Nettoeinkommen	Anteil der Haushalte	monatliches Nettoeinkommen	Anteil der Haushalte
unter 500 €	2,8 %	1 700 € bis unter 2 000 €	9,6 %
500 € bis unter 900 €	11,6 %	2 000 € bis unter 2 600 €	15,7 %
900 € bis unter 1 300 €	16,7 %	2 600 € bis unter 3 200 €	10,3 %
1 300 € bis unter 1 500 €	8,5 %	3 200 € bis unter 4 500 €	10,9 %
1 500 € bis unter 1 700 €	7,7 %	4 500 € und mehr	6,3 %

1.2.2 Der Median einer Häufigkeitsverteilung

Einführung

Mittelwert bei rangskalierten Merkmalen – Median

Hotel Seeblick		sehr gut	gut	zufrieden-stellend	ausreichend	mangelhaft
Hat Ihnen der Aufenthalt in unserem Hotel gefallen? Bitte nehmen Sie sich eine Minute Zeit, die folgenden Fragen zu beantworten. Damit helfen Sie uns, unseren Service zu verbessern.	Zimmerausstattung	○	○	○	○	○
	Restaurant	○	○	○	○	○
	Freizeitangebot	○	○	○	○	○
	Gesamteindruck	○	○	○	○	○

Die Auswertung der Befragung der Gäste zum Gesamteindruck ergab die nebenstehende Häufigkeitsverteilung.

Ist es gerechtfertigt, als Durchschnittsbewertung das Urteil „gut" gelten zu lassen?

Wir stellen die Häufigkeitsverteilung grafisch in einem Blockdiagramm dar und zeichnen zusätzlich als Mitte des Blockdiagramms eine Linie.

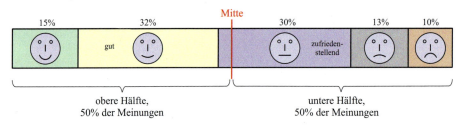

Ordnet man die Bewertungen so an, wie im Blockdiagramm dargestellt, so trifft die Linie in der Mitte auf die Merkmalsausprägung „zufriedenstellend".

Man erkennt, dass das Urteil „gut" zwar am häufigsten genannt wurde, jedoch gaben mehr als die Hälfte aller Gäste eine schlechtere Bewertung als „gut" ab.

Man sollte daher sagen: Im Mittel war das Urteil „zufriedenstellend".

Da es sich hier um ein qualitatives Merkmal handelt, können wir das arithmetische Mittel nicht verwenden. Wir haben deshalb einen anderen Mittelwert verwendet, den so genannten **Median** (oder auch Zentralwert) der Häufigkeitsverteilung.

Information

Definition: Median

Gegeben ist eine Häufigkeitsverteilung mit geordneten Rangmerkmalen oder mit geordneten quantitativen Merkmalsausprägungen.

$\tilde{x}$ für Median

Der **Median** (oder auch Zentralwert) $\tilde{x}$ einer Häufigkeitsverteilung ist ein Wert (auf der Merkmalsachse der Verteilung), der die Merkmalsausprägungen in zwei Hälften teilt:
- Alle Ausprägungen der unteren Hälfte sind kleiner oder gleich dem Median.
- Alle Ausprägungen der oberen Hälfte sind größer oder gleich dem Median.

Falls der Median selbst Merkmalsausprägung der Verteilung ist, gehört er sowohl zur unteren Hälfte als auch zur oberen Hälfte.

1.2 Mittelwerte – Lagemaße

Aufgabe

1 Median einer kompletten Datenliste von diskreten Merkmalsausprägungen bestimmen

Schokoladentafeln der Marke *Choc* werden zu unterschiedlichen Preisen angeboten. Bei einer Erhebung eines Marktforschungsinstituts in 15 Geschäften wurden folgende Preise notiert (Preise nach der Größe geordnet):

0,59 €;   0,65 €;   0,69 €;   0,75 €;   0,75 €;   0,79 €;   0,79 €;   0,80 €;
0,85 €;   0,89 €;   0,90 €;   0,99 €;   0,99 €;   1,00 €;   1,20 €.

In einem Marktbericht wurden dann folgende Daten veröffentlicht:

Preisspanne: 0,59 € bis 1,20 €   *mittlerer Preis:* 0,80 €

Der veröffentlichte mittlere Preis ist *nicht* das arithmetische Mittel der erhobenen Preise und auch nicht der Mittelwert aus niedrigstem und höchstem Preis.

Warum hat man nicht diese Werte veröffentlicht?
Wie wurde hier der „*mittlere Preis*" bestimmt?

Lösung

Das arithmetische Mittel der erhobenen Preise wäre $\bar{x} = \frac{12{,}63}{15}$ € = 0,842 €, das arithmetische Mittel aus niedrigstem und höchstem Preis 0,895 €.

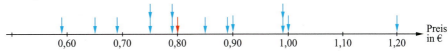

Ordnet man alle Preise auf einer Skala an, so kann man sehen:

Der veröffentlichte Preis liegt in der Mitte der 15 erhobenen Preise, d. h. es handelt sich hier um den Median; er steht an 8. Stelle in der Reihe der 15 erhobenen Preise. In diesem Fall ist der Median also tatsächlich bei der Erhebung aufgetreten.

In der Stichprobe wurden genauso viele Preise entdeckt, die niedriger als der angegebene mittlere Preis waren, wie Preise, die höher waren.

Das arithmetische Mittel, nämlich $\bar{x}$ = 0,842 €, trat dagegen als Preis bei der Erhebung nicht auf.

Würde man den mittleren Preis mithilfe des kleinsten und des größten Wertes festlegen, dann wäre dieser Mittelwert sehr stark davon abhängig, welche extremen Preise in der Stichprobe gefunden werden. Ein *mittlerer Preis* darf aber nicht allzu sehr von extremen Sonderangeboten oder übertrieben teurer Preisgestaltung abhängen.

Aufgabe

2 Median bei Häufigkeitsverteilungen mit Merkmalsklassen bestimmen

Auch ohne Trauschein glücklich

Immer mehr Paare heiraten spät

Wiesbaden – Wie das Statistische Bundesamt meldet, ist auch im vergangenen Jahr das mittlere Heiratsalter weiter gestiegen – bei Männern beträgt es jetzt 32,7 Jahre, bei Frauen 29,8 Jahre.

Heiratsalter	Männer	rel. Häufigkeit
unter 20	1412	0,5 %
20 bis 25	27901	10,3 %
25 bis 30	79773	29,4 %
30 bis 35	75245	27,7 %
35 bis 40	49134	18,1 %
40 bis 45	22534	8,3 %
45 bis 50	8549	3,1 %
50 bis 55	3740	1,4 %
55 bis 60	1753	0,6 %
60 und mehr	1413	0,5 %
gesamt	271454	99,9 %

(Rundungsfehler)

Überprüfen Sie die Angaben des Statistischen Bundesamtes hinsichtlich des mittleren Heiratsalters für Männer, die bis zu diesem Zeitpunkt noch ledig waren.

Wie ist das oben angegebene mittlere Heiratsalter für Männer bestimmt worden?

Lösung

Wir bestimmen zunächst das arithmetische Mittel der Häufigkeitsverteilung als Summe von Produkten der Klassenmitten, gewichtet mit den jeweiligen relativen Häufigkeiten (siehe Seite 31).

Der Einfachheit halber betrachten wir lauter Klassen der Breite 5, also die Klassenmitten 17,5; 22,5; 27,5; ...; 57,5; 62,5.

Als arithmetisches Mittel des Heiratsalters bei Männern ergibt sich der vom Statistischen Bundesamt genannte Wert von 32,7 Jahren.

	A	B	C	D	E
				=C2*D2	
1	Heiratsalter	Männer	Klassen-mitte	rel. Häufigkeit	Produkt
2	unter 20	1412	17,5	0,52%	0,091
3	20 bis 25	27901	22,5	10,28%	2,313
4	25 bis 30	79773	27,5	29,39%	8,082
5	30 bis 35	75245	32,5	27,72%	9,009
6	35 bis 40	49134	37,5	18,10%	6,788
7	40 bis 45	22534	42,5	8,30%	3,528
8	45 bis 50	8549	47,5	3,15%	1,496
9	50 bis 55	3740	52,5	1,38%	0,723
10	55 bis 60	1753	57,5	0,65%	0,371
11	60 und mehr	1413	62,5	0,52%	0,325
12	gesamt	271454			32,73

Eine andere Möglichkeit, einen *mittleren Wert* für die Verteilung zu bestimmen, erfolgt über den Median der Häufigkeitsverteilung.

Dazu müssen wir herausfinden, bei welchem Heiratsalter die Gesamtheit aller Männer, die im vergangenen Jahr heirateten, in zwei Hälften unterteilt wird. Wir betrachten zunächst die kumulierte Häufigkeitsverteilung in der Tabelle.

	C	D	E	F	G
1	Klassen-mitte	rel. Häufigkeit	Produkt	obere Klassengrenze	rel. H. kumuliert
2	17,5	0,52%	0,091	20	0,52%
3	22,5	10,28%	2,313	25	10,80%
4	27,5	29,39%	8,082	30	40,19%
5	32,5	27,72%	9,009	35	67,91%
6	37,5	18,10%	6,788	40	86,01%
7	42,5	8,30%	3,528	45	94,31%
8	47,5	3,15%	1,496	50	97,46%
9	52,5	1,38%	0,723	55	98,83%
10	57,5	0,65%	0,371	60	99,48%
11	62,5	0,52%	0,325	65	100,00%
12			32,73		

Wir stellen fest, dass die kumulierten relativen Häufigkeiten erstmals im Intervall zwischen 30 und 35 Jahren den Wert 0,5 (50 %) überschreiten. Da uns keine näheren Informationen vorliegen, gehen wir *näherungsweise* davon aus, dass der Zuwachs von 40,19 % auf 67,91 % gleichmäßig, d. h. linear erfolgt.

Wenn wir den Unterschied von 67,91 − 40,19 = 27,72 Prozentpunkten in 5 gleich große Intervalle der Breite 5,54 unterteilen (27,72 : 5 ≈ 5,54), dann können wir folgende Zuordnungen vornehmen:

40,19 % + 5,54 % = 45,73 % wäre dann die kumulierte relative Häufigkeit für ein Heiratsalter bis 31 Jahren, 45,73 % + 5,54 % = 51,27 % entsprechend die kumulierte relative Häufigkeit für ein Heiratsalter bis 32 Jahren usw.

Wir suchen konkret diejenige Stelle, an der die lineare Funktion den Funktionswert 0,5 annimmt. Aus der Grafik lesen wir ab, dass dies ungefähr bei $\tilde{x} = 31{,}7$ Jahren der Fall ist.

Der Median der Häufigkeitsverteilung liegt also bei 31,7 Jahren, d. h. 50 % der Männer, die (erstmals) heiraten, sind höchstens 31,7 Jahre alt und 50 % sind mindestens 31,7 Jahre alt.

Das Statistische Bundesamt hat demnach das arithmetische Mittel als *mittleres Heiratsalter* angegeben, nicht den Median, der unterhalb des arithmetischen Mittels liegt.

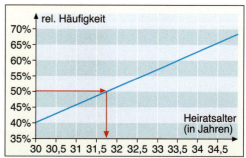

1.2 Mittelwerte – Lagemaße

Weiterführende Aufgabe

3 Einfluss von Ausreißern auf die Mittelwertbildung

Bei einem Konzentrationstest benötigen die Teilnehmer folgende Zeiten:

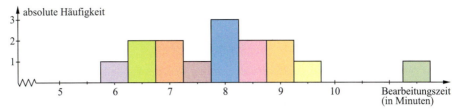

Bestimmen Sie das arithmetische Mittel $\bar{x}$, wenn man den *Ausreißer* $x_{15} = 11{,}5$ min.
(1) mitzählt, (2) nicht beachtet, also weglässt.
Welchen Mittelwert sollte man angeben?

Information

(1) Den Median einer Häufigkeitsverteilung bestimmen

Durch den Median $\tilde{x}$ wird eine Menge von Merkmalswerten (eines quantitativen Merkmals oder eines Rangmerkmals) in zwei gleich große Hälften geteilt.

Beispiel 1: Den Median einer geordneten Zahlenliste bestimmen
- *bei ungerader Anzahl von Merkmalswerten*

$\underbrace{x_1 = 3, \quad x_2 = 4, \quad x_3 = 8,}_{\text{untere Hälfte}} \quad x_4 = 9, \quad \underbrace{x_5 = 10, \quad x_6 = 11, \quad x_7 = 20}_{\text{obere Hälfte}}$

Der Median $\tilde{x}$ ist dann gleich $x_4 = 9$.

Ist die Anzahl der Merkmalswerte ungerade, dann gehört der mittlere Wert $\tilde{x}$ sowohl zur unteren wie zur oberen Hälfte.

- *bei gerader Anzahl von Merkmalswerten*

$\underbrace{x_1 = 3, \quad x_2 = 4, \quad x_3 = 8,}_{\text{untere Hälfte}} \quad \underbrace{x_4 = 9, \quad x_5 = 10, \quad x_6 = 11}_{\text{obere Hälfte}}$

Der Median $\tilde{x}$ ist dann gleich $\tilde{x} = \frac{8 + 9}{2} = 8{,}5$.

Ist die Anzahl der Merkmalswerte gerade, dann gehört der mittlere Wert $\tilde{x}$ weder zur unteren noch zur oberen Hälfte. Man definiert $\tilde{x}$ durch das arithmetische Mittel des größten Merkmalswertes der unteren Hälfte und des kleinsten Merkmalswertes der oberen Hälfte. Man könnte im Prinzip auch jeden Zwischenwert als Median bezeichnen.

Beispiel 2: Den Median einer diskreten Häufigkeitsverteilung bestimmen

Für ein Produkt wurde die folgende Häufigkeitsverteilung für den Preis ermittelt:

Preis (in €)	3,80	3,90	4,00	4,30	5,99
relative Häufigkeit	0,2	0,1	0,1	0,4	0,2
kumulierte rel. H.	0,2	0,3	0,4	0,8	1

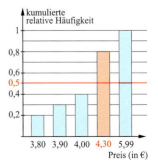

Die kumulierten relativen Häufigkeiten überschreiten erstmals bei 4,30 € den Wert 0,5.

Also ist 4,30 € der Median dieser Häufigkeitsverteilung.

Wird die kumulierte relative Häufigkeit 0,5 (50 %) genau bei einem Merkmalswert erreicht, so definiert man $\tilde{x}$ durch das arithmetische Mittel dieses Merkmalswertes und des nächstgrößeren Merkmalswertes.

Beispiel 3: Den Median bei klassierten Häufigkeitsverteilungen bestimmen

Eine Schule untersuchte den Schulweg, der täglich zurückgelegt wird.

Weglänge (in km)	unter 5	5–10	10–15	15–20	über 20
relative Häufigkeit	0,15	0,23	0,34	0,23	0,05
kumulierte relative Häufigkeit	0,15	0,38	0,72	0,95	1

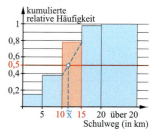

Für die Klasse *10–15* wird erstmals der Wert 0,5 für die kumulierten Häufigkeiten überschritten. Den Median berechnen wir wie folgt:

$$\tilde{x} = 10 + \frac{12\%}{34\%} \cdot 5 \approx 11,8$$

untere Intervallgrenze der Klasse 10–15

Klassenbreite

Anteil bis zur 50%-Grenze der zugehörigen relativen Häufigkeit

(2) Median im Vergleich zum arithmetischen Mittel

Wie aus der Grafik in der Aufgabenstellung von Aufgabe 2 ersichtlich ist, sind die Häufigkeitsverteilungen des Merkmals *Heiratsalter von Männern* nicht symmetrisch; das Maximum der Verteilung liegt im Intervall zwischen 30 und 35 Jahren. Vom Maximum aus ist der Abstand zur Klasse mit dem niedrigsten Heiratsalter („unter 20 Jahre") deutlich kleiner als zur Klasse mit dem höchsten Heiratsalter („60 Jahre und mehr"). Bei der Bildung des arithmetischen Mittels geht dieser Abstand wesentlich in die Rechnung ein. Daher ergeben sich unterschiedliche Werte für das arithmetische Mittel und den Median. Das *mittlere Heiratsalter* (der Median) ist kleiner als das *Durchschnittsheiratsalter* (das arithmetische Mittel), weil die Mehrheit der Männer früher heiratet als das arithmetische Mittel angibt. Die Abweichungen im Vergleich zu den Angaben des Statistischen Bundesamtes beruhen darauf, dass wir den 50%-Wert nur näherungsweise bestimmt haben.

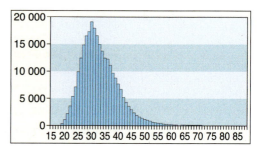

Aufgabe 3 zeigt, dass der Median im Vergleich zum arithmetischen Mittel wenig empfindlich gegenüber so genannten *Ausreißern* ist, da es bei der Medianbestimmung nicht auf die einzelnen Werte, sondern nur auf die Reihenfolge der Werte ankommt.

Man sagt: Der Median ist im Gegensatz zum arithmetischen Mittelwert eine *robuste* Größe.

Bei der Erhebung von Daten weiß man im Allgemeinen nicht, warum Ausreißer auftreten, ob sie vielleicht nur Messfehler darstellen, oder ob sie typisch für das Merkmal sind. Diese Unsicherheit kann man umgehen, indem man auch stets den Median angibt und Abweichungen vom arithmetischen Mittel und vom Median überprüft.

> Der Median ist gegenüber dem arithmetischen Mittelwert zu bevorzugen, wenn
> - die Häufigkeitsverteilung asymmetrisch ist,
> - nur wenige Messwerte vorliegen,
> - der Verdacht besteht, dass Ausreißer unter den Messwerten sind,
> - Rangmerkmale vorliegen.

Obwohl es eigentlich nicht sinnvoll ist, wird bei Rangmerkmalen, die durch Zahlen bewertet werden, z. B. bei Noten, oft auch der Durchschnittswert gebildet.

1.2 Mittelwerte – Lagemaße

Übungsaufgaben **4** Vergleichen Sie das Preisniveau der beiden Schuhgeschäfte, in deren Schaufenstern Schuhe mit folgenden Preisen (in Euro) zu sehen sind.

Geschäft A: 79,90/89,90/69,90/64,90/125,00/130,00/ 87,90/99,90/94,90/74,90/94,90/89,90/105,00/99,90/ 94,90/130,00

Geschäft B: 125,00/77,90/84,90/84,90/84,90/84,90/ 89,90/81,90/125,00/119,00/84,90/119,00/77,90/ 77,90/119,00

Was ist Ihr erster Eindruck? Überprüfen Sie diesen Eindruck.

5 Bestimmen Sie analog zu Aufgabe 2 das mittlere Heiratsalter und das Durchschnittsheiratsalter von ledigen Frauen.

Heiratsalter	Frauen
unter 20	7 152
20 bis 25	56 636
25 bis 30	98 631
30 bis 35	59 690
35 bis 40	29 092
40 bis 45	11 376
45 bis 50	4 846
50 bis 55	2 224
55 bis 60	955
60 und mehr	676
gesamt	271 278

6 Durch eine Befragung von 200 Kunden möchte die Geschäftsführung eines Kaufhauses herausfinden, inwieweit die Kunden mit dem Service zufrieden sind.

72 sehr zufrieden 65 im Allgemeinen zufrieden 8 unzufrieden
38 zufrieden 17 nicht immer zufrieden.

Welches ist der Median des Rangmerkmals *Beurteilung des Kundenservice?*

7

a) Bestimmen Sie das mittlere monatliche Nettoeinkommen der Haushalte in Deutschland (siehe Übungsaufgabe 8, Seite 31).

b) Erläutern Sie die Aussage:
Da die Mehrzahl der Familien ein Einkommen hat, das unter dem Durchschnitt liegt, ist das mittlere Einkommen der Bevölkerung kleiner als das Durchschnittseinkommen.

8

				Stereo-Standlautsprecher im Test			
Produkt	Mittlerer Preis	Preisspanne	Hörtest	Technische Prüfung	Handhabung	Verarbeitung	Qualitätsurteil
	in Euro ca.		Gewichtung				
			70 %	10 %	10 %	10 %	
Engel 42	700		+	o	+	o	gut
Teco 40	960	800 bis 1000	+	o	o	+ +	gut
Mento 49	680	560 bis 800	+	o	o	+	gut
Rhom 90	1000		+	o	o	+ +	gut
Muf 50	700		+	o	–	+	befriedigend
Klak 68	765	600 bis 800	o	–	+	+	befriedigend
Mond 67	720	600 bis 800	+	o	–	o	befriedigend
FGS 80	575	500 bis 700	o	o	o	+	befriedigend

Der veröffentlichte *mittlere Preis* ist jeweils der Median von verschiedenen Preisangeboten.

a) Erklären Sie, warum dieser nicht genau in der Mitte des Intervalls „Preisspanne" liegt.

b) Das *Qualitätsurteil* (letzte Spalte der Tabelle) ist (mit einer Einschränkung) ebenfalls ein Mittelwert aus den einzelnen Test-Gesichtspunkten. Wie wird dieser Mittelwert bestimmt?

1.2.3 Das geometrische und das harmonische Mittel

Aufgabe

1 Mittelwertbildung bei Wachstumsprozessen

a) Wie groß sind die Wachstumsfaktoren, die zu den Zinssätzen der nebenstehenden Anzeige gehören?

Auf welchen Betrag wächst ein Ausgangskapital von 10 000 € in 4 Jahren?

b) Beim Wachstumssparen steigen die Wachstumsfaktoren von Jahr zu Jahr.
Wie groß ist der *durchschnittliche* Wachstumsfaktor, d. h. bei welchem *gleichbleibenden* Zinssatz kommt man in 4 Jahren auf den gleichen Betrag wie beim Wachstumssparen? Dieser Zinssatz wird **Rendite** genannt.

c) Wie berechnet sich die Rendite r aus den einzelnen Zinssätzen?

Lösung

a) Bei einem Zinssatz von 3,5 % wächst das Ausgangskapital in einem Jahr mit dem Faktor 1,035 (von 100 % auf 103,5 %). Entsprechend lauten die Wachstumsfaktoren für die nächsten Jahre 1,0425 bzw. 1,0475 bzw. 1,05.

$$10\,000\,€ \xrightarrow{\cdot 1{,}035} 10\,350\,€ \xrightarrow{\cdot 1{,}0425} 10\,789{,}88\,€ \xrightarrow{\cdot 1{,}0475} 11\,302{,}39\,€ \xrightarrow{\cdot 1{,}05} 11\,867{,}51\,€$$
nach 1 Jahr — nach 2 Jahren — nach 3 Jahren — nach 4 Jahren

Ergebnis: Nach Ablauf von vier Jahren ist ein Ausgangskapital von 10 000 € auf 11 867,51 € angewachsen.

b) Gesucht ist derjenige gleich bleibende Wachstumsfaktor q, der nach 4-maliger Anwendung zum gleichen Endbetrag führt

$$10\,000\,€ \xrightarrow{q} \ldots \xrightarrow{q} \ldots \xrightarrow{q} \ldots \xrightarrow{q} 11\,867{,}51\,€$$
$$\cdot q^4$$

Es gilt:

$$10\,000 \cdot q^4 = 11\,867{,}51$$
$$q^4 = 1{,}186751$$
$$q = \sqrt[4]{1{,}186751}$$

Also: $q \approx 1{,}0437$

Ergebnis: Der durchschnittliche Wachstumsfaktor beträgt 1,0437; die Rendite ist 4,37 %.

c) Der Endbetrag von 11 867,51 € ergab sich aus dem Ausgangskapital durch fortgesetzte Multiplikation mit den Wachstumsfaktoren $q_1 = 1{,}035$; $q_2 = 1{,}0425$; $q_3 = 1{,}0475$; $q_4 = 1{,}05$:

$11\,867{,}51 = 10\,000 \cdot 1{,}035 \cdot 1{,}0425 \cdot 1{,}0475 \cdot 1{,}05$
$\phantom{11\,867{,}51} = 10\,000 \cdot q^4$

Daher ist $q^4 = 1{,}035 \cdot 1{,}0425 \cdot 1{,}0475 \cdot 1{,}05 = q_1 \cdot q_2 \cdot q_3 \cdot q_4$

oder $q = \sqrt[4]{\left(1 + \frac{3{,}5}{100}\right)\left(1 + \frac{4{,}25}{100}\right)\left(1 + \frac{4{,}75}{100}\right)\left(1 + \frac{5}{100}\right)}$

d. h. $q = \sqrt[4]{\left(1 + \frac{p_1}{100}\right)\left(1 + \frac{p_2}{100}\right)\left(1 + \frac{p_3}{100}\right)\left(1 + \frac{p_4}{100}\right)}$, wobei $p_1 = 3{,}5$; $p_2 = 4{,}025$; $p_3 = 4{,}075$; $p_4 = 5$

also $r = q - 1$.

1.2 Mittelwerte – Lagemaße

Information

Geometrisches Mittel

In Aufgabe 1 haben wir den durchschnittlichen Wachstumsfaktor dadurch bestimmt, dass wir das Produkt von vier Wachstumsfaktoren durch die vierte Potenz eines unbekannten Wachstumsfaktors ersetzten:

$q^4 = q_1 \cdot q_2 \cdot q_3 \cdot q_4$

Allgemein definiert man:

Definition: Geometrisches Mittel

Gegeben sind n positive Zahlen $g_1, g_2, \ldots, g_n$.

Dann heißt $\hat{g} = \sqrt[n]{g_1 \cdot g_2 \cdot \ldots \cdot g_n}$ das **geometrische Mittel** von $g_1, g_2, \ldots, g_n$.

Sind $g_1, g_2, \ldots, g_n$ Wachstumsfaktoren, dann gibt das geometrische Mittel den durchschnittlichen Wachstumsfaktor an.

Hinweis: Der Begriff *geometrisches Mittel* kommt auch in der Dreieckslehre der Geometrie vor:

Mithilfe des Höhensatzes des EUKLID für rechtwinklige Dreiecke kann man ein Rechteck mit den Seitenlängen x und y in ein flächeninhaltsgleiches Quadrat der Seitenlänge z verwandeln. Man sagt:

Die Seitenlänge des Quadrats ist das geometrische Mittel der Seitenlängen des Rechtecks:

$z = \sqrt[2]{x \cdot y}$

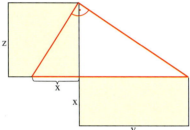

Aufgabe

Geschwindigkeit
= Weg : Zeit

$v = \frac{s}{t}$

2 Mittelwertbildung bei antiproportionalen Größen

a) Ein Radfahrer benötigt für eine Strecke von s = 20 km genau eine Stunde, für die Rückfahrt wegen Gegenwinds 15 Minuten mehr. Wie groß war seine durchschnittliche Geschwindigkeit? Wie hängt diese mit den Einzelgeschwindigkeiten zusammen?

b) Verallgemeinern Sie die Berechnung der Durchschnittsgeschwindigkeit, wenn für eine Strecke der Länge s die Zeiten $t_1, t_2, \ldots, t_n$ benötigt werden, also auf der festen Strecke die Geschwindigkeiten $v_1, v_2, \ldots, v_n$ vorliegen.

Lösung

a) Nach den Angaben des Aufgabentextes ergibt sich

Strecke	Zeit	Geschwindigkeit
s = 20 km	t_1 = 60 min	$v_1 = \frac{20 \text{ km}}{60 \text{ min}} = \frac{20 \text{ km}}{1 \text{ h}} = 20 \frac{\text{km}}{\text{h}}$
s = 20 km	t_2 = 75 min	$v_2 = \frac{20 \text{ km}}{75 \text{ min}} = \frac{20 \text{ km}}{1,25 \text{ h}} = 16 \frac{\text{km}}{\text{h}}$
40 km	135 min	$\frac{40 \text{ km}}{135 \text{ min}} = \frac{40 \text{ km}}{2,25 \text{ h}} \approx 17,8 \frac{\text{km}}{\text{h}}$

Die durchschnittliche Geschwindigkeit betrug $17,8 \frac{\text{km}}{\text{h}}$, also weniger als das arithmetische Mittel der beiden Geschwindigkeiten v_1 und v_2.

$v_{\text{mittel}} = \frac{2s}{t_1 + t_2} = \frac{2}{\frac{t_1}{s} + \frac{t_2}{s}} = \frac{2}{\frac{1}{v_1} + \frac{1}{v_2}}$

b) Analog zu Teilaufgabe a) berechnen wir:

Gesamtstrecke: $n \cdot s$ \qquad Gesamtzeit: $t_1 + t_2 + \ldots + t_n$

Durchschnittliche Geschwindigkeit:

$v_{\text{mittel}} = \frac{n \cdot s}{t_1 + t_2 + \ldots + t_n} = \frac{n}{\frac{t_1 + t_2 + \ldots + t_n}{s}} = \frac{n}{\frac{t_1}{s} + \frac{t_2}{s} + \ldots + \frac{t_n}{s}} = \frac{n}{\frac{1}{v_1} + \frac{1}{v_2} + \ldots + \frac{1}{v_n}}$

Weiterführende Aufgabe

3

a) Begründen Sie zunächst an einem selbst gewählten Beispiel, dann allgemein:

Fährt man t Minuten lang mit der Geschwindigkeit v_1 und danach t Minuten mit der Geschwindigkeit v_2, dann ist man insgesamt mit der Durchschnittsgeschwindigkeit $\bar{v} = \frac{v_1 + v_2}{2}$ gefahren (arithmetisches Mittel).

Erläutern Sie auch die nebenstehende Grafik: Woran lässt sich in der Grafik die Geschwindigkeit ablesen?

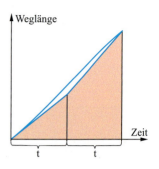

b) Verschiedene Fahrzeuge benötigen für eine Strecke von 10 km auch unterschiedliche Zeiten: Fahrrad 40 min, Moped 24 min, Lkw 10 min, Pkw 6 min. Tragen Sie diese Informationen in ein Zeit-Geschwindigkeits-Koordinatensystem ein. Wie kann man die Geschwindigkeiten eines Fahrzeugs ablesen, das 32 min $\left(= \frac{40+24}{2}\right)$ bzw. 8 min $\left(= \frac{10+6}{2}\right)$ für die Strecke benötigt?

Information

Harmonisches Mittel

In Aufgabe 2 wurde eine mittlere Geschwindigkeit dadurch berechnet, dass die zurückgelegte Gesamtstrecke durch die insgesamt benötigte Zeit dividiert wurde. Die Umformung der allgemeinen Rechnung führte auf einen Bruchterm, den man als *harmonisches Mittel* der Einzelgeschwindigkeiten bezeichnet.

> **Definition: Harmonisches Mittel**
>
> Gegeben sind n positive Zahlen $x_1, x_2, \ldots, x_n$.
>
> Dann heißt $\bar{x}_h = \dfrac{n}{\frac{1}{x_1} + \frac{1}{x_2} + \ldots + \frac{1}{x_n}}$ das **harmonische Mittel** von $x_1, x_2, \ldots, x_n$.

Übungsaufgaben

 4 Die Grafik enthält verschiedene Informationen über das Wachstum der Menschheit bis zum Jahr 2050 (Modell: „mittleres Szenario").

Bestimmen Sie jeweils die durchschnittlichen Wachstumsraten pro Jahr für die verschiedenen Kontinente und für die Weltbevölkerung.

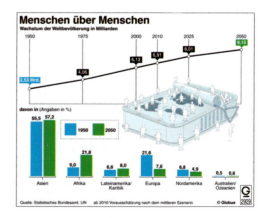

5 Angenommen, jemand hat am 31.12.07., am 15.07., am 27.10. und am 31.12.08 jeweils 1000 Euro [1000 Dollar] eingetauscht. Welchen Betrag hat er im Mittel erhalten? Stellen Sie einen Term auf.

6

a) Berechnen Sie die mittlere Abnahme des CO_2-Ausstoßes im Zeitraum zwischen 1998 und 2008.

b) Wie berechnet sich das durchschnittliche Wachstum der zehn neuen EU-Länder?

7 Angenommen, jemand hat in jedem Monat des Jahres 2008 jeweils für 50 € [jeweils 50 Liter] getankt.
Wie viel musste er im Mittel pro Liter bezahlen? Stellen Sie einen Term auf.

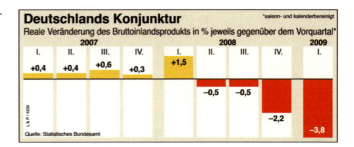

8 Wie groß war die mittlere prozentuale Veränderung des Bruttoinlandsprodukts pro Quartal im angegebenen Zeitraum?

	2007				2008				2009
	I.	II.	III.	IV.	I.	II.	III.	IV.	I.
	+0,4	+0,4	+0,6	+0,3	+1,5	−0,5	−0,5	−2,2	−3,8

9 Überprüfen Sie die Angabe der Bank hinsichtlich der Rendite des Sparangebots.

Aktuelle Zinsstaffel

1. Jahr	1,75 %	4. Jahr	2,40 %	Zins Gesamtlaufzeit
2. Jahr	1,90 %	5. Jahr	2,60 %	
3. Jahr	2,10 %	6. Jahr	2,80 %	2,26 %

10

Wikipedia zum Stichwort Messing: Die verschiedenen Messingsorten unterscheiden sich durch ihren Zinkanteil, der in der Bezeichnung in Prozent angegeben wird. Eine der am häufigsten verwendeten Legierungen ist CuZn37, die 37 Prozent Zink enthält. ... Gängige Qualitäten im Drahtsektor sind *CuZn2, CuZn15, CuZn30, CuZn37.* –

Kupfer hat eine spezifische Dichte von 8,92 g/cm³, Zink von 7,14 g/cm³. Berechnen Sie die spezifische Dichte der Legierungen *CuZn2, CuZn15, CuZn30, CuZn37.*

Wie berechnet sich die spezifische Dichte einer Metall-Legierung, bei der jeweils 1 kg von *CuZn2, CuZn15, CuZn30, CuZn37* verwendet wird? Stellen Sie einen Term auf.

1.3 Streuungsmaße

1.3.1 Perzentile einer Verteilung und Boxplots

Einführung

Häufigkeitsverteilungen mithilfe von Boxplots vergleichen

Bei einem Vergleichstest zweier Kurse wurden folgende Punkte erreicht:

Kurs 1:   4, 18, 20, 26, 27, 30, 30, 30, 31, 31, 31, 32, 32, 32, 35, 38, 38, 40, 42, 42, 43, 44, 46, 46, 49

Kurs 2:   0, 10, 14, 18, 18, 20, 22, 24, 26, 26, 28, 34, 34, 34, 36, 37, 38, 38, 40, 40, 44, 46, 48, 50

Die beiden Ergebnisse sollen miteinander verglichen werden. Wir bestimmen deshalb jeweils das arithmetische Mittel und den Median der Verteilung.

Man erkennt: Im Kurs 1 erreichten die Schülerinnen und Schüler im Durchschnitt mehr Punkte als im Kurs 2.

	arithmetisches Mittel	Median
Kurs 1	33,48 Punkte	32 Punkte
Kurs 2	30,21 Punkte	34 Punkte

Allerdings erreichen 50% der Schülerinnen und Schüler aus Kurs 2 mindestens 34 Punkte, was dem Kurs 1 nicht gelang. Ein Vergleich der beiden Ergebnisse einzig anhand der Mittelwerte liefert hier nicht genügend Informationen.

Wir bestimmen deshalb zusätzlich für jeden Kurs

- die Merkmalsausprägung, ab der die kumulierten Häufigkeiten erstmals über 25% liegen – dieser Wert heißt **unteres Quartil** – sowie
- die Merkmalsausprägung, ab der die kumulierten Häufigkeiten erstmals über 75% liegen – dieser Wert heißt **oberes Quartil**.

Wir erhalten folgende Werte:

	unteres Quartil	Median	oberes Quartil
Kurs 1	30 Punkte	32 Punkte	42 Punkte
Kurs 2	21 Punkte	34 Punkte	39 Punkte

Box (engl.): Kasten
Plot (engl.): math. grafische Darstellung

Zum Vergleich zeichnen wir zu diesen Werten so genannte **Boxplots**.

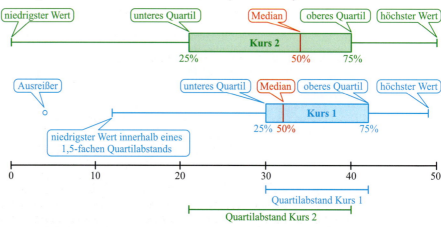

Aus den Boxplots kann man ablesen:

- 75% der Schülerinnen und Schüler aus Kurs 1 haben 30 Punkte und mehr erreicht, im Kurs 2 haben 75% der Schülerinnen und Schüler 21 Punkte und mehr erreicht.
- 25% der Schülerinnen und Schüler aus Kurs 1 haben 42 Punkte und mehr, im Kurs 2 haben 25% mehr als 39 Punkte erreicht.

Danach würde man sagen, dass der Kurs 1 die besseren Ergebnisse erzielt hat.

1.3 Streuungsmaße

Information

Perzentile und Quartile einer Häufigkeitsverteilung – Boxplots

Die Einführung zeigt, dass es manchmal sinnvoll ist, gegebene Datenmengen geeignet zu unterteilen.

In einer geordneten Datenmenge mit Ausprägungen eines quantitativen Merkmals oder eines Rangmerkmals ist das **p%-Perzentil** (kurz P_p) derjenige Wert, für den gilt:

p% der Daten sind kleiner oder genauso groß wie das p%-Perzentil,

100% – p% sind größer oder genauso groß wie das p%-Perzentil.

Das 25%-Perzentil (kurz P_{25}) einer Häufigkeitsverteilung wird auch als **unteres Quartil** Q_1 bezeichnet, das 75%-Perzentil (kurz P_{75}) als **oberes Quartil** Q_3. Für den Median sind auch die Bezeichnungen 50%-Perzentil oder mittleres Quartil üblich.

quart (lat.): Viertel

Die Lage wichtiger Perzentile einer Häufigkeitsverteilung kann man in so genannten **Boxplots** veranschaulichen. Boxplots bestehen aus einem Kasten, in welchem die senkrechten Linien die einzelnen Quartile auf der Merkmalsachse kennzeichnen. Die Differenz $Q_3 - Q_1$ wird als **Quartilabstand** bezeichnet, die Differenz $P_{95} - P_5$ als **Spannbreite**.

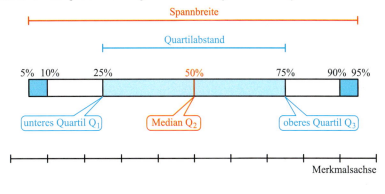

Bei manchen Boxplots trägt man links bzw. rechts vom oberen bzw. unteren Quartil so genannte *Whiskers* ab (siehe Beispiel in der Einführung). Für die Breite der Whiskers gibt es verschiedene Vereinbarungen. Meistens findet man Whiskers von einer Breite bis zum 1,5-fachen Quartilabstands oder bis zum kleinsten oder größten Wert der Datenmenge. Daten, die außerhalb des Bereichs liegen, der durch die Whiskers beschrieben wird, werden als *Ausreißer* aufgefasst und durch Kreise oder Kreuze angedeutet. Boxplots geben also anschaulich wieder, wie sich die Ausprägungen eines Merkmals auf die Merkmalsachse verteilen.

Whisker (engl.): Schnurrhaare einer Katze

Aufgabe

2 Bestimmung der Quartile von Häufigkeitsverteilungen

Pkw werden immer schneller

Höchstgeschwindigkeit	Anzahl der neu zugelassenen Pkw		Höchstgeschwindigkeit	Anzahl der neu zugelassenen Pkw	
	2008	1990		2008	1990
bis 130 km/h	5 244	121 799	von 201 bis 210 km/h	433 657	106 900
von 131 bis 140 km/h	22 007	70 493	von 211 bis 220 km/h	191 510	84 721
von 141 bis 150 km/h	107 567	270 244	von 221 bis 230 km/h	194 643	72 531
von 151 bis 160 km/h	233 822	476 160	von 231 bis 240 km/h	100 321	31 643
von 161 bis 170 km/h	384 589	568 785	von 241 bis 250 km/h	130 406	13 984
von 171 bis 180 km/h	384 744	471 343	über 250 km/h	21 916	7 770
von 181 bis 190 km/h	517 187	447 178	Unbekannt	5	34
von 191 bis 200 km/h	362 422	297 198	Insgesamt	3 090 040	3 040 783

Im Jahr 1990 wurden in Deutschland 3 040 783 Pkw neu zugelassen, im Jahr 2008 waren dies 3 090 040. Wie lässt sich die obenstehende Zeitungsschlagzeile aus den nebenstehenden Häufigkeitsverteilungen ableiten? Bestimmen Sie dazu jeweils Median und die Quartile Q_1 und Q_3 der beiden Verteilungen.

Lösung

Wir suchen die Merkmalsausprägungen, ab denen die kumulierten Häufigkeiten erstmals über 25 %, über 50 % und über 75 % liegen. Deshalb erstellen wir eine Tabelle mit den kumulierten relativen Häufigkeiten.

Höchstgeschw. bis einschl. ... km/h	kumulierte rel. H. 2008	kumulierte rel. H. 1990	Höchstgeschw. bis einschl. ... km/h	kumulierte rel. H. 2008	kumulierte rel. H. 1990
130	0,17 %	4,01 %	200	65,29 %	89,56 %
140	0,88 %	6,32 %	210	79,33 %	93,07 %
150	4,36 %	15,21 %	220	85,52 %	95,86 %
160	11,93 %	30,87 %	230	91,82 %	98,24 %
170	24,38 %	49,58 %	240	95,07 %	99,28 %
180	36,83 %	65,08 %	250	99,29 %	99,74 %
190	53,56 %	79,78 %	über 250	100,00 %	100,00 %

Um die Werte innerhalb einer Klasse genauer zu bestimmen, zeichnen wir Polygonzüge für die kumulierten Häufigkeiten und bestimmen die Stellen für die Werte 25 %, 50 % und 75 %.

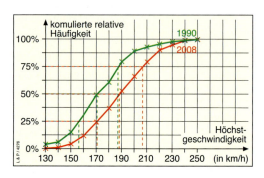

Wir finden mithilfe der Zeichnung etwa folgende Werte:

	Verteilung 2008	Verteilung 1990
1. Quartil Q_1	171 km/h	157 km/h
Median M	188 km/h	170 km/h
3. Quartil Q_3	207 km/h	187 km/h

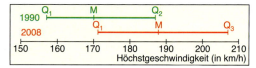

Während 1990 bei der Hälfte der neu zugelassenen Pkw die Höchstgeschwindigkeit ca. 170 km/h betrug, ist sie bei den Neuzulassungen 2008 auf 188 km/h angestiegen. Ein Viertel der Fahrzeuge fuhr 1990 höchstens 157 km/h; 2008 waren es 171 km/h. Die 25 % schnellsten Pkw hatten 2008 eine Höchstgeschwindigkeit von über 200 km/h. Der Unterschied der Quartilswerte betrug 1990 ca. 30 km/h, 2008 ca. 36 km/h.
Kurz: Die Pkw von 2008 sind im Mittel um 18 km/h schneller geworden. Der Unterschied zwischen langsameren und schnelleren Fahrzeugen hat sich ebenfalls erhöht (um 6 km/h, Differenz der Quartilswerte). Die Schlagzeile in der Zeitung bringt dies zum Ausdruck.

Information

(1) Quartile bestimmen

Quartile Q_1, Q_2 und Q_3 unterteilen eine geordnete Datenmenge von quantitativen Merkmalsausprägungen oder Rangmerkmalen in vier gleich große Teile. Wir können die Quartile Q_1, Q_2 und Q_3 wie folgt anhand der kumulierten relativen Häufigkeiten der geordneten Datenmenge ermitteln: Die kumulierte relative Häufigkeit ist

- bei Q_1 erstmals größer oder gleich 0,25
- bei Q_2 erstmals größer oder gleich 0,5
- bei Q_3 erstmals größer oder gleich 0,75

(2) Bestimmung der Quartile mithilfe eines Tabellenkalkulationsprogramms

In Tabellenkalkulationsprogrammen gibt es oft den Befehl **QUARTILE** (*Bereich; Zahl*), wobei unterschiedliche Werte für *Zahl* das Minimum (0), das 1. Quartil (1), den Median (2), das 3. Quartal (3) oder das Maximum (4) beschreiben.
Beispiel: Stehen in den Feldern A1 bis A13 des Tabellenblatts die Zahlen 1, 2, 3, ..., 13, dann ist QUARTILE (A1:A13; 0) = 1, QUARTILE (A1:A13; 1) = 4, QUARTILE (A1:A13; 2) = 7, QUARTILE (A1:A13; 3) = 10 und QUARTILE (A1:A13; 4) = 13.

1.3 Streuungsmaße

Übungsaufgaben **3** Die diesem Buch beigefügte CD enthält auch ein Programm zum Testen des Reaktionsvermögens: Auf der Bildschirmfläche erscheint ein gelber Punkt, der größer wird. Gemessen wird, nach welcher Zeit man die Leertaste drückt.

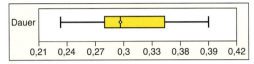

Die Abbildung zeigt ein Boxplot, das die Verteilung der Reaktionszeiten von 20 Versuchen wiedergibt.

Führen Sie diesen Versuch mit mehreren Spielern als Wettbewerb durch und analysieren Sie die gemessenen Reaktionszeiten.

4 Ordnen Sie die Häufigkeitsdiagramme den passenden Boxplots zu. Erklären Sie die unterschiedliche Länge der Whisker.

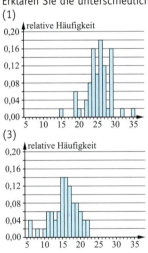

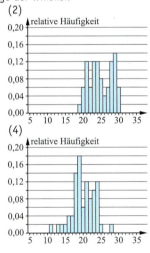

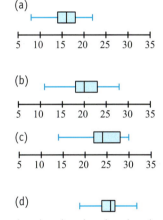

5 Die nebenstehende Tabelle enthält Daten über die Altersverteilung der Fahrzeughalter der im Jahr 2008 neu zugelassenen Pkw.

a) Bestimmen Sie Median und Quartile für die Fahrzeughalter insgesamt.

b) Gibt es Unterschiede hinsichtlich Median und Quartilabstand in den Teilgesamtheiten der weiblichen bzw. männlichen Fahrzeughalter?

Altersgruppe in Jahren	insgesamt	darunter weibliche Halter
bis 17	3 161	1 231
18–20	11 879	5 779
21–24	28 353	13 021
25–29	59 202	25 520
30–34	79 147	29 882
35–39	126 028	43 846
40–44	180 885	61 002
45–49	190 228	62 825
50–54	173 561	56 279
55–59	151 082	43 792
60–64	111 981	27 999
65–69	112 792	25 088
70–74	70 600	14 015
75–79	31 188	5 932
80 und mehr	16 591	4 254
Zusammen	1 346 678	420 447

6 Betrachten Sie die abgebildete Folge von Boxplots zur Entwicklung des Haushaltseinkommens in Deutschland in den 90er Jahren. In der Darstellung sind die Whiskers so gewählt, dass die unteren und oberen 10% der Haushalte abzulesen sind. Die Breite der Boxplots entspricht dem jeweiligen Bevölkerungsumfang.
Erläutern Sie den Kommentar in der zugehörigen Studie.

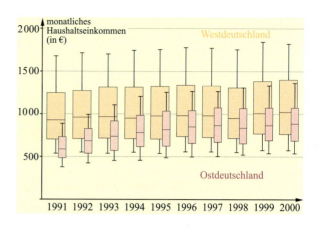

Die Abbildung zeigt anschaulich, wie sich im unteren Einkommensbereich die Realeinkommen in den neuen Ländern vor allem in der ersten Hälfte der 90er-Jahre schrittweise an die der alten Länder angeglichen haben, während die Realeinkommen in den alten Ländern über weite Strecken stagnieren. Dieser Angleichungsprozess verlangsamt sich aber in der zweiten Hälfte des Dezenniums. Die Abbildung macht zugleich deutlich, dass die Streuung der Einkommen in den neuen Ländern weit weniger ausgeprägt ist und dies vor allem die Differenzierung im oberen Einkommensbereich betrifft. Lediglich 10% der Bevölkerung in den neuen Ländern erreichen Einkommensverhältnisse, die über den mittleren Einkommensbereich in den alten Ländern hinausreichen.

quintus (lat): = fünf

7 Im so genannten *Wohlfahrtssurvey* werden die Quintile des Haushaltseinkommens angegeben. Der letzte wurde im Jahr 1998 durchgeführt.

	mittleres monatliches Einkommen	Quintile				
		1.	2.	3.	4.	5.
Haushalte (insgesamt)	2 003 €	7,8%	13,1%	17,8%	23,5%	37,9%
1-Personen-Haushalte	1 285 €	8,9%	14,2%	18,1%	22,9%	35,9%
Paare ohne Kinder	2 312 €	10,2%	14,5%	18,0%	22,5%	34,9%
Alleinerziehende	1 592 €	9,5%	14,0%	18,1%	23,2%	35,1%
Paare mit Kindern	2 735 €	10,8%	15,1%	18,2%	22,4%	33,4%

Erläuterung: 1. Quintil: das Fünftel der Haushalte mit den niedrigsten Einkommen
5. Quintil: das Fünftel der Haushalte mit den höchsten Einkommen
Beispiel: Die einkommensärmsten 20% der Haushalte hatten 7,8% des Einkommens aller Haushalte.
Formulieren Sie Aussagen über die Einkommensverteilung in verschiedenen Bevölkerungsgruppen.

 8 Vorschläge für eigene Projekte
- Vergleichen Sie die Ergebnisse verschiedener Abiturgänge (Verteilung der Gesamtpunktzahl oder der Durchschnittsnoten).
- Vergleichen Sie die Streuung des Alters von Schülerinnen und Schülern in Ihrer Jahrgangsstufe. Gibt es Unterschiede zwischen Mädchen und Jungen?
- Vergleichen Sie die Wetterdaten aus verschiedenen Jahren einer lokalen Wetterstation miteinander (Sonnenscheindauer, Niederschlagsmenge).
- Vergleichen Sie die Punktzahlen, die in den Spielen der Basketball-Bundesliga von den einzelnen Mannschaften erzielt werden.

1.3.2 Streuungsmaße für Häufigkeitsverteilungen von quantitativen Merkmalen

Einführung

Bei einem Schul-Sportfest treten jeweils die besten Leichtathleten in Klassenmannschaften gegeneinander an. In einem Wettbewerb kommt es zwar auf gute Sprungweiten an; für einen Trainer spielt aber auch die Zuverlässigkeit (Konstanz der Leistungen) eine entscheidende Rolle.

Wer soll bei den Jungen die Klasse 11a im Weitsprung vertreten?
Daniel sprang zuletzt 5,21 m; 5,10 m; 5,32 m; 4,95 m; 5,02 m.
Tobias schaffte 4,81 m; 5,36 m; 5,30 m; 5,01 m.
Beide erreichten im Mittel eine Weite von 5,12 m.
Bei wem von beiden traten die geringeren Leistungsschwankungen auf?

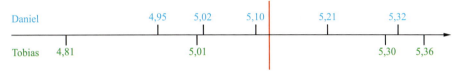

Um Aussagen über die Leistungsschwankungen zu machen, können wir drei mathematische Kenngrößen benutzen, die das Streuverhalten der Daten charakterisieren.

(1) Die Spannweite

Wir berechnen jeweils die Differenz aus dem größten und dem kleinsten Wert der Stichprobe. Diese Differenz heißt **Spannweite** (nicht zu verwechseln mit der Spannbreite, vgl. Seite 43). Sie beträgt:

- bei Daniel: 5,32 m – 4,95 m = 0,37 m
- bei Tobias: 5,36 m – 4,81 m = 0,55 m

(2) Die mittlere lineare Abweichung vom Mittelwert

Wir bestimmen jeweils den durchschnittlichen Abstand der Daten vom Mittelwert:

- bei Daniel: $\frac{1}{5}(0{,}17 + 0{,}10 + 0{,}02 + 0{,}09 + 0{,}20) = 0{,}116$
- bei Tobias: $\frac{1}{4}(0{,}31 + 0{,}11 + 0{,}18 + 0{,}24) = 0{,}210$

(3) Die empirische Varianz

Rechnerisch ist es oft günstiger, die Quadrate der Abweichungen zu verwenden, statt mit den Beträgen zu rechnen. Deshalb bestimmen wir auch die mittlere quadratische Abweichung vom Mittelwert, **empirische Varianz** $\overline{s}^2$ genannt:

Zelle A7 Inhalt:
= Mittelwert (A2:A6)

Zelle C7 Inhalt:
= Mittelwert (C2:C6)

	A	B	C	D	E	F
1	x_i	$x_i - \overline{x}$	$(x_i - \overline{x})^2$	x_i	$x_i - \overline{x}$	$(x_i - \overline{x})^2$
2	4,95	–0,17	0,0289	4,81	–0,31	0,0961
3	5,02	–0,10	0,0100	5,01	–0,11	0,0121
4	5,10	–0,02	0,0004	5,30	+0,18	0,0324
5	5,21	0,09	0,0081	5,36	+0,24	0,0576
6	5,32	0,20	0,0400			
7	5,12		0,01748	5,12		0,04955

In diesem Beispiel ergibt sich nach allen drei Methoden, dass Daniel geringere Leistungsschwankungen hatte als Tobias.

Information

In Abschnitt 1.3.1 wurden Datenmengen betrachtet, die Ausprägungen von quantitativen Merkmalen oder Rangmerkmalen waren. Median und Quartile sowie der Quartilabstand (allgemeiner auch die Perzentile und die Spannbreite $P_{95} - P_5$) dienten dazu, die Datenmenge zu beschreiben.

In der beschreibenden Statistik verwendet man bei quantitativen Merkmalen auch andere Kenngrößen, um das Streuverhalten von Daten um den Mittelwert zu charakterisieren.

> Gegeben ist ein quantitatives Merkmal mit den Ausprägungen $x_1, x_2, \ldots, x_n$.
> - Die Differenz aus dem größten und dem kleinsten Wert der Stichprobe heißt **Spannweite**.
> - Der durchschnittliche Abstand aller Daten vom zugehörigen Mittelwert
> $\frac{1}{n}\left[|x_1 - \overline{x}| + |x_2 - \overline{x}| + \ldots |x_n - \overline{x}|\right]$
>   heißt **mittlere lineare Abweichung vom Mittelwert**.
> - Statt der mittleren linearen Abweichung wird oft auch die **mittlere quadratische Abweichung vom Mittelwert** $\overline{s}^2 = \frac{1}{n} \cdot \left[(x_1 - \overline{x})^2 + (x_2 - \overline{x})^2 + \ldots + (x_n - \overline{x})^2\right]$ verwendet.
> $\overline{s}^2$ wird auch als **empirische Varianz** bezeichnet.

$s = \sqrt{s^2}$ bezeichnet man als empirische Standardabweichung

Die Spannweite ist ein einfach zu bestimmendes Maß, das nur zwei Merkmalswerte berücksichtigt. Im Unterschied zur Spannbreite (siehe S. 43) ist die Spannweite jedoch anfälliger für Messwerte, die man im Vergleich zu den übrigen Daten als Ausreißer ansehen muss.

Bei der mittleren linearen und der mittleren quadratischen Abweichung werden dagegen *alle* Daten berücksichtigt. Durch das Quadrieren bzw. das Verwenden von Beträgen wird erreicht, dass keine negativen Summanden auftreten.

Im Gegensatz zur mittleren linearen Abweichung werden bei der mittleren quadratischen Abweichung Daten, die stärker vom Mittelwert abweichen, durch das Quadrieren stärker gewichtet.

Es sind jedoch vor allem (inner-)mathematische Gründe, warum man in der Praxis eher die mittlere quadratische Abweichung verwendet. So kann man z. B. Terme mit Betragsstrichen nur schwer oder gar nicht vereinfachen. Bei Termen mit Quadraten dagegen ist ein Vereinfachen oft leichter möglich (siehe auch Abschnitt 1.3.3).

Im Unterschied zu Spannweite und mittlerer linearer Abweichung erhält man bei der mittleren quadratischen Abweichung eine Angabe in einer quadrierten Größeneinheit (z. B. in der Einführung: m²). Damit hier wieder die gleiche Einheit wie bei den Messwerten und beim Mittelwert vorliegt, muss man aus $\overline{s}^2$ die Wurzel ziehen.

Man bezeichnet $\overline{s} = \sqrt{s^2}$ als **empirische Standardabweichung**.

Auf Taschenrechnern und bei Tabellenkalkulationsprogrammen gibt es eigene Funktionen, mit deren Hilfe $\overline{s}$ direkt berechnet werden kann.

Auf Taschenrechnern tragen die zugehörigen Tasten meist die Bezeichnung σ_{x_n}. Daneben gibt es noch eine Taste $\sigma_{x_{n-1}}$.

Verwendet man diese Taste, dann wird bei der Mittelwertbildung nicht durch n, sondern durch n – 1 geteilt. Die Verwendung von n – 1 statt n hat mathematische Gründe, auf die wir hier nicht näher eingehen.

TAB Bei Tabellenkalkulationsprogrammen werden analog die Funktionen **VARIANZ(...)** und **VARIANZEN(...)** bzw. **STABW** und **STABWN** unterschieden (bei der zweiten Version wird jeweils durch n dividiert).

1.3 Streuungsmaße

Weiterführende Aufgaben

1 Mittlere quadratische Abweichung bei einer Häufigkeitsverteilung

In einem Bio-Bauernhof wird naturtrüber Apfelsaft in 1-Liter-Flaschen abgefüllt. Bei einer Kontrolle der beiden Abfüllanlagen wurden jeweils die Volumina von 50 Flaschen überprüft.

Welche der beiden Abfüllanlagen arbeitet zuverlässiger?

Bestimmen Sie dazu jeweils die mittlere quadratische Abweichung $\bar{s}^2$ vom Mittelwert mithilfe der Formel im Kasten unten.

Volumen in cm³	relative H. Anlage 1	relative H. Anlage 2
995	0,00	0,00
996	0,02	0,06
997	0,00	0,02
998	0,02	0,00
999	0,12	0,00
1000	0,04	0,08
1001	0,02	0,02
1002	0,12	0,04
1003	0,12	0,04
1004	0,10	0,04
1005	0,04	0,02
1006	0,02	0,06
1007	0,10	0,12
1008	0,02	0,06
1009	0,04	0,04
1010	0,02	0,08
1011	0,10	0,06
1012	0,00	0,02
1013	0,06	0,00
1014	0,02	0,08
1015	0,00	0,08
1016	0,00	0,06
1017	0,00	0,00
1018	0,00	0,02
1019	0,00	0,00
1020	0,00	0,00
1021	0,00	0,00
1022	0,00	0,00
1023	0,02	0,00
1024	0,00	0,00
1025	0,00	0,00

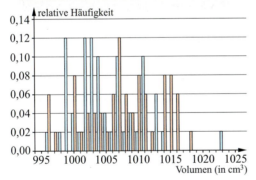

Mittlere quadratische Abweichung (empirische Varianz) einer Häufigkeitsverteilung vom Mittelwert $\bar{x}$

Gegeben ist ein quantitatives Merkmal mit den Ausprägungen $x_1, x_2, \ldots, x_m$ und den zugehörigen relativen Häufigkeiten $h(x_1), h(x_2), \ldots, h(x_m)$. Dann berechnet sich die mittlere quadratische Abweichung (empirische Varianz) vom Mittelwert $\bar{x}$ wie folgt:

$$\bar{s}^2 = (x_1 - \bar{x})^2 \cdot h(x_1) + (x_2 - \bar{x})^2 \cdot h(x_2) + \ldots (x_m - \bar{x})^2 \cdot h(x_m)$$

Hinweis:
Die Berechnung für die Sachsituation in Aufgabe 1 erfolgt am einfachsten mithilfe einer Tabelle.

Volumen in cm³	rel. H. Anlage 1	rel. H. Anlage 2	$x_i \cdot h(x_i)$ Anlage 1	$x_i \cdot h(x_i)$ Anlage 2	$(x_i - \bar{x})^2 \cdot h(x_i)$ Anlage 1	$(x_i - \bar{x})^2 \cdot h(x_i)$ Anlage 2
995	0,00	0,00	0	0	0	0
996	0,02	0,06	19,92	59,76	1,6708	8,0180
…	…	…	…	…	…	…

2 Einfachere Berechnung von $\bar{s}^2$

Der Term von $\bar{s}^2$ kann vereinfacht werden. Zeigen Sie die Gültigkeit der folgenden Formeln.

(1) $\bar{s}^2 = \frac{1}{n} \cdot (x_1^2 + x_2^2 + \ldots + x_n^2) - \bar{x}^2$

(2) $\bar{s}^2 = (x_1^2 \cdot h(x_1) + x_2^2 \cdot h(x_2) + \ldots + x_m^2 \cdot h(x_m)) - \bar{x}^2$

[TAB] Wie kann die Berechnung mithilfe einer Tabellenkalkulation durchgeführt werden?

Übungsaufgaben

3 Bei einem Schulfest verkauften zwei Klassen jeweils 400 Lose. Bei welcher Klasse kann man eher von einer Leistung der gesamten Klasse sprechen, bei welcher von stärkerem individuellen Einsatz? Zeichnen Sie auch die Histogramme.

Anzahl k der verkauften Lose		15	16	17	18	19	20	21	22	23	24	25	26
Anteil der Schüler in %, die k Lose verkauften	Kl. a	10	0	15	5	10	20	5	5	20	10	0	0
	Kl. b	20	5	10	5	5	5	5	15	10	5	10	5

4 Bei den Olympischen Spielen in Bejing im Jahr 2008 erzielten die sechs besten Athletinnen bzw. Athleten die folgenden Weiten (Angaben in Meter). Bestimmen Sie jeweils den Mittelwert und die empirische Standardabweichung der Olympialeistung der gewerteten Versuche. Fehlversuche sind mit x gekennzeichnet und sollen nicht beachtet werden. Welche Aussage kann man den berechneten Werten entnehmen?

(1) beim Weitsprung der Männer

1	Saladino Aranda Irving Jahir	Panama	x	8,17	8,21	8,34	x	x
2	Mokoena Khotso	South Africa	7,86	x	8,02	8,24	x	x
3	Camejo Ibrahim	Cuba	7,94	8,09	8,08	7,88	7,93	8,20
4	Makusha Ngonidzashe	Zimbabwe	8,19	8,06	8,05	8,10	8,05	6,48
5	Martinez Wilfredo	Cuba	7,60	7,90	x	8,04	x	8,19
6	Badji Ndiss Kaba	Senegal	8,03	x	8,02	8,16	8,03	7,92

(2) beim Kugelstoßen der Männer

1	Majewski Tomasz	Poland	20,80	20,47	21,21	21,51	x	20,44
2	Cantwell Christian	United States	20,39	20,98	20,88	20,86	20,69	21,09
3	Mikhnevich Andrei	Belarus	20,73	21,05	x	20,78	20,57	20,93
4	Armstrong Dylan	Canada	20,62	21,04	x	x	20,47	x
5	Lyzhyn Pavel	Belarus	20,33	20,15	20,98	20,98	20,40	x
6	Bilonog Yuriy	Ukraine	20,63	x	20,53	20,46	20,31	x

5 Nur neun Mannschaften gehörten von der Spielzeit 1999/2000 bis zur Spielzeit 2008/09, also zehn Spielzeiten lang, der Fußball-Bundesliga an. In der Tabelle sind die Punktstände dieser Mannschaften am Ende der jeweiligen Spielzeit abgedruckt. Welche Mannschaft hatte in den zehn Jahren die geringsten Leistungsschwankungen? Bestimmen Sie dazu jeweils die empirische Standardabweichung.

	99/00	00/01	01/02	02/03	03/04	04/05	05/06	06/07	07/08	08/09
Bayer 04 Leverkusen	73	57	69	40	65	57	52	51	51	49
Bayern München	73	63	68	75	68	77	75	60	76	67
Borussia Dortmund	40	58	70	58	55	55	46	44	40	59
Hamburger SV	59	41	40	56	49	51	68	45	54	61
Hertha BSC Berlin	50	56	61	54	39	58	48	44	44	63
FC Schalke 04	39	62	61	49	50	63	61	68	64	50
VfB Stuttgart	48	38	50	59	64	58	43	70	52	64
VfL Wolfsburg	49	47	46	46	42	48	34	37	54	69
Werder Bremen	47	53	56	52	74	59	70	66	66	45

1.3.3 Die Minimumeigenschaft der mittleren quadratischen Abweichung bezüglich des arithmetischen Mittelwerts

Ziel

In diesem Abschnitt erfahren Sie etwas mehr darüber, wie arithmetisches Mittel und mittlere quadratische Abweichung sowie Median und mittlere lineare Abweichung miteinander zusammenhängen.

Zum Erarbeiten

An einer eingleisigen Eisenbahnlinie befinden sich Signale bei den Kilometersteinen $x_1 = 0$ km, $x_2 = 2$ km, $x_3 = 4$ km, $x_4 = 7$ km und $x_5 = 12$ km. Aus Sicherheitsgründen sollen Kabel einzeln von einem gemeinsamen Verteilerkasten zu den Signalen verlegt werden.
Wo sollte der gemeinsame Verteilerkasten aufgestellt werden?
Wir wollen dies für zwei verschiedene Fälle untersuchen:

(1) Wir nehmen an, dass die Kosten linear (proportional) zum Abstand der Signale zum Verteilerkasten wachsen, d. h. wir betrachten die Funktion g mit
$$g(x) = |0 - x| + |2 - x| + |4 - x| + |7 - x| + |12 - x|.$$

(2) Wir nehmen an, dass die Kosten mit dem Quadrat der Länge der Verbindungskabel zunehmen, d. h. wir betrachten die Funktion f mit
$$f(x) = (0 - x)^2 + (2 - x)^2 + (4 - x)^2 + (7 - x)^2 + (12 - x)^2.$$

Zur Bestimmung des Minimums lassen wir x die Strecke von Kilometerstein 0 km bis 12 km durchlaufen:

x	$g(x) = \sum_{i=1}^{5} |x_i - x|$	$f(x) = \sum_{i=1}^{5} (x_i - x)^2$
0	25	213
1	22	168
2	19	133
3	18	108
4	17 ← Min.	93
5	18	88 ← Min.
6	19	93
7	20	108
8	23	133
9	26	168
10	29	213
11	32	268
12	35	333

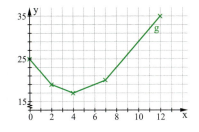

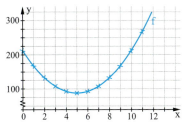

(1) Zwischen den markierten Punkten ist der Graph von g tatsächlich linear:

Bewegt man sich von $x_1 = 0$ aus um a km nach rechts, d. h. nimmt der Abstand zum Signal bei x_1 um a zu, dann nehmen die Abstände zu den Signalen bei x_2, x_3, x_4, x_5 jeweils um a ab; die Summe der Abstände nimmt dann um 3a ab, d. h. die Steigung des Graphen beträgt m = −3.

Bewegt man sich von $x_2 = 2$ aus um a weiter nach rechts, dann nehmen die Abstände zu x_3, x_4 und x_5 jeweils um a ab, die Abstände zu x_2 und x_1 jeweils um a zu. Die Summe der Abstände nimmt dann insgesamt um a ab usw.

Das Minimum der Funktion g(x) liegt beim Median $\tilde{x}$ der Zahlen x_1, x_2, x_3, x_4, x_5, also bei $x_3 = 4$.

Dies gilt auch allgemein: Die Funktion $g(x) = |x_1 - x| + |x_2 - x| + ... + |x_n - x|$ ist minimal für $x = \tilde{x}$

(2) Zum Nachweis, dass das Minimum der Funktion tatsächlich genau bei $x = \bar{x}$ liegt und nicht nur „in der Nähe" von $x = 5$, formen wir den Funktionsterm um:
$f(x) = (0 - x)^2 + (2 - x)^2 + (4 - x)^2 + (7 - x)^2 + (12 - x)^2 = 5x^2 - 50x + 213$
Die Extremwertuntersuchung von f ergibt, dass das Minimum von $f(x)$ bei $x = 5$ liegt.

Information

Minimumseigenschaften von Streuungsmaßen bezüglich Mittelwert und Median

Die Überlegungen des Einführungsbeispiels lassen sich verallgemeinern:
Gegeben ist eine Menge von Daten $x_1, x_2 \ldots, x_n$.

(1) Für die Funktion g mit $g(x) = |x_1 - x| + |x_2 - x| + \ldots + |x_n - x|$ gilt:
Betrachtet man irgendeine Stelle x links vom Median $\tilde{x}$ und bewegt sich von dort aus in Richtung Median, dann verkleinert sich die Summe der Abstände, denn rechts von der Stelle liegen mehr x-Werte aus der Datenmenge als links davon. Ist man entsprechend an einer Stelle x rechts vom Median $\tilde{x}$ und entfernt sich vom Median, dann nimmt die Summe der Abstände zu dieser Stelle zu, denn links von der Stelle liegen mehr x-Werte aus der Datenmenge als rechts davon.

(2) Für die Funktion f mit $f(x) = (x_1 - x)^2 + (x_2 - x)^2 + \ldots + (x_n - x)^2$ gilt
$f(x) = (x_1^2 + x_2^2 + \ldots + x_n^2) - 2 \underbrace{(x_1 + x_2 + \ldots + x_n)}_{= n \cdot \bar{x}} x + nx^2$

$= nx^2 - 2n\bar{x}x + (x_1^2 + x_2^2 + \ldots + x_n^2)$
$= n(x - \bar{x})^2 - n\bar{x}^2 + (x_1^2 + x_2^2 + \ldots + x_n^2)$
$= n(x - \bar{x})^2 + [(x_1^2 + x_2^2 + \ldots + x_n^2) - n\bar{x}^2]$
$= n(x - \bar{x})^2 + n \cdot \bar{s}^2$

Die Summe der quadratischen Abweichungen
$f(x) = (x_1 - x)^2 + (x_2 - x)^2 + \ldots + (x_n - x)^2$ nimmt also an der Stelle $x = \bar{x}$ das Minimum an.
D. h.: würde man anstelle des arithmetischen Mittelwertes $\bar{x}$ einen anderen Wert für x einsetzen, dann wäre $f(x)$ größer als $f(\bar{x})$.

- Die **mittlere lineare Abweichung**
  $\tilde{d} = \frac{1}{n} \cdot [|x_1 - \tilde{x}| + |x_2 - \tilde{x}| + \ldots + |x_n - \tilde{x}|] = \frac{1}{n} g(\tilde{x})$
  vom Median $\tilde{x}$ liefert unter allen Summen von linearen Abweichungen den kleinstmöglichen Wert.
- Die **mittlere quadratische Abweichung**
  $\bar{s}^2 = \frac{1}{n} \cdot [(x_1 - \bar{x})^2 + (x_2 - \bar{x})^2 + \ldots + (x_n - \bar{x})^2] = \frac{1}{n} f(\bar{x})$
  vom arithmetischen Mittelwert $\bar{x}$ liefert unter allen Summen von Abweichungsquadraten den kleinstmöglichen Wert.

Zum Üben

1 Führen Sie die Untersuchungen aus der Einführung auch für den Fall einer geraden Anzahl von Merkmalswerten durch, z. B. $n = 6$.
Bestimmen Sie das arithmetische Mittel und den Median für 6 Signale an den Kilometersteinen 0 km, 2 km, 3 km, 5 km, 10 km, 13 km.
An welcher Stelle sind $f(x)$ bzw. $g(x)$ minimal? Zeichnen Sie die zugehörigen Graphen.

2 In einem Straßendorf soll ein Briefkasten aufgestellt werden, zu dem die Dorfbewohner insgesamt möglichst kurze Wege zurückzulegen haben. Welche Stelle ist zu wählen?

1.4 Funktionen aus Daten – Regression und Korrelation

In diesem Abschnitt beschäftigen wir uns wieder mit quantitativen Merkmalen. Bei den Erhebungen betrachten wir jedoch zwei Merkmale gleichzeitig. Die zu den beiden Merkmalen gehörenden Messwerte können wir als Zahlenpaare in ein Koordinatensystem eintragen. Die so entstehenden **Punktwolken** können unterschiedliche Gestalt haben, wie die Abbildungen zeigen.

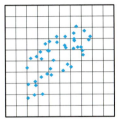
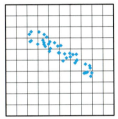
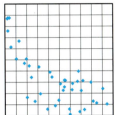
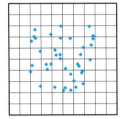

In der **Regressionsrechnung** versuchen wir, einen möglichen funktionalen Zusammenhang zwischen den Merkmalsausprägungen der beiden Merkmale herauszufinden. Dazu bestimmen wir zu gegebenen Punktwolken geeignete Funktionsgleichungen, d. h. wir bestimmen die Koeffizienten von linearen oder anderen Funktionen, die zu den Messdaten am besten „passen" (was „passen" bedeutet, muss noch definiert werden).
In der **Korrelationsrechnung** untersuchen wir, wie gut die Anpassung des funktionalen Zusammenhangs an die Messdaten ist.

1.4.1 Ausgleichsgeraden – lineare Regression

Einführung

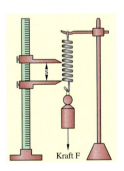

In vielen Experimenten im Physikunterricht geht es darum, aufgrund von Messreihen *Gesetzmäßigkeiten* zwischen den betrachteten physikalischen Größen zu *entdecken*.

Beispiel:

In einem Versuch wird eine Schraubenfeder mit Gewichtsstücken belastet. An einer Messlatte wird abgelesen, um welche Länge s sich die Schraubenfeder ausgedehnt hat.
Aufgrund der Messreihe will man gegebenenfalls ein physikalisches Gesetz formulieren, das einen Zusammenhang zwischen der durch die Gewichtsstücke bewirkten Kraft F und der Auslenkung der Feder s beschreibt.

Trägt man die gemessenen Wertepaare in ein s-F-Koordinatensystem ein, dann erkennt man, dass die Punkte der Messreihe ziemlich genau auf einer Geraden durch den Ursprung liegen: F = 0,3 s.

N ist die Einheit Newton.

Gewichtskraft F (in N)	Auslenkung s (in cm)
0	0
0,5	1,7
1	3,2
1,5	4,9
2	6,7
2,5	8,3

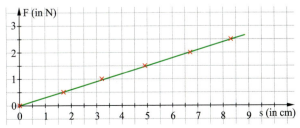

ROBERT HOOKE
(1635 – 1703)

In der Physik formuliert man dann das zugrunde liegende Gesetz – hier das bekannte HOOKEsche Gesetz, das vom englischen Naturforscher ROBERT HOOKE 1678 entdeckt wurde:

Beim Spannen einer Feder wächst die Rückstellkraft der Feder proportional zur Federdehnung (solange die Feder nicht überdehnt wird).

Aufgrund des Gesetzes F = 0,3 s (d. h. mithilfe des linearen Funktionsterms F(s) = 0,3 s) kann man Berechnungen vornehmen, z. B. vorhersagen, dass bei einer Auslenkung von 6 cm ein Gewicht von 1,8 N aufgehängt worden ist oder dass bei Belastung der Feder mit einem Gewicht von 1,3 N eine Auslenkung um 4,3 cm erfolgen wird.

Trotz der Kenntnis des physikalischen Gesetzes weiß man aber nicht, wie groß die Auslenkung s bei der Belastung mit 5 N ist, denn es könnte sein, dass die Feder bei einem solch hohen Gewicht überdehnt wird.

Aufgabe

1 Näherungsweise Bestimmung eines linearen Zusammenhangs

Die Körpergröße x und das Körpergewicht y von 10 Schülern wurden bestimmt und die Messwerte (Wertepaare) in ein Koordinatensystem eingetragen.

Körpergröße x (in cm)	Gewicht y (in kg)
155	47
157	47
159	50
163	55
164	52
167	54
168	58
170	53
172	61
176	65

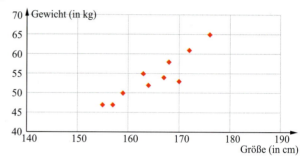

Wir nehmen an, dass – zumindest näherungsweise – ein linearer Zusammenhang zwischen Körpergröße x und Gewicht y besteht.

a) Durch welche Funktionsgleichung wird – unter dieser Annahme – der Zusammenhang zwischen Körpergröße und Gewicht am besten beschrieben? Um dieses herauszufinden, kann man wie folgt vorgehen:

(1) Ein „Durchschnittsmensch" aus der Stichprobe hätte eine Körpergröße $\bar{x}$ und ein Körpergewicht $\bar{y}$. Es scheint vernünftig, dass diese Daten auch die gesuchte lineare Gleichung erfüllen.
Bestimmen Sie deshalb den **Schwerpunkt der Punktwolke** $M(\bar{x}|\bar{y})$, wobei $\bar{x}$ das arithmetische Mittel aller gemessenen Körpergrößen und $\bar{y}$ das arithmetische Mittel aller gemessenen Körpergewichte ist.

(2) Zeichnen Sie eine Gerade nach Augenmaß durch den Schwerpunkt M und durch die Punktwolke $P_1(x_1|y_1), P_2(x_2|y_2), ..., P_{10}(x_{10}|y_{10})$.

(3) Bestimmen Sie die Gleichung der in (2) gezeichneten Geraden.

b) Begründen Sie: Alle Geraden für die Messwerte aus Teilaufgabe a) erfüllen die Funktionsgleichung $y = g(x)$, wobei $g(x) = m \cdot (x - 165{,}1) + 54{,}2$.

c) Vergleichen Sie die Qualität der Anpassung der folgenden Funktionen g_1, g_2 und g_3 miteinander.
Bestimmen Sie dazu jeweils die quadratischen Abweichungen der Funktionswerte von den Messwerten $[g_1(x_i) - y_i]^2$, $[g_2(x_i) - y_i]^2$ und $[g_3(x_i) - y_i]^2$.
Ermitteln Sie jeweils die Summe dieser quadratischen Abweichungen.

$g_1(x) = 0{,}79 \cdot (x - 165{,}1) + 54{,}2; \quad g_2(x) = 0{,}8 \cdot (x - 165{,}1) + 54{,}2; \quad g_3(x) = 0{,}81 \cdot (x - 165{,}1) + 54{,}2$

1.4 Funktionen aus Daten – Regression und Korrelation

Lösung

a) (1) M hat die Koordinaten $\bar{x} = 165{,}1$ und $\bar{y} = 54{,}2$.

(2)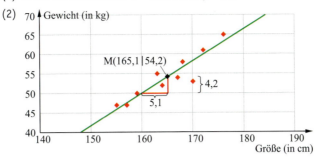

(3) Unsere Gerade nach Augenmaß verläuft außer durch den Schwerpunkt M auch durch den Punkt (160|50). Aus den Koordinaten dieser beiden Punkte bestimmen wir Steigung und Achsenabschnitt auf der y-Achse der Geraden:

Steigung: $m = \dfrac{54{,}2 - 50}{165{,}1 - 160} \approx 0{,}8$

Achsenabschnitt auf der y-Achse: $50 \approx 160 \cdot 0{,}8 + b$, also $b \approx -78$

Zwischen Körpergröße x und Gewicht y gilt also ungefähr die Beziehung:

$y = 0{,}8\,x - 78$ *(nach Augenmaß)*

b) Eine Gerade g mit der Steigung m, die durch den Punkt (165,1 | 54,2) – den Schwerpunkt der Punktwolke – verläuft, erfüllt die Gleichung $y = m\,(x - 165{,}1) + 54{,}2$.

c) Wir berechnen jeweils $g(x_1), \ldots, g(x_{10})$ und vergleichen:

Messwerte		$m_1 = 0{,}79$		$m_2 = 0{,}80$		$m_3 = 0{,}81$	
x_i	y_i	$g_1(x_i)$	$[g_1(x_i) - y_i]^2$	$g_2(x_i)$	$[g_2(x_i) - y_i]^2$	$g_3(x_i)$	$[g_3(x_i) - y_i]^2$
155	47	46,22	0,6068	46,12	0,7744	46,02	0,9624
157	47	47,80	0,6416	47,72	0,5184	47,64	0,4083
159	50	49,38	0,3832	49,32	0,4624	49,26	0,5491
163	55	52,54	6,0467	52,52	6,1504	52,50	6,2550
164	52	53,33	1,7716	53,32	1,7424	53,31	1,7135
167	54	55,70	2,8934	55,72	2,9584	55,74	3,0241
168	58	56,49	2,2771	56,52	2,1904	56,55	2,1054
170	53	58,07	25,7150	58,12	26,2144	58,17	26,7186
172	61	59,65	1,8198	59,72	1,6384	59,79	1,4665
176	65	62,81	4,7917	62,92	4,3264	63,03	3,8848
$\bar{x} = 165{,}1$	$\bar{y} = 54{,}2$		$\Delta_1 = 46{,}9469$		$\Delta_2 = 46{,}9760$		$\Delta_3 = 47{,}0877$

Die Anpassung der Funktion mit $g_1(x) = 0{,}79 \cdot (x - 165{,}1) + 54{,}2$ an die Messdaten ist – im Vergleich zu den beiden anderen Funktionen – am besten, da hier die Summe der quadratischen Abweichungen geringer ist als bei den beiden anderen Funktionen.

Information

(1) Anpassung linearer Modelle an die Messwerte vergleichen

In Aufgabe 1 haben wir eine Gerade nach Augenmaß durch die Punktwolke gezeichnet.

Die hierzu bestimmte lineare Funktion g mit der Gleichung $y = 0{,}8\,x - 78$ stellt ein **lineares Modell** für die Punktwolke dar.

Es ist üblich, die **Qualität der Anpassung des Modells an die Messwerte der Stichprobe** durch folgende Summe von quadratischen Abweichungen zu messen:

Sind $(x_1|y_1)$, $(x_2|y_2)$, ..., $(x_n|y_n)$ die Messwerte einer Stichprobe und
$y = g(x)$ mit $g(x) = m \cdot (x - \overline{x}) + \overline{y}$
eine Gerade für die Messwerte durch den **Schwerpunkt** $M(\overline{x}|\overline{y})$ dieser Messwerte, dann ist
$\Delta = [g(x_1) - y_1]^2 + [g(x_2) - y_2]^2 + ... + [g(x_n) - y_n]^2$
ein Maß für die Anpassung der Geraden an die Messwerte.

In Teilaufgabe b) haben wir mit diesem Maß drei lineare Modelle miteinander verglichen.

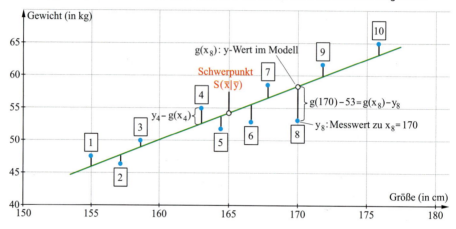

Hat man zwei verschiedene Modelle $g_1(x) = m_1 x + b_1$ und $g_2(x) = m_2 x + b_2$, und es gilt $\Delta_1 < \Delta_2$, dann „passt" das durch die lineare Funktion g_1 beschriebene lineare Modell besser zu den Messwerten als das durch g_2 gegebene Modell.

(2) Regressionsgerade

Gegeben ist eine Messreihe von quantitativen Daten $(x_1|y_1)$, $(x_2|y_2)$, ..., $(x_n|y_n)$, die sich in einem Koordinatensystem als Punktwolke eintragen lassen. Diejenige Gerade g mit dem Term $g(x) = mx + b$, welche

- durch den Punkt $M(\overline{x}|\overline{y})$, den **Schwerpunkt** der Punktwolke verläuft und für welche
- die Summe $[g(x_1) - y_1]^2 + [g(x_2) - y_2]^2 + ... + [g(x_n) - y_n]^2$ der quadratischen Abweichungen $[g(x_i) - y_i]^2$ minimal ist,

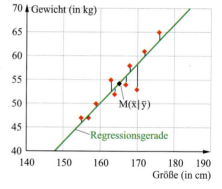

heißt **Ausgleichsgerade** oder **Regressionsgerade zur Punktwolke**.

Da sich die Summe $[g(x_1) - y_1]^2 + [g(x_2) - y_2]^2 + ... + [g(x_n) - y_n]^2$ als Funktionsterm einer quadratischen Funktion auffassen lässt, kann man dieses Minimum berechnen. Man kann zeigen:

Die **Gleichung der Regressionsgerade g** zur Punktwolke mit den n Punkten $(x_1|y_1)$, $(x_2|y_2)$, ..., $(x_n|y_n)$ ist gegeben durch $y = m \cdot (x - \overline{x}) + \overline{y}$

wobei $(\overline{x}|\overline{y})$ der Schwerpunkt der Punktwolke mit $\overline{x} = \frac{1}{n}(x_1 + x_2 + ... + x_n)$, $\overline{y} = \frac{1}{n}(y_1 + y_2 + ... + y_n)$
und $m = \frac{S_{xy}}{S_{xx}}$ mit

$S_{xx} = (x_1 + \overline{x})^2 + ... + (x_n - \overline{x})^2 = \sum_{i=1}^{n}(x_i - \overline{x})^2$

$S_{xy} = (x_1 - \overline{x})(y_1 - \overline{y}) + ... + (x_n - \overline{x})(y_n - \overline{y}) = \sum_{i=1}^{n}(x_i - \overline{x})(y_i - \overline{y})$

1.4 Funktionen aus Daten – Regression und Korrelation

Beispiel – Rechnung

Für die Berechnung von $\bar{x}$, $\bar{y}$, S_{xy} und S_{xx} benötigen wir in einer Tabelle (z. B. für ein Tabellenkalkulationsprogramm) folgende Spalten:

x_i, y_i Messwerte. Aus ihren Summen berechnen wir die arithmetischen Mittelwerte $\bar{x}$ und $\bar{y}$.

$(x_i - \bar{x})^2$, $(x_i - \bar{x})(y_i - \bar{y})$ Differenz der Messwerte x_i, y_i zu den arithmetischen Mittelwerten.

	A	B	C	D
1	x_i (in cm)	y_i (in kg)	$(x_i - \bar{x})^2$	$(x_i - \bar{x})(y_i - \bar{y})$
2	155	47	102,01	72,72
3	157	47	65,61	58,32
4	159	50	37,21	25,62
5	163	55	4,41	– 1,68
6	164	52	1,21	2,42
7	167	54	3,61	– 0,38
8	168	58	8,41	11,02
9	170	53	24,01	– 5,88
10	172	61	47,61	46,92
11	176	65	118,81	117,72
12	165,1	54,2	412,9	326,8

Zelle A12 Inhalt: = Mittelwert (A2 : A11)
Zelle B12 Inhalt: = Mittelwert (B2 : B11)
Zelle C12 Inhalt: = Summe (C2 : C11)
Zelle D12 Inhalt: = Summe (D2 : D11)

Die Steigung der Regressionsgeraden ist der Quotient aus den Zeilen D12 und C12:

$m = \frac{326,8}{412,9} = 0{,}7915$

Die Gleichung ist daher

$y = 0{,}7915 (x - 165{,}1) + 52{,}2$, also

$y = 0{,}7915 x - 76{,}473$

(3) Regressionsgeraden mithilfe Tabellenkalkulation bestimmen

Tabellenkalkulationsprogramme haben Optionen, durch welche die Gleichung der Regressionsgeraden automatisch berechnet werden und die Geraden durch die Punktwolke gezeichnet werden können.

In Tabellenkalkulationsprogrammen wird die Regressionsgerade als *Trendlinie* bezeichnet. Nach Anklicken der Punkte der Punktwolke muss die Option *Trendlinie hinzufügen* gewählt werden. Man kann sich zusätzlich die Gleichung der Geraden angeben lassen und die Gerade über die Punktwolke hinaus verlängern (so genannter *Trend*).

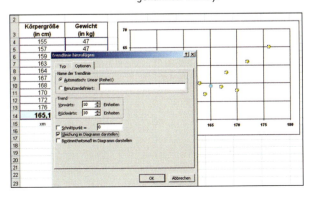
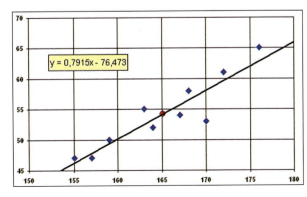

(4) Visualisierung der Abstandsquadrate

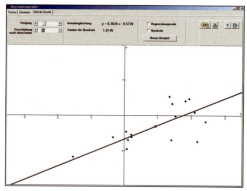 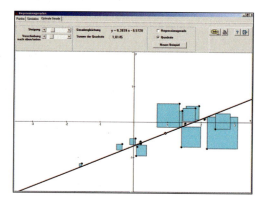

Die Summe der quadratischen Differenzen lässt sich visualisieren: Die Software VUStatistik, die dem Buch beigefügt ist, enthält die Option, an die vertikalen Strecken (zum Abstand Modell – Messwert) jeweils ein Quadrat zu zeichnen. Wenn man die Gerade bewegt, verändern sich entsprechend die Quadrate.
Gesucht ist die Gerade, bei der die Gesamtfläche der gezeigten Quadrate minimal ist.

regredior, regressus (lat.): zurückgehen

Der Begriff *Regression* wurden von FRANCIS GALTON im Jahr 1885 geprägt: Er hatte entdeckt, dass große Väter eher kleinere Söhne und kleine Väter eher größere Söhne haben; er nannte diesen Effekt *Regression zum Mittelwert*.

Weiterführende Aufgabe

2 Bestimmen Sie zu den Daten aus Aufgabe 1 mithilfe der Regressionsgeraden das Körpergewicht y einer Person mit Körpergröße x = 160 cm [165 cm; 180 cm; 120 cm; 200 cm].
Welche Interpretationen lässt die Regressionsgerade zu?

Übungsaufgaben

3 Die Messung der Körper- und Schuhgröße, Spannweite der gespreizten Hand und Ellenbogenlänge (Abstand Fingerspitze–Ellenbogen) von 21 Schülerinnen und Schülern einer Klasse ergab die folgenden Werte.
Tragen Sie die Daten in Koordinatensysteme ein – jeweils die Kombination von zwei Merkmalsausprägungen.
Gibt es unter den Darstellungen auch Punktwolken, aus denen man einen Zusammenhang der Merkmale ablesen kann?
Geben Sie diesen Zusammenhang näherungsweise in Form einer Gleichung an.

Körpergröße	Schuhgröße	Spannweite Hand	Ellenbogenlänge
156	36	19	40
157	37	18	39
158	37	19	40
161	37	21	40
165	38	21	43
165	39	22	44
167	38	19	43
169	39	20	44
170	39	21	47
170	39	20	47
170	40	20	44
172	41	22	48
175	41	20	48
176	40	20	43
176	40	20	45
177	43	24	47
179	41	22	48
180	39	20	46
183	43	22	49
187	46	25	52
194	46	23	51

4 Die Grafik stellt dar, wie die kommerzielle Anbaufläche für gentechnisch veränderte Pflanzen in den letzten Jahren zugenommen hat.
Welche Prognose für 2010, 2012, ... könnte man aufgrund der bisherigen Entwicklung abgeben?
Welche möglichen Einwände gibt es gegen diese Modellierung?

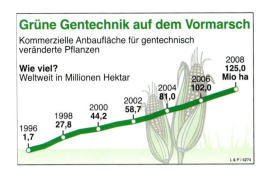

5 In der international angesehenen Zeitschrift *Nature* erschien ein Artikel mit einer Prognose der 100-Meter-Zeiten bei den Olympischen Spielen im Jahr 2156. Nehmen Sie Stellung.

Frauen schneller als Männer
Prognose für die Olympischen Spiele 2156

Danach sollen die Frauen über die 100-Meter-Distanz zum ersten Mal schneller sein als die Männer: Die schnellste Frau wird die 100-Meter in 8.079 Sekunden zurücklegen, heißt es, und der schnellste Mann in 8,098 Sekunden. Als Grundlage für seine Prognose hatte der Autor, der Zoologe Andrew Tatem aus Oxford, die Ergebnisse aller Olympischen Spiele der Neuzeit zusammengetragen und „hochgerechnet"...

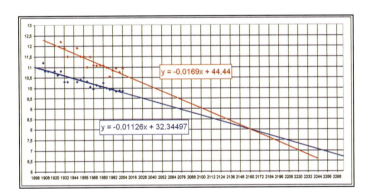

6 Untersuchen Sie den Zusammenhang zwischen verschiedenen Klimadaten für Hannover-Langenhagen.

	Jan.	Feb.	März	April	Mai	Juni	Juli	Aug.	Sep.	Okt.	Nov.	Dez.
Niederschlagsmenge [in mm]	52,2	37,2	48,3	49,8	62,4	72,8	62,3	63,5	53,3	42,0	52,3	59,7
mittlere Temperatur [in °C]	0,6	1,1	4,0	7,8	12,6	15,8	17,2	16,9	13,7	9,7	5,0	1,9
Sonnenscheindauer [in h]	41,6	66,7	105,7	150,2	206,3	208,0	198,4	197,1	138,6	104,0	51,5	33,5

7 Die abgebildete Grafik enthält Daten über die Anzahl der Tankstellen in Deutschland.
Welche Prognosen ergeben sich hieraus für die Zukunft?
Können Sie eine Prognose für das Jahr 2020 abgeben?
Nehmen Sie kritisch zu Ihrer Modellierung Stellung.

8 Ist es möglich, mithilfe der folgenden Daten eine Prognose für die Welt-Jahresbestleistung im Jahr 2020 für das Kugelstoßen der Frauen vorzunehmen? Begründen Sie Ihre Aussage.

Jahr	Welt-Jahresbestleistung	
1970	19,69	Nadeschda Tschichowa
1971	20,43	Nadeschda Tschichowa
1972	21,03	Nadeschda Tschichowa
1973	21,45	Nadeschda Tschichowa
1974	21,57	Helena Fibingerova
1975	21,60	Marianne Adam
1976	21,99	Helena Fibingerova
1977	22,32	Helena Fibingerova
1978	22,06	Ilona Slupianek
1979	22,04	Ilona Slupianek
1980	22,45	Ilona Slupianek
1981	21,61	Ilona Slupianek
1982	21,80	Ilona Slupianek
1983	22,40	Ilona Slupianek
1984	22,53	Natalja Lisowskaja
1985	21,73	Natalja Lisowskaja
1986	21,70	Natalja Lisowskaja
1987	22,63	Natalja Lisowskaja
1988	22,55	Natalja Lisowskaja

Jahr	Welt-Jahresbestleistung	
1989	20,78	Heike Hartwig
1990	21,66	Sui Xinmei
1991	21,12	Natalja Lisowskaja
1992	21,06	Svetlana Kriveljowa
1993	20,84	Svetlana Kriveljowa
1994	20,74	Sui Xinmei
1995	21,22	Astrid Kumbernuss
1996	20,97	Astrid Kumbernuss
1997	21,22	Astrid Kumbernuss
1998	21,69	Viktoria Pawlitsch
1999	20,26	Svetlana Kriveljowa
2000	21,46	Larissa Peleschenko
2001	20,79	Larissa Peleschenko
2002	20,64	Irina Korschanenko
2003	20,77	Svetlana Kriveljowa
2004	20,79	Irina Korschanenko
2005	21,09	Nadeshda Ostapschuk
2006	20,56	Nadeshda Ostapschuk
2007	20,54	Valerie Vili
2008	20,98	Nadeshda Ostapschuk

9 Untersuchen Sie die Daten der Abschlusstabelle der Fußball-Bundesliga 2008/09: Gibt es einen Zusammenhang zwischen

a) den erreichten Punkten und erzielten Toren,

b) den erreichten Punkten und den Gegentoren,

c) den Platz und den erreichten Punkten.

Platz	Mannschaft	Siege	Unentsch.	Niederl.	Tore	Punkte
1	VfL Wolfsburg	21	6	7	80:41	69
2	Bayern München	20	7	7	71:42	67
3	VfB Stuttgart	19	7	8	63:43	64
4	Hertha BSC	19	6	9	48:41	63
5	Hamburger SV	19	4	11	49:47	61
6	Borussia Dortmund	15	14	5	60:37	59
7	1899 Hoffenheim	15	10	9	63:49	55
8	FC Schalke 04	14	8	12	47:35	50
9	Bayer Leverkusen	14	7	13	59:46	49
10	Werder Bremen	12	9	13	64:50	45
11	Hannover 96	10	10	14	49:69	40
12	1. FC Köln	11	6	17	35:50	39
13	Eintracht Frankfurt	8	9	17	39:60	33
14	VfL Bochum 1848	7	11	16	39:55	32
15	Borussia Mönchengladbach	8	7	19	39:62	31
16	Energie Cottbus	8	6	20	30:57	30
17	Karlsruher SC	8	5	21	30:54	29
18	Arminia Bielefeld	4	16	14	29:56	28

1.4 Funktionen aus Daten – Regression und Korrelation

1.4.2 Regression und Korrelation

In Kapitel 1.4.1 wurde erläutert, wie man zu einer Punktwolke, die aus n Punkten mit den Koordinaten $(x_1|y_1)$, $(x_2|y_2)$, ..., $(x_n|y_n)$ besteht, mithilfe der Summe der (vertikalen) Abstandsquadrate eine lineare Funktion f mit $f(x) = m_x \cdot (x - \bar{x}) + \bar{y}$ findet, so dass der Term
$\Delta = [y_1 - f(x_1)]^2 + [y_2 - f(x_2)]^2 + ... + [(y_n - f(x_n)]^2$ minimal ist.
Da es i. A. willkürlich ist, welche der beiden Merkmalsausprägungen man als x- bzw. y-Koordinate wählt, kann man grundsätzlich zu einer Punktwolke zwei Regressionsgeraden mit den Steigungen m_x und m_y bestimmen.

Aufgabe

1 RICHARD DOLL untersuchte 1955 als Erster systematisch den möglichen Zusammenhang zwischen Zigarettenkonsum und Erkrankungen an Lungenkrebs. Er trug die Daten rechts zusammen:
a) Bestimmen Sie zu den gegebenen Daten die beiden möglichen Regressionsgeraden mithilfe einer Tabellenkalkulation.
b) Zeichnen Sie beide Regressionsgeraden in das gleiche Koordinatensystem ein.

Land	Zigarettenverbrauch pro Kopf im Jahr 1930	Todesfälle an Lungenkrebs je Million im Jahr 1950
Island	230	60
Norwegen	250	90
Schweden	300	110
Dänemark	380	170
Australien	480	180
Holland	490	240
Kanada	500	150
Schweiz	510	250
Finnland	1100	350
England	1100	460
USA	1300	200

Lösung

a) Die Tabellenkalkulation findet die folgenden beiden Regressionsgeraden
x: Zigarettenverbrauch y: Todesfälle → y = 0,2284x + 67,561
x: Todesfälle y: Zigarettenverbrauch → y = 2,38x + 114,66

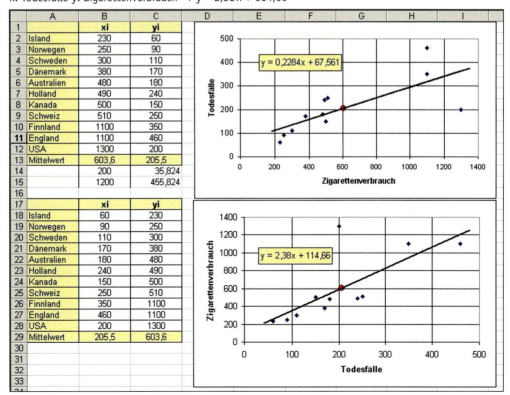

b) Wenn wir die beiden Regressionsgeraden in ein Koordinatensystem einzeichnen wollen, müssen wir gleiche Variablen verwenden.

Wir vertauschen daher in der zweiten Gleichung y = 2,38x + 114,66 die Variablen x und y und erhalten x = 2,38y + 114,66.

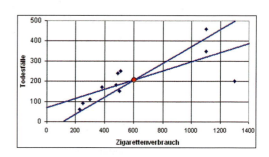

Diese Gleichung lösen wir nach y auf:

2,38y = x − 114,66, also y = 0,420x − 48,176

und zeichnen diese Gerade in das gleiche Koordinatensystem wie die erste Regressionsgerade.

Die beiden Geraden stimmen nicht überein, verlaufen aber erwartungsgemäß durch den Schwerpunkt der Punktwolke.

Information

Bestimmtheitsmaß und Korrelationskoeffizient

(1) Regressionsgeraden bzgl. x und y

Durch Vertauschen der Variablen wurde in Aufgabe 1 eine zweite Regressionsgerade zu der betrachteten Punktwolke gefunden. Diese hätten wir auch so finden können, in dem wir die Summe der quadratischen Differenzen in x-Richtung möglichst klein machen. Daher wird die zugehörige Gerade als Regressionsgerade bzgl. x bezeichnet.

Im Beispiel von Aufgabe 1 ist $m_y = 0{,}2284$ und $m_x = 2{,}38$.

(2) Bestimmtheitsmaß

Zu einer Punktwolke kann man grundsätzlich zwei verschiedene Regressionsgeraden bilden:

Die Regressionsgerade bzgl. y, bei der die Summe der quadratischen Abweichungen in y-Richtung minimiert wird, und die Regressionsgerade bzgl. x, bei der die Summe der quadratischen Abweichungen in x-Richtung minimiert wird. Das Produkt der Steigungen m_x und m_y der beiden Regressionsgeraden bzgl. x und y wird als **Bestimmtheitsmaß** bezeichnet:

$r^2 = m_x \cdot m_y$

Die mit einem Vorzeichen versehene Quadratwurzel aus dem Bestimmtheitsmaß, also das geometrische Mittel der beiden Steigungen m_x und m_y, ist der **lineare Korrelationskoeffizient** einer Punktwolke, also

$r = \sqrt{m_x \cdot m_y}$ falls die Regressionsgeraden einen steigenden Verlauf haben

$r = -\sqrt{m_x \cdot m_y}$ falls die Regressionsgeraden einen fallenden Verlauf haben

---

Dieses Bestimmtheitsmaß wird – als Option – von der Tabellenkalkulation angegeben.

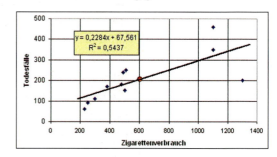

Im Beispiel von Aufgabe 1 ist $r^2 = m_x \cdot m_y = 2{,}38 \cdot 0{,}2284 \approx 0{,}5437$ und daher r = 0,74.

1.4 Funktionen aus Daten – Regression und Korrelation

(3) Berechnung des linearen Korrelationskoeffizienten nach BRAVAIS – PEARSON:

Aus der Formel von Seite 56 folgt, dass die Berechnung nach folgender Formel erfolgen kann:

$$r = \frac{\sum_{i=1}^{n}(x_i - \bar{x})(y_i - \bar{y})}{\sqrt{\sum_{i=1}^{n}(x_i - \bar{x})^2 \sum_{i=1}^{n}(y_i - \bar{y})^2}}$$

(4) Gestalt der Punktwolke – Fallunterscheidungen

Wenn man Erhebungen mit zwei quantitativen Merkmalen durchführt, dann können die Punktwolken unterschiedliche Gestalt haben, wie an den folgenden Beispiele deutlich wird:

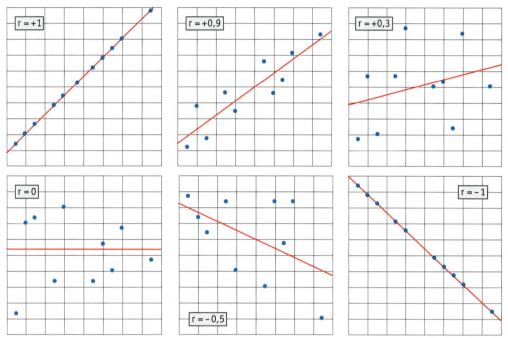

An den Beispielen lesen wir ab:

Liegen die Punkte der Punktwolke auf einer Geraden, dann stimmen die beiden Regressionsgeraden mit dieser Geraden überein. Der zugehörige Korrelationskoeffizient ist dann +1 oder –1, je nachdem, ob die Steigungen der Regressionsgeraden positiv oder negativ sind.

Wenn r ≠ +1 oder r ≠ –1, dann stimmen die beiden Regressionsgeraden nicht überein.

Je dichter die Punkte der Punktwolke an den Regressionsgeraden liegen, umso näher liegt der Korrelationskoeffizient bei +1 bzw. –1.

Zeigt die Punktwolke keine erkennbare Struktur, dann verläuft die Regressionsgerade bezüglich y (fast) parallel zur x-Achse, die Regressionsgerade bezüglich x (fast) parallel zur y-Achse. Der Korrelationskoeffizient ist (ungefähr) gleich null.

(5) Starke bzw. schwache Korrelation

Der Korrelationskoeffizient r kann Werte zwischen r = –1 und r = +1 annehmen. In den beiden Fällen r = +1 oder r = –1 ist es berechtigt, von einem vollständigen linearen Zusammenhang zwischen den betrachteten Merkmalen zu sprechen. Für andere Werte von r sind folgende Sprechweisen üblich:

- Bei Werten r < –0,8 bzw. r > +0,8 spricht man von **starker Korrelation** der beiden Merkmale oder auch von einem *statistischen Zusammenhang*.
- Bei Werten von r mit –0,5 ≤ r ≤ +0,5 spricht man von **schwacher Korrelation**.

Man sagt auch, dass die Merkmale stark bzw. schwach korreliert sind.

Aufgabe

2 Korrelation und Kausalität

Im Zeitraum von 1971 bis 1981 veränderten sich in Niedersachsen sowohl die Anzahl der Geburten wie auch die der Storchenpaare.

Jahr	1971	1972	1973	1974	1975	1976	1977	1978	1979	1980	1981
Storchenpaare in Niedersachen	585	560	422	483	456	439	441	480	448	413	444
Geburten in Niedersachsen	97 622	87 827	78 979	76 318	71 964	72 434	69 268	68 557	67 637	71 752	72 022

Stellen Sie die Daten in einem Koordinatensystem dar mit x = Anzahl der Storchenpaare und y = Anzahl der Geburten. Bestimmen Sie den linearen Korrelationskoeffizienten r.
Was bedeutet dies für den Zusammenhang der beiden Größen?

Lösung

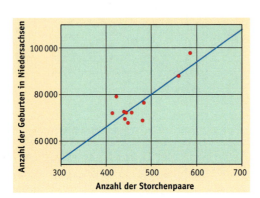

Mithilfe einer Tabellenkalkulation bestimmen wir die Regressionsgerade bzgl. y und erhalten für den linearen Zusammenhang y = 139,57 x + 10 242.
Das Bestimmtheitsmaß r^2 = 0,6948.
Hieraus ergibt sich r ≈ 0,83.
Demnach besteht eine starke Korrelation zwischen den beiden betrachteten Merkmalen; jedoch wäre es unsinnig, von einem kausalen Zusammenhang zu sprechen.

Information

Korrelation und Kausalität

In Aufgabe 1 hatten wir für den Zusammenhang zwischen Zigarettenkonsum und Sterberate einen linearen Korrelationskoeffizienten von r ≈ 0,74 errrechnet. In Aufgabe 2 ergab sich sogar ein noch größerer Wert von r ≈ 0,83.

Eine starke Korrelation (also r < − 0,8 bzw. r > + 0,8) bedeutet noch nicht, dass zwischen den betrachteten Merkmalen ein direkter kausaler Zusammenhang besteht. Eine starke Korrelation weist lediglich eine *Gleichläufigkeit* von Merkmalen nach. Sie kann aus folgenden Gründen auftreten:

- Es besteht ein direkter kausaler Zusammenhang.
  Dies ist beim Beispiel aus Aufgabe 1 der Fall. Aufgrund weiterer Untersuchungen ist der direkte kausale Zusammenhang zwischen Zigarettenkonsum und Lungenkrebserkrankung nachgewiesen.
- Es besteht kein direkter kausaler Zusammenhang, aber es gibt eine gemeinsame Ursache für die Gleichläufigkeit der betrachteten Merkmale.
  Möglicherweise waren in Aufgabe 2 parallele gesellschaftliche Entwicklungen der Grund für eine starke Korrelation: rücksichtsloser Umgang mit der Umwelt raubte den Störchen ihre Biotope; parallel dazu verringerte sich die Bereitschaft von Frauen und Männern, Kinder zu zeugen und großzuziehen.
- Es besteht überhaupt kein kausaler Zusammenhang und die Merkmale sind zufällig korreliert (sogenannte Scheinkorrelation).

Eine starke Korrelation kann also nur Hinweise auf *mögliche* kausale Zusammenhänge geben. Ob ein solcher Zusammenhang tatsächlich vorliegt, muss immer auch noch sachlich beurteilt werden.

1.4 Funktionen aus Daten – Regression und Korrelation

Übungsaufgaben **3** In den neuen Bundesländern gab es nach der Wiedervereinigung einen Rückgang beim Verbrauch von Braunkohle und einen Rückgang in den Geburtenzahlen:

Jahr	Primärenergieverbrauch E von Braunkohle (in Petajoule)	Anzahl A der Geburten (in Tausend)
1990	2 260	178,5
1991	1 539	107,8
1992	1 187	88,3
1993	1 052	80,5
1994	932	78,7
1995	803	83,8

a) Stellen Sie die Daten als Punktwolke in einem
   (1) E-A-Koordinatensystem
   (2) A-E-Koordinatensystem
dar und bestimmen Sie jeweils die Regressionsgerade. Was fällt auf? Wie erklären sich die Unterschiede?

b) Kann man von einem Zusammenhang zwischen den Merkmalen sprechen?

4 Gibt es einen Zusammenhang zwischen der Arbeitslosenquote und der Anzahl der Fehltage wegen Krankheit? Recherchieren Sie hierzu Daten der letzten Jahre.
Zeichnen Sie die Regressionsgerade und bestimmen Sie den Korrelationskoeffizienten.

> **Krankenstand auf historischem Tief**
>
> Viele Arbeitnehmer gehen krank ins Büro aus Angst, ihren Job zu verlieren. In deutschen Firmen sank der Krankenstand in den ersten 6 Monaten auf ein historisches Tief.
> 2009 fehlten die Arbeitnehmer im Durchschnitt 3,24 % der Sollarbeitszeit, das entspricht 3,5 Arbeitstagen. 2008 waren es 3,34 %.

 5 Die folgenden beiden Grafiken beschäftigen sich mit der Kriminalitätsstatistik und dem Schuldenstand der 16 Bundesländer.

a) Tragen Sie die Daten in ein Koordinatensystem ein (x-Achse: Schuldenstand je Einwohner, y-Achse: Anzahl der Straftaten pro 100 000 Einwohner).

b) Bestimmen Sie die zugehörige Regressionsgerade und tragen Sie diese ebenfalls in das Koordinatensystem ein.

c) Berechnen Sie den linearen Korrelationskoeffizienten und nehmen Sie Stellung zu der Aussage: „Zwischen dem Schuldenstand der Länder und der Kriminalitätsrate liegt eine hohe Korrelation vor."

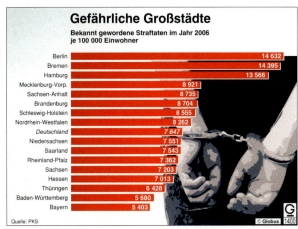

6 Untersuchen Sie, ob es einen linearen Zusammenhang zwischen der Anzahl der Sterbefälle und der Länge des Autobahnnetzes in den einzelnen Bundesländern gibt.
Stellen Sie die angegebenen Daten in einem Koordinatensystem dar und bestimmen Sie den Korrelationskoeffizienten.

	Anzahl der Sterbefälle	Autobahnlänge (in km)
Baden-Württemberg	94 079	1 039
Bayern	118 432	2 447
Berlin	30 980	73
Brandenburg	26 666	790
Bremen	7 300	71
Hamburg	17 036	81
Hessen	59 137	972
Mecklenburg-Vorpommern	17 595	538
Niedersachsen	82 277	1 405
Nordrhein-Westfalen	184 954	2 189
Rheinland-Pfalz	42 165	872
Saarland	12 327	240
Sachsen	49 069	531
Sachsen-Anhalt	29 392	383
Schleswig-Holstein	29 934	498
Thüringen	25 812	465
Deutschland	829 162	12 594

7 Die nebenstehende Grafik enthält Informationen über durchschnittliche Ausgaben für Nachhilfeunterricht in den einzelnen Bundesländern. Womit könnten die Unterschiede zwischen den Bundesländern zusammenhängen? Recherchieren Sie für eventuell in Frage kommende andere Merkmale jeweils aktuelle Daten und untersuchen Sie, ob es eine Korrelation zwischen den Merkmalen gibt. Geben Sie auch ein Beispiel für eine Schein-Korrelation an.

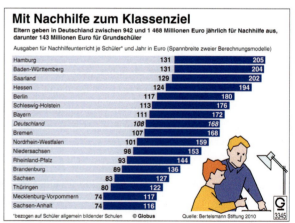

 8 Vorschläge für eigene Projekte
a) Finden Sie selbst Schein-Korrelationen wie in Aufgabe 2 (2). Prüfen Sie, ob es vielleicht einen gemeinsamen Grund für die festgestellte Korrelation gibt.
b) Untersuchen Sie Wetterdaten einer Wetterstation Ihrer Region: Gibt es einen Zusammenhang zwischen der Niederschlagsmenge und der Anzahl der Regentage?
c) Welche Zusammenhänge gibt es zwischen der Körpergröße
(1) von Vätern und Söhnen; (2) von Müttern und Töchtern; (3) von Geschwistern?
Hinweis: Beachten Sie das Alter der betreffenden Personen, d. h. wählen Sie Väter und Mütter aus *einer* Generation.

Kompetenz-Check 67

→ Die Begriffe Merkmalsausprägungen und Häufigkeitsverteilung eines Merkmals kennen sowie Typen von Merkmalen unterscheiden können.

1 Von welchem Typ sind die folgenden Merkmale? Welche Ausprägungen können sie haben? Was könnte in einer Häufigkeitsverteilung des Merkmals erfasst werden?

(1) Geschlecht einer Person
(2) Alter eines Schülers
(3) Ergebnis einer Klassenarbeit
(4) Wochentag eines Termins
(5) Ergebnis eines Vokabeltests
(6) Niederschlagsmenge
(7) Qualitätskontrolle eines Produkts
(8) Beliebtheit von Fernsehsendungen

→ Die grafischen Darstellungsformen Säulendiagramm, Kreisdiagramm, Blockdiagramm von Häufigkeitsverteilungen kennen.

2 Die Schülerinnen und Schüler einer Schule kommen mit folgenden Anteilen aus den Gemeinden: A-Stadt 43 %, B-Dorf 26 %, C-Bach 19 %, D-Tal 12 %. Stellen Sie die Häufigkeitsverteilung grafisch dar.

→ Kumulierte Häufigkeitsverteilungen erstellen und grafisch darstellen sowie Anteile aus kumulierten Häufigkeitsverteilungen (auch geschätzte Anteile durch Interpolation) ablesen können.

3
a) Die Angestellten einer Firma können ihren Arbeitsbeginn morgens selbst bestimmen. Bei einer Auswertung ergaben sich die nebenstehenden Daten.
Bestimmen Sie die kumulierte Häufigkeitsverteilung zu der Tabelle. Was kann man daran unmittelbar ablesen?
b) Stellen Sie die kumulierte Verteilung grafisch in Form eines Polygonzuges (Liniendiagramms) dar. Geben Sie einen Schätzwert an, wie viele Angestellte vor 7.40 Uhr ihre Arbeit beginnen.

Arbeitsbeginn der Angestellten	Anteil der Angestellten
vor 7.00 Uhr	8 %
7.00 – 7.14 Uhr	21 %
7.15 – 7.29 Uhr	15 %
7.30 – 7.44 Uhr	7 %
7.45 – 7.59 Uhr	23 %
8.00 – 8.14 Uhr	12 %
8.15 – 8.29 Uhr	11 %
ab 8.30 Uhr	3 %

→ Vor- und Nachteile von Klassenbildungen kennen und klassierte Daten grafisch darstellen können.

4 Fassen Sie die Daten aus der Tabelle von Testaufgabe 3 in neuen Klassen zusammen und stellen Sie die Verteilung mithilfe eines Histogramms dar. Beschreiben Sie die Vor- und Nachteile der neuen Klassenbildung.
neue Klassen: Arbeitsbeginn vor 7.00 Uhr, 7.00 – 7.29 Uhr, 7.30 – 7.59 Uhr, ab 8.00 Uhr.

→ Statistische Daten angemessen darstellen und typische Fehler benennen und vermeiden können.

5 Erläutern Sie, warum die folgenden grafischen Darstellungen falsch oder zumindestens problematisch sind, und machen Sie einen Vorschlag für eine angemessene(re) grafische Darstellung.

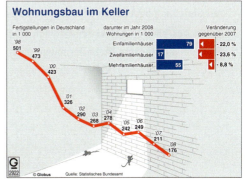

Kompetenz-Check 1 Von Daten zu Funktionen – Beschreibende Statistik

→ **Den arithmetischen Mittelwert einer Häufigkeitsverteilung (auch von klassierten Daten) berechnen können.**

6 a) Bestimmen Sie das Durchschnittsgewicht der Eier aus folgender Häufigkeitsverteilung.

Gewicht	60 g	61 g	62 g	63 g	64 g	65 g	66 g	67 g	68 g	69 g	70 g
Anteil	1,2%	4,9%	15,9%	18,8%	18,5%	7,9%	13,6%	6,8%	6,1%	4,5%	1,8%

b) Bestimmen Sie den mittleren Zeitpunkt des Arbeitsbeginns der Angestellten aus Testaufgabe 3.

→ **Den Median einer Verteilung bestimmen können. Wissen, bei welchen Typen von Merkmalen man den Median bestimmen kann. Erklären können, warum Median und arithmetisches Mittel voneinander verschieden sein können.**

7 a) Bestimmen Sie den Median der Häufigkeitsverteilungen aus den Testaufgaben 3a) und 6a).

b) Bei einem Reaktionstest wurde folgende Zeiten gemessen: 0,28 s; 0,31 s; 0,52 s; 0,33 s; 0,24 s; 0,25 s; 0,32 s; 0,29 s; 0,26 s; 0,31 s; 0,25 s; 0,26 s; 0,33 s; 0,33 s; 0,36 s. Bestimmen Sie den Median der Daten und das arithmetische Mittel und erklären Sie, warum diese Lagemaße voneinander abweichen.

→ **Die Quartile einer Häufigkeitsverteilung bestimmen und Häufigkeitsverteilungen mithilfe eines Boxplot-Diagramm darstellen können.**

8 Zu den 34 Fußball-Bundesliga-Spielen von Schalke 04 kamen in der Spielzeit 2008/09 insgesamt

61 673,	42 100,	61 673,	80 552,	61 542,	50 000,	60 549,
57 000,	60 886,	29 164,	16 640,	61 673,	19 200,	61 673,
55 800,	60 999,	26 300,	45 667,	61 673,	31 000,	61 673,
51 500,	61 673,	30 000,	61 673,	27 300,	61 397,	60 315,
69 000,	61 162,	54 067,	61 673,	74 244,	61 673	Zuschauer.

Borussia Dortmund meldete die folgenden Zuschauerzahlen:

22 500,	80 552,	19 000,	80 552,	26 300,	71 200,	66 900,
42 100,	66 600,	50 000,	71 600,	57 000,	72 200,	29 500,
67 100,	25 400,	79 700,	73 700,	69 000,	66 300,	61 673,
78 800,	55 896,	49 000,	75 500,	73 000,	80 552,	31 328,
80 552,	51 500,	80 100,	30 000,	80 200,	54 067	Zuschauer.

Vergleichen Sie die Daten. (Quelle: www.bvb.de)

→ **Die empirische Varianz einer Häufigkeitsverteilung berechnen können.**

9 Erläutern Sie, wie man die empirische Varianz zu den Häufigkeitsverteilungen aus den Testaufgaben 3a), 6a) und 7b) mithilfe einer Tabellenkalkulation berechnen kann und führen Sie die Rechnung für die Verteilungen aus Testaufgabe 6a) und 7b) durch.

→ **Die Definition einer Regressionsgeraden erläutern können. Zu einer Punktwolke eine Regressionsgerade nach Augenmaß zeichnen und deren Gleichung bestimmen können. Mithilfe einer durch Tabellenkalkulation bestimmten Regressionsgeraden Prognosen vornehmen können. Grenzen von linearen Modellierungen benennen können.**

Mit Bus und Bahn
Fahrgäste im Linienverkehr mit Bussen und Bahnen (in Milliarden)

2004: 10,08; 2005: 10,18; 2006: 10,38; 2007: 10,43; 2008: 10,53

10 Welche Prognose lässt sich aufgrund der in der Grafik enthaltenen Daten für die Anzahl der Fahrgäste im ÖPNV im Jahr 2012 machen?
Bestimmen Sie dazu zunächst einen Schätzwert mithilfe einer Zeichnung nach Augenmaß, dann mithilfe einer Tabellenkalkulation.
Erläutern Sie, was an der durch Tabellenkalkulation bestimmten Modellierung *optimal* ist, aber auch, warum eine solche Modellierung problematisch sein könnte.

2 Funktionen

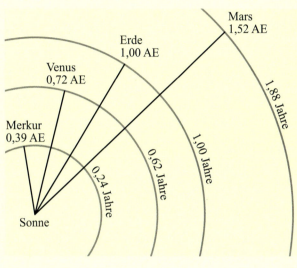

Der Planet Mars umläuft die Sonne in 1,88 Jahren. Sein mittlerer Abstand zur Sonne ist dabei 1,52-mal so groß wie der mittlere Abstand der Erde zur Sonne.

Der deutsche Astronom JOHANNES KEPLER (1571–1630) vermutete schon zu Beginn des 17. Jahrhunderts, dass es zwischen den Umlaufzeiten und den Bahnradien der Planeten einen gesetzmäßigen Zusammenhang gibt.

Stellt man die Abhängigkeit der Umlaufzeit t_u vom Bahnradius a in einem Koordinatensystem dar, so hat man den Eindruck, dass die Punkte auf einer „Kurve" liegen.

Johannes Kepler erkannte diesen funktionalen Zusammenhang im Jahr 1618.

Kepler'sches Gesetz:

„Die Quadrate der Umlaufzeiten der Planeten sind den dritten Potenzen der mittleren Entfernungen von der Sonne proportional."

Dieses Beispiel zeigt, dass man den Zusammenhang zwischen den Umlaufzeiten und den Bahnradien mithilfe einer **Funktion** beschreiben kann:

$t_u(a) = a^{\frac{3}{2}} = \sqrt{a^3}$

Er beschrieb ihn unabhängig von den Einheiten für Bahnradius und Umlaufzeit.

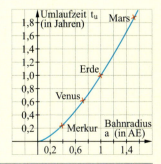

In diesem Kapitel

- wiederholen Sie die Definition der Funktion und bekannte Funktionstypen
- lernen Sie ganzrationale und gebrochenrationale Funktionen und deren Eigenschaften kennen
- wenden Sie die verschiedenen Funktionstypen in Sachzusammenhängen an

Funktionale Zusammenhänge

1 Vergleichen lohnt sich

Anbieter	Grundgebühr pro Monat	Kosten pro KWh	Sonderregelung
FlexiStrom	7,99 €	0,1750 €	250,00 € einmalige Bonuszahlung bei Wechsel
PowerStrom	7,77 €	0,1906 €	keine
PowerÖkoStrom	7,77 €	0,1856 €	50,00 € Zuschlag bei Vertragsbeginn
Primo	11,50 €	0,1679 €	100,00 € einmalige Bonuszahlung bei Wechsel
Stroma	15,20 €	0,1679 €	150,00 € einmalige Bonuszahlung bei Wechsel
3-2-1	9,30 €	0,1775 €	75,00 € einmalige Bonuszahlung bei Wechsel

Für die Auswahl des richtigen Tarifes gibt eine Verbraucherinformation folgende Empfehlungen:

Tarife vergleichen: Die Stromtarife setzen sich aus einem Grundpreis und dem Arbeitspreis zusammen. Der Grundpreis ist pro Monat, der Arbeitspreis pro Kilowattstunde zu bezahlen. Die meisten Anbieter haben verschiedene Tarife. Prüfen Sie, welcher Tarif am besten zu Ihnen passt.
Faustregel: Je mehr Strom Sie verbrauchen, desto kleiner sollte der Arbeitspreis pro Kilowattstunde sein.

Bonus abziehen: Eine Wechselprämie oder ein Bonus, den einige Unternehmen anbieten, gilt nur für das erste Jahr. Daher sollten Sie die Angebote auch ohne Bonus rechnen, also prüfen, ob der angebotene Tarif auch im zweiten Jahr noch günstig ist. Diese Option berücksichtigen die Stromtarifrechner z.B. unter „Einmaligen Bonus berücksichtigen".

Vergleichen Sie die obigen Angebote. Für welche Verbraucher lohnt sich welcher Tarif?

2 Steigen und fallen, wachsen und abnehmen

Beschreiben Sie in Form eines Zeitungsartikels die Entwicklungen der auf den Grafiken dargestellten Sachverhalte.

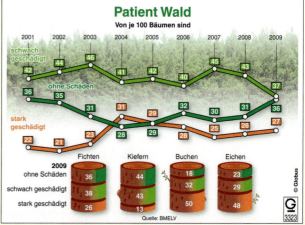

Lernfeld 71

3 Welcher Graph passt am besten – Modellieren mit verschiedenen Graphen

Die Grafik zeigt den Rückgang der Autodiebstähle in Deutschland seit 1994, die bedingt ist durch Verbesserung der Sicherheitstechnik. Falls die Entwicklung so weitergeht: Mit wie vielen Autodiebstählen kann man in den darauffolgenden Jahren rechnen?

Probieren Sie mit verschiedenen Funktionstypen aus, welche Graphen zu den gegebenen Daten passen könnten.

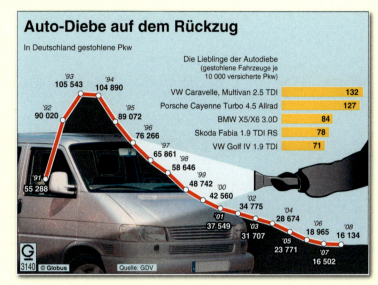

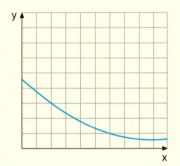
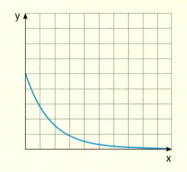
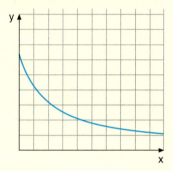

4 Den Funktionenplotter nutzen – optimale Fenster wählen

Die folgenden Grafikfenster zeigen den Graphen einer Funktion f mit $f(x) = x^4 - x^3 - 11x^2 + 9x + 18$ – dargestellt mithilfe des Funktionenplotters Graphix. Vergleichen Sie die beiden Grafikfenster miteinander und geben Sie die jeweiligen Abschnitte auf den Koordinatenachsen in Intervallschreibweise an. Überlegen Sie, welche Intervalle günstiger wären.

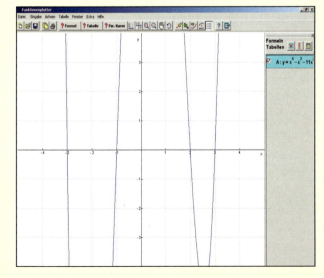
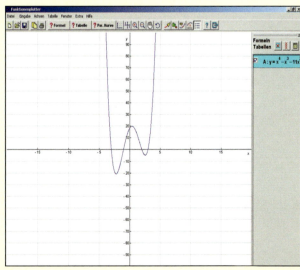

2.1 Funktionsbegriff – Modellieren von Sachverhalten

Aufgabe

1 Auf einer Teststrecke gilt die Höchstgeschwindigkeit von 130 $\frac{km}{h}$.
Für einen Personenkraftwagen wurde für unterschiedliche Geschwindigkeiten gemessen, wie lang der zugehörige Bremsweg ist.

Geschwindigkeit v (in $\frac{km}{h}$)	20	40	60	80	100
Bremsweg (in m)	1,5	6,4	14,4	27,2	40,0

a) Veranschaulichen Sie diese Messreihe im Koordinatensystem. Beschreiben Sie bei diesem Fahrzeug den funktionalen Zusammenhang zwischen der Geschwindigkeit v $\left(\text{in } \frac{km}{h}\right)$ und der Länge s des Bremsweges (in m) durch eine passende Gleichung.

b) Berechnen Sie zu selbst gewählten Ausgangsgeschwindigkeiten v $\left(\text{in } \frac{km}{h}\right)$ die Länge s des Bremsweges (in m). Wie lang kann der Bremsweg auf der Teststrecke bei diesem Pkw höchstens sein?

Lösung

a) Der Graph ist nicht geradlinig. Der funktionale Zusammenhang zwischen der Geschwindigkeit v und der Länge s des Bremsweges ist sicherlich nicht linear, d.h. er wird nicht durch eine Gleichung der Form s = m · v + b beschrieben.
Daher untersuchen wir jetzt, ob es einen quadratischen Zusammenhang zwischen v und s gibt.
Die Lage der Messpunkte lässt vermuten, dass der Graph Teil einer Parabel mit der Gleichung s = a · v² ist.
Um zu prüfen, ob dieser Ansatz gerechtfertigt ist, bilden wir zu den Wertepaaren der gegebenen Tabelle die Quotienten s : v².
Die Quotienten sind nahezu konstant.
Daher wählen wir als geeigneten Wert für den Faktor a den (gerundeten) Mittelwert aus allen Quotienten: 0,004.
Ergebnis: Der funktionale Zusammenhang zwischen der Geschwindigkeit v $\left(\text{in } \frac{km}{h}\right)$ und der Länge s des Bremsweges (in m) wird dargestellt durch die Gleichung
s = 0,004 · v².

Graph im Koordinatensystem:

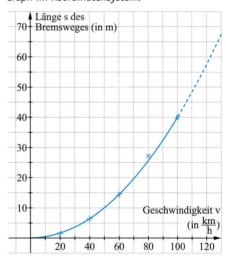

v (in $\frac{km}{h}$)	s (in m)	s : v² (in $\frac{m}{km^2/h^2}$)
20	1,5	0,00375
40	6,4	0,00400
60	14,4	0,00400
80	27,2	0,00425
100	40,0	0,00400

b) Wir nehmen an, dass der gefundene funktionale Zusammenhang immer gilt. Dann liefert die Rechnung:

Für z. B. 10 $\frac{km}{h}$:   s = 0,004 · 10² = 0,004 · 100 = 0,4

Für z. B. 80 $\frac{km}{h}$:   s = 0,004 · 80² = 0,004 · 6400 = 25,6

Ebenso erhält man die Länge s des Bremsweges für andere Geschwindigkeiten v.

Wir notieren die Ergebnisse der Rechnung in einer *Wertetabelle:*

Geschwindigkeit v (in $\frac{km}{h}$)	10	20	30	40	50	60	70	80	90	100	110	120	130
Länge des Bremsweges (in m)	0,4	1,6	3,6	6,4	10	14,4	19,6	25,6	32,4	40	48,4	57,6	67,6

Ergebnis: Man darf auf der Teststrecke nicht schneller als 130 $\frac{km}{h}$ fahren. Daher kann der Bremsweg bei diesem Pkw höchstens 67,6 m lang sein. Dabei handelt es sich um einen Schätzwert.

Information

(1) Angabe einer Funktion; Definitions- und Wertebereich

Die Gleichung s = 0,004 · v² in Aufgabe 1 liefert zu jeder zulässigen Geschwindigkeit v einen ganz bestimmten Bremsweg s. Die *Zuordnung* v ↦ s ist also eindeutig und daher eine *Funktion*.

Anstelle der Variablen s und v in der Funktionsgleichung s = 0,004 · v² kann man auch z. B. die Variablen y und x verwenden. Man erhält dann die Gleichung y = 0,004 · x².

Man kann diese Funktion auch durch einen *Funktionsterm* wie 0,004 · x² oder durch eine *Zuordnungsvorschrift* wie x ↦ 0,004 · x² (gelesen: x zugeordnet 0,004 · x²) angeben.

Für x sind nur nichtnegative Zahlen bis 130 zugelassen. Das bedeutet:

{x ∈ ℝ | 0 ≤ x ≤ 130} ist der *Definitionsbereich* (die Definitionsmenge) der Funktion.

Alle zugehörigen Werte für y bilden den *Wertebereich* (die Wertemenge) der Funktion:

{y ∈ ℝ | 0 ≤ y ≤ 67,6}.

gelesen: Menge aller reellen Zahlen x, für die gilt: 0 ≤ x ≤ 130

Definition: Funktion

Eine Zuordnung, die jeder Zahl x aus einer Menge D genau eine reelle Zahl y zuordnet, heißt **Funktion**.

Die einer Zahl x aus D eindeutig zugeordnete Zahl y heißt *Funktionswert* von x (an der *Stelle* x).

Die Menge D nennt man den **Definitionsbereich** der Funktion.

Die Menge W aller Funktionswerte heißt **Wertebereich** (Wertemenge) der Funktion.

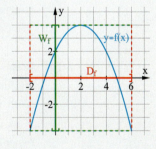

Eine Funktion f kann man angeben durch ihren Definitionsbereich D_f wie z. B. durch {x ∈ ℝ | −2 ≤ x ≤ 6} und mithilfe

(1) einer *Funktionsgleichung*   y = f(x), z. B. y = −0,5 (x − 2)² + 4

(2) eines *Funktionsterms*   f(x), z. B.   −0,5 (x − 2)² + 4

(3) einer *Zuordnungsvorschrift* x ↦ f(x), z. B. x ↦ −0,5 (x − 2)² + 4

Als Kurzbezeichnung für eine Funktion verwendet man häufig Buchstaben wie f, g, h. Den Funktionsterm einer Funktion bezeichnet man dann mit f(x), g(x) und h(x), Definitionsbereich und Wertebereich entsprechend mit D_f, D_g, D_h bzw. W_f, W_g, W_h.

(2) Begriff des Intervalls

Definitions- und Wertebereich einer Funktion lassen sich oft in Form von Intervallen angeben.

Definition: Intervall

Ein **Intervall** ist eine spezielle Untermenge (Teilmenge) von $\mathbb{R}$.

(a) *abgeschlossenes* Intervall von a bis b
$[a; b] = \{x \in \mathbb{R} \mid a \leq x \leq b\}$

(b) *offenes* Intervall von a bis b
$]a; b[= \{x \in \mathbb{R} \mid a < x < b\}$

(c) *rechtsoffenes* Intervall von a bis b
$[a; b[= \{x \in \mathbb{R} \mid a \leq x < b\}$

(d) *linksoffenes* Intervall von a bis b
$]a; b] = \{x \in \mathbb{R} \mid a < x \leq b\}$

(e) *offenes* Intervall von $-\infty$ bis a
$]-\infty; a[= \{x \in \mathbb{R} \mid x < a\}$

(f) *linksabgeschlossenes* Intervall a bis ∞
$[a; +\infty[= \{x \in \mathbb{R} \mid a \leq x\}$

(3) Maximaler Definitionsbereich

Die Funktion $f(x) = 0{,}004 \cdot x^2$ kann man auf alle (auch negative) reelle Zahlen anwenden. Der *maximale Definitionsbereich* ist also die Menge $\mathbb{R}$ aller reellen Zahlen.

Der Wertebereich W ist dann die Menge $\mathbb{R}_0^+$ aller positiven reellen Zahlen zuzüglich null.

In Aufgabe 1 auf Seite 72 war der Definitionsbereich gegenüber dem maximalen eingeschränkt. Das lag daran, dass die Geschwindigkeiten (die nicht negativ waren) die Höchstgeschwindigkeit 130 $\frac{km}{h}$  nicht überschritten. Andere Teststrecken können zu anderen Definitionsbereichen führen.

Wir vereinbaren:

Wenn über den Definitionsbereich nichts anderes vorgeschrieben ist, soll dieser aus allen reellen Zahlen bestehen, auf die man die Zuordnungsvorschrift anwenden kann (für die also ein Funktionswert definiert ist). Der Definitionsbereich ist dann *maximal*.

(4) Graph im Koordinatensystem

Die Funktion $f(x) = x^2$ ordnet jeder reellen Zahl x (auch negativen) eindeutig ihre Quadratzahlzahl x^2 zu. Der maximale Definitionsbereich ist also die Menge $\mathbb{R}$ aller reellen Zahlen.

Die Quadratfunktion lässt sich durch ihren *Graphen im Koordinatensystem* veranschaulichen.

Wertetabelle:

Stelle x	Funktionswert x^2
-2	4
-1	1
0	0
1	1
2	4

Graph:

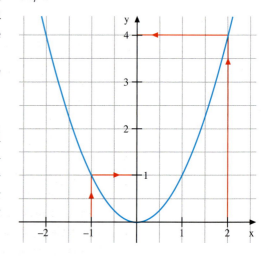

2.1 Funktionsbegriff – Modellieren von Sachverhalten

(5) Funktionale Zusammenhänge – Modellieren

In Aufgabe 1 sind wir von Messungen an einem Pkw auf einer Teststrecke mit der Höchstgeschwindigkeit 130 $\frac{km}{h}$ ausgegangen. Die Zusammenstellung der Ergebnisse in einer Tabelle legte einen Zusammenhang zwischen einer erlaubten Geschwindigkeit und der Länge des Bremsweges nahe.

Um diesen Zusammenhang besser zu beschreiben, haben wir die Ergebnisse mit mathematischen Mitteln bearbeitet (Graph, Quotientenbildung usw.). Dann wurde eine Gleichung aufgestellt, die den Sachverhalt beschreibt.

Wir haben zu dem Sachverhalt ein **mathematisches Modell** gebildet. Wesentlicher Bestandteil dieses Modells ist eine Funktion. Man sagt auch, wir haben den Sachverhalt mithilfe einer Funktion **modelliert**. Mithilfe der gefundenen Gleichung wurden anschließend Längen von Bremswegen (z. B. der größtmögliche) berechnet.

Wir haben unser mathematisches Modell angewandt. Diese berechneten Werte kann man abschließend mit denen vergleichen, die man bei einer weiteren Testserie durch Messen gewinnen kann. Auf diese Weise lässt sich das mathematische Modell überprüfen.

Wir werden später noch weitere Aspekte des Modellierens kennen lernen.

Weiterführende Aufgaben

2 Punktprobe

Die Quadratwurzelfunktion hat die Funktionsgleichung $y = \sqrt{x}$. Aus einer negativen Zahl lässt sich keine Wurzel ziehen, wohl aber aus allen anderen reellen Zahlen. Daher ist $\mathbb{R}_0^+$ der maximale Definitionsbereich.

Prüfen Sie, ob die Punkte zum Graphen der Wurzelfunktion gehören:

$P_1(0{,}25 \mid 0{,}5)$, $P_2(0 \mid 0)$, $P_3(2 \mid 1{,}5)$,
$P_4(5 \mid \sqrt{5})$, $P_5(1 \mid -1)$, $P_6(-9 \mid 3)$.

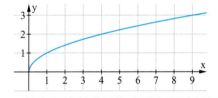

$A(2{,}25 \mid 1{,}5)$ gehört zum Graphen, denn $1{,}5 = \sqrt{2{,}25}$ ist wahr.

$B(1 \mid 0{,}5)$ gehört nicht zum Graphen, denn $0{,}5 = \sqrt{1}$ ist falsch.

3 Abschnittsweise definierte Funktionen

a) Die Firma Heizöl-Rennert macht das nebenstehende Sommer-Angebot. Zeichnen Sie den Graphen der Funktion

b) Die Funktion f, die jeder reellen Zahl x ihren Betrag |x| zuordnet, heißt **Betragsfunktion**. So gilt:

$f(-3) = |-3| = 3$, $f(1{,}8) = |1{,}8| = 1{,}8$.

(1) Zeichnen Sie den Graphen der Betragsfunktion.

(2) f kann man auch abschnittsweise definieren. Erläutern Sie.

Betrag von x: $|x| = \begin{cases} x & \text{für } x \geq 0 \\ -x & \text{für } x < 0 \end{cases}$

4 Nicht jede Gleichung mit zwei Variablen ist eine Funktionsgleichung

Gegeben sind die Gleichungen: (1) $-y + 1 = x^2$; (2) $y^2 = x$; (3) $2 \cdot x + 0 \cdot y = 6$.

a) Prüfen Sie, ob durch die Gleichung eine Funktion gegeben ist.

b) Zeichnen Sie den Graphen zu jeder Gleichung.

Wie kann man am Graphen erkennen, ob die Zuordnung $x \mapsto y$ eindeutig ist?

5 Kreis um den Ursprung des Koordinatensystems

Gegeben ist die Gleichung $x^2 + y^2 = 25$.

a) Zeigen Sie, dass die Koordinaten der Punkte $P_1(4|3)$ und $P_2(-5|0)$ diese Gleichung erfüllen. Suchen Sie weitere Punkte, deren Koordinaten die Gleichung erfüllen.

b) Zeigen Sie, dass alle diese Punkte auf einem Kreis liegen. Welchen Mittelpunkt und welchen Radius hat dieser Kreis?

c) Erläutern Sie, dass der Kreis mit der Gleichung $x^2 + y^2 = 25$ nicht der Graph einer Funktion ist.

d) Begründen Sie entsprechend den folgenden Satz.

Der Kreis ist kein Graph einer Funktion.

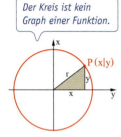

Satz: Kreis um den Ursprung mit dem Radius r

Zu der Gleichung $x^2 + y^2 = r^2$ gehört ein Kreis um den Koordinatenursprung mit dem Radius r.
Die Kreisgleichung ist *keine* Funktionsgleichung.

Übungsaufgaben

6 In das Schwimmbecken wird gleichmäßig Wasser eingelassen. Der Wasserstand lässt sich an der Skala ablesen.

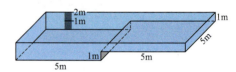

a) Welcher der Graphen (1) bis (4) passt?

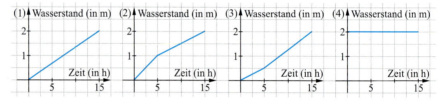

b) Stündlich werden 5 m³ Wasser eingeleitet. Welcher Term (1) bis (3) ist der richtige?

(1) $h(x) = \begin{cases} \frac{1}{10} t & \text{für } 0 \le t \le 5 \\ \frac{1}{2} + \frac{3}{20}(t-5) & \text{für } 5 \le t \le 15 \end{cases}$ (2) $h(x) = \begin{cases} \frac{1}{5} t & \text{für } 0 \le t \le 5 \\ \frac{t}{10} + \frac{1}{2} & \text{für } 5 \le t \le 15 \end{cases}$

(3) $h(x) = \frac{2}{15} t$ für $0 \le t \le 15$

7 Die Funktion f hat den Term:

a) $f(x) = 3x$ b) $f(x) = \sqrt{x+4}$ c) $f(x) = \frac{6}{x^2}$

Berechnen Sie:

$f(1)$, $f(3)$, $f(6)$, $f(-4)$, $f(0{,}41)$, $f\!\left(-\frac{3}{2}\right)$,

$f(a)$, $f(3+h)$, $f(3-h)$.

> $f(x) = \sqrt{x \cdot (6-x)}$
> Funktionswert an der Stelle 4,8
> $f(4{,}8) = \sqrt{4{,}8 \cdot (6-4{,}8)} = \sqrt{5{,}76} = 2{,}4$

Zeichnen Sie den Graphen und bestimmen Sie den maximalen Definitionsbereich sowie den Wertebereich der Funktion.

8 Lesen Sie bei den folgenden Graphen den Wertebereich ab.

a) 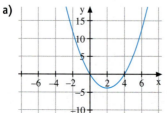   b) 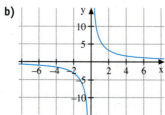   c)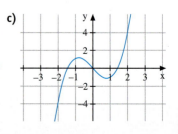

9 Welche der Punkte $P_1(0|0)$, $P_2(0|1)$, $P_3(1|0)$, $P_4(1|1)$, $P_5(8|2)$, $P_6(-0,5|3)$, $P_7(27|-3)$, $P_8(-1|9)$, $P_9(-1|2)$ liegen auf dem Graphen der Funktion mit der Gleichung
(1) $y = x^3$; (2) $y = \sqrt[3]{x}$; (3) $y = \frac{1-x}{1+x}$; (4) $y = 1$?

10 Das Bild veranschaulicht die Bedeutung der Geschwindigkeit eines Fahrzeugs für die Schwere eines Unfalls.

a) Übertragen Sie die Werte aus den Abbildungen in die Tabelle unten und ergänzen Sie sinnvoll.

v (in $\frac{km}{h}$)	10	20	30	40	50	60	70	80	90	100	110
s (in m)											

b) Bestimmen Sie eine passende Funktionsgleichung.

11 Die Tabelle enthält Daten zum Ausbildungsmarkt in Deutschland

Jahr	2001	2002	2003	2004	2005	2006	2007	2008	2009
Angebot	639	590	572	586	563	592	644	636	583
Nachfrage	635	596	593	618	591	626	655	631	576
abgeschlossene Ausbildungsverträge	614	572	558	573	550	576	626	616	566

a) Beschreiben Sie, wie sich der Ausbildungsmarkt in Deutschland entwickelt hat (Angaben zu den Ausbildungsstellen in 1 000).

b) Recherchieren Sie aktuelle Daten und ergänzen Sie hierdurch Ihre Beschreibung aus a).

12 Geben Sie für die dargestellten Graphen die Funktionsgleichungen an.

a) 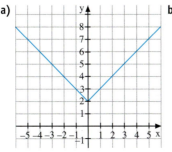 b) 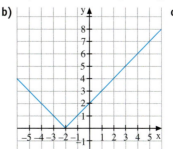 c)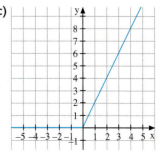

13 An dem Graphen kann man die Gebühren für den Paketversand durch einen Paketdienst ablesen.

a) Füllen Sie die Tabelle aus.

Paketgewicht	Paketgebühr
bis 2 kg	☐ €
über 2 bis 4 kg	☐ €
über 4 bis 6 kg	☐ €
über 6 bis 8 kg	☐ €

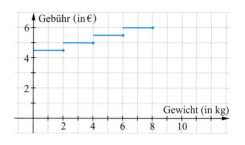

b) Zeichnen Sie den Graphen ins Heft und ergänzen Sie ihn mithilfe der Tabelle rechts.

c) Ist die Zuordnung *Paketgewicht → Gebühr* [*Gebühr → Paketgewicht*] eine Funktion? Begründen Sie.

Paketgebühren	
über 8 bis 10 kg	6,25 €
über 10 bis 12 kg	6,50 €
über 12 bis 14 kg	7,00 €
über 14 bis 16 kg	7,50 €
über 16 bis 18 kg	9,00 €
über 18 bis 20 kg	9,25 €

14 Die Grafik zeigt die Grand-Prix-Rennstrecke von Silverstone / Großbritannien.
Tragen Sie in ein Koordinatensystem die angegebenen Daten über die erreichten Geschwindigkeit in Abhängigkeit von der Streckenlänge ein; entnehmen Sie dazu der Grafik auch die ungefähren Werte für die Streckenlänge.

15 Kann der Graph zu einer Funktion gehören? Begründen Sie.

a) 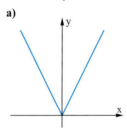   b) 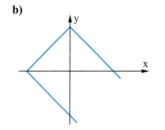   c)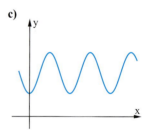

16 Prüfen Sie, ob durch die Gleichung eine Funktion gegeben ist. Setzen Sie dazu für x reelle Zahlen ein und ermitteln Sie, ob sich der Wert für y eindeutig finden lässt.
Falls die Funktion f(x) = y eindeutig ist, geben Sie die Funktionsgleichung an.

a) $-y = x^2$
b) $3x - 0 \cdot y = -9$
c) $y^2 = x - 1$
d) $(x + y)^2 = 36$
e) $0 \cdot x + 3y = -12$
f) $(x - 2) \cdot y = 0$
g) $x \cdot y = 1$
h) $x \cdot y = x + y$

17 Welcher der Punkte A(4|−3), B(1|1), C(3|−1), D(5|2) und E(−1|5) liegt auf dem Kreis, welcher innerhalb und welcher außerhalb des Kreises mit der Gleichung

a) $x^2 + y^2 = 25$;   b) $x^2 + y^2 = 10$?

2.2 Lineare Funktionen

2.2.1 Begriff der linearen Funktion

Aufgabe

1 Lineare Funktionen

Ein zylindrisches Gefäß der Höhe 82 cm wird gleichmäßig mit Wasser gefüllt. Jede halbe Minute steigt der Wasserstand um 45 cm. Zum Zeitpunkt t = 2 s stand das Wasser 8,5 cm hoch.

a) Bis zu welcher Höhe war das Gefäß bereits zum Zeitpunkt t = 0 mit Wasser gefüllt?
b) Wie hoch steht das Wasser nach 15 s?
c) Bestimmen Sie den Zeitpunkt, zu dem das Gefäß voll ist.

Lösung

a) Wir legen eine Wertetabelle der Funktion *Zeitpunkt t (in s) → Füllhöhe h (in cm)* an.

Alle 30 s steigt der Wasserstand um 45 cm. Das bedeutet, dass die Füllhöhe um 1,5 cm je Sekunde zunimmt. Zwei Sekunden früher war die Füllhöhe also um 3 cm niedriger. Zum Zeitpunkt 0 s stand das Wasser 5,5 cm hoch.

Zeit (in s)	Füllhöhe (in cm)
0	5,5
1	7
2	8,5
3	10
4	11,5
⋮	⋮

Der Funktionsterm der Funktion *Zeitpunkt (in s) → Füllhöhe (in cm)* lautet also:

$h(t) = 1,5 \cdot t + 5,5$

Für t = 0 erhält man:

$h(0) = 5,5$

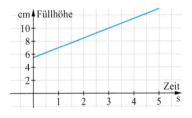

b) Wir bestimmen $h(15) = 1,5 \cdot 15 + 5,5 = 28$.
Die Füllhöhe beträgt 28 cm nach 15 s.

c) Der Zeitpunkt, an dem die Höhe 82 cm erreicht wird, lässt sich mithilfe der Funktionsgleichung berechnen:
Aus $82 = 1,5 \cdot t + 5,5$ folgt t = 51.
Zum Zeitpunkt 51 s ist die Füllhöhe 82 cm erreicht.

Information

(1) Begriff der linearen Funktion

Definition: Lineare Funktion
Eine Funktion f mit $f(x) = m \cdot x + b$ heißt **lineare Funktion**.

Der Graph einer linearen Funktion ist eine Gerade; sie hat die Steigung m und sie verläuft durch den Punkt (0|b) auf der y-Achse; b wird deshalb als Y-Achsenabschnitt bezeichnet.
Man kann ein Steigungsdreieck mit den Katheten der Länge 1 (horizontal) und m (vertikal) an die Gerade zeichnen.

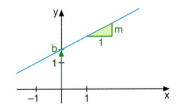

(2) Punkt-Steigungs-Form der Geradengleichung

Sind zwei Punkte $P_1(x_1|y_1)$ und $P_2(x_2|y_2)$ gegeben, dann lässt sich eindeutig eine Gerade durch diese beiden Punkte zeichnen. Falls $x_1 \neq x_2$, ist dies der Graph einer linearen Funktion. Die **Steigung** dieser Geraden ist dann $m = \frac{y_2 - y_1}{x_2 - x_1}$

Die Gleichung der Geraden kann in der **Punkt-Steigungsform** angegeben werden:

$y = m(x - x_1) + y_1$

Wenn $m = 0$ ist, wird die lineare Funktion als konstante Funktion bezeichnet.

Weiterführende Aufgaben

2 Besondere Lage von Geraden im Koordinatensystem

Der Graph einer jeden linearen Funktion ist eine Gerade. Ist auch jede Gerade im Koordinatensystem Graph einer linearen Funktion?

Vereinfachen Sie die gegebene Gleichung. Welche besondere Lage hat die Gerade g?

Ist die Gerade g Graph einer Funktion? Geben Sie, falls möglich, die Steigung von g an.

a) $0 \cdot x + 2 \cdot y = 6$ b) $0 \cdot x - 4 \cdot y = 0$ c) $-2 \cdot x + 0 \cdot y = 4$ d) $-4 \cdot x + 0 \cdot y = 0$

3 Schar von Funktionen

a) Der Term $f_b(x) = -0{,}5 \cdot x + b$ enthält zusätzlich zur Variablen x noch den Parameter b. Gibt man b einen Wert, z. B. 2, entsteht der Funktionsterm $f_2(x) = -0{,}5 \cdot x + 2$.

Durch $f_b(x) = -0{,}5 \cdot x + b$ ist eine Menge von Funktionen, eine **Funktionenschar**, gegeben.

Setzen Sie in $f_b(x) = -0{,}5 \cdot x + b$ für b Werte ein und zeichnen Sie in ein Koordinatensystem einzelne Graphen der Schar. Vergleichen Sie die Graphen.

b) Auch die Menge aller Funktionen mit $g_m(x) = m x + 1$ stellt eine Funktionenschar dar.

Erläutern Sie den Unterschied zu Teilaufgabe a).

Übungsaufgaben **4** Bestimmen Sie zu den Geraden Gleichungen der Form $y = m \cdot x + b$

a) 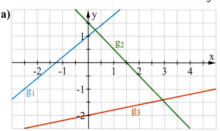 b)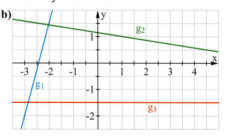

5 Der Punkt P liegt auf dem Graphen der linearen Funktion mit der Steigung m. Bestimmen Sie den Funktionsterm.

a) $P(0|1)$; $m = 0{,}2$ b) $P(1|3)$; $m = 5$ c) $P(-3|0{,}5)$; $m = -0{,}1$

6 Erläutern Sie die folgende „graphische" Herleitung der Punkt-Steigungs-Form einer Geraden.

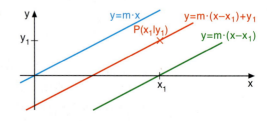

2.2 Lineare Funktionen

7 Die Punkte P_1 und P_2 liegen auf dem Graphen der linearen Funktion mit $y = m \cdot x + b$.
Bestimmen Sie die Funktionsgleichung. Geben Sie zwei weitere Punkte des Graphen an.

a) $P_1(3|1)$, $P_2(5|5)$ d) $P_1(3|3)$, $P_2\left(-\frac{1}{3}\left|-\frac{1}{3}\right.\right)$

b) $P_1(2|7)$, $P_2(5|1)$ e) $P_1(0|3)$, $P_2(5|0)$

c) $P_1(-6,6|-4,3)$, $P_2(2|0)$ f) $P_1\left(-\frac{26}{5}\left|-\frac{3}{5}\right.\right)$, $P_2\left(-\frac{6}{5}\left|\frac{2}{5}\right.\right)$

8 Gegeben ist eine Schar von Geraden durch $f_m(x) = m \cdot (x - 4) + 3$ mit $m \in \mathbb{R}$.

a) Setzen Sie für den Scharparameter m die Werte $-2, -1, 0, 1, 2$ ein und zeichnen Sie die Geraden in *ein* Koordinatensystem. Was fällt auf?

b) Welche Gerade der Schar geht durch den Punkt

(1) $(9|5,5)$ (3) $(-6|-0,5)$ (5) $(0|-1)$ (7) $(0|0)$

(2) $(2|6)$ (4) $(7|3)$ (6) $(0|3)$ (8) $(0|4)$?

9 Gegeben sind die Funktionsgleichungen

(1) $y = x - 3$,   (3) $y = \frac{x}{4} + 5$,   (5) $y = 2 - 3x$

(2) $y = 2,4x + 2,6$,   (4) $y = -\frac{x}{2} - 1$,   (6) $y = -x$

a) Welche der Punkte $P_1(-8|3)$, $P_2(2|-2)$, $P_3(-1|-4)$, $P_4(-4|-7)$, $P_5(-4|4)$, $P_6(1|5)$, $P_7(0,8|-2,2)$ gehören zum Graphen der linearen Funktion?

b) $Q_1(2|\square)$, $Q_2(\square|2,5)$, $Q_3(\square|0)$ und $Q_4(0|\square)$ liegen auf dem Graphen der Funktion. Bestimmen Sie die fehlenden Koordinaten.

10 Welchen Wert muss man für den Parameter k setzen, damit die Gerade durch den Punkt $P(2|1)$ geht?

a) $y = k \cdot x + 2$ b) $y = 1,2 \cdot x + k$

11 Bestimmen Sie die Gleichung einer Geraden, die durch die Punkte $P_1(a|0)$ und $P_2(0|b)$ verläuft.

Zeigen Sie, dass für die Punkte der Geraden gilt
$\frac{x}{a} + \frac{y}{b} = 1$.

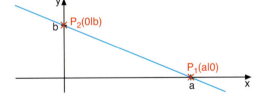

12 Ein Energieversorgungs-Unternehmen macht seinen Kunden folgende Tarifangebote zum Bezug von Erdgas:

	Classic	Comfort	Constant
Arbeitspreis (in Ct/kWh)	4,00	3,85	3,9
Grundpreis (in €/Monat)	12,00	13,50	13,50

Bei den Tarifen „Classic" und „Comfort" werden die Preise bei Bedarf den aktuellen Energiepreisentwicklungen angepasst. Für den Tarif „Constant" garantiert der Anbieter Preissicherheit für ein ganzes Jahr. Ein Vertrag mit dem Tarif „Classic" kann der Kunde mit einer Kündigungsfrist von einem Monat kündigen, bei den beiden anderen Tarifen beträgt die Kündigungsfrist ein Jahr. Vergleichen Sie die Tarife miteinander. Erkundigen Sie sich über die Sachverhalte, die für die Beurteilung der Tarife wichtig sind.

2.2.2 Gegenseitige Lage von Geraden

Aufgabe

1 Schnitt von Geraden, Nullstellen von Geraden

Gegeben sind die Geraden g_1: $y = \frac{1}{2}x - \frac{1}{2}$ und g_2: $y = -\frac{2}{3}x + 3$.

a) Begründen Sie, warum sich die zugehörigen Geraden schneiden müssen, und bestimmen Sie den Schnittpunkt.

b) Begründen Sie, warum die beiden Geraden die x-Achse schneiden müssen, und bestimmen Sie die beiden Nullstellen.

Lösung

a) Da die Steigungen der beiden Geraden $m_1 = \frac{1}{2}$ und $m_2 = -\frac{2}{3}$ voneinander verschieden sind, sind die beiden Geraden nicht zueinander parallel, müssen sich also schneiden.

Für den gemeinsamen Punkt der beiden Geraden, den Schnittpunkt $S(x_s | y_s)$ gilt, dass die Koordinaten beide Geradengleichungen erfüllen müssen:

$$\left|\begin{array}{l} y_s = \frac{1}{2}x_s - \frac{1}{2} \\ y_s = -\frac{2}{3}x_s + 3 \end{array}\right.$$

Ein lineares Gleichungssystem dieser Form lösen wir am einfachsten nach dem Gleichsetzungsverfahren:

$$\left|\begin{array}{l} -\frac{2}{3}x_s + 3 = \frac{1}{2}x_s - \frac{1}{2} \\ y_s = -\frac{2}{3}x_s + 3 \end{array}\right. \Leftrightarrow \left|\begin{array}{l} -\frac{7}{6}x_s = -\frac{7}{2} \\ y_s = -\frac{2}{3}x_s + 3 \end{array}\right. \Leftrightarrow \left|\begin{array}{l} x_s = 3 \\ y_s = 1 \end{array}\right.$$

Die Koordinaten des Punktes $S(3|1)$ erfüllen beide Geradengleichungen.

b) Da beide Geraden eine Steigung haben, die von null verschieden ist, verlaufen sie nicht parallel zur x-Achse, haben also einen Punkt mit ihr gemeinsam.

> y-Achse:
> $y = 0 \cdot x + 0$

Die Lösungen der linearen Gleichungen sind:

$0 = \frac{1}{2}x - \frac{1}{2} \Leftrightarrow x = 1$ bzw. $0 = -\frac{2}{3}x + 3 \Leftrightarrow x = \frac{9}{2}$

d.h. die Gerade g_1 hat den Nullpunkt $N_1(1|0)$, g_2 den Nullpunkt $N_2\left(\frac{9}{2}|0\right)$.

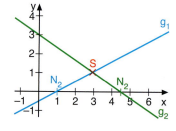

Aufgabe

2 Parallelität und Orthogonalität von Geraden

Gegeben ist die Gerade g mit $y = 2x - 16$. Stellen Sie eine Gleichung auf für

a) die Parallele p zur Geraden g durch den Punkt $C(1|6)$;

b) die Orthogonale k zur Geraden g durch den Punkt $A(9|2)$.

Lösung

a) Wenn die Geraden p und g zueinander parallel sind, dann haben sie dieselbe Steigung $m = 2$.

Nach der Punkt-Steigungs-Form hat dann p die Gleichung

$y = 2 \cdot (x - 1) + 6 = 2x + 4$

b) Die Koordinaten von $A(9|2)$ erfüllen die Geradengleichung von g: $2 = 2 \cdot 9 - 16$; daher liegt der Punkt A auf der Geraden g. Wir legen ein geeignetes Steigungsdreieck für die Gerade g an. Wenn wir dieses Steigungsdreieck um 90° rechtsherum drehen mit A als Drehpunkt, erhalten wir ein Dreieck, an dem wir die Steigung für die Gerade k ablesen können: $m = \frac{-1}{2} = -\frac{1}{2}$.

Die zu g orthogonale Gerade hat daher die Gleichung:

$y = -\frac{1}{2} \cdot (x - 9) + 2 = -\frac{1}{2}x + 6{,}5$

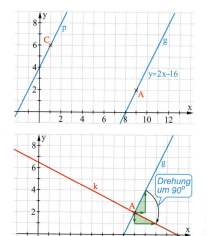

2.2 Lineare Funktionen

Information

(1) Nullstellen von linearen Funktionen

Eine lineare Funktion f mit der Funktionsgleichung $f(x) = mx + b$ besitzt genau dann eine Nullstelle, wenn der zugehörige Graph nicht parallel zur x-Achse verläuft, d.h. wenn $m \neq 0$.

Zur Bestimmung der Nullstelle löst man die lineare Gleichung $f(x) = 0$, d.h. $mx + b = 0$.

(2) Parallelität und Orthogonalität von Geraden

Wir wissen schon:

> Zwei Geraden mit den Steigungen m_1 und m_2 sind genau dann **parallel** zueinander, wenn $m_1 = m_2$ gilt.

Die Lösung von Teilaufgabe b) in der Aufabe 2 lässt folgenden Satz vermuten:

> Wenn zwei Geraden mit den Steigungen m_1 und m_2 orthogonal zueinander sind, dann gilt für die Steigungen die Beziehung $m_2 = -\frac{1}{m_1}$ bzw. $m_1 \cdot m_2 = -1$.

Beweis:

Aus dem Steigungsdreieck für die Gerade s lesen wir ihre Steigung m_2 ab: $m_2 = \frac{-1}{m_1} = -\frac{1}{m_1}$

Dann gilt auch $m_1 \cdot m_2 = -1$.

Bisher haben wir gezeigt: Wenn zwei Geraden mit den Steigungen m_1 und m_2 orthogonal zueinander sind, dann gilt die Beziehung $m_1 \cdot m_2 = -1$.

Es gilt sogar die *Umkehrung des Satzes*, wie man beweisen kann:

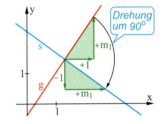

> Wenn für die Steigungen m_1 und m_2 zweier Geraden die Beziehung $m_2 = -\frac{1}{m_1}$ bzw. $m_1 \cdot m_2 = -1$ gilt, dann sind die Geraden orthogonal zueinander.

Wir können zusammenfassen:

Satz: Orthogonalitätsbedingung

Zwei Geraden mit den Steigungen m_1 und m_2 sind genau dann **orthogonal** zueinander, wenn $m_1 \cdot m_2 = -1$.

Weiterführende Aufgabe

3 Steigungswinkel

a) Zeichnen Sie die Gerade zu $y = -\frac{2}{3}x - 6$ in ein Koordinatensystem mit gleicher Skalierung auf beiden Achsen. Bestimmen Sie den Schnittpunkt mit der x-Achse. Denken Sie sich die x-Achse um diesen Schnittpunkt gegen den Uhrzeigersinn gedreht, bis sie mit der Geraden zusammenfällt. Der dabei überstrichene Winkel ist der Steigungswinkel der Geraden. Berechnen Sie den Steigungswinkel.

b) Begründen Sie allgemein:

Für den **Steigungswinkel** α einer Geraden mit der Gleichung $y = mx + b$ gilt bei gleicher Skalierung der Achsen:

$\tan \alpha = m$

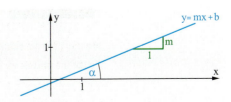

Übungsaufgaben **4** Untersuche Sie die gegenseitige Lage der folgenden Geraden, die gegeben sind durch
$g_1: y = \frac{1}{2}x - 3$; $g_2: y = 2x + 1$; $g_3: y = -2x - 5$; $g_4: y = 4 - 2x$; $g_5: y = \frac{1}{2}x$

5 Gegeben sind zwei Geraden g_1 und g_2. In welchen Punkten schneiden die Geraden die Koordinatenachsen? Bestimmen Sie auch den Schnittpunkt beider Geraden.
Erklären Sie Ihr Vorgehen; zeichnen Sie auch.

a) $g_1: y = -x + 3$; $g_2: y = 3x - 7$ c) $g_1: y = -7x$; $g_2: y = -x + 3$
b) $g_1: y = 3x + 8$; $g_2: y = 2x - 4$ d) $g_1: y = \frac{1}{2}x - 4$; $g_2: y = \frac{3}{5}x + 6$

6 Welche der Geraden sind zueinander parallel, welche zueinander orthogonal?
$g_1: y = \frac{4}{3}x - 5$; $g_2: y = -0{,}75x - 5$; $g_3: y = \frac{8x + 1}{6}$; $g_4: y = 5 - x$

7 Bestimmen Sie eine Gleichung für diejenige Gerade, die durch den Punkt P geht und zu der Geraden mit der angegebenen Gleichung parallel [orthogonal] ist.

a) $P(-2|1)$; $y = 2x$ b) $P(2|-4)$; $y = -\frac{x}{3} - 2$ c) $P(-1{,}5|0{,}4)$; $y = 1{,}2x + 0{,}8$

8 Welche der Geraden sind zueinander parallel, welche zueinander orthogonal?

a) $g_1: y = \frac{4}{3}x - 5$; $g_2: y = -0{,}75x - 5$ $g_3: y = \frac{8x + 1}{6}$; $g_4: y = 5 - x$
b) $g_1: y = 8x - 1$; $g_2: y = \frac{x}{3} + 7$ $g_3: y = -3x + 1$; $g_4: y = -0{,}125x + 7$

9 Die Gerade g hat die Steigung m_1. Bestimmen Sie die Steigung m_2 einer Orthogonalen zu g.

a) $m_1 = \frac{3}{5}$ b) $m_1 = \frac{1}{4}$ c) $m_1 = 2$ d) $m_1 = -3$ e) $m_1 = -0{,}75$ f) $m_1 = -0{,}1$

10 Bestimmen Sie die Gleichung in der Normalform für diejenige Gerade, die durch den Punkt P geht und zu der Geraden mit der angegebenen Gleichung parallel [orthogonal] ist.

a) $P(-2|1)$; $y = 2x$ d) $P(2|-4)$; $y = -\frac{x}{3} - 2$
b) $P(0|6)$; $y = 4x + 2$ e) $P(-1{,}5|0{,}4)$; $y = 1{,}2x + 0{,}8$
c) $P(0|5)$; $y = -5x + 1$ f) $P(-3|0)$; $y = -x$

11 Bestimmen Sie eine Gleichung für diejenige Gerade, die durch den Punkt P geht und zu der Geraden mit der angegebenen Gleichung parallel [orthogonal] ist.

a) $P(-4|2)$; $y = -\frac{1}{3}x - 5$ c) $P(\sqrt{2}|3)$; $y = 4$ e) $P(0|0)$; $y = -1$
b) $P(0|0)$; $y = -x - 2$ d) $P(-2|5)$; $x = 3$ f) $P(-1|-2)$; $y = -1{;}5$

12 Ein Mieter kann beim Einzug in eine neue Wohnung zwischen drei Stromtarifen wählen:

PROCON	Aktuelle Tarife
Tarif A	Grundgebühr 10 €, pro Kilowattstunde (kWh) 10 Cent
Tarif B	Grundgebühr 15 €, pro Kilowattstunde (kWh) 8 Cent
Tarif C	keine Grundgebühr, pro Kilowattstunde (kWh) 18 Cent

Welcher Tarif ist abhängig vom Stromverbrauch der jeweils günstigste? Lösen Sie rechnerisch und verdeutlichen Sie mittels einer Zeichnung Ihre Ergebnisse!

2.2 Lineare Funktionen

13

Studieren im Ausland

So viele deutsche Studierende waren an ausländischen Hochschulen eingeschrieben (in 1 000)

(1) Übertragen Sie die Informationen von 2004 bis 2007 über die Anzahl der deutschen Studierenden im Ausland in ein Koordinatensystem und zeichnen Sie eine Trendgerade nach Augenmaß.

(2) Bestimmen Sie die Gleichung der Geraden und geben Sie eine Prognose für die nachfolgenden Jahre ab.

(3) Bestimmen Sie mithilfe einer Tabellenkalkulation eine Regressionsgerade zu diesen Daten und erstellen Sie auch hiermit eine Prognose. Vergleichen Sie.

14 Drei Taxiunternehmen geben folgende Fahrpreise an:

Unternehmen A: Grundgebühr 4,00 €, pro gefahrenen Kilometer 80 Cent;
Unternehmen B: Grundgebühr 2,00 €, pro gefahrenen Kilometer 90 Cent;
Unternehmen C: keine Grundgebühr, pro gefahrenen Kilometer 1,10 €.

a) Bei welcher Fahrtstrecke würden Sie A den Vorzug geben, wann wären B bzw. C günstiger (zeichnerische und rechnerische Lösung)?

b) Sie wollen sich mit einem Taxi nach Hause bringen lassen. Sie haben genau € 33,00 dabei. Wie weit kommen Sie mit dem Geld bei den drei Taxiunternehmen?

c) Bis zu Ihrem Zuhause sind es genau 35 km. Wie viel müssen Sie bei den drei Unternehmen bezahlen – welche Wegstrecke müssen Sie zu Fuß gehen?

15 Zwei Autovermietungen auf Mallorca bieten unterschiedliche Konditionen für ein bestimmtes Automodell an:

Vermietung Spain-Car berechnet pro gefahrenen Kilometer 0,65 €;

Vermieter Uno 0,35 € pro gefahrenen und eine Bearbeitungsgebühr von 15 €.

Ralf und Lena wollen einen Tagesausflug von Palma de Mallorca nach S'Arenal machen (siehe Kartenausschnitt). In der nächsten Woche wollen sie von Palma aus den Norden der Insel erkunden.

a) Welchen Vermieter sollten die beiden wählen?   b) Ab welcher Strecke lohnt sich Vermieter Uno?

16 Der Aktienkurs einer kürzlich gegründeten Aktiengesellschaft stand Anfangs bei 125 €. Leider kann sich das Unternehmen nicht wie erhofft am Markt behaupten. Der Kurs der Aktie verhielt sich bisher im Monatsdurchschnitt wie

$A(x) = -\frac{25}{6}x + 125$

wobei Zeit in Monaten, $A(x)$ = Aktienkurs in Euro. Wann sind die Aktien wertlos, wenn sich der Trend fortsetzt?

2.3 Quadratische Funktionen

2.3.1 Definition – Nullstellen – Linearfaktordarstellung

Aufgabe   **1**   Bestimmen einer Parabelgleichung

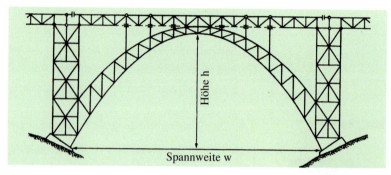

Die Müngstener Brücke über die Wupper ist eine der beeindruckendsten Eisenbahnbrücken. Zum 100-jährigen Jubiläum erschien sogar eine Briefmarke. Der untere Brückenbogen hat eine Spannweite von w = 160 m und eine Höhe von h = 69 m. Den unteren Brückenbogen kann man näherungsweise als Graphen einer quadratischen Funktion f ansehen.
Bestimmen Sie deren Gleichung in einem selbst gewählten Koordinatensystem.
Betrachten Sie verschiedene Möglichkeiten.

Lösung

1. Möglichkeit:

Man legt den Ursprung des Koordinatensystems in den Scheitelpunkt der Parabel. Dann lässt sich der Funktionsterm in der Form $f(x) = a \cdot x^2$ darstellen. Da die Bodenverankerung des Parabelbogens rechts die Koordinaten (80 | –69) hat, ergibt sich

$f(80) = -69 = a \cdot 80^2$, also $a = -\frac{69}{80^2} \approx -0{,}01078$

d. h. die gesuchte quadratische Funktion f ist

$f(x) = -0{,}01078\,x^2$

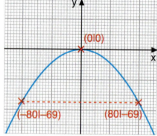

2. Möglichkeit:

Man legt den Ursprung des Koordinatensystems in die Mitte zwischen die beiden Bodenverankerungen. Dann lässt sich der Funktionsterm in der Form $f(x) = a \cdot (x - 80)(x + 80)$ darstellen, denn wenn man x = 80 oder x = –80 in diesen Funktionsterm einsetzt, erhält man den Funktionswert null. Da der Scheitelpunkt des Parabelbogens die Koordinaten (0 | 69) hat, ergibt sich

$f(0) = 69 = a \cdot (0 - 80)(0 + 80) = -80^2 \cdot a$

also $a = -\frac{69}{80^2} \approx -0{,}01078$

d. h. die gesuchte quadratische Funktion f ist

$f(x) = -0{,}01078 \cdot (x - 80)(x + 80)$

was man auch in der Form

$f(x) = -0{,}01078\,x^2 + 69$ notieren kann.

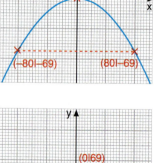

2.3 Quadratische Funktionen

3. Möglichkeit:
Man legt den Ursprung des Koordinatensystems in den Punkt der linken Bodenverankerung. Dann lässt sich der Funktionsterm in der Form $f(x) = a \cdot x \cdot (x - 160)$ darstellen.
Da der Scheitelpunkt des Parabelbogens die Koordinaten $(80|69)$ hat, ergibt sich
$f(80) = 69 = a \cdot 80 \cdot (80 - 160) = -80^2 \cdot a$,
also $a = -\frac{69}{80^2} \approx -0{,}01078$
d. h. die gesuchte quadratische Funktion f ist
$f(x) = -0{,}01078 x \cdot (x - 160) = -0{,}01078 x^2 + 1{,}725 x$

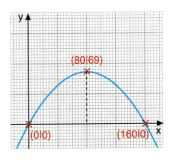

Aufgabe

2 Bestimmen von Funktionsstellen
Gegeben ist die quadratische Funktion f mit $f(x) = x^2 - 2x - 1$.
Bestimmen Sie die Stellen, an denen die Funktion den Funktionswert
(1) $f(x) = 1$ (2) $f(x) = 0$
annimmt
a) ohne Hilfsmittel,
b) mithilfe der Software Graphix, die diesem Buch beigefügt ist,
c) mithilfe eines CAS.

Lösung

a) *Algebraisch exakte Bestimmung von Funktionsstellen mit quadratischer Ergänzung*

(1) Für welche Stellen x gilt $f(x) = 1$?   (2) Für welche Stellen x gilt $f(x) = 0$?

$x^2 - 2x - 1 = 1$	$x^2 - 2x - 1 = 0$
$x^2 - 2x = 2$	$x^2 - 2x = 1$
$x^2 - 2x + 1 = 2 + 1$	$x^2 - 2x + 1 = 1 + 1$
$(x - 1)^2 = 3$	$(x - 1)^2 = 2$
$x - 1 = -\sqrt{3}$ oder $x - 1 = \sqrt{3}$	$x - 1 = -\sqrt{2}$ oder $x - 1 = \sqrt{2}$
$x_1 = 1 - \sqrt{3},\ x_2 = 1 + \sqrt{3}$	$x_1 = 1 - \sqrt{2},\ x_2 = 1 + \sqrt{2}$

(Quadratische Ergänzung)

Algebraisch exakte Bestimmung von Funktionsstellen mithilfe der Lösungsformel
Für eine Gleichung der Form $x^2 + p \cdot x + q = 0$ kennen wir Lösungsformeln:
$x_1 = -\frac{p}{2} - \sqrt{\left(\frac{p}{2}\right)^2 - q}$ und $x_2 = -\frac{p}{2} + \sqrt{\left(\frac{p}{2}\right)^2 - q}$
Wir müssen nur die gegebenen Gleichungen auf die obige Form bringen:
(1) Für die gesuchte Stelle x gilt $f(x) = 1$, also:
$x^2 - 2x - 1 = 1 \quad |-1$
$x^2 - 2x - 2 = 0$; dies entspricht der obigen Form, mit $p = -2$ und $q = -2$.
Aus den Lösungsformeln erhalten wir damit
$x_1 = -\frac{(-2)}{2} - \sqrt{\left(\frac{-2}{2}\right)^2 - (-2)} = 1 - \sqrt{1 + 2} = 1 - \sqrt{3}$ und
$x_2 = -\frac{(-2)}{2} + \sqrt{\left(\frac{-2}{2}\right)^2 - (-2)} = 1 + \sqrt{1 + 2} = 1 + \sqrt{3}$.

(2) Für die gesuchte Stelle x gilt $f(x) = 0$, also $x^2 - 2x - 1 = 0$.
Dies entspricht der obigen Form, mit $p = -2$ und $q = -1$.
Mithilfe der Lösungsformeln erhalten wir $x_1 = 1 - \sqrt{2}$ und $x_2 = 1 + \sqrt{2}$.

b) *Näherungsweises Bestimmen von Funktionsstellen mithilfe des Funktionenplotters Graphix*

Graphische Methode: Man gibt die Funktionsterme $y_1 = x^2 - 2x - 1$ und $y_2 = 1$ als „Formel" ein und lässt die Graphen zeichnen. Dann verschiebt man die Grafik (*Symbol Hand*) so, dass einer der beiden Schnittpunkte ungefähr im Bildmittelpunkt liegt und vergrößert schrittweise den Bildausschnitt (*Symbol +*). Nach mehreren Vergrößerungsschritten kann man die Koordinaten des Schnittpunkts mit der gewünschten Genauigkeit ablesen: $x \approx -0{,}73205$; analog findet man den zweiten Schnittpunkt bei $x \approx 2{,}73205$ und die Stellen, an denen die Funktion f ungefähr den Funktionswert $f(x) = 0$ hat bei $x \approx -0{,}41421$ sowie $x \approx 2{,}41421$.

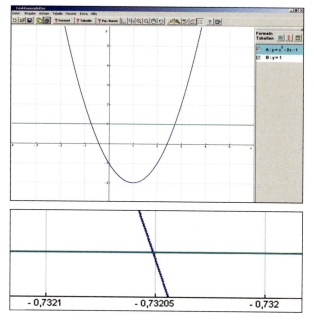

Numerische Methode: Die Software bietet auch die Option an, eine Wertetabelle anzuzeigen. Man sucht dann eine Stelle in der Wertetabelle, die in der Nähe des gesuchten Funktionswerts liegt und kann dann durch Mausklick links die Anzahl der Stellen erhöhen und so die gesuchte Stelle finden.

x	A y	x	A y	x	A y	x	A y
-5	34	-1,2	2,84	-0,76	1,0976	-0,73209	1,0001358
-4	23	-1,1	2,41	-0,75	1,0625	-0,73208	1,0001011
-3	14	-1	2,00	-0,74	1,0276	-0,73207	1,0000665
-2	7	-0,9	1,61	-0,73	0,9929	-0,73206	1,0000318
-1	2	-0,8	1,24	-0,72	0,9584	-0,73205	0,9999972
0	-1	-0,7	0,89	-0,71	0,9241	-0,73204	0,9999626
1	-2	-0,6	0,56	-0,7	0,8900	-0,73203	0,9999279
2	-1	-0,5	0,25	-0,69	0,8561	-0,73202	0,9998933
3	2	-0,4	-0,04	-0,68	0,8224	-0,73201	0,9998586
4	7	-0,3	-0,31	-0,67	0,7889	-0,732	0,9998240

c) *Algebraisch exakte oder näherungsweise Bestimmung von Funktionsstellen mithilfe eines CAS*

Mithilfe des Befehls **solve** kann ein CAS die gesuchten Funktionsstellen einer quadratischen Funktion exakt ermitteln. Mit dem Befehl **nSolve** steht auch die Möglichkeit zur Verfügung, die Funktionsstellen näherungsweise zu bestimmen. Hierbei muss ein Startwert angegeben werden.

2.3 Quadratische Funktionen

Weiterführende Aufgabe

3 Schnittstellen von quadratischen Funktionen

Graphen von quadratischen Funktionen können gemeinsame Punkte besitzen.
Untersuchen Sie in den folgenden Beispielen, welcher Fall vorliegt.
Bestimmen Sie ggf. die Schnittpunkte der beiden Graphen.

$f_1(x) = 0{,}5x^2 - 2{,}5x - 2$ und

(1) $f_2(x) = -2x^2 + 5x + 8$ (2) $f_2(x) = -x^2 + 6{,}5x - 15{,}5$ (3) $f_2(x) = -x^2 - 2x - 3$

Information

(1) Begriff der quadratischen Funktion

> **Definition: Quadratische Funktion**
>
> Die Funktion f mit $f(x) = ax^2 + bx + c$ mit $a \neq 0$ heißt **quadratische Funktion**.
> $y = ax^2 + bx + c$ ist die zugehörige Funktionsgleichung.
> Im Funktionsterm nennt man ax^2 das quadratische Glied, bx das lineare Glied und c das absolute Glied.
> Der maximale Definitionsbereich einer quadratischen Funktion ist die Menge $\mathbb{R}$ aller reellen Zahlen.
> Den Graphen einer quadratischen Funktion mit dem Definitionsbereich $\mathbb{R}$ nennt man eine **Parabel**.
> Der Punkt mit dem größten bzw. kleinsten Funktionswert der Funktion f heißt **Scheitelpunkt** der Parabel.

Beispiel: $f(x) = 2x^2 + 5x - 3$ ist eine quadratische Funktion mit $a = 2$, $b = 5$ und $c = -3$.

(2) Nullstellen von quadratischen Funktionen – Linearfaktorzerlegung des Funktionsterms

Die Graphen von quadratischen Funktionen können – je nach Lage des Scheitelpunkts und der Öffnung der Parabel nach oben oder unten – keine, eine oder zwei Nullstellen haben. Der Begriff der Nullstelle wird dabei wie bei linearen Funktionen definiert:

> **Definition: Nullstelle**
>
> Eine Stelle x_0, an der eine Funktion f den Wert 0 annimmt, heißt **Nullstelle** der Funktion.
> Für eine Nullstelle x_0 der Funktion f gilt:
> $f(x_0) = 0$

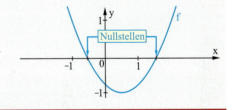

Am einfachsten lassen sich die Nullstellen einer (quadratischen) Funktion ablesen, wenn diese als *Linearfaktorzerlegung* gegeben ist.

Zwischen der Lage der Nullstellen und dem Funktionsterm der quadratischen Funktion besteht nämlich folgender Zusammenhang:

> **Satz über die Linearfaktorzerlegung von quadratischen Funktionen**
>
> Besitzt eine quadratische Funktion f mit $f(x) = ax^2 + bx + c$
> (1) die beiden Nullstellen $x = r$ und $x = s$ dann lässt sich der Funktionsterm als Produkt der Linearfaktoren $(x - r)$ und $(x - s)$ notieren, d.h. als $f(x) = a \cdot (x - r)(x - s)$,
> (2) nur eine Nullstelle $x = r$, dann lässt sich der Funktionsterm als Quadrat (d.h. als doppeltes Produkt) des Linearfaktors $(x - r)$ notieren, d.h. als $f(x) = a \cdot (x - r)^2$.

(3) Funktionsstellen von quadratischen Funktionen – Lösen von quadratischen Gleichungen

Nullstellen oder andere Funktionsstellen von quadratischen Funktionen sowie die Schnittstellen verschiedener quadratischer Funktionen lassen sich mithilfe eines algebraischen Verfahrens exakt bestimmen. Nach Umformung führt dies stets auf das Problem der Lösung einer quadratischen Gleichung.

Beispiele

(1) *An welcher Stelle hat die Funktion f mit $f(x) = 2x^2 + 3x - 7$ den Funktionswert $f(x) = 2$?*
Die Aufgabenstellung führt auf das Lösen der quadratischen Gleichung $2x^2 + 3x - 7 = 2$, also auf das Lösen von $2x^2 + 3x - 9 = 0$, d.h. auf die Normalform einer quadratischen Gleichung $x^2 + 1{,}5x + 4{,}5 = 0$.

(2) *Welche Punkte haben die Graphen der quadratischen Funktionen f_1 und f_2 mit $f_1(x) = 3x^2 - x + 3$ und $f_2(x) = x^2 + 3x + 9$ gemeinsam?*
Die Aufgabenstellung wird dadurch gelöst, dass man die Funktionsterme gleichsetzt und dann umformt: $f_1(x) = f_2(x)$, also nach Umordnung der Terme: $2x^2 - 4x - 6 = 0$ oder schließlich zur Normalform: $x^2 - 2x - 3 = 0$.

Bei der Lösung von *quadratischen Gleichungen* der Form $ax^2 + bx + c = 0$ mit ($a \neq 0$, $b \neq 0$) gehen wir folgendermaßen vor:

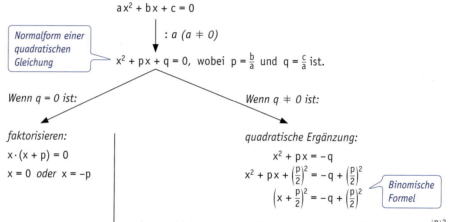

Die Anzahl der Lösungen hängt von der rechten Seite $r = -q + \left(\frac{p}{2}\right)^2$ ab:
- Wenn dieser Term größer als 0 ist, so gibt es zwei Lösungen.
- Wenn dieser Term gleich 0 ist, so gibt es genau eine Lösung.
- Wenn dieser Term kleiner als 0 ist, so gibt es keine Lösung.

Prinzipiell kann man das Lösungsverfahren mithilfe der quadratischen Ergänzung in allen Fällen durchführen. Für den Fall, dass die quadratische Gleichung die Form $ax^2 + bx = 0$ hat, ist es jedoch einfacher, wenn man faktorisiert.

> Jede quadratische Gleichung $ax^2 + bx + c = 0$ kann man auf eine Gleichung der Form $x \cdot (x + p) = 0$ oder aber auf eine Gleichung der Form $(x + d)^2 = r$ zurückführen.

Die Anzahl der Lösungen einer quadratischen Gleichung $x^2 + px + q = 0$ hängt vom Term $D = -q + \left(\frac{p}{2}\right)^2$ ab. Dieser Term heißt *Diskriminante* der Normalform.

Für den Fall $D > 0$ erhält man aus der quadratischen Gleichung $\left(x + \frac{p}{2}\right)^2 = -q + \left(\frac{p}{2}\right)^2$:

$x + \frac{p}{2} = \sqrt{-q + \left(\frac{p}{2}\right)^2}$ oder $x + \frac{p}{2} = -\sqrt{-q + \left(\frac{p}{2}\right)^2}$

$x = -\frac{p}{2} + \sqrt{-q + \left(\frac{p}{2}\right)^2}$ oder $x = -\frac{p}{2} - \sqrt{-q + \left(\frac{p}{2}\right)^2}$

2.3 Quadratische Funktionen

Lösungsformel für quadratische Gleichungen in der Normalform

Gegeben ist eine quadratische Gleichung in der Normalform $x^2 + px + q = 0$.

Den Term $\left(\frac{p}{2}\right)^2 - q$ bezeichnet man als **Diskriminante** D.

Für die Lösungsmenge der Gleichung gilt dann:

Die Diskriminante D entscheidet über die Anzahl der Lösungen.

- Wenn die Diskriminante *positiv* ist, dann gibt es *genau zwei* Lösungen x_1 und x_2, nämlich

  $x_1 = -\frac{p}{2} + \sqrt{\left(\frac{p}{2}\right)^2 - q}$ und $x_2 = -\frac{p}{2} - \sqrt{\left(\frac{p}{2}\right)^2 - q}$.

- Wenn die Diskriminante D *null* ist, dann gibt es *genau eine* Lösung, nämlich $-\frac{p}{2}$.
- Wenn die Diskriminante D *negativ* ist, dann gibt es *keine* Lösung.

Übungsaufgaben

4 Berechnen Sie die Nullstellen der Funktion f und bestimmen Sie ihren Wertebereich.
- a) $f(x) = x^2 + 2x - 3$
- b) $f(x) = -x^2 + 2x + 8$
- c) $f(x) = -x^2 + 4x - 4$
- d) $f(x) = -x^2 + 4x - 6$
- e) $f(x) = -0,2x^2 - 0,4x + 1,6$
- f) $f(x) = 0,1x^2 + 0,2x - 4,8$

5 Gegeben ist eine Schar von quadratischen Funktionen durch $f_c(x) = x^2 + 5x + c$.
Untersuchen Sie, wie viele Nullstellen vorliegen.
Begründen Sie mithilfe einer Fallunterscheidung beim Parameter c.

6 Die quadratische Funktion f mit dem Term $f(x) = ax^2 + bx + c$ hat die Nullstellen -1 und 3. An der Stelle 0 hat f den Wert:
- a) 3
- b) -3
- c) -6
- d) 1,5

Bestimmen Sie die Parameter a, b und c. Skizzieren Sie den Graphen.

7 Von den vier gegebenen Punkten liegen zwei auf der Parabel. Geben Sie für die Gerade (Sekante) durch diese beiden Punkte die Gleichung in Normalform an.
- a) $y = x^2 - 2x - 5$; $A(-2|3)$, $B(0,5|-6)$, $C(0|0)$, $D(3|-2)$
- b) $y = 2x^2 + 4x - 8$; $A(-4|7)$, $B(-1|-10)$, $C(1|-2)$, $D(2|-8)$
- c) $y = -0,5x^2 + x + 5$; $A(-4|7)$, $B(-1|3,5)$, $C(3|3,5)$, $D(4|1,2)$

8 Bestimmen Sie rechnerisch die gemeinsamen Punkte der beiden Parabeln.
- a) $y = -0,5x^2 + 3x + 0,5$
  $y = 0,25x^2 - 1,5x + 4,25$
- b) $y = -0,5x^2 + 2$
  $y = 0,5x^2 - 2x + 2$
- c) $y = x^2 + 2x + 2$
  $y = -x^2 + 2x + 2$

9
- (1) $x^2 - 6x + 8 = 0$
- (2) $8x^2 + 4x = 4$
- (3) $-x^2 + 6x - 7 = 0$
- (4) $x^2 + 9x = 0$
- (5) $x^2 - 14x = -49$
- (6) $2x^2 - 12x + 20 = 0$

a) Bestimmen Sie die Lösung der oben stehenden Gleichung jeweils nach folgenden beiden Methoden
- mithilfe des Satzes:
  Ein Produkt ist gleich null, wenn wenigstens einer der Faktoren null ist, sonst nicht.
- mithilfe der Methode der quadratischen Ergänzung.

b) Geben Sie mindestens drei Aufgabenstellungen wie im Beispiel rechts zu den quadratischen Gleichungen oben an.

$x^2 - 4x + 3 = 0$ ergibt sich, wenn man
- die Nullstellen der Funktion f mit $f(x) = x^2 - 4x + 3$ sucht,
- die Schnittstellen der Graphen von $g_1(x) = x^2 + 3$ und $g_2(x) = 4x$ sucht,
- die Stellen sucht, an denen die Funktion h mit $h(x) = x^2 - 4x + 5$ den Funktionswert 2 annimmt.

2.3.2 Scheitelpunktform einer quadratischen Funktion – Extremwertbestimmung

Aufgabe

1 Verschieben von Normalparabeln

a) Betrachten Sie den Graphen der Funktion f mit $f(x) = x^2$ (Normalparabel).

(1) Verschieben Sie die Normalparabel parallel zur y-Achse um 2 Einheiten nach oben. Die verschobene Parabel ist Graph einer neuen Funktion f_1.
Welchen Term hat die neue Funktion?
Überlegen Sie dazu, wie die neuen Funktionswerte aus den alten hervorgehen.
Wie wirkt sich die Verschiebung auf die Lage der Symmetrieachse des Graphen aus?
Welchen Scheitelpunkt hat der Graph von f_1?

(2) Verschieben Sie die Normalparabel parallel zur x-Achse um 3 Einheiten nach rechts. Die verschobene Parabel ist Graph einer neuen Funktion f_2.
Welche Eigenschaften hat diese neue Funktion?

(3) Verschieben Sie die Normalparabel um 3 Einheiten nach links und dann um 2 Einheiten nach oben.
Wie lautet der Term der neuen Funktion f_3?
Geben Sie den Term auch in der Form $x^2 + px + q$ an.
Notieren Sie die Gleichung der Symmetrieachse und geben Sie den Scheitelpunkt des neuen Graphen an.

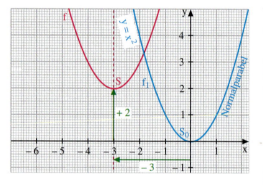

b) Eine Funktion f hat den Term $f(x) = x^2 - 4x + 3$. Kann man die Normalparabel so verschieben, dass die verschobene Parabel Graph der Funktion f ist?

Lösung

a) (1) Wertetabelle

x	x^2	$f_1(x)$
-2	4	6
-1	1	3
0	0	2
1	1	3
2	4	6

+2

$f_1(x)$ ist an jeder Stelle x um 2 größer als x^2.
Das bedeutet:
$f_1(x) = x^2 + 2$.
Durch die Verschiebung ändert sich die Lage der Symmetrieachse nicht.
Die y-Achse bleibt Symmetrieachse.
Der Scheitelpunkt des Graphen von f_1 ist der Punkt S(0|2).

Graph

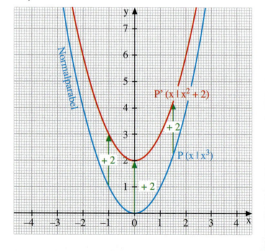

(2) Der Funktionswert der Quadratfunktion mit der Funktionsgleichung $y = x^2$ an einer beliebigen Stelle stimmt überein mit dem Funktionswert der neuen Funktion an einer Stelle, die um 3 Einheiten weiter rechts liegt.

Wir suchen nun den Funktionswert der Funktion f_2 an einer beliebigen Stelle x.

Um dabei die Quadratfunktion zu verwenden, müssen wir um 3 Einheiten nach links gehen.

Der Funktionswert der neuen Funktion f_2 an der Stelle x stimmt überein mit dem Funktionswert der Quadratfunktion an der Stelle x − 3:

$f_2(x) = (x - 3)^2$

Mithilfe der 2. binomischen Formel kann man diesen Funktionsterm umformen zu:

$f_2(x) = x^2 - 6x + 9$

Bei der Verschiebung um 3 Einheiten nach rechts werden auch die Symmetrieachse und der Scheitelpunkt verschoben.

Das bedeutet:

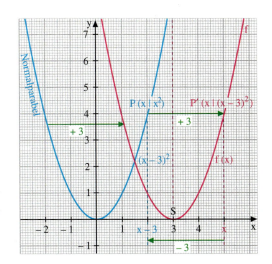

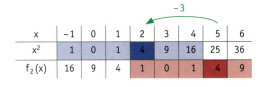

Der Graph von f_2 hat die Gerade mit der Gleichung $x = 3$ als Symmetrieachse und den Scheitelpunkt S(3 | 0). Links vom Scheitelpunkt S (für x < 3) fällt der Graph, rechts von S (für x > 3) steigt er an.

(3)

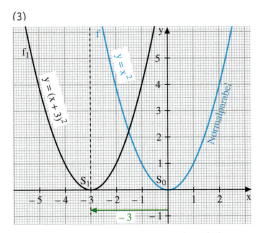

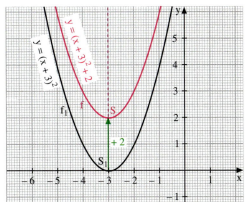

Durch die Verschiebung der Normalparabel um 3 Einheiten nach links erhält man zunächst einen Graphen, der zu der Funktion f_1 mit $f_1(x) = (x + 3)^2$ gehört.

Die anschließende Verschiebung des Graphen von f_1 um 2 Einheiten nach oben führt zu dem Graphen von f mit $f_3(x) = (x + 3)^2 + 2$.

Aus dem Funktionsterm von f_3 mit $f_3(x) = (x + 3)^2 + 2$ lassen sich die Koordinaten des Scheitelpunktes ablesen: S(−3 | 2).

Die Symmetrieachse hat die Gleichung $x = -3$.

Den Funktionsterm kann man umformen:

$f_3(x) = (x + 3)^2 + 2 = x^2 + 6x + 11$.

b) Wir formen den Funktionsterm so um, dass man wie in Teilaufgabe a) (2) eine binomische Formel anwenden kann.

$f(x) = x^2 - 4x + 3$
$ = x^2 - 4x + 2^2 - 2^2 + 3$
$ = (x-2)^2 - 1$

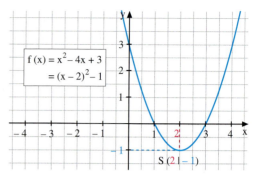

Die *quadratische Ergänzung* 2^2 ermöglicht die Anwendung einer binomischen Formel.
Aus dieser Form des Funktionsterms kann man die Art der Verschiebungen und daraus die Koordinaten des Scheitelpunkes ablesen:
Die Normalparabel wird um 2 Einheiten nach rechts und dann um 1 Einheit nach unten verschoben.
$S(2|-1)$ ist der neue Scheitelpunkt.

Information

(1) Verschiebung parallel zur y-Achse

Den Graphen einer Funktion f mit $f(x) = x^2 + c$ erhält man durch Verschieben der Normalparabel parallel zur y-Achse, und zwar durch
- Verschieben nach oben, falls $c > 0$;
- Verschieben nach unten, falls $c < 0$.

Der Graph der Funktion f ist kongruent zur Normalparabel. Er hat die y-Achse als Symmetrieachse und den Scheitelpunkt $S(0|c)$.

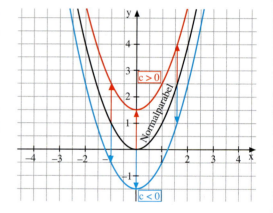

(2) Verschieben parallel zur x-Achse

Den Graph einer Funktion f mit $f(x) = (x - d)^2$ erhält man durch Verschieben der Normalparabel in Richtung der x-Achse.
Wenn $d > 0$, wird nach rechts verschoben; wenn $d < 0$, wird nach links verschoben.
Der Graph der Funktion f ist kongruent zur Normalparabel und hat $S(d|0)$ als Scheitelpunkt.
Die Parallele zur y-Achse mit der Gleichung $x = d$ ist Symmetrieachse des Graphen von f.

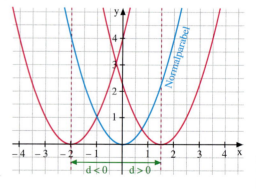

(3) Verschieben in beliebiger Richtung – Scheitelpunktform

Ein Term der Form $f(x) = x^2 + px + q$ lässt sich entsprechend wie im Beispiel der Aufgabe 1 umformen:

$f(x) = x^2 + px + q = x^2 + px + \left(\frac{p}{2}\right)^2 - \left(\frac{p}{2}\right)^2 + q$
$ = \left(x + \frac{p}{2}\right)^2 - \left(\frac{p}{2}\right)^2 + q$
$ = \left[x - \left(-\frac{p}{2}\right)\right]^2 + q - \left(\frac{p}{2}\right)^2$

Der Term hat dann die Form $f(x) = (x - d)^2 + e$, wobei $d = -\frac{p}{2}$ und $e = q - \left(\frac{p}{2}\right)^2$ ist.
$S(d|e)$ ist der Scheitelpunkt des Graphen von f.

Man nennt $(x - d)^2 + e$ die *Scheitelpunktform* des Funktionsterms. Aus dieser Form des Funktionsterms kann man sofort alle Eigenschaften des Graphen der Funktion ablesen:

Satz

Der Term einer Funktion f mit $f(x) = x^2 + px + q$ kann umgeformt werden in die *Scheitelpunktform*
$f(x) = (x - d)^2 + e$,
wobei $d = -\frac{p}{2}$ und $e = q - \left(\frac{p}{2}\right)^2$ ist.

(1) Man erhält den Graphen von f durch Verschieben der Normalparabel um d Einheiten in Richtung der x-Achse und um e Einheiten in Richtung der y-Achse. Der Graph von f ist kongruent zur Normalparabel.

(2) Der Scheitelpunkt hat die Koordinaten S(d|e). Die Symmetrieachse hat die Gleichung $x = d$.

(3) Der Graph von f fällt für $x < d$ und steigt für $x > d$.

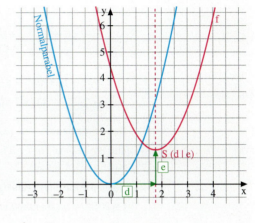

(4) **Scheitelpunktform einer beliebigen quadratischen Funktion**

Graphen von Funktionen können auch noch durch Strecken mit dem Faktor a parallel zur y-Achse in ihrer Form verändert werden, vgl. Übungsaufgabe 9. Somit können die Graphen von beliebigen Funktionen durch Verschiebung parallel zu den Achsen und Strecken parallel zur y-Achse erhalten werden. Durch Umformen des Funktionsterms kann man dann herausfinden, welche Lage der Scheitelpunkt der Parabel hat.

$$f(x) = 2x^2 - 12x - 19$$
$$= -2 \cdot [x^2 + 6x] - 19$$
$$= -2 \cdot \left[x^2 + 6x + \left(\frac{6}{2}\right)^2 - \left(\frac{6}{2}\right)^2\right] - 19$$
$$= -2 \cdot \left[x^2 + 6x + \left(\frac{6}{2}\right)^2\right] + 2 \cdot \left(\frac{6}{2}\right)^2 - 19$$
$$= -2 \cdot (x + 3)^2 - 1$$

Der Graph von f hat den Scheitelpunkt S(–3|–1).
Am Faktor (–2) lesen wir ab, dass die Parabel nach unten geöffnet und gestreckt ist.

Aufgabe

2 Extremwertbestimmung

Ein Stadion hat die rechts abgebildete Form. Die innere Laufbahn soll 400 m lang sein.
Für welche Abmessungen des Stadions hat das rechteckige Spielfeld in der Mitte eine maximale Größe?

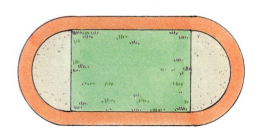

Lösung

Die Laufbahn schließt ein Rechteck der Länge l und der Breite $b = 2r$ sowie zwei Halbkreise mit Radius r ein. Für die Länge u der Laufbahn gilt daher:
$u = 2 \cdot l + 2\pi r = 400$, also $l + \pi r = 200$
Der Flächeninhalt des Rechteckes beträgt $A = l \cdot b = l \cdot 2r$, hängt also von l und r ab. Ersetzt man die Variable l durch $l = 200 - \pi r$ erhält man einen Term, der nur noch von r abhängt:
$A(r) = (200 - \pi r) \cdot 2r = -2\pi r^2 + 400 r$

Dies ist der Term einer quadratischen Funktion mit der Variablen r.
Gesucht ist der Scheitelpunkt der zugehörigen Parabel.
Dazu formen wir den Funktionsterm in die Scheitelpunktform $f(x) = a(x - d)^2 + e$ um (in unserem Beispiel heißt die Variable r statt x):

$A(r) = -2\pi(r^2 - \frac{400}{2\pi}r)$ ◁── -2π ausklammern

$ = -2\pi \cdot \left[r^2 - \frac{200}{\pi}r + \left(\frac{100}{\pi}\right)^2\right] + 2\pi \cdot \left(\frac{100}{\pi}\right)^2$

quadratische Ergänzung

$ = -2\pi \cdot \left(r - \frac{100}{\pi}\right)^2 + 2\pi \cdot \frac{100^2}{\pi^2}$

Am Faktor (-2π) lesen wir ab, dass die Parabel nach unten geöffnet ist.

$ = -2\pi \cdot \left(r - \frac{100}{\pi}\right)^2 + \frac{20\,000}{\pi}$

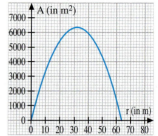

Der Scheitelpunkt der quadratischen Funktion ist $S\left(\frac{100}{\pi} \mid \frac{20\,000}{\pi}\right) \approx (31{,}83 \mid 6366)$ d. h. die Spielfeldfläche ist maximal für $r \approx 31{,}83$ m, also eine Breite von ca. 63,66 m. Der maximale Flächeninhalt ist dann $A(31{,}83) \approx 6366$ m².

Die Länge des Spielfelds beträgt ungefähr:

$l = 200 - \pi \cdot 31{,}83 \approx 100$ m

Information **Extremwertbestimmung bei quadratischen Funktionen**

Je nachdem, ob der Graph einer quadratischen Funktion eine nach oben oder nach unten geöffnete Parabel ist, besitzt dieser Graph einen sogenannten Tiefpunkt oder einen Hochpunkt (vgl. dazu auch Seite 95). Werden Anwendungssituationen durch eine quadratische Funktion modelliert, dann kann man an der Lage des Scheitelpunkts der Parabel ablesen, für welche Einsetzungen die Funktion minimale bzw. maximale Funktionswerte annehmen kann.

Übungsaufgaben **3** Welcher der folgenden Funktionsterme gehört zu welchem Graphen? Geben Sie Argumente an. Überprüfen Sie Ihre Vermutungen mithilfe eines Funktionenplotters.

(1) $y = -(x + 1)^2$ (3) $y = -(x - 3)^2 + 2{,}5$ (5) $y = (x + 1)^2 + 1$ (7) $y = x^2 + \frac{1}{2}$

(2) $y = -(x - 1)^2 + 3$ (4) $y = x^2 + 1$ (6) $y = (x - 1)^2 - 1$ (8) $y = -(x + 1)^2 + 3$

a) 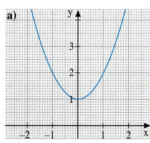   b) 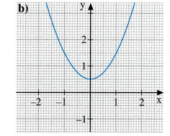   c)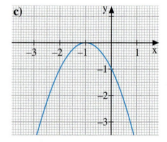

d) 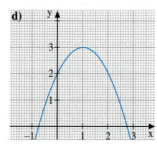   e) 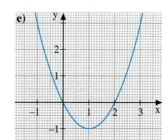   f)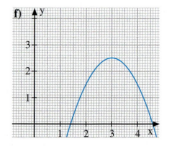

2.3 Quadratische Funktionen

4 Die Normalparabel wurde so verschoben, dass
a) $S(3,2|-1,4)$,   b) $S(d|e)$
der neue Scheitelpunkt ist.
Bestimmen Sie den Term der neuen Funktion in der Form $x^2 + px + q$.

5 Verschieben Sie die Normalparabel wie angegeben. Notieren Sie den Funktionsterm auch in der Form $x^2 + px + q$.
a) Verschiebung um 4 Einheiten nach rechts und um 3 Einheiten nach oben
b) Verschiebung um 4 Einheiten nach links und um 3 Einheiten nach unten
c) Verschiebung um 2,5 Einheiten nach rechts und um 1 Einheit nach unten
d) Verschiebung um 1,5 Einheiten nach links und um 2 Einheiten nach oben

6 Zeichnen Sie den Graphen der Funktion mit der angegebenen Gleichung. Geben Sie auch den Scheitelpunkt der Parabel und die Gleichung der Symmetrieachse an.
a) $y = (x - 3)^2 + 4$ c) $y = (x + 2,5)^2 - 4$ e) $y = \left(x - \frac{1}{2}\right)^2 - 3$ g) $y = \left(x - \frac{3}{5}\right)^2 - 2,4$
b) $y = (x + 2)^2 - 1$ d) $y = (x + 1)^2 + 1$ f) $y = (x - 3,5)^2 + \frac{5}{2}$ h) $s = \left(t + \frac{11}{2}\right)^2 + \frac{1}{2}$

7 Geben Sie an, wie man den Graphen der Funktion schrittweise aus der Normalparabel erhalten kann. Notieren Sie die Koordinaten des Scheitelpunktes. In welchem Bereich für x fällt der Graph, in welchem Bereich steigt er?
a) $f(x) = x^2 - 4x - 5$ c) $f(x) = x^2 - 5x + 5$ e) $f(x) = x^2 - 2x$
b) $f(x) = x^2 + 6x + 5$ d) $f(x) = x^2 + 8x + 7$ f) $f(x) = x^2 + 3x + 4$

8 Geben Sie den Funktionsterm in der Form $f(x) = x^2 + px + q$ an.

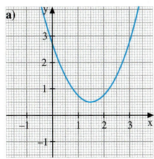 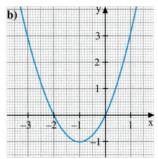 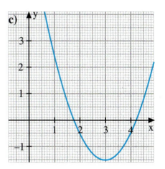

9 Formen Sie den Funktionsterm um in die Scheitelpunktform $a(x - d)^2 + e$. Notieren Sie dann die Koordinaten des Scheitelpunktes. Ist die Parabel nach oben oder nach unten geöffnet?
a) $f(x) = \frac{1}{2}x^2 - 5x + 8$ d) $f(x) = -3x^2 - 6x + 9$ g) $f(x) = x^2 - 4x + 3,5$
b) $f(x) = -2x^2 + 6x - 2,5$ e) $f(x) = -3x^2 + 6x + 5$ h) $f(x) = -x^2 + \frac{1}{3}x$
c) $f(x) = \frac{3}{2}x^2 - 8x + \frac{5}{2}$ f) $f(x) = \frac{1}{2}x^2 + 5x$ i) $f(z) = -1,5z^2 - 6z - 7,5$

10 An welcher Stelle hat die Funktion den kleinsten bzw. größten Funktionswert? Welches ist der Extremwert?
a) $y = 2x^2 - 14x + 27$ c) $y = 0,5x^2 - 4x + 5,5$ e) $y = -x^2 - x + 4,75$
b) $y = -0,5x^2 - x + 5,5$ d) $y = 4x^2 + 16x + 8$ f) $y = -x^2 - 12x - 36$

11 Welche Gleichung passt zu welcher Parabel? Begründen Sie.

(1) $y = (x + 1) \cdot (x - 3)$ (3) $y = x^2 - 6x + 9$ (5) $y = x^2 - 2x - 2$
(2) $y = -(x - 2)^2 - 1$ (4) $y = -\frac{1}{4}x^2 + x + 3$ (6) $y = -0,5x^2 + x + 1,5$

a)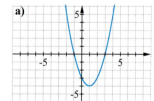
b)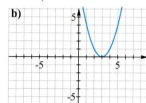
c)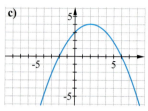
d)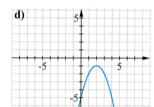
e)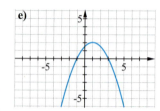
f)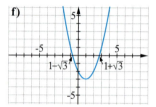

12 Berechnen Sie zunächst die Nullstellen der Funktion.
Beantworten Sie damit folgende Fragen:
(1) Welche Symmetrieachse besitzt der Graph?
(2) Welcher Punkt ist Scheitelpunkt des Graphen?
   Ist der Graph nach oben oder nach unten geöffnet? Ist der Scheitelpunkt höchster oder tiefster Punkt des Graphen?
(3) Welchen Punkt P_1 hat der Graph mit der y-Achse gemeinsam?
   Welcher Punkt P_2 des Graphen hat die gleiche x-Koordinate wie P_1?

a) $y = x^2 - 10x + 9$ c) $y = \frac{3}{4}x^2 + 6x + 9$ e) $y = x^2 - 2,4x - 0,81$
b) $y = x^2 + 6x + 9$ d) $y = -2x^2 + 6x - 2,5$ f) $s = \frac{1}{4}t^2 - t$

13 Eine Kugel wird mit $18,6 \frac{m}{s}$ senkrecht nach oben geschleudert.
Für die Höhe h (in m), welche die Kugel zum Zeitpunkt t (in s) hat, gilt die Näherungsformel $h = 18,6t - 4,6t^2$.
Welche Höhe erreicht die Kugel maximal? Welche Zeit benötigt sie dazu?

14

Claim (englisch)
Behauptung, Anspruch; bezeichnet einen Anspruch auf Grundbesitz.

a) Der Goldgräber John will mit einem 100 m langem Seil seinen Claim an einem Fluss abstecken und zwar so, dass die Fläche möglichst groß wird.
Bestimmen Sie die Abmessungen und geben Sie die maximale Fläche an.

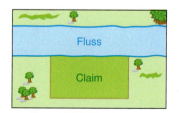

b) Der Goldgräber Jim hat Glück und kann seinen Claim an der Flussmündung abstecken. Idealisiert soll angenommen werden, dass Fluss und Mündung rechtwinklig zueinander stehen (s. Bild).
Bestimmen Sie die Abmessungen und geben Sie die maximale Fläche an.

c) Vergleichen Sie die in Teilaufgabe a) und b) berechneten Flächen miteinander.

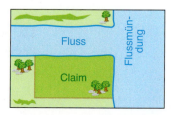

2.3 Quadratische Funktionen

15 Ein 18 cm langer Draht soll zu einem Rechteck gebogen werden. Für welche Seitenlänge x ist der Flächeninhalt
a) genau 4,25 cm² groß;
b) mindestens 11,25 cm² groß;
c) am größten? Wie groß ist er dann?

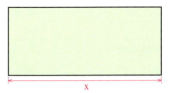

16 Bestimmen Sie die Längen der Seiten eines Rechtecks, von dem bekannt ist:
a) Der Umfang des Rechtecks beträgt 23 cm, der Flächeninhalt beträgt 30 cm².
b) Der Flächeninhalt des Rechtecks beträgt 17,28 cm², die Längen benachbarter Seiten unterscheiden sich um 1,2 cm.

17 Für ein Prisma mit quadratischer Grundfläche und der Höhe 5 cm gilt:
a) Die Grundfläche ist um 14 cm² [24 cm²] größer als eine Seitenfläche.
b) Die gesamte Oberfläche beträgt 48 cm² [288 cm²; 112 cm²]. Berechnen Sie die Seitenlänge der quadratischen Grundfläche.

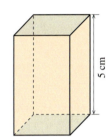

18 Die Aufführungen eines Jugendtheaters haben bei einem Eintrittspreis von 8 € durchschnittlich 200 Besucher. Eine Umfrage ergibt, dass eine Preisermäßigung um 0,50 € (bzw. 1,00 €, 1,50 €, ...) die Anzahl der Zuschauer um 20 (bzw. um 40, 60, ...) ansteigen lassen würde.
Bestimmen Sie den Eintrittspreis, der die maximalen Einnahmen erwarten lässt.

19 Ein Elektronik-Versand verkauft monatlich 600 Digitalmultimeter zu einem Stückpreis von 50 €. Die Marketingabteilung geht davon aus, dass eine Preissenkung von je 1 € zu einer Absatzerhöhung von jeweils 20 Digitalmultimetern führt. Bestimmen Sie den Preis, der die maximalen Einnahmen ergibt.

20 Ein Verlag gibt eine Fachzeitschrift heraus, die zu einem jährlichen Abonnentenpreis von 60 € an 5 000 Bezieher geliefert wird. Dem Verlag entstehen jährlich Fixkosten (auflagenunabhängige Kosten z. B. für die Redaktion, ...) in Höhe von 20 000 € und Variable (auflagenabhängige) Kosten (z. B. für Herstellung, Vertrieb, ...) in Höhe von 10 € pro Abonnement.
Durch eine Meinungsumfrage wird festgestellt, dass pro Senkung des Abonnementpreises um 1 € die Anzahl der Abonnenten um 200 ansteigen würde.
Bestimmen Sie den Abonnementpreis, der für den Verlag am günstigsten ist.

2.3.3 Bestimmung quadratischer Funktionen

Aufgabe

1 Gegeben sind drei Punkte im Koordinatensystem $A(-2|9)$, $B(3|15)$, $C(4|3)$.

Zeigen Sie, dass durch diese drei Punkte eindeutig eine Parabel festgelegt ist und bestimmen Sie deren Gleichung.

Lösung

Mit dem Ansatz $f(x) = ax^2 + bx + c$ ergeben sich drei Gleichungen

$f(-2) = 9$: $\quad a \cdot (-2)^2 + b(-2) + c = 9$

$f(3) = 1{,}5$: $\quad a \cdot 3^2 + b \cdot 3 + c = 1{,}5$

$f(4) = 3$: $\quad a \cdot 4^2 + b \cdot 4 + c = 3$

also das Gleichungssystem

$$\begin{vmatrix} 4a - 2b + c = 9 \\ 9a + 3b + c = 1{,}5 \\ 16a + 4b + c = 3 \end{vmatrix} \quad \cdot(-1)$$

Wir wenden das Additionsverfahren an und eliminieren zunächst die Variable c in der 2. und 3. Gleichung:

$$\begin{vmatrix} 4a - 2b + c = 9 \\ 5a + 5b = -7{,}5 \\ 12a + 6b = -6 \end{vmatrix} \begin{matrix} \\ :5 \\ :6 \end{matrix}$$

Die 2. und 3. Gleichung lassen sich vereinfachen:

$$\begin{vmatrix} 4a - 2b + c = 9 \\ a + b = -1{,}5 \\ 2a + b = -1 \end{vmatrix} \quad \cdot(-1)$$

Mithilfe der 2. Gleichung eliminieren wir die Variable b in der 3. Gleichung:

$$\begin{vmatrix} 4a - 2b + c = 9 \\ a + b = -1{,}5 \\ a = 0{,}5 \end{vmatrix}$$

Einsetzen (von unten nach oben) ergibt

$a = 0{,}5$; $b = -2$; $c = 3$

Die Funktionsgleichung lautet also:

$f(x) = 0{,}5x^2 - 2x + 3$

Eine Probe bestätigt, dass die Bedingungen $f(-2) = 9$; $f(3) = 1{,}5$ und $f(4) = 3$ erfüllt sind.

Information (1) **Gauß'scher Algorithmus zum Lösen eines linearen Gleichungssystems**

Das in Aufgabe 1 angewandte Verfahren, die Lösungsmenge eines linearen Gleichungssystems zu bestimmen, wird **Gauß'scher Algorithmus** genannt, benannt nach dem deutschen Mathematiker CARL FRIEDRICH GAUSS (1777–1855).

Beim Umformen wendet man das Additionsverfahren wiederholt an.

- Beide Seiten einer Gleichung werden mit einer Zahl ungleich null multipliziert. Die anderen Gleichungen bleiben unverändert.
- Eine Gleichung wird zu einer anderen addiert, sodass eine Variable wegfällt. Die anderen nicht veränderten Gleichungen werden weiter mitgeführt.

Dabei wird die Lösungsmenge des Gleichungssystems *nicht* verändert.

Das Ziel ist, zunächst das Gleichungssystem in eine Dreiecksform zu überführen und dann die Variablen freizustellen.

CARL FRIEDRICH GAUSS; (1777–1855)

2.3 Quadratische Funktionen

(2) Festlegung von Parabeln durch Punkte im Koordinatensystem

Durch die Angabe von drei Punkten in einem Koordinatensystem wird eindeutig eine Parabel bestimmt, die durch diese drei Punkte verläuft – es sei denn, diese drei Punkte liegen auf einer Geraden (vgl. Aufgabe 3, Seite 109.)

Zu zwei Punkten im Koordinatensystem kann man zwar eindeutig eine Gerade angeben, aber unendlich viele Parabeln. Die Koeffizienten der zugehörigen quadratischen Funktionen lassen sich dabei mithilfe eines **Parameters** beschreiben; hierfür verwendet man oft den Buchstaben t. Gibt man beispielsweise nur die Punkte $A(-2|9)$ und $B(3|1,5)$ vor, dann verlaufen die Graphen von

$f_t(x) = tx^2 + (-t - 1,5)x + (6 - 6t)$ durch A, B.

Die zugehörigen Graphen bilden eine **Schar von Parabeln** mit $t \in \{-5; -4,5; \ldots; -0,5; +0,5; \ldots; +5\}$

In der Abbildung ist auch die Gerade $t = 0$ enthalten.

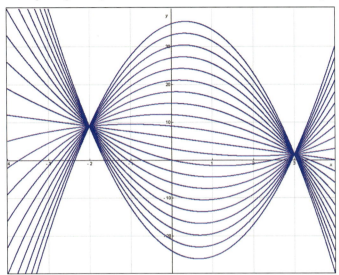

Aufgabe

2 Quadratische Regression

Basketballspieler werden beim Üben eines Freiwurfs gefilmt; aus einem solchen Film lesen wir einige Punkte (so gut es geht) ab. Um die Flugbahn des Balls durch eine quadratische Funktion beschreiben zu können, müssen wir diejenige quadratische Funktion bestimmen, die möglichst gut zu den durch Messung bestimmten Punkten „passt".

Wie in 1.4.1 wollen wir darunter verstehen:

Der Graph „passt" besonders gut, wenn die Summe der quadratischen Abweichungen zwischen gemessenen und berechneten y-Werten am geringsten ist.

Feststehende Daten in einem Koordinatensystem:

Abwurfpunkt (bei einem bestimmten Spieler):

$A(0|2,20)$ und Basketballkorb $B(4,30|3,05)$

Daten aus einem Film der Digitalkamera $C(1|3,20)$, $D(2|3,90)$, $E(3|3,80)$.

Bestimmen Sie mithilfe einer Tabellenkalkulation oder eines CAS die gesuchte quadratische Funktion und zeigen Sie an einem Beispiel, dass bei einer quadratischen Funktion mit geringfügig veränderten Koeffizienten die Summe der quadratischen Abweichungen tatsächlich größer ist.

Lösung

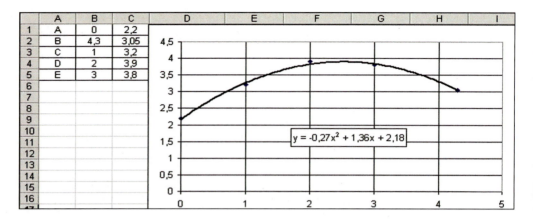

Mithilfe einer Tabellenkalkulation finden wir die quadratische Funktion f mit
$f(x) = -0{,}27x^2 + 1{,}36x + 2{,}18$
(Einstellung: zwei Dezimalstellen)

Für $f_2(x) = -0{,}27x^2 + 1{,}37x + 2{,}18$ erhalten wir eine größere Summe der quadratischen Abweichungen.

			Funktionswert gemäß quadratischem Modell	quadratische Abweichung	anderes quadratisches Modell	quadratische Abweichung
A	0	2,2	2,180	0,0004	2,18	0,0004
B	4,3	3,05	3,036	0,0002	3,08	0,0008
C	1	3,2	3,270	0,0049	3,28	0,0064
D	2	3,9	3,820	0,0064	3,84	0,0036
E	3	3,8	3,830	0,0009	3,86	0,0036
			Summe →	0,0128	Summe →	0,0148

Information

Bestimmen von quadratischen Parabeln mithilfe der quadratischen Regression

In Abschnitt 1.4.1 haben wir das Verfahren der linearen Regression kennengelernt: Zu einer Punktwolke wurde diejenige Gerade gesucht (also eine lineare Funktion), für welche die Summe der quadratischen Abweichungen der y-Werte minimal ist. Wenn die Punktwolke nur aus zwei Punkten besteht, ist die Regressionsgerade genau die Gerade, welche durch die beiden Punkte verläuft.

Analog zur linearen Regression kann man auch andere Funktionsgraphen suchen, durch die sich eine Punktwolke beschreiben lässt. CAS und Tabellenkalkulation bieten eine Fülle von verschiedenen Funktionstypen an, darunter auch die quadratische Regression. Sind nur drei Punkte angegeben, dann kann man so die Funktionsgleichung der quadratischen Parabel ohne eigene Rechnung bestimmen.

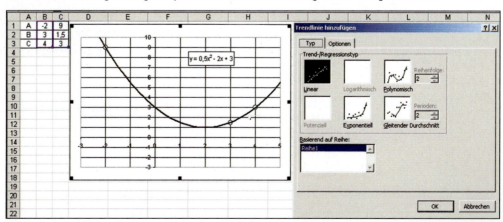

2.3 Quadratische Funktionen

Weiterführende Aufgabe

3 Sonderfall: Drei Punkte, die auf einer Geraden liegen
Die drei Punkte A(−2|8), B(4|−1), C(6|−4) liegen auf einer Geraden. Weisen Sie dies nach.
Was ergibt sich, wenn Sie eine quadratische Funktion bestimmen wollen, die durch diese drei Punkte verläuft?

Übungsaufgaben

4 Bestimmen Sie die Gleichung der Parabel durch die Punkte A, B und C
(1) durch Lösen eines linearen Gleichungssystems
(2) mithilfe einer quadratischen Regression

a) A(2|8), B(1|2), C(−1|−4)
b) A(0,5|1), B(−1|4), C(2|7)
c) A(−3|12,5), B(−2|8), C(2|2)
d) A(−4|5), B$(3|6\frac{3}{4})$, C(2|2)

5 Geben Sie mithilfe der angegebenen Informationen über die Parabel eine Gleichung der Form $y = ax^2 + bx + c$ für die Parabel an.

a) Gemeinsame Punkte mit den Achsen sind $P_1(-5|0)$, $P_2(-1|0)$ und $P_3(0|2,5)$.
b) Die Parabel hat mit den Achsen nur die Punkte $P_1(2|0)$ und $P_2(0|-8)$ gemeinsam.
c) Zwischen den Stellen 4 und 6 verläuft die Parabel unterhalb der 1. Achse. Die Gerade mit der Gleichung $y = -2$ berührt die Parabel.

6 Bestimmen Sie die Lösungsmenge.

a) $\begin{vmatrix} 3x - 2y + 5z = 13 \\ -x + 3y + 4z = -1 \\ 5x + 6y - z = 3 \end{vmatrix}$

b) $\begin{vmatrix} 6x + 4y - z = 0 \\ -7x - 8y - 3z = 5 \\ 4x - 2y + z = 22 \end{vmatrix}$

c) $\begin{vmatrix} 4x + 9y + 5z = 13 \\ -5x + 6y + 3z = 17 \\ 6x + 3y - 10z = 23 \end{vmatrix}$

d) $\begin{vmatrix} 4x - 3y + 2z = 16 \\ 8x - 6y + 5z = 37 \\ 2x + 5y - 8z = -24 \end{vmatrix}$

e) $\begin{vmatrix} 4x + 5y + 6z = 32 \\ 2x - 3y + 5z = 11 \\ 4x + y - 6z = -12 \end{vmatrix}$

f) $\begin{vmatrix} -3x + 4y - z = -4 \\ 6x + 5z = 2 \\ 4y - 3z = 6 \end{vmatrix}$

7

a) $\begin{vmatrix} x + y = 1 \\ x + z = 6 \\ z - y = 5 \end{vmatrix}$

b) $\begin{vmatrix} x + y - 3z = 2 \\ 2x + 2y - 6z = 5 \\ -3x - 3y + 9z = -6 \end{vmatrix}$

c) $\begin{vmatrix} x - 2y + 3z = 9 \\ 3x + 8y + 9z = 5 \\ 2x + 3y + 6z = 7 \end{vmatrix}$

d) $\begin{vmatrix} 6x + 4y + 5z = 8 \\ 4x + 2y + 3z = 7 \\ 5x + 3y + 4z = 9 \end{vmatrix}$

e) $\begin{vmatrix} 3x + 2y + 4z = 6 \\ 4x + 3y + 5z = 7 \\ 5x + 4y + 6z = 4 \end{vmatrix}$

f) $\begin{vmatrix} x - 2y - 3z = 1 \\ 2x + 3y - z = 4 \\ 7x + 14y - z = 15 \end{vmatrix}$

 8 Bestimmen Sie die Gleichung aller Parabeln, die durch die Punkte A(0|2,20), B(4,30|3,05) verlaufen (vgl. Aufgabe 2). Variieren Sie den Parameter und bestimmen Sie mithilfe einer Tabellenkalkulation denjenigen Wert des Parameters, für den die Summe der quadratischen Abweichungen zu den Punkten C(1|3,20), D(2|3,90) und E(3|3,80) am kleinsten ist.

 9 Bestimmen Sie mithilfe einer Tabellenkalkulation oder CAS diejenige quadratische Parabel, die am besten zu den Punkten A, B, C, D passt.

a) A(−2|3); B(−1|1); C(1|0,5); D(2|2)
b) A(0|0); B(1|3); C(2|3); D(3|2)
c) A(−2|1); B(−1|−1); C(0|−1,5); D(2|−1)

10

a) Am 10.06.2005 gaben der norwegische und der schwedische König eine neue Verbindung zwischen den beiden benachbarten Staaten für den Verkehr frei. Die Spannweite des Brückenbogens beträgt zwischen den Fundamenten 247 m, in Höhe der Fahrbahn 188 m. Die Fahrbahn liegt 61 m, die höchste Stelle des Bogens 91,70 m über dem Wasserspiegel. Die vertikalen Aufhängungen der Fahrbahn am Boden haben einen Abstand von 25,50 m.

Modellieren Sie den Brückenbogen mithilfe einer quadratischen Funktion. Wählen Sie drei verschiedene Punkte als möglichen Ursprung eines Koordinatensystems und bestimmen Sie hierzu jeweils die Gleichung der Parabel.

b) Die Spannweite des unteren Bogens der 1932 fertig gestellten Sydney Harbour Bridge, einer Eisenbahnbrücke, beträgt 503 m, der Scheitelpunkt (des unteren Bogens) liegt 126,7 m über dem Meeresspiegel.

Modellieren Sie den unteren Brückenbogen mithilfe einer quadratischen Funktion.

11

In einer Zeitschrift für Oldtimerfreunde konnte man nachlesen, welchen Benzinverbrauch ein bestimmtes Modell bei verschiedenen konstanten Geschwindigkeiten hatte:

Geschwindigkeit	50 $\frac{km}{h}$	80 $\frac{km}{h}$	100 $\frac{km}{h}$
Benzinverbrauch auf 100 km	7,11 l	8,61 l	11,1 l

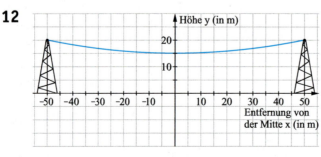

a) Bestimmen Sie eine geeignete quadratische Funktion, die zu diesen Daten passt. Mit welchem Benzinverbrauch (in l/100 km) muss man bei konstanter Geschwindigkeit von 70 $\frac{km}{h}$, 90 $\frac{km}{h}$ und 110 $\frac{km}{h}$ rechnen?

b) Angenommen, man fährt im Bereich von 100 $\frac{km}{h}$ bis 125 $\frac{km}{h}$ um 10 $\frac{km}{h}$ schneller. Um wie viel Liter auf 100 km erhöht sich dann der Benzinverbrauch durchschnittlich?

12

Die Masten einer Freileitung stehen 100 m voneinander entfernt. Das Leiterseil ist an den Masten in einer Höhe von 20 m befestigt. Es hängt 5 m durch.

a) Bestimmen Sie aus diesen Angaben eine Parabelgleichung.

b) Tatsächlich wurden die Höhen links gemessen. Welche quadratische Funktion passt dazu?

Entfernung x	0	10	20	30	40	50
Höhe y (gemessen)	15,00	15,19	15,77	16,74	18,14	20,00

2.4 Ganzrationale Funktionen

2.4.1 Potenzfunktionen mit natürlichen Exponenten

Aufgabe 1

a) Welches Volumen hat ein Würfel mit der Kantenlänge 0,2 dm, 0,5 dm, 1 dm, 1,2 dm bzw. 1,5 dm?
Legen Sie für die Funktion
Kantenlänge x (in dm) → Volumen y des Würfels (in dm³)
eine Wertetabelle an.
Erstellen Sie die Funktionsgleichung. Zeichnen Sie den Graphen.

b) Verwenden Sie nun die gleiche Funktionsgleichung wie in Teilaufgabe a); wählen Sie aber als Definitionsmenge $\mathbb{R}$, d. h. auch negative Ausgangswerte sind möglich.
Zeichnen Sie den Graphen.
Beschreiben Sie Lage und Verlauf des Graphen; achten Sie auch auf Symmetrie.

c) Vergleichen Sie den Graphen aus Teilaufgabe b) mit dem der Quadratfunktion.

Lösung

a) *Wertetabelle:*

Kantenlänge (in dm)	Volumen (in dm³)
0,2	0,008
0,5	0,125
1	1
1,2	1,728
1,5	3,375

Funktionsgleichung:
$y = x^3$ mit $x > 0$, da es nur positive Längen gibt.

Graph:

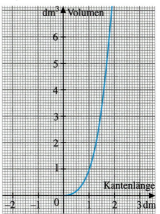

b) *Wertetabelle:*

x	x³
−1,5	−3,375
−1,2	−1,728
−1	−1
−0,5	−0,125
−0,2	−0,008
0	0
0,2	0,008
0,5	0,125
1	1
1,2	1,728
1,5	3,375

Graph:

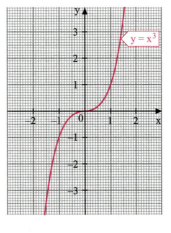

Der Graph der Funktion mit der Gleichung $y = x^3$ und $x \in \mathbb{R}$ steigt von links nach rechts immer an.
Er verläuft vom 3. Quadranten durch den Koordinatenursprung O(0|0) in den 1. Quadranten.
Der Graph ist punktsymmetrisch zum Ursprung O.
Er schmiegt sich in der Umgebung des Ursprungs O an die x-Achse an.

c) Die Quadratfunktion hat die Gleichung $y = x^2$. Ihr Graph fällt für $x \leq 0$ und steigt für $x \geq 0$ an. Er ist achsensymmetrisch zur y-Achse.

Mit dem Graphen der Funktion mit $y = x^3$ hat er nur die Punkte $O(0|0)$ und $P(1|1)$ gemeinsam.

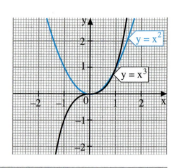

Weiterführende Aufgabe

$\mathbb{N}^* = \{1; 2; 3; \cdots\}$

2 Graphen der Potenzfunktionen zu $y = x^n$ mit $n \in \mathbb{N}^*$ – Wachstumseigenschaft

a) Zeichnen Sie die Graphen der Funktionen mit den Gleichungen $y = x^1$; $y = x^2$; $y = x^3$; $y = x^4$; $y = x^5$; $y = x^6$. Vergleichen Sie die Graphen miteinander.

b) Bei der Quadratfunktion gilt: Verdoppelt [verdreifacht] man den Wert für x, so vervierfacht [verneunfacht] sich der Wert für y. Untersuchen Sie, wie der Funktionswert der Funktionen mit $y = x^3$, $y = x^4$, $y = x^n$ sich ändert, wenn man den x-Wert ver-k-facht.

Information

Auch die proportionale Funktion mit $y = x^1$ ist eine Potenzfunktion!

(1) Definition einer Potenzfunktion mit natürlichen Exponenten – Grundtypen

Definition: Potenzfunktion

Eine Funktion mit der Gleichung $y = x^n$ mit $x \in \mathbb{R}$ und $n \in \mathbb{N}^*$ heißt **Potenzfunktion**.

Beispiele: $y = x^2$, $y = x^3$, $y = x^4$

Grundtypen von Potenzfunktionen mit natürlichen Exponenten

(1) Gerader Exponent

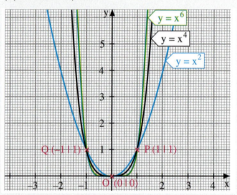

(2) Ungerader Exponent

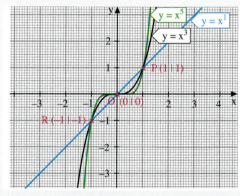

Die Graphen der Potenzfunktionen mit $y = x^n$ und *geradem* Exponenten n sind *symmetrisch* zur y-Achse und haben die gemeinsamen Punkte $O(0|0)$, $P(1|1)$, $Q(-1|1)$, dabei ist $O(0|0)$ **Scheitelpunkt** des Graphen.

Sie fallen für $x \leq 0$ und steigen für $x \geq 0$ an. Die Graphen von $y = x^n$ sind **linksgekrümmt**. Der Wertebereich ist $\mathbb{R}_0^+$, die Menge der positiven reellen Zahlen einschließlich 0.

Die Graphen der Potenzfunktionen mit $y = x^n$ und *ungeradem* Exponenten n sind *symmetrisch* zum Ursprung O und haben die gemeinsamen Punkte $O(0|0)$, $P(1|1)$, $R(-1|-1)$. Die Graphen haben keinen Scheitelpunkt.

Sie steigen überall an. In $O(0|0)$ gehen die Graphen von einer Rechts- in eine Linkskurve über. Den Punkt eines Krümmungswechsel bezeichnet man als **Wendepunkt**. Der Wertebereich ist $\mathbb{R}$, die Menge der reellen Zahlen.

*Stellt man sich die Graphen als Straßenverläufe vor, sind es alle **Linkskurven**.*

(2) Beweis der Symmetrie der Graphen der Potenzfunktionen mit natürlichem Exponenten

(1) Gerader Exponent

Am Graphen erkennt man: Achsensymmetrie zur y-Achse bedeutet, dass die Funktionswerte von Zahl und zugehöriger Gegenzahl übereinstimmen.

Für gerade Exponenten n gilt:
$f(-x) = (-x)^n = (-1)^n x^n = 1 \cdot x^n$
$= x^n = f(x)$

$f(-x) = f(x)$

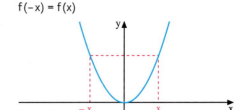

Die Funktionswerte an den Stellen x und −x stimmen also überein. Somit ist der Graph symmetrisch zur y-Achse.

(2) Ungerader Exponent

Am Graphen erkennt man: Punktsymmetrie zum Ursprung bedeutet, dass die Funktionswerte von Zahl und zugehöriger Gegenzahl auch Gegenzahlen zueinander sind.

$f(-x) = -f(x)$

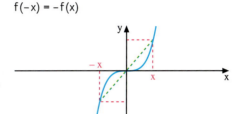

Für ungerade Exponenten n gilt:
$f(-x) = (-x)^n = (-1)^n x^n = -1 \cdot x^n$
$= -x^n = -f(x)$

Die Funktionswerte f(x) und f(−x) sind also Gegenzahlen voneinander. Somit ist der Graph punktsymmetrisch zum Ursprung.

(3) Wachstumseigenschaft der Potenzfunktionen – Potenzielles Wachstum

In Aufgabe 2 haben wir gesehen, dass eine Verdoppelung (Verdreifachung) eines x-Wertes bei der Potenzfunktion mit $y = x^3$ zu einer Verachtfachung (Versiebenundzwanzigfachung) des zugeordneten y-Wertes führt.

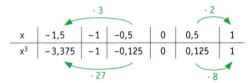

Für die Potenzfunktion mit $y = x^n$, $n \in \mathbb{N}^*$, gilt:
Vervielfacht man einen x-Wert mit dem Faktor k, so wird der zugeordnete y-Wert mit der n-ten Potenz des Faktors k, also mit k^n vervielfacht.

Begründung:

Für den Vervielfachungsfaktor k und die Stelle x gilt für die Potenzfunktion f mit $f(x) = x^n$:
$f(k \cdot x) = (k \cdot x)^n = k^n \cdot x^n = k^n \cdot f(x)$

Für den Exponenten n = 2 spricht man von **quadratischem Wachstum**, für den Exponenten n = 3 von **kubischem Wachstum**. Allgemein definiert man:

Potenzielles Wachstum liegt vor, wenn das Anwachsen einer Größe durch einen Funktionsterm der Form $f(x) = a \cdot x^n$ mit a > 0 und $n \in \mathbb{N}^*$ beschrieben werden kann.

Man spricht auch dann von potenziellem Wachstum, wenn der Exponent n keine natürliche Zahl, sondern eine beliebige rationale Zahl ist.

Übungsaufgaben **3** Zeichnen Sie mithilfe eines Funktionsplotters für verschiedene Werte von n die Graphen der Funktionen mit $y = x^n$ mit $n \in \mathbb{N}^*$ in ein gemeinsames Koordinatensystem. Wie ändert sich der Graph, wenn man den Exponenten verändert?
Nennen Sie gemeinsame Eigenschaften und Unterschiede der Graphen.

4 Lesen Sie aus dem Graphen der Potenzfunktion mit $y = x^3$ [mit $y = x^4$]
a) die Funktionswerte an den Stellen 0,8; −0,8; 1,3; −1,3 ab;
b) die Stellen ab, an denen die Potenzfunktion (1) den Wert 2, (2) den Wert 3 annimmt.

 5 Anne und Bea haben den Graphen der Potenzfunktion zu $y = x^3$ gezeichnet. Kontrollieren Sie ihre Zeichnungen.

6 Die Potenzfunktion hat die Gleichung
a) $y = x^3$;   b) $y = x^4$.
Stellen Sie fest, welche der Punkte zum Graphen der Potenzfunktion gehören.
$P_1(2|16)$, $P_5(-2|8)$, $P_9(-1|1)$,
$P_2(2|8)$, $P_6(-2|-8)$, $P_{10}(-1|-1)$,
$P_3(-2|4)$, $P_7(1|1)$, $P_{11}(0|1)$,
$P_4(-2|-16)$, $P_8(1|-1)$, $P_{12}(0|0)$

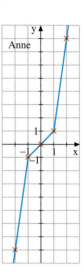

7 Füllen Sie die Lücken aus. Beachten Sie die Symmetrieeigenschaften.

a)
x	x^4
1,2	2,0736
1,7	8,3521
−1,2	
−1,7	

b)
x	x^5
0,9	0,59049
1,3	3,71293
−0,9	
−1,3	

c)
x	x^6
0,5	0,015625
1,1	1,771561
−0,5	
−1,1	

d)
x	x^5
0,7	−0,16807
1,2	−2,48832
	−0,16807
	−2,48832

8 Zeichnen Sie mithilfe eines Funktionsplotters den Graphen. Beschreiben Sie, wie er aus dem Graphen der zugehörigen Potenzfunktion hervorgeht. Welche Symmetrie zeigt er?
a) $y = 0{,}2\,x^4$ b) $y = \frac{1}{2}x^5$ c) $y = -\frac{1}{2}x^4$ d) $y = -\frac{1}{2}x^5$

9
a) Untersuchen Sie, wie sich das Volumen eines Würfels ändert, wenn die Seitenlänge verdoppelt bzw. verdreifacht wird.
b) Untersuchen Sie dieselbe Aufgabenstellung auch für den Oberflächeninhalt [Gesamtkantenlänge].
c) Verallgemeinern Sie Ihr Ergebnis für Funktionen mit der Gleichung $y = c \cdot x^n$, wobei $c \in \mathbb{R}$, $n \in \mathbb{N}^*$.
Formulieren Sie eine Vermutung und begründen Sie sie.

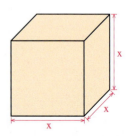

10 Ein Metallwürfel mit der Kantenlänge 2,5 cm wiegt 120 g. Wie viel wiegt ein Würfel aus demselben Material mit der Kantenlänge (1) 5 cm, (2) 7,5 cm, (3) 10 cm, (4) 20 cm?

2.4 Ganzrationale Funktionen

 11 Merle hat die Graphen zu y = 100x² und y = x⁴ mit einer Tabellenkalkulation gezeichnet.
Nehmen Sie Stellung zu ihrer Behauptung:
„Der Graph zu y = 100x² verläuft immer unterhalb vom Graphen zu y = x⁴."

12 Zeichnen Sie den Graphen der Funktion. Beschreiben Sie, wie er aus dem Graphen zu y = x³ bzw. y = x⁴ hervorgeht.

a) $y = x^3 - 2$ c) $y = 2x^3$ e) $y = -x^3$ g) $y = (x-1)^3$
b) $y = x^4 - 3$ d) $y = \frac{1}{2}x^4$ f) $y = -2x^4$ h) $y = (x+2)^4$

13 Suchen Sie zu den angegebenen Graphen die passende Funktionsgleichung.

(1) $y = 0,5x^3$ (3) $y = x^5 - 1$ (5) $y = (x+2)^4$ (7) $y = 1,2 \cdot x^4$
(2) $y = (x+2)^3$ (4) $y = 0,5 \cdot x^4$ (6) $y = x^6 - 1$ (8) $y = 0,5 \cdot x^6$

a) 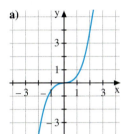   b) 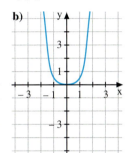   c) 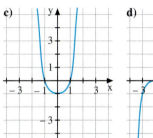   d)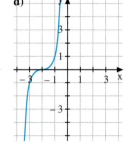

14 Die folgenden Wertetabellen gehören zu Funktionen der Form $f(x) = a \cdot x^n$. Aus den ersten drei Paaren kann man erkennen, wie groß a und n sein müssen.
Ergänzen Sie die Lücken.

a)
x	1	2	3	4	−5
f(x)	−1	−8	−27		

b)
x	1	2	3	4	−5
f(x)	−0,1	−1,6	−8,1		

15 Stellen Sie sich die Graphen der folgenden Funktionen vor.

(1) $f(x) = 10 \cdot x^3$ (3) $f(x) = 0,1 \cdot x^7$ (5) $f(x) = x^3 + 3$
(2) $f(x) = -x^5$ (4) $f(x) = -2 \cdot x^8$ (6) $f(x) = -x^4 + 1$

Für welche Graphen gilt folgende Eigenschaft?

a) Er verläuft durch O(0|0).   c) Er verläuft durch den 2. Quadranten.
b) Er ist symmetrisch zur y-Achse.   d) Er verläuft nur unterhalb der x-Achse.

16

a) Untersuchen Sie, ob die Werte der Tabelle durch eine Potenzfunktion mit $f(x) = a \cdot x^n$ beschrieben werden können.
Ergänzen Sie die Lücken. Nutzen Sie dazu auch die Regression durch Potenzfunktionen.

b) Nehmen Sie Stellung zu der Behauptung:
„Durch die Vorgabe von zwei beliebigen Punkten ist der Graph einer Potenzfunktion eindeutig festgelegt."

x	−2	−1	0	1	2	3	4
a)				10	40	90	
b)		2,5	5	10			
c)					−18	−54	−162
d)			0	−2	−16		

2.4.2 Begriff der ganzrationalen Funktion

Einführung

Aus einem quadratischen Stück Pappe mit der Seitenlänge 6 cm soll eine oben offene Schachtel gefaltet werden. Dazu schneidet man die Pappe jeweils an den Ecken gleich weit parallel zu den Seiten ein und faltet anschließend die Seiten so, dass eine oben offene Schachtel entsteht.

Wie kann man allgemein das Volumen einer jeden auf diese Weise hergestellten Schachtel berechnen?

Wir bezeichnen die Seitenlänge der an den Ecken eingeschnittenen Quadrate mit x (in cm).

Der Wert von x gibt dann jeweils die Höhe der entstehenden Schachtel an. Die Grundfläche der Schachtel ist somit ein Quadrat mit der Seitenlänge $6 - 2x$ und dem Flächeninhalt $A = (6 - 2x)^2$ (in cm²).

Für das Volumen $V = A \cdot x$ (in cm³) erhalten wir damit:

$V = (6 - 2x)^2 \cdot x$, wobei $0 < x < 3$ gelten muss.

Der Term $(6 - 2x)^2 \cdot x = 4x^3 - 24x^2 + 36x$ gibt also für jede Einschnitttiefe x das Volumen der zugehörigen Schachtel an. Man erhält zum Beispiel:

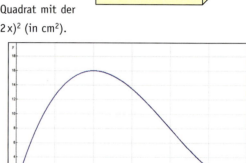

Alle Längen in cm

x	0,5	1	1,5	2	2,5
V(x)	12,5	16	13,5	8	2,5

Die Funktion V mit $V(x) = 4x^3 - 24x^2 + 36x$ beschreibt das Volumen der Pappschachtel in Abhängigkeit von der Einschnitttiefe x. Die Definitionsmenge dieser Funktion ist $]0; 3[$.

Mithilfe des Funktionsterms kann man weitere Fragen untersuchen. So kann man beispielsweise berechnen, für welche Einschnitttiefe x das Volumen der zugehörigen Schachtel maximal wird. Wir werden auf diese und ähnliche Fragestellungen später zurückkommen.

Information

1 Begriff der ganzrationalen Funktion

Die Funktion V mit $V(x) = 4x^3 - 24x^2 + 36x$ ist ein Beispiel für eine *ganzrationale Funktion*. Allgemein definiert man den Begriff *ganzrationale Funktion* wie folgt:

> **Definition: Polynom, ganzrationale Funktion**
>
> (1) Ein Term der Form $a_n x^n + a_{n-1} x^{n-1} + \ldots + a_2 x^2 + a_1 x + a_0$ mit $n \in \mathbb{N}$, $a_0, a_1, a_2, \ldots, a_n \in \mathbb{R}$ und $a_n \neq 0$ heißt **Polynom** mit der Variablen x. Der Exponent n heißt **Grad** des Polynoms.
> Die Zahlen $a_0, a_1, a_2, \ldots, a_n$ nennt man **Koeffizienten** des Polynoms.
>
> (2) Eine Funktion f, deren Funktionsterm f(x) als Polynom geschrieben werden kann, heißt **ganzrationale Funktion**.
> Als Definitionsbereich wählt man üblicherweise die Menge $\mathbb{R}$ der reellen Zahlen. Der Grad des Polynoms heißt auch Grad der ganzrationalen Funktion.
> **Beispiel:** $V(x) = 4x^3 - 24x^2 + 36$

Die Koeffizienten müssen keine ganzen Zahlen sein.

2.4 Ganzrationale Funktionen

Aufgabe

1 l = 1 dm³

1 Erdverlegte Öltanks aus Kunststoff sind oft kugelförmig. Solche Tanks gibt es z. B. mit einem Fassungsvermögen von 10 000 Litern. Wegen der Erdverlegung kann man die Füllhöhe nicht einsehen. Deshalb wird die Füllhöhe mithilfe von Peilrohren bestimmt. Aus der Füllhöhe h kann man das zugehörige Volumen V des Öls ermitteln.

a) Finden Sie einen funktionalen Zusammenhang zwischen Füllhöhe h (in dm) und Ölvolumen V (in dm³).

b) Berechnen Sie zu verschiedenen Füllhöhen das Ölvolumen.
Wie voll ist der Öltank höchstens, wenn die Füllhöhe maximal 26 dm sein darf?

c) Beschreiben Sie den Verlauf des Graphen der Funktion h → V.

Lösung

a) Wir gehen zunächst davon aus, dass die Kugel bis oben hin befüllt werden kann. Der Radius r einer Kugel mit dem Volumen V = 10 000 dm³ lässt sich aus der Formel für das Volumen einer Kugel auf mm genau berechnen. Es gilt:

$10\,000 = \frac{4}{3}\pi r^3$, also

$r = \sqrt[3]{\frac{30\,000}{4\pi}} \approx 13{,}37$

Gerechnet wird ohne Einheiten, Volumenangaben in dm³, Längenangaben in dm.

Das Öl im Tank hat die Form eines Kugelabschnitts. Das Volumen hängt von der Füllhöhe des Öls ab, d.h. der funktionale Zusammenhang ist *Füllhöhe des Öls → Volumen des Kugelabschnitts*. Das Volumen der Peilrohre vernachlässigen wir hier.

Das Volumen eines Kugelabschnitts der Höhe h einer Kugel mit dem Radius r kann mit folgender Formel berechnet werden:

Formelsammlung

$V = \frac{\pi}{3}h^2(3r - h)$

Somit ergibt sich mit dem Radius r ≈ 13,37 für das Volumen des Kugelabschnitts

$V \approx \frac{\pi}{3}h^2(3 \cdot 13{,}37 - h)$

$= \frac{\pi}{3}h^2(40{,}11 - h)$

$\approx -1{,}05\,h^3 + 42\,h^2$.

h (in dm)	V (in dm³)
0,5	10,37
1	40,95
2	159,60
⋮	⋮
26	9 937,20

Der funktionale Zusammenhang zwischen Füllhöhe h (in dm) und Ölvolumen V (in dm³) kann also durch den folgenden Funktionsterm beschrieben werden:

$V(h) = -1{,}05\,h^3 + 42\,h^2$, mit $0 \leq h \leq 2r \approx 26{,}74$.

b) Durch Einsetzen in den Term V(h) ergibt sich zu verschiedenen Füllhöhen h das Ölvolumen, z. B. V(0,5) = 10,36875 ≈ 10,37.

Der Tank kann höchstens mit 9 937,200 dm³ befüllt werden, wenn die maximale Füllhöhe 26 dm beträgt.

c) Der Graph steigt ständig an, da mit zunehmender Füllhöhe das Ölvolumen im Tank zunimmt. Zunächst steigt das Volumen weniger stark, dann stärker und dann wieder weniger stark an; denn der Tank ist in der Mitte am breitesten. Ändert sich in der Mitte des Tanks die Füllhöhe, so ist dort der Volumenzuwachs auch größer als am Boden oder als oben im Tank.

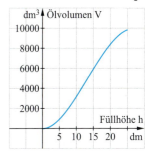

Weiterführende Aufgabe

Füllhöhe in cm	Volumen in Liter
0	0
29	20
42	40
51	60
61	80
70	100
80	120
91	140
103	160
118	180
138	200

2 Nicht-lineare Regression

In einen Behälter wird fortlaufend 20 Liter Flüssigkeit eingefüllt und dann jeweils die Füllhöhe h gemessen. Die Messreihe ist in der nebenstehenden Tabelle protokolliert und in der Grafik dargestellt.

a) Durch welche ganzrationale Funktion lässt sich der funktionale Zusammenhang zwischen der Füllhöhe h und dem Volumen V(h) am besten beschreiben? Vergleichen Sie Modellierungen mit ganzrationalen Funktionen 2., 3. und 4. Grades miteinander.

b) Bestimmen Sie mithilfe der in Teilaufgabe a) verwendeten Modelle möglichst exakt die Füllmenge zur Füllhöhe h = 100 cm.

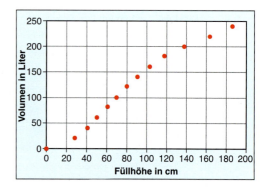

Übungsaufgaben

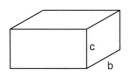

3 Aus einem Stück Pappe im DIN A4-Format soll ein quaderförmiger Karton hergestellt werden, so dass möglichst viel der zur Verfügung stehenden Pappe verwendet wird.
Stellen Sie einen allgemeinen Funktionsterm auf, mithilfe dessen das Volumen V aus den Kantenlängen a, b, c berechnet werden kann. Beachten Sie dabei, dass die Längen a, b, c durch die Maße eines DIN A4-Blatts begrenzt sind (dies hat zur Folge, dass man zwei der drei Variablen ersetzen kann und den Funktionsterm einer ganzrationalen Funktion 3. Grades erhält).
Zeichnen Sie den Graphen von V mithilfe eines Funktionenplotters. Sind alle Einsetzungen für die verwendete Variable sinnvoll?

4 Ist f eine ganzrationale Funktion? Falls dies zutrifft, schreiben Sie f(x) als Polynom.

a) $f(x) = \frac{x^3 - 4x + 1}{3}$
b) $f(x) = (x + \sqrt{2})^3$
c) $f(x) = \frac{1}{x^2 + 5}$
d) $f(x) = 10^x - 4$

5 Formen Sie den Funktionsterm in ein Polynom um. Geben Sie auch den Grad des Polynoms an.

a) $f(x) = (2x^2 + 1) \cdot (3x^3 - x)$
b) $f(x) = (-x^3 + x^2 + 2) \cdot (x^3 + 1)$
c) $f(x) = (0{,}5x^4 - x^2 + 4x) \cdot (x^3 + 5x - 1{,}5)$
d) $f(x) = (x + 1)^2 \cdot (x^3 + x^2 + x + 1)$
e) $f(x) = \left(\frac{1}{3}x^3 + 3\right) \cdot \left(x^3 - x^2 + \frac{2}{3}x + 1\right)$
f) $f(x) = \frac{x^2 - x - 1}{4} \cdot (x^3 - 1)^3$

6 Aus einem DIN A4-Blatt soll ein Haus gebastelt werden, vgl. folgende Zeichnung des Bastelbogens. Stellen Sie einen Funktionsterm für das Volumen des Hauses auf und zeichnen Sie den Graphen der zugehörigen Funktion.

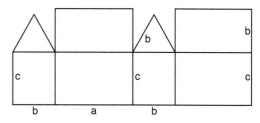

7 Die rechts stehende Messreihe wurde gewonnen, um den funktionalen Zusammenhang zwischen der Füllhöhe und dem Volumen eines Marmeladenglases zu bestimmen. Welche ganzrationale Funktion eignet sich am besten zur Modellierung der Füllkurve?

Höhe in cm	0,9	1,5	1,9	2,4	2,8	3,2	3,4	3,8	4,2	4,6	5	5,5	6,7	7,7
Volumen in cm³	50	75	100	125	150	175	200	225	250	275	300	325	350	375

2.4.3 Globalverlauf ganzrationaler Funktionen

Einführung

Wir zeichnen den Graphen der Funktion f mit $f(x) = 0{,}1x^3 - 0{,}3x + 0{,}1$ mithilfe eines Funktionsplotters mit unterschiedlicher Skalierung.

$-3 \leq x \leq 3; \; -1 \leq y \leq 1$ $-5 \leq x \leq 5; \; -10 \leq y \leq 10$ $-10 \leq x \leq 10; \; -100 \leq y \leq 100$

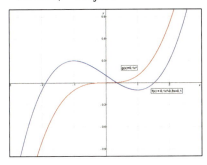 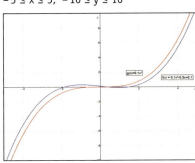 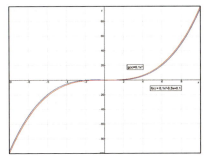

In der Grafik links erkennt man gut, dass der Graph zunächst steigt, dann fällt und anschließend wieder steigt.

In der Grafik rechts sieht es so aus, als hätte der Graph durchgehend einen steigenden Verlauf wie der einer kubischen Potenzfunktion.

Zum Vergleich wurde jeweils der Graph der Funktion g mit $g(x) = 0{,}1x^3$ in dasselbe Koordinatensystem gezeichnet.

Offensichtlich sieht der Graph von f immer mehr wie der Graph von g aus, je größer der Zeichenbereich gewählt wird. Dies bedeutet:

Wenn die (positiven) x-Werte unbeschränkt größer bzw. die (negativen) x-Werte unbeschränkt kleiner werden, stimmen die Funktionswerte $f(x)$ ungefähr mit $0{,}1x^3$ überein. Die Summanden mit den niedrigeren Potenzen scheinen dann keine Rolle mehr zu spielen.

Dieses Verhalten der Funktionswerte $f(x)$ kann man sich folgendermaßen klarmachen:

Wir klammern die Potenz von x mit dem höchsten Exponenten, also x^3, aus:

$f(x) = x^3 \cdot \left(0{,}1 - \frac{0{,}3}{x^2} + \frac{0{,}1}{x^3}\right)$

Am Term in der Klammer erkennen wir:

- Je größer die für x eingesetzten Werte sind, desto größer werden die Nenner der Terme. Die Werte der Terme $\frac{0{,}3}{x^2}$ und $\frac{0{,}1}{x^3}$ unterscheiden sich bei größer werdendem x immer weniger von 0 und damit nähert sich der Wert der Klammer der Zahl 0,1.
- Entsprechend nähert sich der Wert der Klammer beim Einsetzen von $-10, -100, -1000, \ldots$ ebenfalls immer mehr der Zahl 0,1 an.

Betrachtet man unbeschränkt größer werdende Zahlen für x, wie $10, 100, 1000, \ldots$, so schreibt man:

$x \to \infty$, gelesen: *x gegen unendlich*.

Für $x \to \infty$ werden die Funktionswerte von $f(x) = 0{,}1x^3 - 0{,}3x + 0{,}1$ unbeschränkt größer.

Wir schreiben:

$f(x) \to \infty$ für $x \to \infty$, gelesen: *f(x) geht gegen unendlich für x gegen unendlich.*

Betrachtet man unbeschränkt kleiner werdende Zahlen für x, wie $-10, -100, -1000, \ldots$, so schreibt man:

$x \to -\infty$, gelesen: *x gegen minus unendlich*.

Für $x \to -\infty$ werden die Funktionswerte von $f(x) = 0{,}1x^3 - 0{,}3x + 0{,}1$ unbeschränkt kleiner.

Wir schreiben:

$f(x) \to -\infty$ für $x \to -\infty$, gelesen: *f(x) geht gegen minus unendlich für x gegen minus unendlich.*

Das Verhalten der Funktionswerte einer Funktion für $x \to \infty$ und $x \to -\infty$ bezeichnet man als **Globalverlauf** der Funktion.

Aufgabe

1 Untersuchen Sie den Globalverlauf der Funktion f mit:

a) $f(x) = -2x^3 + 3x^2$ b) $f(x) = \frac{1}{2}x^4 - x^3 + 2x^2 - 5$ c) $f(x) = -2x^6 + x^4 + 3$

Lösung

Wir klammern jeweils die Potenz mit dem höchsten Exponenten aus.

a) $f(x) = x^3 \cdot \left(-2 + \frac{3}{x}\right)$

Sowohl für $x \to \infty$ als auch für $x \to -\infty$ nähert sich der Wert in der Klammer der Zahl -2 an.

Aus $x^3 \to \infty$ für $x \to \infty$ folgt: $f(x) \to -\infty$ für $x \to \infty$

Aus $x^3 \to -\infty$ für $x \to -\infty$ folgt: $f(x) \to \infty$ für $x \to -\infty$

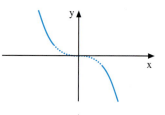

b) $f(x) = x^4 \cdot \left(\frac{1}{2} - \frac{1}{x} + \frac{2}{x^2} - \frac{5}{x^4}\right)$

Sowohl für $x \to \infty$ als auch für $x \to -\infty$ nähert sich der Wert in der Klammer der Zahl $\frac{1}{2}$ an.

Aus $x^4 \to \infty$ für $x \to \infty$ folgt: $f(x) \to \infty$ für $x \to \infty$

Aus $x^4 \to \infty$ für $x \to -\infty$ folgt: $f(x) \to \infty$ für $x \to -\infty$

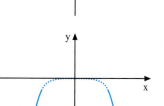

c) $f(x) = x^6 \cdot \left(-2 + \frac{1}{x^2} + \frac{3}{x^6}\right)$

Sowohl für $x \to \infty$ als auch für $x \to -\infty$ nähert sich der Wert in der Klammer der Zahl -2 an.

Aus $x^6 \to \infty$ für $x \to \infty$ folgt: $f(x) \to -\infty$ für $x \to \infty$

Aus $x^6 \to \infty$ für $x \to -\infty$ folgt: $f(x) \to -\infty$ für $x \to -\infty$

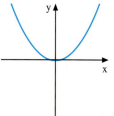

Information

Satz: Globalverlauf einer ganzrationalen Funktion

Bei einer ganzrationalen Funktion f mit $f(x) = a_n x^n + a_{n-1} x^{n-1} + \ldots + a_2 x^2 + a_1 x + a_0$, wobei $a_n \neq 0$, entscheidet der Summand $a_n x^n$ mit dem größten Exponenten über das Verhalten von $f(x)$ für $x \to \infty$ und $x \to -\infty$.

Dabei gilt für die Potenz x^n:

Wenn $x \to +\infty$, dann $x^n \to +\infty$.

Wenn $x \to -\infty$, dann $x^n \to \begin{cases} +\infty, \text{ falls n gerade} \\ -\infty, \text{ falls n ungerade} \end{cases}$

Beim Verhalten des Summanden $a_n x^n$ ist das Vorzeichen von a_n zu beachten.

Man kann den Globalverlauf einer ganzrationalen Funktion f mit
$f(x) = a_n x^n + a_{n-1} x^{n-1} + \ldots + a_2 x^2 + a_1 x + a_0$
vom Grad n auf einen der folgenden Funktionstypen mit $y = a_n x^n$ zurückführen:

  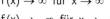 

n gerade, $a_n > 0$ | n gerade, $a_n < 0$ | n ungerade, $a_n > 0$ | n ungerade, $a_n < 0$

$f(x) \to \infty$ für $x \to \infty$ | $f(x) \to -\infty$ für $x \to \infty$ | $f(x) \to \infty$ für $x \to \infty$ | $f(x) \to -\infty$ für $x \to \infty$

$f(x) \to \infty$ für $x \to -\infty$ | $f(x) \to -\infty$ für $x \to -\infty$ | $f(x) \to -\infty$ für $x \to -\infty$ | $f(x) \to \infty$ für $x \to -\infty$

2.4 Ganzrationale Funktionen

Aufgabe

2 Mindestanzahl von Nullstellen

a) Entscheiden Sie aufgrund des Globalverlaufs der Funktion, welche der folgenden Funktionen mindestens eine Nullstelle haben müssen.

(1) $f(x) = x^3 - x + 7$ (2) $g(x) = x^4 + x + 5$ (3) $h(x) = -2x^5 + x^2 + 3$

b) Begründen Sie den Satz:

> **Satz:**
> Für eine ganzrationale Funktion f vom Grad n gilt:
> Ist der Grad n der Funktion f eine ungerade Zahl, so hat f mindestens eine Nullstelle.

Lösung

a) Wir betrachten den Globalverlauf der Funktionen:

(1) $f(x) = x^3 - x + 7$
$f(x) \to \infty$ für $x \to \infty$
$f(x) \to -\infty$ für $x \to -\infty$

(2) $g(x) = x^4 + x + 5$
$g(x) \to \infty$ für $x \to \infty$
$g(x) \to \infty$ für $x \to -\infty$

(3) $h(x) = -2x^5 + x^2 + 3$
$h(x) \to -\infty$ für $x \to \infty$
$h(x) \to \infty$ für $x \to -\infty$

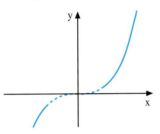 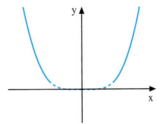 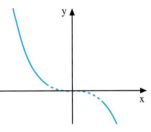

Der Graph von f muss die x-Achse schneiden. f hat mindestens eine Nullstelle.

Der Graph von g kann die x-Achse schneiden, muss aber nicht. Möglicherweise hat g keine Nullstelle.

Der Graph von h muss die x-Achse schneiden. h hat mindestens eine Nullstelle.

b) Für den Globalverlauf von ganzrationalen Funktionen mit ungeradem Grad gilt (Satz, Seite 133). Für $x \to -\infty$ gilt $f(x) \to -\infty$ und für $x \to +\infty$ gilt $f(x) \to +\infty$. Da die Graphen durchgängig gezeichnet werden können, muss es mindestens eine Stelle geben, an der die x-Achse geschnitten wird.

Übungsaufgaben

 3 Gegeben ist die Funktion f mit $f(x) = -\frac{1}{12}x^4 - \frac{1}{9}x^3 + \frac{3}{2}x^2 + 3x - 4$.

Zeichnen Sie mithilfe eines Funktionenplotters den Graphen von f zusammen mit dem Graphen der Funktion g mit $g(x) = -\frac{1}{12}x^4$ nacheinander in drei verschieden skalierte Koordinatensysteme für $-5 \leq x \leq 5$ bzw. für $-15 \leq x \leq 15$ bzw. für $-50 \leq x \leq 50$. Vergleichen Sie jeweils die beiden Graphen.

4 Untersuchen Sie das Verhalten der Funktion f für $x \to \infty$ und für $x \to -\infty$.

a) $f(x) = -\frac{3}{4}x^2 + \frac{1}{2}x^5 + 3$

b) $f(x) = -3x^5 + 12x^3 - 8$

c) $f(x) = \frac{1}{2}x^4 - 28x^3 + 6x^2 - 34$

d) $f(x) = 4x^3 + 2x^2 - 7x + 12$

e) $f(x) = -2x^4 + x^3 + 21x^2 + 45x + 205$

f) $f(x) = \frac{1}{4} \cdot (2x+1)^3 + \frac{1}{2}x^3 + 2$

 5 Kontrollieren Sie folgende Aussagen zum Globalverlauf der Funktion f mit $f(x) = x^3 + x$.

> Je größer x wird, desto weniger unterscheiden sich die Funktionswerte von $f(x) = x^3 + x$ und $g(x) = x^3$.

> Je größer x wird, desto mehr nähert sich der Quotient $\frac{f(x)}{g(x)}$ dem Wert 1 an.

2.4.4 Symmetrie

Ziel Jetzt lernen Sie, wie man am Funktionsterm einer Funktion leicht erkennbare Symmetrien zur y-Achse bzw. zum Koordinatenursprung untersuchen kann.

Zum Erarbeiten
- Zeichnen Sie den Graphen der Funktion f mit $f(x) = \frac{1}{2}x^4 - 4x^2 + 3$ und betrachten Sie auch eine Wertetabelle. Welche Symmetrieeigenschaft des Graphen stellen Sie fest? Begründen Sie Ihre Aussage.

Beim Betrachten des Funktionsgraphen kann man vermuten, dass er achsensymmetrisch zur y-Achse verläuft. Die Funktionswerte stimmen an Stellen, die zur y-Achse symmetrisch liegen, überein.

Es ist z. B.:

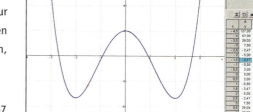

$f(4) = \frac{1}{2} \cdot 4^4 - 4 \cdot 4^2 + 3 = \frac{1}{2} \cdot 256 - 4 \cdot 16 + 3 = 67$

$f(-4) = \frac{1}{2} \cdot (-4)^4 - 4 \cdot (-4)^2 + 3 = \frac{1}{2} \cdot 256 - 4 \cdot 16 + 3 = 67;$ also gilt: $f(-4) = f(4)$

Die Funktionswerte stimmen an den Stellen -4 und 4 überein, da nur Potenzen von x mit geradem Exponenten vorhanden sind. Die Punkte $P_1(-4|67)$ und $P_2(4|67)$ liegen also achsensymmetrisch zur y-Achse. Dies gilt auch für alle anderen Stellen, die sich nur durch das Vorzeichen unterscheiden:

$f(-x) = \frac{1}{2} \cdot (-x)^4 - 4 \cdot (-x)^2 + 3 = \frac{1}{2} \cdot x^4 - 4 \cdot x^2 + 3 = f(x)$

Da im Funktionsterm von f nur Potenzen von x mit geraden Exponenten vorkommen, behalten alle Summanden im Funktionsterm ihren Wert, wenn man x durch $-x$ ersetzt. Es gilt also: $f(-x) = f(x)$.

- Untersuchen Sie, ob der Graph der Funktion g mit $g(x) = \frac{1}{3}x^3 - 2x$ eine Symmetrie aufweist.

Vermutlich ist der Graph der Funktion g punktsymmetrisch zum Ursprung. Die Funktionswerte unterscheiden sich an Stellen, die zur y-Achse symmetrisch liegen, nur durch ihr Vorzeichen.

Z. B. gilt an den Stellen -6 und 6:

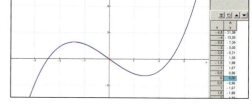

$g(6) = \frac{1}{3} \cdot 6^3 - 2 \cdot 6 = \frac{1}{3} \cdot 216 - 12 = 60$

$g(-6) = \frac{1}{3} \cdot (-6)^3 - 2 \cdot (-6) = \frac{1}{3} \cdot (-216) + 12 = -60;$ also gilt: $g(-6) = -g(6)$

Die Funktionswerte an den beiden Stellen -6 und 6 stimmen bis auf das Vorzeichen überein, da im Funktionsterm von g nur Potenzen von x mit ungeradem Exponenten vorkommen. Die Punkte $Q_1(-6|60)$ und $Q_2(6|60)$ liegen punktsymmetrisch zum Ursprung. Dies kann man verallgemeinern:

$g(-x) = \frac{1}{3} \cdot (-x)^3 - 2 \cdot (-x) = -\frac{1}{3} \cdot x^3 + 2 \cdot x = -\left(\frac{1}{3} \cdot x^3 - 2 \cdot x\right) = -g(x)$

Kommen im Funktionsterm g nur Potenzen von x mit ungeraden Exponenten vor, so ändern alle Summanden im Funktionsterm ihr Vorzeichen, wenn man x durch $-x$ ersetzt. Damit gilt dann: $g(-x) = -g(x)$.

- Untersuchen Sie den Graphen zu $h(x) = \frac{1}{5}x^5 - \frac{3}{4}x^4$ auf Symmetrie.

Der Graph der Funktion h ist weder achsensymmetrisch zur y-Achse noch punktsymmetrisch zum Ursprung. Z. B. stimmt der Funktionswert $h(-3)$ weder mit $h(3)$ noch mit $-h(3)$ überein. Im Funktionsterm von h kommen sowohl Potenzen von x mit geraden als auch mit ungeraden Exponenten vor.

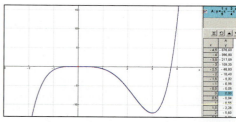

2.4 Ganzrationale Funktionen — selbst lernen

- Untersuchen Sie, ob der Graph zu $f(x) = x^3 - x - 5$ punktsymmetrisch zum Ursprung ist.

  Der Graph verläuft durch den Punkt $P(0|-5)$ auf der y-Achse, also nicht durch den Ursprung. Daher kann er nicht punktsymmetrisch zum Ursprung sein.

  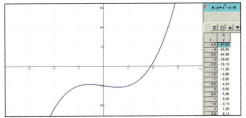

  Der Funktionsterm enthält zwar die ungeraden Exponenten 3 und 1 von x, aber zusätzlich als Teilterm ohne x die Zahl -5. Diese Zahl sorgt dafür, dass der Graph nicht durch den Ursprung verläuft.

  Statt nur -5 kann man auch $-5 \cdot x^0$ schreiben und erkennt so den geraden Exponenten 0, der zusätzlich zu den ungeraden Exponenten 3 und 1 der Variablen x im Funktionsterm vorkommt.

Information

Satz: Symmetrieeigenschaften eines Graphen

Der Graph einer Funktion f ist achsensymmetrisch zur y-Achse, falls gilt:

$f(-x) = f(x)$ für alle x

Der Graph einer Funktion f ist punktsymmetrisch zum Koordinatenursprung, falls gilt:

$f(-x) = -f(x)$ für alle x

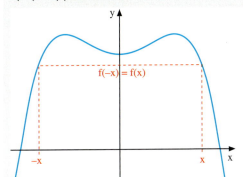
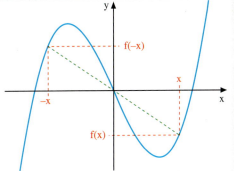

Ist f eine ganzrationale Funktion, so lässt sich eine vorhandene Symmetrie einfach erkennen:

(1) Treten im Funktionsterm von f nur Potenzen von x mit geraden Exponenten auf, so ist der Graph von f achsensymmetrisch zur y-Achse.

(2) Treten im Funktionsterm von f nur Potenzen von x mit ungeraden Exponenten auf, so ist der Graph von f punktsymmetrisch zum Koordinatenursprung.

Zum Üben

1 Vervollständigen Sie die Wertetabelle, die zu einer Funktion f gehört, deren Graph punktsymmetrisch zum Ursprung ist.

x	-5	-3	-2	-1	0	1	2	3	5
f(x)	-80	0		8			-10		

2 Paul hat am Funktionsterm einer ganzrationalen Funktion f erkannt, dass der Graph von f punktsymmetrisch zum Ursprung ist. Zum Zeichnen des Graphen legt er eine Wertetabelle an:

x	-3	-2	-1	0	1	2	3
f(x)	-7,5	0	1,5	1	-1,5	0	6,5

Hat Paul richtig gerechnet?

3 Untersuchen Sie, ob der Funktionsgraph symmetrisch zur y-Achse oder zum Ursprung ist.

a) $f(x) = -\frac{1}{4}x^5 + 3x$
c) $f(x) = -\frac{1}{2}x^4 + 3x^2 - 8x + 2$
e) $f(x) = \left(\frac{1}{2}x^3 - 1\right)^2$

b) $f(x) = x^3 - 5x + 1$
d) $f(x) = \frac{1}{100}x^6 - 12x^2 + 4$
f) $f(x) = x^3(x^5 + x)$

4 Nehmen Sie Stellung zu der Behauptung rechts.

> $f(x) = x^3 + x^2 - 4x + 3$ ist achsensymmetrisch zur y-Achse, denn $f(2) = 7$ und $f(-2) = 7$.

5 Untersuchen Sie, ob die folgenden Aussagen richtig oder falsch sind. Begründen Sie jeweils Ihre Antwort.

(1) Ist beim Funktionsterm einer ganzrationalen Funktion der konstante Summand a_0 ungleich 0, kann der Graph von f nicht punktsymmetrisch zum Ursprung verlaufen.

(2) Es gibt Funktionen, deren Graphen symmetrisch zur x-Achse verlaufen.

6 Ordnen Sie die abgebildeten Graphen den Funktionstermen zu, ohne selbst einen Funktionsplotter zu verwenden. Entscheiden Sie auch, ob der Verlauf des Graphen im Wesentlichen vollständig zu sehen ist.

(1) $f(x) = x^4 - 33x^2 + 90$
(2) $g(x) = 0{,}1x^5 - 1{,}1x^3 + x$
(3) $h(x) = x^3 + x^2 - 9x - 9$

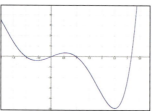
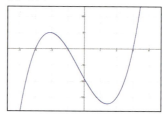
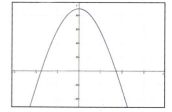

7 Wählen Sie die Parameter so, dass der Graph achsensymmetrisch zur y-Achse oder punktsymmetrisch zum Ursprung ist.

(1) $f_1(x) = x^4 + ax^3 + bx + 3$
(3) $f_3(x) = x^4 - ax^2 + b$
(5) $f_5(x) = x^6 + ax^3 + 2$

(2) $f_2(x) = x^3 - ax^2 + x$
(4) $f_4(x) = x^5 - ax$
(6) $f_6(x) = x^3 + ax + b$

8 Die Funktion f ist gegeben durch den Funktionsterm $f(x) = 2 \cdot (x-1)^8 - 3 \cdot (x-1)^6 + 5$.
Begründen Sie, dass der Graph von f symmetrisch zu der Geraden mit der Gleichung $x = 1$ ist.

9 Die Funktion f ist gegeben durch den Funktionsterm $f(x) = 3x^5 + 3x^3 - x + 4$.
Begründen Sie, dass der Graph von f punktsymmetrisch zum Punkt $P(0|4)$ ist.

10 Zeichnen Sie den Graphen der Funktion f mithilfe eines Funktionenplotters und stellen Sie eine Vermutung hinsichtlich der Symmetrieeigenschaft des Graphen auf.
Verschieben Sie den Graphen so, dass sich ein Graph ergibt, der achsensymmetrisch zur y-Achse oder punktsymmetrisch ist.

a) $f(x) = x^3 - 3x^2 + 8x - 6$
c) $f(x) = x^4 + 4x^3 + 8x^2 + 8x + 6$

b) $f(x) = x^3 + 6x^2 + 14x + 12$
d) $f(x) = x^4 - 4x^3 + 11x^2 - 14x + 7$

11 Geben Sie den Term einer ganzrationalen Funktion an, die symmetrisch ist:

a) zu der Geraden mit der Gleichung $x = -2$
c) zum Punkt $P(1|2)$

b) zu der Geraden mit der Gleichung $x = \sqrt{2}$
d) zum Punkt $P(1|0)$

2.4.5 Nullstellen ganzrationaler Funktionen – Polynomdivision

Aufgabe

1 Linearfaktorzerlegung quadratischer Funktionen

a) Bestimmen Sie die Nullstellen der Funktionen f mit $f(x) = \frac{1}{2}(x-2)(x+3)$ und g mit $g(x) = x^2 + 6x - 7$. An welchem Funktionsterm kann man die Nullstellen schneller erkennen?

b) Der Funktionsterm von f ist als Produkt geschrieben, der von g als Polynom. Formen Sie nun beide in die jeweils andere Form um.

Lösung

> Ein Produkt ist gleich 0, wenn mindestens ein Faktor 0 ist, sonst nicht.

a) Nullstellen von f

$\frac{1}{2}(x-2)(x+3) = 0$

$x - 2 = 0$ oder $x + 3 = 0$

$x = 2$ oder $x = -3$

Nullstellen von g *(Quadratische Ergänzung)*

$x^2 + 6x - 7 = 0$

$(x + 3)^2 = 7 + 9 = 16$

$x + 3 = 4$ oder $x + 3 = -4$

$x = 1$ oder $x = -7$

Aus dem Funktionsterm von f kann man die Nullstellen unmittelbar erkennen, bei dem von g müssen sie erst durch Lösen einer quadratischen Gleichung ermittelt werden.

b) (1) Durch Ausmultiplizieren erhalten wir ein Polynom:

$f(x) = \frac{1}{2}(x-2)(x+3) = \frac{1}{2}(x^2 - 2x + 3x - 6) = \frac{1}{2}x^2 + \frac{1}{2}x - 3$

(2) Da g die Nullstellen 1 und −7 hat, schreiben wir g als Produkt der Terme (x − 1) und (x + 7):

$(x - 1)(x + 7) = x^2 - x + 7x - 7 = x^2 + 6x - 7 = g(x)$

Information

(1) Linearfaktoren

In Aufgabe 1 wurden Terme quadratischer Funktionen in verschiedenen Formen betrachtet:

in ausmultiplizierter Form: $f(x) = ax^2 + bx + c$

als Produkt linearer Terme: $f(x) = a(x - x_1)(x - x_2)$

Die Terme $(x - x_1)$ und $(x - x_2)$ bezeichnet man als **Linearfaktoren** des Funktionsterms, die Darstellung $f(x) = a(x - x_1)(x - x_2)$ als **Linearfaktorzerlegung** des Funktionsterms.

Beispiele: Nullstelle 3: Linearfaktor x − 3; Nullstelle −4: Linearfaktor x − (−4) = x + 4.

(2) Linearfaktorzerlegung quadratischer Terme

Jeden quadratischen Funktionsterm in Linearfaktorzerlegung $f(x) = a(x - x_1)(x - x_2)$ kann man ausmultiplizieren und erhält einen Term der Gestalt $f(x) = ax^2 + bx + c$.

Umgekehrt ist es schwieriger, einen quadratischen Term der Gestalt $f(x) = ax^2 + bx + c$ in Linearfaktoren zu zerlegen.

Da man den Faktor a ausklammern kann, reicht es, einen Term der Form $h(x) = x^2 + px + q$ zu betrachten.

$f(x) = ax^2 + bx + c$
$= a\left(x^2 + \frac{b}{a} + \frac{c}{a}\right)$
$= a(x^2 + px + q)$

Hat die Funktion h mit $h(x) = x^2 + px + q$ Nullstellen, so können diese z. B. mithilfe der Lösungsformel für quadratische Gleichungen berechnet werden:

$x_1 = -\frac{p}{2} + \sqrt{\left(\frac{p}{2}\right)^2 - q}$ und $x_2 = -\frac{p}{2} - \sqrt{\left(\frac{p}{2}\right)^2 - q}$

Durch Ausmultiplizieren des Terms $(x - x_1)(x - x_2)$ mit den soeben bestimmten Lösungen x_1 und x_2 erhält man wieder den Term $x^2 + px + q$.

> Hat eine quadratische Funktion f mit dem Term $f(x) = ax^2 + bx + c$ die Nullstellen x_1 und x_2, so hat f die Linearfaktorzerlegung $f(x) = a(x - x_1)(x - x_2)$. Hat f nur eine Nullstelle, so stimmen x_1 und x_2 überein.

Aufgabe

2 Linearfaktoren ganzrationaler Funktionen

a) Bestimmen Sie alle Nullstellen der Funktion f mit $f(x) = (x + 2)(x - 1)(x^2 + 1)$. Zeigen Sie, dass f eine ganzrationale Funktion 4. Grades ist.

b) Ermitteln Sie aus dem Graphen der Funktion g mit $g(x) = x^3 - 3x^2 - x + 3$ die Nullstellen von g. Schreiben Sie anschließend den Funktionsterm von g in Linearfaktorzerlegung.

Lösung

a) Da der Funktionsterm von f als Produkt gegeben ist, kann man die Nullstellen leicht ermitteln.
$(x + 2)(x - 1)(x^2 + 1) = 0$
$x + 2 = 0$ oder $x - 1 = 0$ oder $x^2 + 1 = 0$
$x = -2$ oder $x = 1$ oder $x^2 = -1$

Da x^2 bei allen Einsetzungen für x nicht negativ ist, hat f nur die beiden Nullstellen -2 und 1. Durch Ausmultiplizieren des Funktionsterms erhält man:
$f(x) = (x + 2)(x - 1)(x^2 + 1) = (x^2 + x - 2)(x^2 + 1)$
$= x^4 + x^2 + x^3 + x - 2x^2 - 2 = x^4 + x^3 - x^2 + x - 2$

Also ist f eine ganzrationale Funktion 4. Grades.

b) Zeichnet man den Graphen von g mithilfe eines Funktionsplotters, so kann man vermuten, dass g die Nullstellen -1, 1 und 3 hat. Durch Berechnen der Funktionswerte $g(-1)$, $g(1)$ und $g(3)$ kann man das bestätigen, z. B.:
$g(-1) = (-1)^3 - 3 \cdot (-1)^2 - (-1) + 3 = -1 - 3 + 1 + 3 = 0$

Zu diesen drei Nullstellen gehören die Linearfaktoren $x - (-1) = x + 1$, $x - 1$ sowie $x - 3$.

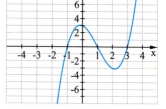

Die Funktionen mit dem Term $(x + 1)(x - 1)(x - 3)$ ist offensichtlich eine ganzrationale Funktion 3. Grades mit denselben Nullstellen wie g.

Wir prüfen durch Ausmultiplizieren, ob dieser Term mit dem von g übereinstimmt:
$(x + 1)(x - 1)(x - 3) = (x^2 - 1)(x - 3) = x^3 - 3x^2 - x + 3$

Also gilt: $g(x) = (x + 1)(x - 1)(x - 3)$

Information

In Aufgabe 2 a) haben wir gesehen, dass ein Produkt von Linearfaktoren und eines quadratischen Terms sich durch Ausmultiplizieren als Term einer ganzrationalen Funktion darstellen lässt. Umgekehrt haben wir in Aufgabe 2 b) die Nullstellen einer ganzrationalen Funktion bestimmt und gesehen, dass sich dieser Funktionsterm als Produkt der zugehörigen Linearfaktoren schreiben lässt.

Der Linearfaktor zu jeder Nullstelle der Funktion g ist ein Faktor des Funktionsterms g(x), z. B. ist 3 Nullstelle von g und g(x) hat die Form $g(x) = (x^2 - 1)(x - 3)$, d. h. wir haben den Funktionsterm g(x) geschrieben als Produkt des Linearfaktors $x - 3$ und des quadratischen Terms $x^2 - 1$. Allgemein gilt:

> **Satz**
>
> Ist x_1 eine Nullstelle der ganzrationalen Funktion f mit dem Grad n, so lässt sich der Funktionsterm von f als Produkt des Linearfaktors $x - x_1$ mit einem Polynom g(x) schreiben:
> $f(x) = (x - x_1) \cdot g(x)$
> Dabei ist g(x) ein Polynom, das den Grad $n - 1$ hat.

Wir verzichten auf einen Beweis.

2.4 Ganzrationale Funktionen

Aufgabe

3 Mehrfache Nullstellen

Bestimmen Sie die Nullstellen der Funktion f mit $f(x) = (x + 3)^3 (x - 3)(x - 1)^2$.
Betrachten Sie das Verhalten des Graphen in der Nähe der Nullstellen.
Welche Unterschiede stellen Sie fest?
Begründen Sie am Funktionsterm.

Lösung

Die Funktion f hat die drei Nullstellen $x_1 = -3$, $x_2 = 3$ und $x_3 = 1$.
Beim Betrachten des Funktionsgraphen in der Nähe der drei Nullstellen stellt man fest, dass die Funktionswerte in der Umgebung der Nullstellen -3 und 3 jeweils das Vorzeichen wechseln.
An diesen beiden Stellen schneidet der Graph die x-Achse.
An der Stelle 1 dagegen haben die Funktionswerte in der Umgebung der Stelle $x_3 = 1$ das gleiche Vorzeichen, der Graph berührt also an dieser Stelle die x-Achse nur.
Welches Vorzeichen die Funktionswerte in der Nähe der Nullstelle 3 haben, erschließen wir aus den Vorzeichen der Linearfaktoren.

	$(x + 3)^3$	$x - 3$	$(x - 1)^2$	$f(x) = (x + 3)^3 (x - 3)(x - 1)^2$
$2,5 < x < 3$	>0	<0	>0	<0
$3 < x < 3,5$	>0	>0	>0	>0

Da der Linearfaktor $x - 3$ das Vorzeichen an der Nullstelle 3 ändert, alle anderen Faktoren aber nicht, ändert sich das Vorzeichen der Funktionswerte an der Stelle 3.
Entsprechend erhalten wir für die Nullstelle 1:

	$(x + 3)^3$	$x - 3$	$(x - 1)^2$	$f(x) = (x + 3)^3 (x - 3)(x - 1)^2$
$0,5 < x < 1$	>0	<0	>0	<0
$1 < x < 1,5$	>0	<0	>0	<0

Alle Faktoren ändern ihr Vorzeichen an der Stelle 1 nicht, daher bleibt auch das Vorzeichen der Funktionswerte hier gleich.
Entsprechend erhalten wir für die Nullstelle -3:

	$(x + 3)^3$	$x - 3$	$(x - 1)^2$	$f(x) = (x + 3)^3 (x - 3)(x - 1)^2$
$-3,5 < x < -3$	<0	<0	>0	>0
$-3 < x < -2,5$	>0	<0	>0	<0

Der Vorzeichenwechsel des Faktors $(x + 3)^3$ an der Stelle -3 verursacht also den Wechsel der Vorzeichen der Funktionswerte an dieser Nullstelle.

Information

(1) Mehrfache Nullstelle

In der Linearfaktorzerlegung der Funktion f aus Aufgabe 2 kommen Linearfaktoren mehrfach vor:
$f(x) = (x + 3)^3 (x - 3)(x - 1)^2$
Da der Linearfaktor zur Nullstelle -3 dreifach vorkommt, heißt -3 als **dreifache Nullstelle**.
Entsprechend ist 3 eine **einfache Nullstelle** und 1 eine **doppelte Nullstelle**.

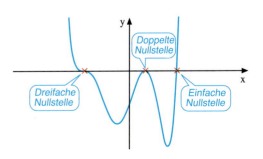

(2) Vorzeichenwechsel

Hat eine Funktion links und rechts von einer Nullstelle Funktionswerte mit verschiedenen Vorzeichen, so spricht man von einer *Nullstelle mit Vorzeichenwechsel*.

Sind die Vorzeichen der Funktionswerte auf beiden Seiten der Nullstelle gleich, so spricht man von einer *Nullstelle ohne Vorzeichenwechsel*.

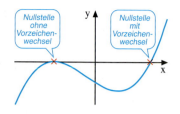

(3) Vorzeichenwechsel an mehrfachen Nullstellen

Einfache (dreifache, fünffache, …) Nullstellen sind Nullstellen mit Vorzeichenwechsel.
Doppelte (vierfache, sechsfache, …) Nullstellen sind Nullstellen ohne Vorzeichenwechsel.

Der Graph einer ganzrationalen Funktion f verläuft in der Nähe einer n-fachen Nullstelle prinzipiell so wie der Graph einer entsprechenden Potenzfunktion g mit $g(x) = k \cdot x^n$ in der Nähe der Stelle 0 mit geeignetem Streckfaktor k.

Einfache Nullstelle: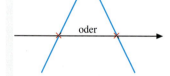

Doppelte Nullstelle: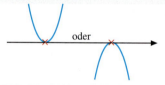

Dreifache Nullstelle: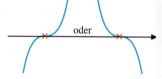

(4) Nullstellen durch Probieren finden – Nullstellensatz – Polynomdivision

In Aufgabe 2 und der anschließenden Information haben wir gelernt: Kennt man eine Nullstelle x_0 eines Polynoms $f(x)$, dann kann man den Linearfaktor $(x - x_0)$ abspalten, d.h. man kann den Funktionsterm von $f(x)$ schreiben in der Form $f(x) = (x - x_0) \cdot g(x)$, wobei $g(x)$ ein Polynom einen Grad hat, der um 1 niedriger ist als der von $f(x)$. Um dies praktisch umzusetzen, muss man also wissen:

- Wie findet man eine Nullstelle x_0 für $f(x)$?
- Wie bestimmt man $g(x)$?

Hilfreich für das Auffinden von Nullstellen ist der folgende Nullstellensatz:

Satz

Für eine ganzrationale Funktion f mit $f(x) = a_n x^n + a_{n-1} x^{n-1} + \ldots + a_2 x^2 + a_1 x + a_0$, deren Koeffizienten alle ganzzahlig sind, gilt:
Jede ganzzahlige Nullstelle von f ist ein Teiler des absoluten Gliedes a_0.

Wie man rechnerisch den Term eines Polynoms zerlegt, wenn man *eine* Nullstelle kennt, zeigt das *Beispiel:* Die Nullstellen der Funktion f mit $f(x) = 12x^3 - 23x^2 - 3x + 2$ sollen bestimmt werden.
1. *Schritt: Bestimmen einer Nullstelle durch Probieren*

Das absolute Glied hat die ganzzahligen Teiler $-2; -1; +1; +2$. Dies sind gemäß Nullstellensatz mögliche Nullstellen-Kandidaten:

$f(-2) = 12 \cdot (-2)^3 - 23 \cdot (-2)^2 - 3 \cdot (-2) + 2 = -180 \neq 0$
$f(-1) = 12 \cdot (-1)^3 - 23 \cdot (-1)^2 - 3 \cdot (-1) + 2 = -30 \neq 0$
$f(+1) = 12 \cdot 1^3 - 23 \cdot 1^2 - 3 \cdot 1 + 2 = -12 \neq 0$
$f(+2) = 12 \cdot 2^3 - 23 \cdot 2^2 - 3 \cdot 2 + 2 = 0$

2.4 Ganzrationale Funktionen

2. Schritt: *Abspalten eines Linearfaktors – Polynomdivision*

Nach dem Satz von Seite 132 lässt sich der Funktionsterm von f als Produkt des Linearfaktors x − 2 dieser Nullstelle und eines Polynoms g(x) schreiben:

$12x^3 - 23x^2 - 3x + 2 = (x - 2) \cdot g(x)$

Das Polynom g(x) können wir ermitteln, indem wir $12x^3 - 23x^2 - 3x + 2$ durch x − 2 dividieren. Das Verfahren zur Division erfolgt analog zur schriftlichen Division bei natürlichen Zahlen:

Polynomdivision

$$(12x^3 - 23x^2 - 3x + 2) : (x - 2) = 12x^2 + x - 1$$
$$\underline{-(12x^3 - 24x^2)} \quad \leftarrow \cdot (x-2)$$
$$ x^2 - 3x + 2$$
$$ \underline{-(x^2 - 2x)} \quad \leftarrow \cdot (x-2)$$
$$ -x + 2$$
$$ \underline{-(-x + 2)} \quad \leftarrow \cdot (x-2)$$
$$ 0$$

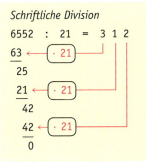

Schriftliche Division

Damit können wir den Funktionsterm f(x) als Produkt schreiben:

$f(x) = 12x^3 - 23x^2 - 3x + 2$
$ = (x - 2) \cdot (12x^2 + x - 1)$

3. Schritt: *Bestimmen der weiteren Nullstellen*

Die Gleichung f(x) = 0 kann man so schreiben:

$(x - 2) \cdot (12x^2 + x - 1) = 0$

$x - 2 = 0$ oder $12x^2 + x - 1 = 0$ *Lösung mithilfe quadratischer Ergänzung oder der Lösungsformel*

$x = 2$ oder $x^2 + \frac{1}{12}x - \frac{1}{12} = 0$

$x = 2$ oder $x = \frac{1}{4}$ oder $x = -\frac{1}{3}$

Die Nullstellen von f sind: $2;\ \frac{1}{4};\ -\frac{1}{3}$.

Der Funktionsterm von f kann damit vollständig in Linearfaktoren zerlegt werden:

$f(x) = (x - 2) \cdot 12 \cdot \left(x - \frac{1}{4}\right)\left(x + \frac{1}{3}\right)$
$ = 12 \cdot (x - 2)\left(x - \frac{1}{4}\right)\left(x + \frac{1}{3}\right)$

Übungsaufgaben **4**

a) Bestimmen Sie die Nullstellen der Funktion f_1 mit $f_1(x) = (2x - 3) \cdot (x + 2) \cdot (x^2 + 2)$.

b) Bestimmen Sie die Nullstellen des Graphen der Funktion f_2 mit $f_2(x) = x^3 - x^2 - 6x$.
Wie kann man mit diesem Ergebnis den Funktionsterm von f_2 als Produkt schreiben?

c) Ermitteln Sie anhand des Graphen die Nullstellen der Funktion f_3 mit $f_3(x) = x^3 + 3x^2 - 4x - 12$.
Stellen Sie den Funktionsterm von f_3 in Produktform dar und bestätigen Sie diese Zerlegung rechnerisch.

5 Bestimmen Sie alle Nullstellen der Funktion f.

a) $f(x) = (x - 3)(x + 2)(x - 5)$

b) $f(x) = x(x + 4)(x^2 + 3)$

c) $f(x) = (x - 1)^2(x + 5)$

d) $f(x) = (x + 2)^2(x - 3)^3(x^2 - 9)$

e) $f(x) = x^5 - 4x^3$

f) $f(x) = x^4 + 5x^3 - 6x^2$

6 Bestimmen Sie einen möglichen Funktionsterm.

a) 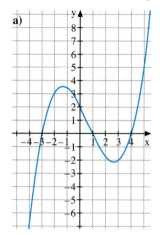 b) 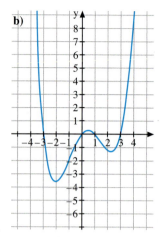 c)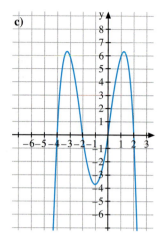

7 Ist $f(x) = (x - 4) \cdot (x - 1) \cdot (x + 2)$ der Funktionsterm zum Graphen rechts?

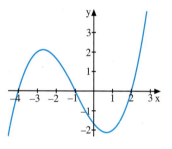

8 Eine ganzrationale Funktion 3. Grades hat die drei Nullstellen $x_1 = -3$, $x_2 = 1$ und $x_3 = 2$. Ihr Graph verläuft durch den Punkt $P(3|4)$.
Bestimmen Sie den Funktionsterm der Funktion.

9 Zerlegen Sie den Funktionsterm der Funktion f vollständig in Linearfaktoren.
a) $f(x) = 8x^2 + 2x - 3$
b) $f(x) = 6x^3 + 11x^2 - 10x$
c) $f(x) = \frac{1}{4}x^7 - \frac{13}{4}x^5 + 9x^3$

10 Bestimmen Sie alle Nullstellen der Funktion f. Geben Sie jeweils an, ob es sich um einfache, doppelte, dreifache usw. Nullstellen handelt. An welchen Nullstellen wechseln die Funktionswerte das Vorzeichen, an welchen bleibt es gleich?
a) $f(x) = \frac{3}{5} \cdot (2x - 1) \cdot (5 + 3x) \cdot (x - 3)^2$
b) $f(x) = (x - 4)^3 \cdot x^2 \cdot (x + 1)$
c) $f(x) = -3(x - 2)^5 (x + 2)^7$
d) $f(x) = \frac{1}{6}x^5 - 2x^4$
e) $f(x) = x^4 - 6x^3 + 9x^2$
f) $f(x) = (x + 3) \cdot (x^2 - 4x + 9)$

11 Geben Sie alle Nullstellen der ganzrationalen Funktion f an und notieren Sie jeweils, ob es sich um eine einfache oder mehrfache Nullstelle handelt. Skizzieren Sie damit einen ungefähren Verlauf des Graphen von f. Kontrollieren Sie mithilfe eines Funktionsplotters.
a) $f(x) = (x - 2) \cdot (x + 3)^2$
b) $f(x) = (x - 4)^3 \cdot x^2 \cdot (x + 5)$
c) $f(x) = (5 - 2x)(x + 1)^3$
d) $f(x) = x^4 + 3x^3 - 18x^2$
e) $f(x) = \frac{1}{4}x^5 - 2x^2$
f) $f(x) = (x^2 - 9) \cdot (x^2 - 6x + 15)$

12 Die Abbildung rechts zeigt den Graphen der Funktion f mit $f(x) = \frac{1}{8} \cdot (x + 3)^2 \cdot (x + 1) \cdot (x - 2)^2$. Wo müsste die y-Achse eingezeichnet werden?

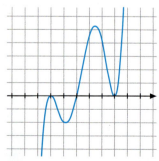

2.4 Ganzrationale Funktionen

13 Die Abbildung zeigt den Graphen der Funktion f mit
$f(x) = \frac{1}{1000}x^4 - \frac{23}{500}x^3 + \frac{321}{1000}x^2 + \frac{151}{250}x - \frac{123}{25}$
Sind in der Abbildung alle Nullstellen von f sichtbar?
Begründen Sie zuerst Ihre Antwort, ohne den Rechner zu benutzen.
Bestimmen Sie anschließend die Nullstellen von f.

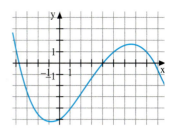

14 Eine ganzrationale Funktion 3. Grades hat die einfache Nullstelle −2 und die doppelte Nullstelle 3. Ist der Funktionsgraph rechts richtig wiedergegeben?

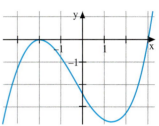

15 Geben Sie drei Beispiele für ganzrationale Funktionen an, die keine Nullstellen besitzen.

16 Führen Sie die Polynomdivision aus.

a) $(x^3 - 8x^2 + 22x - 21) : (x - 3)$
b) $(x^3 - 8x - 8) : (x + 2)$
c) $(x^4 - 1{,}5x^3 - x^2 + 5{,}5x - 6) : (x - 1{,}5)$
d) $(2x^4 - 5x^3 + 6x^2 - 9x + 2) : (x - 2)$
e) $(3x^5 - 1{,}5x^4 + 1{,}5x^3 + 0{,}5x^2 - 0{,}5x) : (x + 0{,}5)$
f) $(x^3 - 1) : (x - 1)$

17 Prüfen Sie für geeignete ganze Zahlen, ob sie Nullstellen der ganzrationalen Funktion f sind. Bestimmen Sie dann durch Polynomdivision die weiteren Nullstellen.

a) $f(x) = x^5 - x^4 - 5x^3 - 5x^2 + 4x + 6$
b) $f(x) = x^5 - 6x^4 + 4x^3 + 4x^2 + 3x + 10$
c) $f(x) = x^3 - 5x^2 + 2x + 8$
d) $f(x) = 2x^3 - 3x^2 - 23x + 12$
e) $f(x) = x^3 + 4x^2 - 13x + 10$
f) $f(x) = 4x^3 + 8x^2 - x - 2$
g) $f(x) = x^5 - x^3$
h) $f(x) = x^3 + 3x^2 + 2x$

18

> Gesucht: Nullstellen von $f(x) = x^3 - 2x^2 - 11x + 12$
> Probieren: $f(1) = 1 - 2 - 11 + 12 = 0$
> Polynomdivision: $(x^3 - 2x^2 - 11x + 12) : (x - 1) = x^2 - x - 10 + \frac{2}{x-1}$

Paul hat versucht, die Nullstellen einer Funktion zu bestimmen. Er ist nun ratlos, wie er weitermachen soll. Können Sie ihm helfen?

19 Benutzen Sie die Option der Software Graphix, um Funktionsterme zu geplotteten Graphen zu raten. Notieren Sie die Gründe, warum Sie auf den von Ihnen vermuteten Funktionsterm gekommen sind.

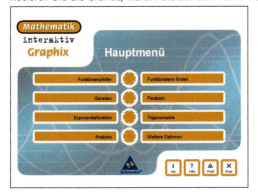
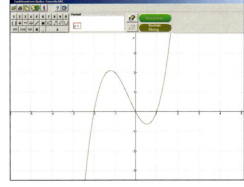

2.5 Gebrochenrationale Funktionen

2.5.1 Potenzfunktionen mit negativen ganzzahligen Exponenten

Aufgabe 1

a) Ein Quadrat mit dem Flächeninhalt 1 dm² soll in ein flächeninhaltsgleiches Rechteck verwandelt werden. Diese Aufgabe hat unendlich viele Lösungen, denn zu jeder Länge der einen Seite gehört eine ganz bestimmte Länge der anderen Seite.
Legen Sie für die Funktion *Länge der einen Seite (in dm)* → *Länge der anderen Seite (in dm)* eine Wertetabelle an. Erstellen Sie die Funktionsgleichung. Zeichnen Sie den Graphen.

b) (1) Verwenden Sie nun die gleiche Funktionsgleichung wie in Teilaufgabe a); wählen Sie aber die größtmögliche Definitionsmenge, d. h. auch negative Ausgangswerte sind möglich. Zeichnen Sie den Graphen.

(2) Zeichnen Sie ebenso den Graphen zu $y = x^{-2}$. Beschreiben und vergleichen Sie beide Graphen bezüglich Lage, Verlauf und Symmetrie.

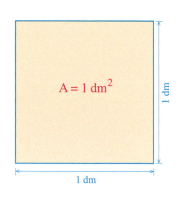

$\frac{1}{x^n} = x^{-n}$

Lösung

a) *Wertetabelle:*

Länge der einen Seite (in dm)	Länge der anderen Seite (in dm)
1	1
2	$\frac{1}{2}$
3	$\frac{1}{3}$
4	$\frac{1}{4}$
$\frac{1}{2}$	2
$\frac{1}{3}$	3
$\frac{1}{4}$	4

Funktionsgleichung:
$y = \frac{1}{x}$,
bzw. $y = x^{-1}$
mit $x > 0$, weil es nur positive Längen gibt.

Graph:

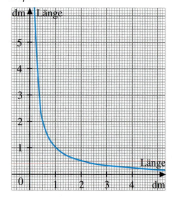

b) (1) Die Funktionsgleichung $y = \frac{1}{x} = x^{-1}$ ist für $x = 0$ nicht definiert. Daher ist die größtmögliche Definitionsmenge $\mathbb{R} \setminus \{0\}$.

Graph:

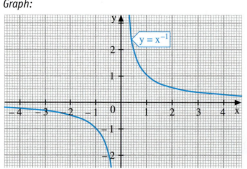

(2) Auch die Funktionsgleichung $y = x^{-2}$ hat als größtmögliche Definitionsmenge $\mathbb{R} \setminus \{0\}$.

Graph:

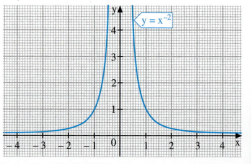

Division durch null ist nicht definiert.

Statt $\mathbb{R} \setminus \{0\}$ kann man auch $\mathbb{R}^*$ schreiben.

2.5 Gebrochenrationale Funktionen

Der Verlauf der Graphen der Funktionen mit $y = x^{-1}$ und $y = x^{-2}$ ergibt:
- Beide Graphen bestehen aus zwei Teilen und verlaufen durch den Punkt P(1|1). Für sehr große und für sehr kleine Werte von x schmiegen sich die Graphen immer mehr der x-Achse an, ohne dass sie die x-Achse schneiden. Je näher der Wert von x bei 0 liegt, umso größer ist der Betrag des Funktionswertes.
- Der Graph zu $y = x^{-1}$ ist punktsymmetrisch zum Ursprung O(0|0); der Graph zu $y = x^{-2}$ ist achsensymmetrisch zur y-Achse.
- Der Graph zu $y = x^{-1}$ fällt sowohl für $x < 0$ als auch für $x > 0$ von links nach rechts; der Graph zu $y = x^{-2}$ steigt für $x < 0$ von links nach rechts an und fällt für $x > 0$.
- Die beiden Teilgraphen von $y = x^{-2}$ sind linksgekrümmt, der Teilgraph von $y = x^{-1}$ für $x < 0$ ist rechtsgekrümmt, für $x > 0$ linksgekrümmt.

Weiterführende Aufgabe

2 Potenzfunktionen mit negativen ganzzahligen Exponenten – Graph, Wachstumseigenschaft

a) Zeichnen Sie die Graphen der Funktionen mit den Gleichungen
$y = x^{-1}$; $y = x^{-2}$; $y = x^{-3}$; $y = x^{-4}$; $y = x^{-5}$; $y = x^{-6}$. Vergleichen Sie die Graphen miteinander.

b) Wie ändert sich der Funktionswert der Funktionen mit $y = x^{-1}$; $y = x^{-2}$; $y = x^{-3}$, wenn man den x-Wert verdoppelt [verdreifacht; halbiert]?

Information

Der Graph zu $y = x^{-1}$ heißt auch **Hyperbel**.

(1) Definition einer Potenzfunktion mit negativen ganzzahligen Exponenten

Definition
Eine Funktion mit $y = x^n$ mit $x \in \mathbb{R}^*$ und $n \in \mathbb{Z}^*$ heißt **Potenzfunktion**.
Beispiele: $y = x^{-1}$; $y = x^{-2}$

(2) Grundtypen von Potenzfunktionen mit negativen Exponenten

(1) Gerader Exponent

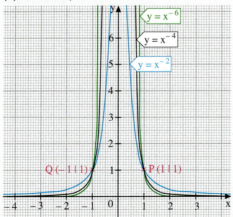

(2) Ungerader Exponent

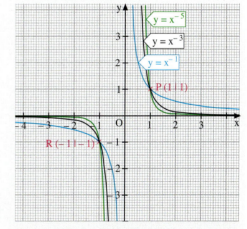

* an einer Menge bedeutet ohne die Null: $\mathbb{N}^* = \mathbb{N} \setminus \{0\}$.

Die Graphen der Potenzfunktionen mit $y = x^{-n}$ und geradem Exponenten $n \in \mathbb{N}^*$ sind *symmetrisch* zur y-Achse und haben die gemeinsamen Punkte P(1|1) und Q(−1|1).
Sie steigen für $x < 0$ an und fallen für $x > 0$. Beide Teilgraphen sind linksgekrümmt.

Die Graphen der Potenzfunktionen mit $y = x^{-n}$ und ungeradem Exponenten $n \in \mathbb{N}^*$ sind *symmetrisch* zum Ursprung O und haben die gemeinsamen Punkte P(1|1) und R(−1|−1).
Sowohl für $x < 0$ als auch für $x > 0$ fallen sie. Für $x < 0$ ist der Graph rechtsgekrümmt, für $x > 0$ linksgekrümmt.

Gemeinsame Eigenschaften der Potenzfunktionen mit negativen ganzzahligen Exponenten sind:
(1) Die Funktionen sind für x = 0 nicht definiert. Man sagt auch: Die Funktion hat an der Stelle 0 eine **Definitionslücke**. Die größtmögliche Definitionsmenge ist $\mathbb{R}^* = \mathbb{R}\setminus\{0\}$.
Die Graphen bestehen aus zwei Teilen.
(2) Die Graphen schmiegen sich den Koordinatenachsen an.

Übungsaufgaben

 3 Zeichnen Sie mithilfe eines Funktionenplotters für verschiedene n die Graphen von Potenzfunktionen mit $y = x^{-n}$ und $n \in \mathbb{N}^*$ in dasselbe Koordinatensystem. Nennen Sie gemeinsame Eigenschaften und Unterschiede.

4 Moritz hat den Graphen der Potenzfunktion zu $y = x^{-3}$ gezeichnet. Kontrollieren Sie.

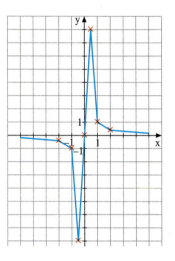

5 Füllen Sie die Lücken aus. Beachten Sie Symmetrieeigenschaften.

a)
x	x^{-1}
2,5	0,4
−0,8	−1,25
−2,5	
0,8	

b)
x	x^{-2}
0,25	16
1,25	0,64
−0,25	
−1,25	

c)
x	x^{-3}
0,1	1 000
1,25	0,512
−0,1	
−1,25	

6 Suchen Sie jeweils zu dem Graphen die passende Funktionsgleichung:

(1) $y = 3x^{-1}$ (3) $y = x^{-3} - 2$ (5) $y = 0,5 \cdot x^{-2}$ (7) $y = -2x^{-2}$
(2) $y = x^{-4} - 2$ (4) $y = 2x^{-2}$ (6) $y = 0,5 \cdot x^{-6}$ (8) $y = 0,5 \cdot x^{-3}$

a) 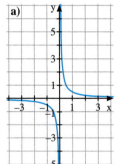   b) 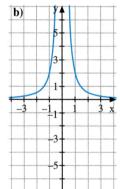   c) 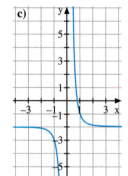   d)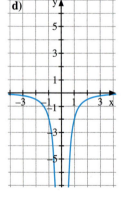

7 Stellen Sie sich die Graphen der Funktionen (1) $f(x) = 10 \cdot x^{-1}$, (2) $f(x) = -x^{-2}$, (3) $f(x) = x^{-7}$, (4) $f(x) = -2 \cdot x^{-1}$ vor. Welche erfüllen die folgenden Bedingungen?

a) Der Graph verläuft durch $P(1|1)$.
b) Der Graph verläuft durch $Q(-1|-1)$.
c) Der Graph ist symmetrisch zum Ursprung.
d) Der Graph ist symmetrisch zur y-Achse.
e) Der Graph schmiegt sich der x-Achse an.
f) Der Graph schmiegt sich der y-Achse an.

8 An welchen Stellen nimmt die Funktion den Wert 5 an?

a) $f(x) = x^{-2}$ b) $f(x) = 2 \cdot x^{-3}$ c) $f(x) = -5 \cdot x^{-4} + 6$ d) $f(x) = -3 \cdot x^{-8} + 5,001$

2.5.2 Eigenschaften gebrochenrationaler Funktionen

Auch die Graphen von Potenzfunktionen mit negativen ganzzahligen Exponenten können im Koordinatensystem verschoben oder gestreckt werden, außerdem kann man Summen von solchen Funktionen bilden. Die so entstandenen Funktionsgraphen gehören zur Klasse der gebrochenrationalen Funktionen.

Definition: Gebrochenrationale Funktion

Eine Funktion, deren Funktionsterm als Quotient $\frac{p(x)}{q(x)}$ von zwei ganzrationalen Funktionen $p(x)$ und $q(x)$ geschrieben werden kann, heißt **gebrochenrationale Funktion**.

In den Funktionsterm $f(x) = \frac{p(x)}{q(x)}$ einer gebrochenrationalen Funktion dürfen keine Zahlen $x \in \mathbb{R}$ eingesetzt werden, für welche die Nennerfunktion den Wert null annimmt. Die Funktion f hat an diesen Stellen eine Definitionslücke.

Aufgabe

1 Definitionslücken und Globalverlauf des Graphen bei gebrochenrationalen Funktionen

a) Untersuchen Sie, ob und ggf. wo die folgenden Funktionen Definitionslücken haben:

(1) $f_1(x) = \frac{1}{x^2 - 3x + 2}$ (2) $f_2(x) = \frac{1}{x^2 + 1}$ (3) $f_3(x) = \frac{x^2 - 1}{x + 1}$

b) Zeichnen Sie die Graphen der in a) angegebenen Funktionen mithilfe eines Funktionenplotters und beschreiben Sie jeweils den globalen Verlauf.

c) Bestimmen Sie Funktionswerte in der Nähe der Definitionslücken der in a) angegebenen Funktionen, um präzisere Aussagen über den Verlauf der Graphen machen zu können.

d) Bestimmen Sie Funktionswerte für $x \to -\infty$ bzw. $x \to +\infty$, um präzisere Aussagen über den Verlauf der Graphen machen zu können.

e) Untersuchen Sie die Graphen aus Teilaufgabe a) auf Symmetrieeigenschaften.

Lösung

a) (1) Die Funktion f_1 mit $f_1(x) = \frac{1}{x^2 - 3x + 2}$ hat Definitionslücken an den Stellen 1 und 2. Der Definitionsbereich ist daher: $D_{f_1} = \mathbb{R} \setminus \{1; 2\}$.

(2) Die Funktion f_2 mit $f_2(x) = \frac{1}{x^2 + 1}$ hat keine Definitionslücke, denn es gilt:
$x^2 + 1 > 0$ für alle $x \in \mathbb{R}$. Der Definitionsbereich ist daher: $D_{f_2} = \mathbb{R}$.

(3) Die Funktion f_3 mit $f_3(x) = \frac{x^2 - 1}{x + 1}$ hat eine Definitionslücke an der Stelle -1. Der Definitionsbereich ist daher: $D_{f_3} = \mathbb{R} \setminus \{-1\}$.

b) Über den Verlauf der Graphen kann man aus den Abbildungen folgendes ablesen:

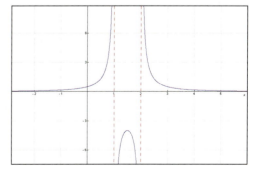

f_1: Bei dem Graphen von f_1 erkennt man drei Teilgraphen, die durch die Definitionslücken voneinander getrennt sind: Für $x \to -\infty$ schmiegt sich der Graph an die x-Achse, dann wächst er und, wenn man sich der Stelle $x = +1$ (von links) nähert, werden die Funktionswerte sehr groß ($f_1(x) \to +\infty$).
Im Intervall für $+1 < x < +2$ wächst der Graph bis zur Mitte des Intervalls und fällt dann wieder. Am linken und rechten Ende des Intervalls gehen die Funktionswerte gegen $-\infty$.

Im Intervall für $x > +2$ liegt ein fallender Verlauf vor; für $x \to +\infty$ schmiegt sich der Graph an die x-Achse; nähert man sich von rechts der Definitionslücke bei $x = +2$, dann werden die Funktionswerte sehr groß ($f_1(x) \to +\infty$).

f_2: Der Graph von f_2 schmiegt sich für kleine und große x-Werte an die x-Achse. Er wächst bis x = 0 und fällt dann wieder.

f_3: Der Graph von f_3 hat einen wachsenden Verlauf und sieht aus wie der Graph der linearen Funktion mit der Funktionsgleichung y = x − 1.

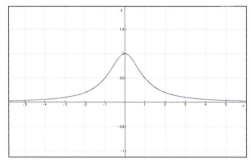
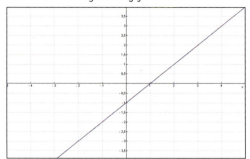

c) Die Wertetabellen des Funktionenplotters sowie weitere Untersuchungen mithilfe einer Tabellenkalkulation bestätigen den Eindruck aus Teilaufgabe b):

Der Graph von f_1 „springt" an der Stelle x = +1: Links von dieser Stelle werden die Funktionswerte unbeschränkt groß – sie gehen gegen $+\infty$; rechts von dieser Stelle werden negative, unbeschränkt kleine Werte angenommen – die Funktionswerte gehen gegen $-\infty$.

x	$f_1(x)$	x	$f_1(x)$	x	$f_1(x)$	x	$f_1(x)$
0,9	9,09	1,00001	−100001,00	1,9	−11,11	2,00001	99999,00
0,99	99,01	1,0001	−10001,00	1,99	−101,01	2,0001	9999,00
0,999	999,00	1,001	−1001,00	1,999	−1001,00	2,001	999,00
0,9999	9999,00	1,01	−101,01	1,9999	−10001,00	2,01	99,01
0,99999	99999,00	1,1	−11,11	1,99999	−100001,00	2,1	9,09

Für die Funktion f_3 stimmen die berechneten Funktionswerte überall mit denen der Funktion mit y = x − 1 überein. Dass dies der Fall ist, kann man wie folgt erklären: Gemäß 3. Binomischer Formel lässt sich der Funktionsterm umformen:

$$\frac{x^2 - 1}{x + 1} = \frac{(x - 1)(x + 1)}{x + 1} = x - 1 \text{ für } x \neq -1$$

Daher hat der Graph von f_3 an der Stelle x = -1 eine Definitionslücke, stimmt aber ansonsten vollständig mit dem Graphen der Funktion mit y = x − 1 überein. Nähert man sich der Definitionslücke, dann nähern sich die Funktionswerte dem Funktionswert y = −2.

x	$f_3(x)$	x	$f_3(x)$
−1,1	−2,100000	−0,99999	−1,999990
−1,01	−2,010000	−0,9999	−1,999900
−1,001	−2,001000	−0,999	−1,999000
−1,0001	−2,000100	−0,99	−1,990000
−1,00001	−2,000010	−0,9	−1,900000

d) An den Grenzen des Definitionsbereichs zeigen die Funktionswerte folgendes Verhalten:

Die Funktionswerte von $f_1(x)$ und $f_2(x)$ nähern sich für $x \to -\infty$ von oben dem Wert null; das Gleiche gilt für $x \to +\infty$.

Da der Graph von f_3 bis auf eine Stelle mit dem der linearen Funktion mit y = x − 1 übereinstimmt, zeigt sich der gleiche Verlauf wie bei dieser Funktion: Für $x \to -\infty$ gilt $f_3(x) \to -\infty$, für $x \to +\infty$ gilt $f_3(x) \to +\infty$.

x	$f_1(x)$	$f_2(x)$	$f_3(x)$
−100	0,000097068530	0,000099990001	−99
−1000	0,000000997007	0,000000999999	−999
−10000	0,000000009997	0,000000010000	−9999
−100000	0,000000000100	0,000000000100	−99999
−1000000	0,000000000001	0,000000000001	−999999
100	0,000103071532	0,000099990001	101
1000	0,000001003007	0,000000999999	1001
10000	0,000000010003	0,000000010000	10001
100000	0,000000000100	0,000000000100	100001
1000000	0,000000000001	0,000000000001	1000001

2.5 Gebrochenrationale Funktionen

e) Wir vermuten, dass der Graph von f_1 symmetrisch zur Parallelen zur y-Achse mit x = 1,5 ist, d. h. verschiebt man den Graph um 1,5 Einheiten nach links, dann müsste der verschobene Graph – wir bezeichnen dessen Funktionsterm als g(x) – symmetrisch zur y-Achse sein. Wenn dann für alle x aus der Definitionsmenge gilt: g(x) = g(–x), dann haben wir die Achsensymmetrie der ursprünglichen Funktion f_1 gezeigt.

$$g(x) = f_1(x + 1{,}5) = \frac{1}{(x + 1{,}5)^2 - 3(x + 1{,}5) + 2} = \frac{1}{x^2 + 3x + 2{,}25 - 3x - 4{,}5 + 2} = \frac{1}{x^2 - 0{,}25}$$

Für den Graphen von g(x) und beliebiges $x \in \mathbb{R} \setminus \{-0{,}5; +0{,}5\}$ gilt dann:

$$g(-x) = \frac{1}{(-x)^2 - 0{,}25} = \frac{1}{x^2 - 0{,}25} = g(x),$$

Damit ist die Achsensymmetrie des verschobenen Graphen zur y-Achse und so die des ursprünglichen Graphen zu x = 1,5 (Parallele zur y-Achse) gezeigt.

(2) Analog zeigen wir die Achsensymmetrie des Graphen von f_2 zur y-Achse:

Für beliebiges $x \in \mathbb{R}$ gilt: $f_2(-x) = \frac{1}{(-x)^2 + 1} = \frac{1}{x^2 + 1} = f_2(x)$

(3) Da die Graphen von linearen Funktionen punktsymmetrisch zu jedem Punkt des Graphen sind, muss der in einem Punkt unterbrochene Graph von f_3 punktsymmetrisch zu der Lücke im Graphen sein, also zum Punkt (–1 | –2).

Information

(1) Verhalten an den Definitonslücken

Das Verhalten gebrochenrationaler Funktionen in der Nähe der Definitionslücken kann unterschiedlich sein:
(1) Schmiegt sich der Graph bei Annäherung an eine Definitionslücke immer mehr einer Parallelen zur y-Achse an, so nennt man diese Stelle einen **Pol** und die Parallele zur y-Achse durch den Pol bezeichnet man als **Polgerade** oder senkrechte Asymptote. Streben die Funktionswerte bei Annäherung an den Pol von der einen Seite gegen –∞ und von der anderen Seite gegen +∞, so spricht man von einem **Pol mit Vorzeichenwechsel** (Kurz: VZW). Streben die Funktionswerte bei Annäherung von beiden Seiten zugleich gegen +∞ (oder gegen –∞), so spricht man von einem **Polstelle ohne VZW**. Der Graph wird durch die Polgeraden in verschiedenen **Äste** unterteilt.

Beispiele:

limes (lat.): Grenzwert

$f_1(x) = \frac{1}{x^2 - 3x + 2}$ hat an den Stellen x = 1 und x = 2 jeweils einen Pol mit VZW.

Schreibweise: $\lim\limits_{x \to +1} f(x) = +\infty$ für x < +1

(lies: f(x) strebt gegen +∞, wenn x von links gegen +1 geht)

und $\lim\limits_{x \to +1} f(x) = -\infty$ für x > +1 (x von rechts gegen +1)

$f_4(x) = \frac{1}{x^2}$ hat an der Stelle x = 0 einen Pol ohne VZW (Abb. rechts).

(2) Der Graph hat wie im Beispiel der Funktion $f_3(x) = \frac{x^2 - 1}{x + 1}$ zwar eine Definitionslücke (oder mehrere); er stimmt aber bis auf die eine Stelle (oder mehrere Stellen) mit dem (durchgehenden Graphen einer

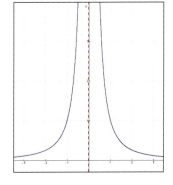

anderen Funktion überein. Dann kann man die Definitionslücke schließen und den fehlenden Punkt ergänzen. Man spricht daher in diesem Fall von einer **hebbaren Definitionslücke**.

(2) Verhalten für x → –∞ oder x → +∞

Die in Aufgabe 1 betrachteten Funktionsgraphen von $f_1(x)$ und $f_2(x)$ schmiegen sich für x → –∞ und für x → +∞ an die x-Achse. Man sagt, dass die x-Achse eine **Asymptote** (Näherungsgerade) für die Graphen von $f_1(x)$ und $f_2(x)$ darstellt.

$\lim\limits_{x \to -\infty} f(x) = 0$ bzw. $\lim\limits_{x \to +\infty} f(x) = 0$ von x gegen –∞ bzw. +∞ ist gleich null.

In Aufgabe 2 werden wir weitere Beispiele von Asymptoten kennenlernen.

Aufgabe

2 Bestimmung von Asymptoten

Untersuchen Sie Eigenschaften der folgenden gebrochenrationalen Funktionen:
Art der Definitionslücken, Verhalten für betraglich große x-Werte, und bestimmen Sie jeweils Näherungsfunktionen für betraglich große x-Werte.

(1) $f_1(x) = \frac{3 - 2x}{x}$ (2) $f_2(x) = \frac{x^2 + 1}{x + 2}$ (3) $f_3(x) = \frac{x^2 - 2x - 3}{x^2 + 1}$

Lösung

(1) Der Graph hat an der Stelle x = 0 eine Definitionslücke, und zwar einen Pol mit Vorzeichenwechsel. Für x → -∞ und für x → +∞ kann man den Graphen kaum von der Parallelen zur x-Achse mit der Gleichung y = -2 unterscheiden, wie man auch erkennt, wenn man beim Funktionenplotter einen größeren Ausschnitt wählt und die Gerade einzeichnet. Man kann den Funktionsterm umformen in:

$f_1(x) = \frac{3}{x} - 2 = -2 + \frac{3}{x}$

und ablesen:

$\lim_{x \to -\infty} f(x) = -2 + 0 = -2$ und $\lim_{x \to +\infty} f(x) = -2 + 0 = -2$

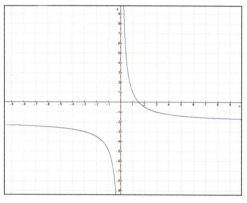 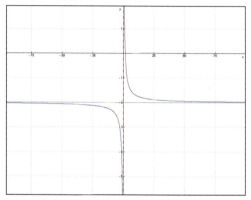

(2) Der Graph hat an der Stelle x = -2 eine Definitionslücke, und zwar einen Pol mit Vorzeichenwechsel. Für x → -∞ und für x → +∞ kann man den Graphen kaum von der Geraden mit der Gleichung y = x - 2 unterscheiden, wie man auch erkennt, wenn man beim Funktionenplotter einen größeren Ausschnitt wählt und die Gerade einzeichnet.

Man kann den Funktionsterm mithilfe einer Termdivision umformen in:

$f_2(x) = \frac{x^2 + 1}{x + 2} = x - 2 + \frac{5}{x + 2}$

Für x → -∞ und für x → +∞ schmiegt sich der Graph von $f_2(x) = x - 2 - \frac{5}{x + 2}$ an den Graphen von

a(x) = x - 2 an, der Asymptotenfunktion.

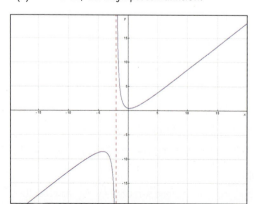 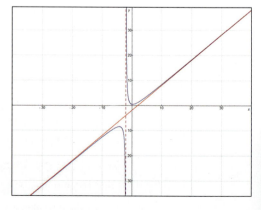

2.5 Gebrochenrationale Funktionen

(3) Der Graph von $f_3(x)$ hat keine Definitionslücke. Für $x \to -\infty$ und für $x \to +\infty$ kann man den Graphen kaum von der Parallelen zur x-Achse mit der Gleichung $y = +1$ unterscheiden, wie man auch erkennt, wenn man beim Funktionenplotter einen größeren Ausschnitt wählt und die Gerade einzeichnet.

Man kann den Funktionsterm mithilfe einer Termdivision umformen in:

$f_3(x) = \dfrac{x^2 - 2x - 3}{x^2 + 1} = 1 - \dfrac{2x + 4}{x^2 + 1}$

Für betraglich große x unterscheidet sich der Graph von $f_3(x) = 1 - \dfrac{2x+4}{x^2+1}$ kaum mehr von dem Graphen von $a(x) = +1$, der Asymptotenfunktion.

Denn:

$\lim\limits_{x \to -\infty} f_3(x) = +1 + 0 = +1$ und $\lim\limits_{x \to +\infty} f_3(x) = +1 + 0 = +1$

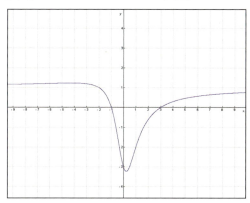
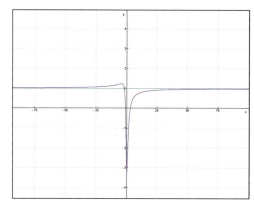

Weiterführende Aufgabe

3 Zeigen Sie, dass der Graph der Funktion f mit $f(x) = \dfrac{x^3 + 1}{x}$ für $x \to -\infty$ und für $x \to +\infty$ durch eine Normalparabel ($y = x^2$) angenähert werden kann.

Information

Bestimmen einer Näherungsfunktion mithilfe einer Polynomdivision

Bei vielen gebrochenrationalen Funktionen kann man für $x \to +\infty$ eine Näherungsfunktion angeben; der Funktionsterm dieser Näherungsfunktion wird durch eine Termdivision ermittelt. Dies setzt aber voraus, dass der Grad des Polynoms im Zähler des Funktionsterms mindestens so groß ist wie der Grad des Polynoms im Nenner.

Beispiel aus Aufgabe 2 (2): Division von $(x^2 + 1) : (x + 2)$

Das Verfahren verläuft analog zu dem von Seite 132 – hier geht allerdings die Polynomdivision nicht auf, d. h. es bleibt ein Rest.

$\begin{array}{l} (x^2 + 0x + 1) : (x + 2) = x - 2 \\ -\ \underline{(x^2 + 2x)} \\ \qquad -2x + 1 \\ -\ \underline{(-2x - 4)} \\ \qquad\qquad +5 \end{array}$

Eine Fortsetzung der Polynomdivision ist nicht möglich, denn der jetzt erhaltene Restterm ist eine Zahl, also ein Polynom, dessen Grad kleiner ist als der Divisor $(x + 2)$.

Daher erhält man abschließend die andere Darstellung des gegebenen Funktionsterms:

$f_2(x) = \dfrac{x^2 + 1}{x + 2} = x - 2 + \dfrac{5}{x + 2}$

Übungsaufgaben **4** Skizzieren Sie die Graphen der folgenden Funktionen möglichst ohne eine Wertetabelle anzulegen. Erläutern Sie, wie Sie zu Ihren Skizzen gekommen sind.

(1) $f_1(x) = \frac{1}{x-1}$ (3) $f_3(x) = \frac{1}{(x+2)^2}$ (5) $f_5(x) = \frac{1}{x-1} + \frac{1}{x-3}$

(2) $f_2(x) = \frac{1}{x+2} + 1$ (4) $f_4(x) = \frac{2}{(x-2)^2} + 1$ (6) $f_6(x) = \frac{1}{x-1} - \frac{1}{x-3}$

5 Geben Sie jeweils die Definitionslücke der Funktion an und prüfen Sie, ob es sich um eine hebbare Lücke oder um einen Pol mit oder ohne Vorzeichenwechsel handelt.

a) $f(x) = \frac{x}{x+1}$ c) $f(x) = \frac{x^2-4}{x-2}$ e) $f(x) = \frac{x^3+x}{x^2}$ g) $f(x) = \frac{x^2+2x}{x+2}$

b) $f(x) = \frac{x^2+1}{x-1}$ d) $f(x) = \frac{x^3+x}{x}$ f) $f(x) = \frac{x^2-6x+9}{x-3}$ h) $f(x) = \frac{x}{x^2-4x-4}$

6 Geben Sie einen möglichen Funktionsterm für f an. Prüfen Sie Ihre Lösung mittels eines Funktionenplotters.

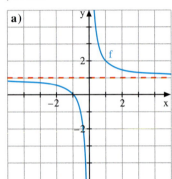
a)

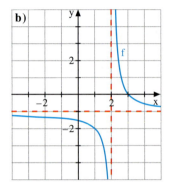
b)

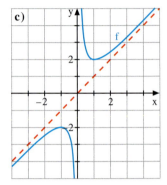
c)

7 Geben Sie eine gebrochenrationale Funktion mit den angegebenen Eigenschaften an.

a) Die Funktion hat an der Stelle 3 einen Pol ohne Vorzeichenwechsel und die Gerade zu y = 2 ist Asymptote.

b) An der Stelle 0 ist ein Pol mit Vorzeichenwechsel und die Gerade zu y = −x + 1 ist Asymptote.

c) Die Gerade zu y = 2x ist Asymptote und an der Stelle −1 ist ein Pol ohne Vorzeichenwechsel.

d) Die Gerade zu y = −x ist Asymptote und der Funktionsgraph hat *keinen* Pol.

8 Skizzieren Sie den Graphen der Funktion f unter Berücksichtigung der Polstellen und Asymptoten. Berücksichtigen Sie gegebenenfalls auch die Nullstellen.

a) $f(x) = \frac{2}{x-3}$ c) $f(x) = \frac{3x+2}{x}$ e) $f(x) = \frac{x^3-1}{x^2}$

b) $f(x) = \frac{1}{(x-1)^2}$ d) $f(x) = \frac{x+2}{x+1}$ f) $f(x) = \frac{1}{(x-2)^2+1}$

9 Zerlegen Sie durch Polynomdivision.

a) $\frac{2x^2+6x+1}{x+3}$ b) $\frac{x^3-4x^2+4x+1}{x-1}$ c) $\frac{2x^3-4x^2+2x-7}{x^2+1}$ d) $\frac{2x^3+3x^2-5x+1}{x^2+x+2}$

10 Bestimmen Sie die Asymptote von f.

a) $f(x) = \frac{x}{x^2-1}$ b) $f(x) = \frac{x^2}{x^2+2x}$ c) $f(x) = \frac{x^2+3}{x+1}$ d) $f(x) = \frac{x^2-4x+5}{x-2}$

2.5.3 Rationale Funktionen in technischen Anwendungen

Lineare Funktionen

1 Ein Tankwagen für Flüssiggas wird vollständig leer gepumpt. Nach 7 Minuten enthält er noch 32,5 m³ Gas, nach weiteren 6 Minuten 17,5 m³.

a) Wie viel m³ Flüssiggas war ursprünglich im Tankwagen, wie viel m³ Flüssiggas befindet sich nach 17 Minuten noch im Tankwagen?

b) Nach wie viel Minuten ist der Tankwagen leer gepumpt?

2 Ein Heißluftballon startet an einem bestimmten Ort bei einer Temperatur T = 18 °C. In 5 Minuten steigt er um 100 Meter. Je höher er steigt, desto niedriger wird die Temperatur. Diese fällt (näherungsweise) linear um 1° pro 100 Höhenmeter.

Geben Sie eine Gleichung für die Funktion *Fahrzeit → Temperatur* an.

3 Ein 60 cm hohes Planschbecken wird gleichmäßig mit Wasser gefüllt. Nach 5 Minuten steht das Wasser 17 cm hoch, nach weiteren 3 Minuten 24,5 cm.

a) War das Planschbecken zu Beginn des Füllvorgangs leer?

b) Bestimmen Sie den Wasserstand nach 15 Minuten. Wie lange dauert es, bis das Becken gefüllt ist?

4 Zwei Züge fahren mit konstanter Geschwindigkeit von Bahnhof A nach Bahnhof B. Der zweite Zug fährt eine halbe Stunde nach dem ersten los. Die Geschwindigkeit von Zug 1 beträgt 80 $\frac{km}{h}$, von Zug 2 fährt 100 $\frac{km}{h}$.

a) Bestimmen Sie jeweils die Funktionsgleichung s(t) und zeichnen Sie beide in ein gemeinsames Koordinatensystem.

b) Zu welchem Zeitpunkt überholt der zweite Zug den ersten?

c) Welche Strecke haben die Züge zurückgelegt, wenn der Überholvorgang stattfindet?

ohmsches Gesetz

Die Stromstärke I in einem elektrischen Leiter und die Spannung U zwischen den Enden des Leiters sind zueinander (direkt) proportional

U = R · I

5 Für einen elektrischen Leiter gilt das ohmsche Gesetz U = R · I.

a) Bestimmen Sie den ohmschen Widerstand R des elektrischen Leiters, für den die Messdaten rechts vorliegen.

U (in V)	2	4	6	8
I (in A)	0,125	0,25	0,375	0,5

b) Bestimmen Sie die Regressionsgerade zu der Messreihe rechts und berechnen hieraus den ohmschen Widerstand R des elektrischen Leiters.

U (in V)	3	4,5	6	7,5
I (in A)	0,11	0,17	0,24	0,30

c) Zeichnen Sie jeweils den Graphen der Funktion I mit I(U) = $\frac{1}{R}$ · U für R_1 = 10 Ω, R_2 = 20 Ω, R_3 = 40 Ω in *ein* Koordinatensystem. Die Graphen heißen Strom-Spannungs-Kennlinie bzw. I-U-Diagramm eines Leiters.

d) Ergänzen Sie den Merksatz zur Steigung der Kennlinien:
Je größer der Widerstand eines ohmschen Leiters, desto ... die Kennlinie.

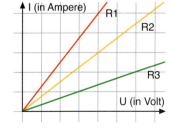

6 Für einen Pkw mit Dieselmotor rechnet man jährliche Fixkosten (Abschreibung, Wartung usw.) von 5 000 €. Die Treibstoffkosten pro Liter werden bei einem Verbrauch von 6,5 Litern auf 100 km mit 1,15 € angenommen. Bei einem Pkw mit einem Benzinmotor betragen die jährlichen Fixkosten 4 500 €. Angenommen wird ein Verbrauch von 9,5 Litern auf 100 km und ein Durchschnittspreis pro Liter von 1,35 €.

a) Bestimmen Sie jeweils die Gleichung der Kostenfunktion und zeichnen Sie deren Graphen.
b) Bei welcher Kilometerleistung sind die Kosten gleich?
c) Wie hoch sind die Kosten beider Fahrzeuge bei einer jährlichen Fahrleistung von 20 000 km?

Quadratische Funktionen

7 Eine Feder mit der Federkonstanten D wird aus der entspannten Lage um die Länge s gedehnt. Für die Spannenergie E gilt: $E(s) = \frac{1}{2} D s^2$.

Zeichnen Sie die Graphen der Funktion E für $D = 4\,\frac{N}{cm}$; $D = 6\,\frac{N}{cm}$ und $D = 10\,\frac{N}{cm}$ in ein Koordinatensystem.

8 Bei einer gleichmäßig beschleunigten Bewegung gilt für den zurückgelegten Weg s:
$s(t) = \frac{1}{2} a t^2 + v_0 t$,
wobei a die konstante Beschleunigung, v_0 die Anfangsgeschwindigkeit und t die Zeit ist.

a) Ein Formel-1-Rennwagen startet mit einer Beschleunigung $a = 6\,\frac{m}{s^2}$.
Bestimmen Sie den Funktionsterm $s(t)$.
Skizzieren Sie den Graphen für $0 < t < 10$

b) Ein Formel-1-Rennwagen kommt mit einer Geschwindigkeit von $25\,\frac{m}{s}$ aus der Kurve und beschleunigt mit $4\,\frac{m}{s^2}$ auf der Geraden.
Bestimmen Sie den Funktionsterm $s(t)$.
Skizzieren Sie den Graphen für $0 < t < 10$.

9 Eine Toreinfahrt hat eine Parabel-Form, die sich in einem geeigneten Koordinatensystem mit $f(x) = -0{,}4 x^2 + 2{,}4 x$ (x in Meter) beschreiben lässt.
Passt ein Lkw mit einer Breite von 2,80 m und einer Höhe von 3 m durch die Toreinfahrt?

10 Die Flugbahn eines Fußballes ist parabelförmig. Nach einem Meter hat der Ball eine Höhe von 1,10 m erreicht und nach 2 Metern eine Höhe von 2 m. Das Tor ist 8,75 m entfernt und hat eine Höhe von 2,44 m. Trifft der Ball das Tor?

11 Die Masten einer Stromleitung sind 100 m voneinander entfernt. Das Kabel ist an den Masten jeweils in einer Höhe von 20 m befestigt und hängt 3 m durch. Die Kurve lässt sich näherungsweise mithilfe einer quadratischen Funktion modellieren. Der Bagger eines Braunkohle-Tagebaus muss die Stromleitung passieren. Der Bagger ist 6 m breit und 17,5 m hoch. Der vertikale Sicherheitsabstand zum Kabel beträgt 1 m.
Wie weit muss der Bagger beim Passieren der Stromleitung vom Mast entfernt sein, so dass keine Gefahr für das Stromkabel besteht?

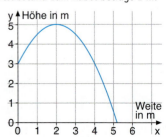

12 Jemand steht auf einer Mauer und wirft einen Ball in einer Höhe von 3 Metern schräg ab. Die parabelförmige Flugbahn erreicht 2 m von der Mauer entfernt mit 5 m Höhe ihren höchsten Punkt.
In welcher Entfernung von der Mauer trifft der Ball auf?

13 Eine Stahlseilbrücke hat eine Spannweite von 200 m. Die Brückenpfeiler (Pylone) sind jeweils 20 m hoch. In der Mitte hängt das Stahlseil bis auf eine Höhe von 3 m durch.

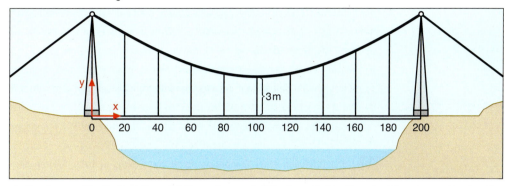

a) Bestimmen Sie die Funktionsgleichung der parabelförmigen Stahlseilkonstruktion. Legen Sie den Koordinatenursprung an den Fuß des linken Pfeilers.

b) Berechnen Sie die Einzellängen der vertikalen Seile für folgende Abstände vom linken Pfeiler: 20 m, 40 m, 60 m, 80 m und 100 m.

c) Bestimmen Sie die Gesamtlänge der vertikalen Seile.

14 Eine parabelförmige Bogenbrücke über eine Schlucht wird näherungsweise beschrieben durch die Funktion f mit der Gleichung

$f(x) = -\frac{1}{500}x^2 + x - 10$.

Die Fahrbahn für Pkw und die Schienen für die Bahn liegen übereinander. Der Ursprung des Koordinatensystems liegt auf der Straßenebene über dem Tunneleingang.

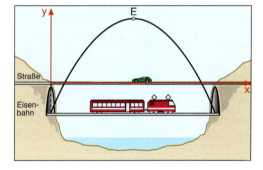

a) Berechnen Sie den höchsten Punkt E der Brücke.

b) Berechnen Sie die Straßenlänge unter dem Bogen.

c) Berechnen Sie die Gleislänge unter dem Bogen.

15 Bewegt sich im Vakuum ein Elektron gleichförmig in das elektrische Feld eines Kondensators hinein, dann wirkt eine konstante elektrische Kraft senkrecht zu seiner Flugrichtung. Diese bewirkt eine gleichförmige Beschleunigung in Richtung der y-Achse. Die Überlagerung der beiden Bewegungen hat zur Folge, dass sich das Elektron – wie beim horizontalen Wurf – auf einer Parabelbahn bewegt.

Die Abbildung rechts zeigt die Bahn eines Elektrons im elektrischen Feld eines Plattenkondensators, dessen untere Platte positiv geladen ist. Die angelegte Spannung beträgt U = 50 V. Der Abstand der Platten ist d = 0,04 m. Das geladene Teilchen tritt mit einer Horizontal-Geschwindigkeit $v_x = 5 \cdot 10^6 \frac{m}{s}$ in das Feld zwischen den Kondensatorplatten ein.

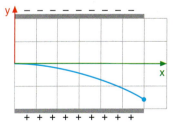

Die konstante elektrische Kraft $F_{el} = e \cdot \frac{U}{d}$ bewirkt die konstante Beschleunigung $a = \frac{e}{m} \cdot \frac{U}{d}$, wobei für die spezifische Ladung eines Elektrons gilt: $\frac{e}{m} \approx 1{,}76 \cdot 10^{11} \frac{C}{kg}$.

Für die in y-Richtung zurückgelegte Wegstrecke s gilt:

$s(t) = \frac{1}{2}at^2$, also $s(x) = \frac{1}{2} \cdot \frac{e}{m} \cdot \frac{U}{d} \cdot \frac{x^2}{v_x^2} = \frac{U}{2dv_x^2} \cdot \frac{e}{m} \cdot x^2$.

Skizzieren Sie den Graphen der Funktion s für 0 ≤ x ≤ 0,06 (m), also für den Bereich zwischen den Kondensatorplatten.

Ganzrationale Funktionen

16 In einem Becken wird Regenwasser aufgefangen. Der Wasserstand H (in Meter) schwankt im Laufe des Jahres. Er lässt sich näherungsweise durch die Funktion H beschreiben mit
$H(t) = 0{,}1\,t^3 - 1{,}05\,t^2 + 3\,t + 4$, wobei t die Zeit in Monaten seit Beobachtungsbeginn angibt.
a) Wie hoch stand das Wasser im Becken zu Beobachtungsbeginn?
b) Bestimmen Sie den Wasserstand nach 1 Monat, nach 3 Monaten, nach 6 Monaten.
c) Skizzieren Sie den Verlauf des Wasserstandes über einen Zeitraum von 8 Monaten.
d) Der Wasserstand steigt zunächst an. Untersuchen Sie mithilfe einer Wertetabelle: Wann hat er seinen vorläufigen Höhepunkt erreicht? Wann ist die Abnahme der Wassermenge im Becken am größten?

17 Die Infektion eines Computers durch einen Virus und das Greifen der Antivirensoftware lässt sich durch die Funktion f mit $f(x) = 0{,}6\,x^3 - 12\,x^2 + 60\,x$ beschreiben. Dabei ist x die Anzahl der Zeiteinheiten seit dem ersten Auftreten von infizierten Dateien und f(x) die Anzahl der infizierten Dateien in Prozent.
a) Berechnen Sie die Anzahl der infizierten Dateien in Prozent nach 3, 4 und 7 Zeiteinheiten.
b) Nach wie viel Zeiteinheiten ist der Computer virenfrei?

18 Die Übertragungsraten für Daten schwanken während des Tages. In Abhängigkeit von der Uhrzeit lassen sie sich durch die Funktion f mit $f(x) = 0{,}005\,x^3 - 0{,}195\,x^2 + 1{,}8\,x + 10$ beschreiben. Dabei gibt f(6) die Übertragungsrate um 6 Uhr an.
a) Bestimmen Sie die Übertragungsrate um 6 Uhr, um 15 Uhr und um 20 Uhr.
b) Skizzieren Sie den Verlauf der Übertragungsrate für einen Tag.
c) Sie möchten eine umfangreiche Datei herunterladen. Bestimmen Sie mithilfe des Graphen der Funktion f den günstigsten Zeitpunkt hierfür. Welche Übertragungsrate hätten Sie dann?

19 Die Anzahl der Besucher einer Internetseite lässt sich in Abhängigkeit von der Uhrzeit x durch die Funktion f mit $f(x) = -\frac{1}{3}x^3 + 12x^2 - 80x + 200$ für $0 < x < 24$ beschreiben.
a) Bestimmen Sie die Anzahl der Besucher um 8 Uhr, um 15 Uhr und um 22 Uhr.
b) Skizzieren Sie den zeitlichen Verlauf der Besucheranzahl.
c) Bestimmen Sie mithilfe des Graphen der Funktion f die Uhrzeiten, zu denen die meisten und die wenigsten Besucher auf der Internetseite sind.

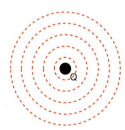

20 Für das elektrostatische Feld in der Umgebung einer Punktladung gilt:
Punkte gleichen Potentials liegen auf konzentrischen Kreisen um die Punktladung (Äquipotentiallinien). Das Potential Φ in einem Punkt des elektrischen Feldes ist umgekehrt proportional zum Abstand r des Punktes zur Punktladung Q, also gilt
$\Phi(r) = \frac{Q}{4\pi\varepsilon_0} \cdot \frac{1}{r}$ mit $\varepsilon_0 = 8{,}854 \cdot 10^{-12}\,\frac{As}{Vm}$ (Dielektrizitätskonstante des leeren Raumes).
a) Beschreiben Sie anhand der Gleichung, wie sich das Potential bei zunehmendem Abstand von der Punktladung verändert.
b) Skizzieren Sie den funktionalen Zusammenhang zwischen Φ und r.
c) Berechnen Sie das Potential Φ für eine Punktladung $Q = 1 \cdot 10^{-9}$ As im Abstand von $r_1 = 1$ m, $r_2 = 2$ m, $r_3 = 5$ m, $r_4 = 10$ m und $r_5 = 100$ m.
d) Berechnen Sie mit den Abständen aus Teilaufgabe c) die Spannung $U_{12} = \Phi(r_1) - \Phi(r_2)$ zwischen zwei Punkten des elektrostatischen Feldes im Abstand r_1 und r_2.
Geben Sie einen Term an für $U_1(r) = \Phi(r_1) - \Phi(r)$ und skizzieren Sie den Graphen dieser Funktion. Beschreiben Sie mit Worten, was durch den Graphen dargestellt wird.

21 Die Abbildung zeigt, wie von einem Gegenstand mithilfe einer Sammellinse ein reelles Bild erzeugt wird.

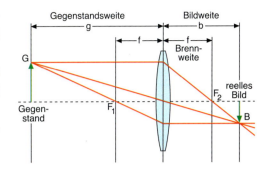

Für die Größe G des Gegenstandes und die Größe B des Bildes gilt das Abbildungsgesetz: $\frac{B}{G} = \frac{b}{g}$, wobei g die Gegenstandsweite und b die Bildweite b.

Für die Brennweite f, die Bildweite b und die Gegenstandsweite g gilt die **Linsengleichung**:
$\frac{1}{f} = \frac{1}{b} + \frac{1}{g}$

a) Vor einer Sammellinse mit f = 4 cm befindet sich ein Gegenstand mit G = 2 cm.
Wo befindet sich das Bild bei einer Gegenstandsweite g = 8 cm [6 cm; 4 cm; 2 cm]?
Wie groß ist dann das Bild? Fertigen Sie eine maßstäbliche Zeichnung an.

b) Ein Teleobjektiv hat eine Brennweite f = 300 mm.
Wie groß ist das Bild B für die in Teilaufgabe a) gegebenen Gegenstandsweiten g?

c) Gegeben ist die (feste) Brennweite f einer Sammellinse; die Gegenstandsweite g ist variabel.
Geben Sie einen Funktionsterm für die Bildweite b an.
Skizzieren Sie für f = 10 cm den Graphen der Funktion b in Abhängigkeit von der variablen Gegenstandsweite g.

d) Gegeben ist die (feste) Brennweite f einer Sammellinse sowie die Gegenstandsgröße G. Bestimmen Sie einen Funktionsterm für die Bildgröße B in Abhängigkeit von der variablen Gegenstandsweite g.

22 Die Anzahl der pro Stunde an einer Zählstelle vorbeifahrenden Fahrzeuge wird auch als Verkehrsdichte D bezeichnet. Diese hängt von der Geschwindigkeit v $\left(\text{in } \frac{km}{h}\right)$ der Fahrzeuge und deren Sicherheitsabstand s(v) sowie auch von der Fahrzeuglänge L ab.

Für die folgende Modellierung sei vereinfachend angenommen, dass alle Fahrzeuge mit der gleichen Geschwindigkeit v fahren, untereinander den gleichen Sicherheitsabstand s halten und auch dieselbe Fahrzeuglänge L haben.

Der Sicherheitsabstand s berechnet sich aus dem Reaktionsweg und dem Bremsweg.

- Der Reaktionsweg ist die Strecke, die das Fahrzeug zurücklegt, bis der Fahrer die Bremsen betätigt (erfahrungsgemäß ist das durchschnittlich 1 Sekunde). Gibt man die Geschwindigkeit v des Fahrzeuges in $\frac{km}{h}$ an, dann legt das Fahrzeug in einer Sekunde ungefähr $0{,}28 \cdot v$ Meter zurück.
- Der Bremsweg ist die Strecke, die das Fahrzeug nach Betätigung der Bremsen zurücklegt, bis es zum Stillstand kommt. Für die Berechnung des Bremsweges kann man die Faustregel verwenden:
Bremsweg = 0,01 · Geschwindigkeit t², wobei die Geschwindigkeit in $\frac{km}{h}$ angegeben wird und der Bremsweg in Metern.

Da ein Fahrzeug in einer Stunde eine Strecke von $1000 \cdot v$ Meter zurücklegt, passieren dann stündlich $\frac{1000 \cdot v}{s(v) + L}$ Fahrzeuge die Messstelle. Die Verkehrsdichtefunktion D_L wird also beschrieben durch den Funktionsterm

$D_L(v) = \frac{1000 \cdot v}{s(v) + L} = \frac{1000 \cdot v}{0{,}01 \, v^2 + 0{,}28 \, v + L}$

Skizzieren Sie die Graphen der Funktion D_L für verschiedene Fahrzeuglängen: L = 5 m, L = 6 m und L = 7 m in *einem* Koordinatensystem.

Beschreiben Sie den Verlauf der Graphen mit Worten; gehen Sie dabei insbesondere auf das Maximum des Graphen ein.

2.6 Exponential- und Logarithmusfunktionen

2.6.1 Exponentielles Wachstum

Aufgabe

1 Lineare und exponentielle Zunahme

In einer Flussniederung wird Kies ausgebaggert. Ein anfangs 500 m² großer See vergrößert sich durch die Baggerarbeiten jede Woche um 200 m².

Da der See später als Wassersportfläche genutzt werden soll, wird die Wasserqualität regelmäßig untersucht. Besonders genau wird eine Algenart beobachtet, die sich sehr schnell vermehrt.

Die von den grünen Algen bedeckte Fläche ist zu Beginn der Baggerarbeiten 10 m² groß, sie verdoppelt sich jede Woche.

a) Wann ungefähr ist der ganze See mit Algen bedeckt? Zeichnen Sie dazu die Graphen der beiden Funktionen

Zeit (in Wochen) → Baggerseegröße (in m²) und

Zeit (in Wochen) → Algenflächengröße (in m²).

b) Beschreiben Sie das Anwachsen des Baggersees und der Algenfläche mithilfe von Gleichungen.

Lösung

a) Wir erstellen zunächst die Wertetabellen.

(1)
Zeit t (in Wochen)	0	1	2	3	4	5	6	7	8	...
Baggerseegröße (in m²)	500	700	900	1 100	1 300	1 500	1 700	1 900	2 100	...

(2)
Zeit t (in Wochen)	0	1	2	3	4	5	6	7	8	...
Algenflächengröße (in m²)	10	20	40	80	160	320	640	1 280	2 560	...

Die Punkte zu den Wertepaaren der Tabelle zur Baggerseegröße liegen auf einer Geraden. Die Punkte aus der Tabelle zur Algenflächengröße liegen nicht auf einer Geraden. Wir verbinden die Punkte sinnvoll.

An den Graphen erkennt man:

Zwischen der 7. und 8. Woche ist der ganze See mit Algen bedeckt.

Nach diesem Zeitpunkt haben die Graphen keine Bedeutung mehr für die Wirklichkeit.

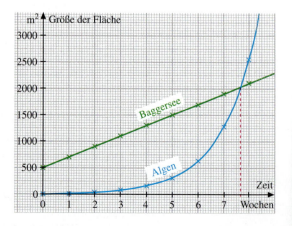

b) Wir bezeichnen die Baggerseegröße (in m²) zum Zeitpunkt t (in Wochen) mit B(t). Die Wertetabelle für die Baggerseegröße wurde so erstellt:

In jeder abgelaufenen Woche erhöht sich die Größe der Wasserfläche um 200 m². In 5 Wochen ist so zur Anfangsgröße von 500 m² eine Fläche von 200·5 m² dazu gekommen. Nach t Wochen beträgt der Zuwachs 200·t m². Insgesamt ist die Wasserfläche dann (500 + 200·t) m² groß.

Die Wachstumsformel lautet daher: B(t) = 500 + 200 t

Wir bezeichnen die Algenflächengröße (in m²) zum Zeitpunkt t (in Wochen) mit A(t). Die Wertetabelle für die Algenflächengröße wurde so erstellt:

In jeder abgelaufenen Woche erhöht sich die Größe der Algenfläche auf das Doppelte. In 5 Wochen wird die Ausgangsfläche von 10 m² mit 2·2·2·2·2, also 2^5 multipliziert. Sie beträgt dann $10 \cdot 2^5$ m². Nach t Wochen ist die Fläche $10 \cdot 2^t$ m² groß.

Die Wachstumsformel lautet daher: $A(t) = 10 \cdot 2^t$

Informationen

Lineares und exponentielles Wachstum

Bei beiden Wachstumsprozessen in Aufgabe 1 handelt es sich um Größen, die sich mit der Zeit nach bestimmten Gesetzmäßigkeiten verändern. Ihnen liegen die Formeln B(t) = 200 · t + 500 bzw. $A(t) = 10 \cdot 2^t$ zugrunde. Solche Wachstumsprozesse treten häufig auf. Man hat ihnen daher besondere Namen gegeben.

Lineares Wachstum

In gleichen Zeitspannen c werden zu den zugehörigen Größen B(t) immer die gleichen Summanden d addiert (d > 0).

Dies nennt man *lineares Wachstum*.

Exponentielles Wachstum

In gleichen Zeitspannen c werden die zugehörigen Größen B(t) immer mit dem gleichen Faktor d multipliziert (d > 1).

Dies nennt man *exponentielles Wachstum*.

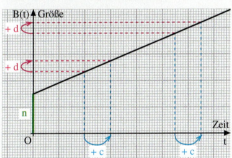
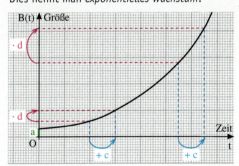

Lineares Wachstum wird durch die Formel B(t) = m·t + n beschrieben.

Bei der Baggerseegröße liegt lineares Wachstum mit dem Anfangsbestand n vor.

Exponentielles Wachstum wird durch die Formel $B(t) = a \cdot b^t$ beschrieben.

Bei der Algenflächengröße liegt exponentielles Wachstum mit dem Anfangsbestand a vor.

Proportionales Wachstum

Wächst ein Bestand so an, dass nach doppelt (dreimal, viermal, ...) so langer Zeit der Bestand sich verdoppelt (verdreifacht, vervierfacht, ...) so liegt **proportionales Wachstum** vor.

Proportionales Wachstum ist der Spezialfall linearen Wachstums mit dem Anfangsbestand 0.

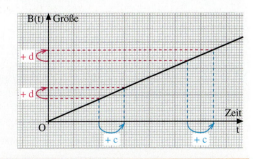

Weiterführende Aufgaben

Festmeter
gebräuchliche, aber nicht gesetzliche Buchungseinheit für Holz, die ein Kubikmeter feste Holzmasse bedeutet.

2 Wachstum mit konstanter prozentualer Wachstumsrate

Der Holzbestand eines Waldes beträgt etwa 50 000 Festmeter. Bei natürlichem Wachstum nimmt der Holzbestand jährlich um 3,6 % zu.
Legen Sie eine Tabelle an, die den Holzbestand für die nächsten 5 Jahre beschreibt. Zeigen Sie, dass es sich dabei um exponentielles Wachstum handelt. Ermitteln Sie eine Formel.

Bei einer Zunahme mit konstanter **prozentualer Wachstumsrate** p % liegt exponentielles Wachstum mit dem **Wachstumsfaktor** $\left(1 + \frac{p}{100}\right)$ pro Zeitspanne vor.

Der Wachstumsfaktor $\left(1 + \frac{p}{100}\right)$ wird oft mit q abgekürzt: $\quad q = 1 + \frac{p}{100}$

---

3 Exponentielle Abnahme

Eine Patientin nimmt einmalig 8 mg eines Medikaments zu sich. Im Körper wird im Laufe eines Tages $\frac{1}{4}$ des Medikaments abgebaut, d.h. es sind am nächsten Tag noch $\frac{3}{4}$ davon vorhanden.

a) Legen Sie eine Tabelle an.
   Erstellen Sie eine Formel, mit der man die Masse M(t) zum Zeitpunkt t Tage nach der Einnahme berechnen kann.

b) Zeichnen Sie einen Graphen. Beantworten Sie anhand des Graphen: Nach welcher Zeitspanne ist nur noch die Hälfte des Anfangsbestandes vorhanden?
   Zeigen Sie am Graphen: Diese Zeitspanne bleibt gleich, auch wenn man eine andere Ausgangsmasse wählt.

Exponentielle Abnahme

In gleichen Zeitspannen c werden die jeweiligen Größenangaben immer mit dem gleichen Faktor d multipliziert.
Der Faktor d liegt zwischen 0 und 1.
Dies nennt man *exponentielle Abnahme*.
Exponentielle Abnahme wird durch die Formel $f(t) = a \cdot b^t$ beschrieben, wobei die Basis b zwischen 0 und 1 liegt.

Radioaktivität
Zerfall instabiler Atomkerne unter Aussendung von Strahlen.

4 Abnahmerate und Abnahmefaktor

a) Radioaktives Iod zerfällt so, dass seine Masse um 8 % pro Tag abnimmt. Am Anfang sind 3 mg vorhanden.
   Wie viel radioaktives Iod ist am 2. Tag, 3. Tag, 4. Tag, 5. Tag noch vorhanden? Stellen Sie auch eine Formel auf.

b) Erläutern Sie folgende Regel:

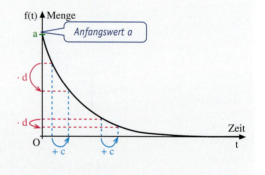

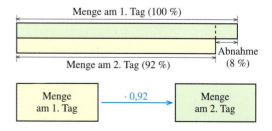

Bei einer Abnahme mit konstanter prozentualer Abnahmerate (Zerfallsrate) p % liegt **exponentielle Abnahme** mit dem **Abnahmefaktor** (*Zerfallsfaktor*) $\left(1 - \frac{p}{100}\right)$ vor.

2.6 Exponential- und Logarithmusfunktionen

Übungsaufgaben

5 Für das Algenwachstum eines Sees gilt B(t) = 10 · 2^t. Dabei gibt die Variable t die Zeit (in Wochen) nach dem Beobachtungsbeginn an.

a) Mit welchem Faktor vervielfacht sich die von den Algen bedeckte Fläche jeweils nach 4 Wochen, nach 6 Wochen, nach 8 Wochen, nach 10 Wochen?

b) Welche Fläche ist nach 11 Wochen [10 Wochen; 9 Wochen] mit Algen bedeckt?

c) Wie groß ist die Algenfläche nach $\frac{1}{4}$ Woche, nach 1 Tag?

d) Begründen Sie: Nach 10 Wochen hat sich die mit Algen bedeckte Fläche ungefähr vertausendfacht. Bewerten Sie das Ergebnis.

6 Radioaktiver Schwefel zerfällt so, dass die Masse jedes Jahr um $\frac{1}{12}$ abnimmt. Es sind anfangs 6 g Schwefel vorhanden.

a) Wie viel Schwefel sind nach 1; 2; 3; 4; 5; 6 Jahren noch vorhanden? Zeichnen Sie einen Graphen.

b) Ermitteln Sie eine Formel. Welcher Anteil ist nach 10 Jahren noch vorhanden?

7 Wasserhyazinthen überwuchern den afrikanischen Victoriasee. Diese Hyazinthenart wächst jeden Monat auf das Dreifache. Am Anfang bedeckte sie eine Fläche von 2 m².

Legen Sie eine Tabelle an und zeichnen Sie einen Graphen der Funktion

Zeit t (in Monaten) → Größe B(t) der mit Hyazinthen bedeckten Fläche (in m²).

Sie können aufhören, wenn eine Fläche von 10 km² bedeckt ist.

Wie lautet die Formel?

Isotop
Atom, das sich von einem anderen desselben chemischen Elements nur in der Masse unterscheidet.

8 Für bestimmte Untersuchungen verwendet man in der Medizin ein radioaktives Iod-Isotop, das schnell zerfällt. Von 1 mg ist nach 1 Stunde jeweils nur noch 0,75 mg im menschlichen Körper vorhanden. Nach wie viel Stunden ist von 1 mg zum ersten Mal weniger als 0,5 mg vorhanden?
Wie groß ist der Zerfallsfaktor zur Zeitspanne 1 Stunde, in 2, in 3, in 5 Stunden?

9 Bei einem Blutalkoholgehalt ab 0,5 Promille werden Kraftfahrer mit einem Bußgeld oder mit Führerscheinentzug bestraft. Alkohol wird von der Leber so abgebaut, dass sein Gehalt im Blut um etwa 0,2 Promillepunkte pro Stunde (also jeweils um die gleiche Menge) abnimmt.
Ein Zecher geht um 3 Uhr nachts mit einem Blutalkoholgehalt von 2,3 Promille schlafen. Um wie viel Uhr ist der Blutalkoholgehalt kleiner als 0,5 Promille [gleich 0]?

10 Auf wie viel Euro wachsen 1000 € bei einer Verzinsung von 3 % pro Jahr in 3 Jahren, in 5 Jahren, in 8 Jahren an? Um welches Wachstum handelt es sich?
Geben Sie eine Formel an.

11 Röntgenstrahlen werden durch Bleiplatten abgeschirmt. Bei einer Plattendicke von 1 mm nimmt die Strahlungsstärke um 5 % ab. Wie dick muss die Bleiplatte sein, damit Strahlung auf die Hälfte [etwa $\frac{1}{10}$] der ursprünglichen Stärke vermindert wird?

2.6.2 Exponentialfunktionen – Eigenschaften

Bei den exponentiellen Prozessen des Algenwachstums (Seite 140) und der Medikamentenabnahme (Seite 142) haben wir die Abhängigkeit der Größe der Algenfläche bzw. der Masse von der Zeit durch die Formeln $f(t) = 10 \cdot 2^t$ bzw. $f(t) = 8 \cdot \left(\frac{3}{4}\right)^t$ beschrieben.
Durch solche Formeln werden auch Funktionen beschrieben, mit denen und deren Eigenschaften wir uns beschäftigen wollen.

Aufgabe

1 Die Exponentialfunktion zur Basis 2

a) Zeichnen Sie den Graphen der Exponentialfunktion f mit $f(x) = 2^x$ im Bereich $-3 \leq x \leq 3$.
b) Geben Sie Eigenschaften des Graphen an.
c) Wie ändert sich der Funktionswert, wenn x um 1 bzw. um 3 erhöht wird?
   Begründen Sie.
d) Wie ändert sich der Funktionswert, wenn x um s erhöht wird?
   Begründen Sie.

Lösung

a) Wertetabelle:

x	2^x
-3	0,125
-2,5	0,177
-2	0,25
-1,5	0,354
-1	0,5
-0,5	0,707
0	1
0,5	1,414
1	2
1,5	2,828
2	4
2,5	5,657
3	8

Graph:

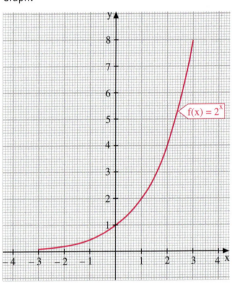

b) Der Graph der Funktion steigt (von links nach rechts) immer an; mit wachsendem x werden die Funktionswerte größer. Er verläuft vom 2. Quadranten durch den Punkt P(0|1) der y-Achse in den 1. Quadranten. Der Graph nähert sich im 2. Quadranten der x-Achse immer mehr an, je kleiner (niedriger) die Werte für x werden. Der Graph ist durchgängig linksgekrümmt.

c) An der Wertetabelle oder am Graphen erkennt man:
Wenn man x um 1 erhöht, verdoppelt sich der Funktionswert, denn:
$f(x + 1) = 2^{x+1} = 2^x \cdot 2 = f(x) \cdot 2$
Wenn man x um 3 erhöht, verachtfacht sich der Funktionswert, denn:
$f(x + 3) = 2^{x+3} = 2^x \cdot 2^3 = f(x) \cdot 8$

d) Wenn man x um s erhöht, wird der Funktionswert 2^x mit 2^s multipliziert. Das kann man auch mit einem Potenzgesetz begründen:
$f(x + s) = 2^{x+s} = 2^x \cdot 2^s = f(x) \cdot 2^s$

$a^{r+s} = a^r \cdot a^s$

2.6 Exponential- und Logarithmusfunktionen

Aufgabe

2 Die Exponentialfunktion zur Basis $\frac{1}{2}$

Zeichnen Sie den Graphen zur Exponentialfunktion f mit $f(x) = \left(\frac{1}{2}\right)^x$ im Bereich $-4 \leq x \leq 4$.
Zeichnen Sie in dasselbe Koordinatensystem den Graphen der Exponentialfunktion g mit $g(x) = 2^x$.
Vergleichen Sie die beiden Graphen. Was fällt auf? Begründen Sie.

Lösung

Wertetabelle:

x	$\left(\frac{1}{2}\right)^x$	x^2
−4	16	0,06
−3,5	11,31	0,09
−3	8	0,13
−2,5	5,66	0,18
−2	4	0,25
−1,5	2,83	0,35
−1	2	0,5
−0,5	1,41	0,71
0	1	1
0,5	0,71	1,41
1	0,5	2
1,5	0,35	2,83
2	0,25	4
2,5	0,18	5,66
3	0,13	8
3,5	0,09	11,31
4	0,06	16

Graph:

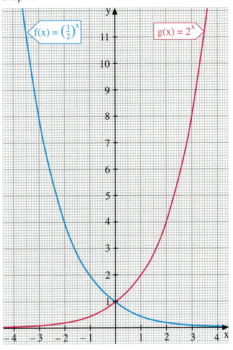

Der Graph zu $f(x) = \left(\frac{1}{2}\right)^x$ geht aus dem Graphen zu $g(x) = 2^x$ durch Spiegelung an der y-Achse hervor und umgekehrt.

$a^{-n} = \frac{1}{a^n}$

Begründung: Ersetzt man in dem einen Funktionsterm x durch −x, so ergibt sich jeweils der andere Funktionsterm:

$g(-x) = 2^{-x} = \frac{1}{2^x} = \frac{1^x}{2^x} = \left(\frac{1}{2}\right)^x = f(x)$ bzw. $f(-x) = \left(\frac{1}{2}\right)^{-x} = \frac{1}{\left(\frac{1}{2}\right)^x} = \frac{1}{\frac{1^x}{2^x}} = \frac{1}{\frac{1}{2^x}} = 2^x = g(x)$

Information

Definition

Eine Funktion f mit der Gleichung $f(x) = b^x$, wobei $b > 0$, $b \neq 1$, heißt **Exponentialfunktion zur Basis b**.

Weiterführende Aufgabe

3 Allgemeine Exponentialfunktionen

a) Was würde sich im Fall $b = 1$ für die Exponentialfunktion f mit $f(x) = b^x$ ergeben?
Warum wird dieser Fall wohl ausgeschlossen?
Warum wird der Fall $b = 0$ für die Basis ausgeschlossen?
Warum darf für die Basis b keine negative Zahl genommen werden?

b) Zeichnen Sie die Graphen zu $f(x) = 2^x$ und $g(x) = 3 \cdot 2^x$ in ein Koordinatensystem; ebenso die Graphen zu $f(x) = \left(\frac{1}{3}\right)^x$ und $g(x) = 2 \cdot \left(\frac{1}{3}\right)^x$ in ein anderes Koordinatensystem. Wie entsteht jeweils der Graph zu g aus dem Graphen zu f? Vergleichen Sie auch die Eigenschaften der Graphen.

Information

(1) Exponentialfunktionen vom Typ y = b^x

Wir fassen die Ergebnisse der Aufgaben 1 bis 3 noch einmal zusammen.

Satz (*Eigenschaften der Exponentialfunktionen*)
Für jede Exponentialfunktion zu $y = b^x$ mit $x \in \mathbb{R}$ und beliebiger positiver Basis $b \neq 1$ gilt:

- Der Graph
  - steigt für $b > 1$;
  - fällt für $0 < b < 1$.
- Der Graph verläuft oberhalb der x-Achse. Jede positive reelle Zahl kommt als Funktionswert vor.
- Der Graph schmiegt sich
  - für $b > 1$ dem negativen Teil der x-Achse an;
  - für $0 < b < 1$ dem positiven Teil der x-Achse an.

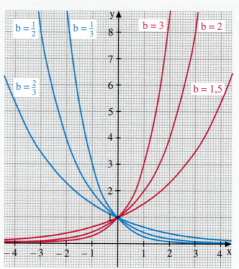

- Jedes Mal, wenn x um s wächst, wird der Funktionswert b^x mit dem Faktor b^s multipliziert (Grundeigenschaft der Exponentialfunktion).
- Alle Graphen haben als einzigen Punkt den Punkt $P(0|1)$ gemeinsam.
- Die Graphen der Exponentialfunktionen f mit $f(x) = b^x$ und $f(x) = \left(\frac{1}{b}\right)^x$ gehen durch Spiegelung an der y-Achse auseinander hervor.
Statt $f(x) = \left(\frac{1}{b}\right)^x$ kann man auch $f(x) = b^{-x}$ schreiben.

(2) Exponentialfunktionen vom Typ f(x) = a · b^x

Auch Funktionen mit einem Funktionsterm der Form $f(x) = a \cdot b^x$ mit $x \in \mathbb{R}$, $a > 0$, $b > 0$, $b \neq 1$ werden als Exponentialfunktionen bezeichnet.

Man erhält den Graphen von $g(x) = a \cdot b^x$ aus dem Graphen von $f(x) = b^x$ durch Strecken mit dem Faktor a in Richtung der y-Achse.

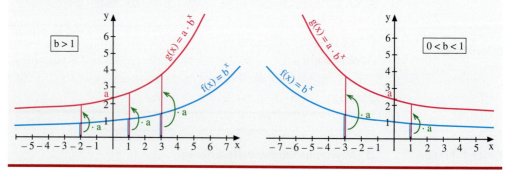

Die Eigenschaften der Funktion f mit $f(x) = b^x$ übertragen sich auf die Funktion g mit $g(x) = a \cdot b^x$. Erhalten bleibt das Steigen bzw. Fallen und das Anschmiegen an die x-Achse. Weiterhin wird jede reelle positive Zahl als Funktionswert angenommen. Auch die Grundeigenschaft der Exponentialfunktion bleibt erhalten: Wenn x um s zunimmt, wird der Funktionswert mit b^s multipliziert.
Statt durch $P(0|1)$ verläuft der Graph durch $S(0|a)$.

2.6 Exponential- und Logarithmusfunktionen

(3) Exponentielles Wachstum

Wir stellen nun den Zusammenhang zwischen exponentiellem Wachstum und Exponentialfunktionen her.

„Ein Prozess verläuft exponentiell" bedeutet anders formuliert:
Die Zunahme bzw. die Abnahme kann durch eine Exponentialfunktion mit einem Funktionsterm der Form $f(x) = a \cdot b^x$ beschrieben werden. Liegt ein exponentieller Zunahmeprozess vor, so ist die Basis b größer als 1; bei einem exponentiellen Abnahmeprozess liegt die Basis zwischen 0 und 1.

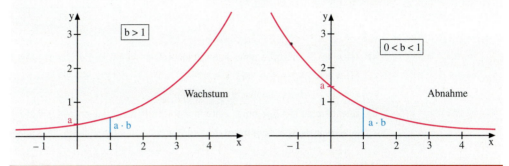

In der Funktionsgleichung $f(x) = a \cdot b^x$ kann die Zahl a verschieden gedeutet werden:
- a ist die Ordinate (2. Koordinate) des Schnittpunktes des Graphen mit der y-Achse. ⟵ S(0|a)
- a ist der Anfangswert bei exponentiellen Zunahmeprozessen bzw. Abnahmeprozessen.
- a kann als Streckfaktor aufgefasst werden (vgl. Übungsaufgabe 11).

Übungsaufgaben

 4 Zeichnen Sie die Graphen von Exponentialfunktionen mit $f(x) = b^x$ in ein gemeinsames Koordinatensystem: $b = \frac{1}{4}$; 0,75; 1; $\frac{4}{3}$; 2,7. Nennen Sie gemeinsame Eigenschaften und Unterschiede.

5 Lesen Sie an den Graphen aus der Information (1), Seite 146
(1) ungefähr den Wert ab für $2^{1,2}$; $\left(\frac{1}{3}\right)^{-0,5}$; $\left(\frac{3}{2}\right)^{2,3}$; $\left(\frac{2}{3}\right)^{-2,8}$; $3^{1,6}$
(2) ungefähr die Stelle x ab, für die gilt $2^x = 2,5$; $\left(\frac{1}{3}\right)^x = 1,5$; $\left(\frac{2}{3}\right)^x = 2$; $\left(\frac{3}{2}\right)^x = 2$

6 Wie ändert sich jeweils der Funktionswert bei $f(x) = 2^x$, wenn man x
a) um 2 vergrößert [verkleinert]; b) um 0,5 vergrößert [verkleinert]; c) verdoppelt [halbiert]?

7 Wie verändert sich jeweils der Funktionswert bei $f(x) = \left(\frac{1}{2}\right)^x$, wenn man x
a) um 2 vergrößert; b) um 1 verkleinert; c) um 0,5 vergrößert; d) verdoppelt?

8 In dem Koordinatensystem sind die Einheiten nicht eingetragen. Trotzdem kann man den Graphen je einen der folgenden Funktionsterme richtig zuordnen. Begründen Sie.

a) $0,3^x$ b) $\left(\frac{1}{4}\right)^x$ c) $-x + 1$ d) $0,9^x$ e) $2 - 0,9x$

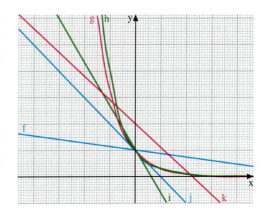

9 Zeichnen Sie die Graphen zu $y = 3^x$ und $y = \left(\frac{1}{3}\right)^x$ in ein gemeinsames Koordinatensystem. Zeigen Sie durch eine Rechnung, dass sie durch Spiegeln an der y-Achse auseinander hervorgehen.

10

Der Graph einer Exponentialfunktion mit $y = b^x$ geht durch den Punkt P. Bestimmen Sie die Basis b wie im Beispiel.

P(2|25)   P(−3|0,125)   P(3|0,343)

P(−1|0,25)   P(−4|0,25)   P(−4|256)

P($\frac{1}{2}$|$\frac{1}{2}\sqrt{2}$)   P(−1|6)   P(−0,5|$\frac{1}{3}$)

P($\frac{3}{2}$|8): $b^{\frac{3}{2}} = 8$ | ( )$^{\frac{2}{3}}$

$b = 8^{\frac{2}{3}} = (8^{\frac{1}{3}})^2$

$= (\sqrt[3]{8})^2 = 2^2 = 4$

11

a) Zeichnen Sie mithilfe eines Funktionenplotters in ein Koordinatensystem die Graphen von

(1) $y = 4 \cdot 2^x$ (2) $y = 2^{x+2}$ (3) $y = 8 \cdot 2^{x-1}$

Wie lässt sich das Beobachtete erklären?

b) Zeichnen Sie mithilfe eines Funktionenplotters den Graphen von $y = 3 \cdot \left(\frac{1}{2}\right)^x$

Geben Sie weitere Funktionsterme für den gleichen Graphen an. Begründen Sie.

12

Ordnen Sie jedem Funktionsterm den passenden Graphen zu.

$f_1(x) = 2 \cdot 1,3^x$ $f_2(x) = 3 \cdot 1,5^x$ $f_5(x) = 3 \cdot 0,8^x$

$f_3(x) = 3 \cdot \left(\frac{2}{3}\right)^x$ $f_4(x) = 2 \cdot 1,7^x$

13

a) Skizzieren Sie den Verlauf der Graphen von $y = 2 \cdot 3^x$; $y = 2,1 \cdot 3^x$; $y = 2 \cdot 3,1^x$ und $y = 2,1 \cdot 3,1^x$ in ein gemeinsames Koordinatensystem.

b) Bilden Sie selbst ähnliche Beispiele. Formulieren Sie ein allgemeines Ergebnis.

14

a) Eine Bakterienart vermehrt sich so, dass sie sich alle 4 Tage verdreifacht. Am Anfang sind 60 Bakterien vorhanden. Geben Sie die prozentuale Wachstumsrate pro Tag an. Wie viele Bakterien sind nach 8 Tagen, 10 Tagen, 3 Wochen vorhanden?

b) Eine Substanz nimmt so ab, dass sie sich alle 4 Tage drittelt. Anfangs sind 90 g vorhanden. Welche Masse ist nach 8 Tagen, nach 12 Tagen vorhanden? Ermitteln Sie die prozentuale Abnahmerate pro Tag und geben die Masse nach 7 Tagen [11 Tagen] an.

15

Der Graph der Exponentialfunktion mit $y = a \cdot b^x$ verläuft durch die Punkte $P(1|\frac{2}{3})$ und $Q(4|\frac{16}{3})$.

a) Analysieren Sie die beiden folgenden Methoden zur Bestimmung von a, b:

Methode 1 (Vergleich der Terme)

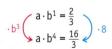

d.h. $b^3 = 8$, also $b = 2$ und damit $a = \frac{1}{3}$.

Methode 2 (Wertetabelle)

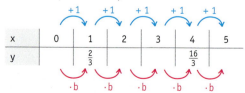

b) Bestimmen Sie a und b nach einer der beiden Methoden aus Teilaufgabe a) für

(1) P(1|6), Q(2|18)   (2) P(−1|0,3), Q(2|37,5)   (3) P(4|12,5), Q(1|0,8)

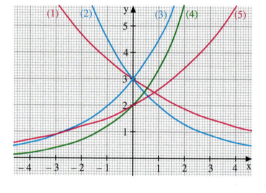

2.6.3 Die EULER'sche Zahl e – Exponentialfunktionen zur Basis e

Einführung

Stetige Verzinsung – EULER'sche Zahl e

Der Schweizer Mathematiker JAKOB BERNOULLI (1655–1705) beschäftigte sich mit der Frage der *stetigen* oder *momentanen* Verzinsung eines Kapitals.

Das folgende Beispiel verdeutlicht diesen Begriff:

Jemand zahlt zu einem bestimmten Zeitpunkt (t = 0) einen Geldbetrag bei einer Bank ein, z. B. 1 000 €.

Wenn die Bank nach einem vereinbarten Zeitraum (t = 1), z. B. 10 Jahre, einen Zinssatz von 100 % zahlt, dann hat sich das Kapital nach Ablauf dieses Zeitraums also verdoppelt.

Zeitpunkt	t = 0	t = 1
Kapital	1 000 €	1 000 € + (100 % von 1 000 €) = 2 000 €

Würde die Bank für den halben vereinbaren Zeitraum 50 % Zinsen zahlen, dann wäre nach Ablauf der gesamten Zeit ein höherer Betrag auf dem Konto:

Zeitpunkt	t = 0	t = $\frac{1}{2}$	t = 1
Kapital	1 000 €	1 000 € + (50 % von 1 000 €) = 1 000 € · $\left(1 + \frac{1}{2}\right)$ = 1 500 €	1 500 € + (50 % von 1 500 €) = 1 500 € · $\left(1 + \frac{1}{2}\right)$ = 1 000 € · $\left(1 + \frac{1}{2}\right)^2$ = 2 250 €

Wenn die Bank für jedes Viertel des vereinbarten Zeitraums 25 % Zinsen zahlt, dann ergibt sich wiederum ein höherer Betrag:

Zeitpunkt	t = 0	t = $\frac{1}{4}$	t = $\frac{1}{2}$	t = $\frac{3}{4}$	t = 1
Kapital	1 000 €	1 000 € · $\left(1 + \frac{1}{4}\right)$ = 1 250 €	1 250 € · $\left(1 + \frac{1}{4}\right)^2$ = 1 562,50 €	1 562,50 € · $\left(1 + \frac{1}{4}\right)$ = 1 000 € · $\left(1 + \frac{1}{4}\right)^3$ = 1 953,125 €	1 953,125 € · $\left(1 + \frac{1}{4}\right)$ = 1 000 € · $\left(1 + \frac{1}{4}\right)^4$ = 2 441,40625 €

Man kann sich diesen Prozess der Verkürzung des Verzinsungszeitraums bei gleichzeitiger Vervielfachung des Verzinsungsvorgangs beliebig fortgesetzt vorstellen.

Wächst dann auch der Endbetrag auf einen beliebig hohen Betrag?

Dazu untersuchen wir, welches Verhalten die Funktionswerte der Funktion k mit
$k(n) = 1\,000 \,€ \cdot \left(1 + \frac{1}{n}\right)^n$, $n \in \mathbb{N}$, zeigt:

n	10	100	1 000	10 000
k(n)	1 000 € · $1,1^{10}$ ≈ 2 593,74 €	1 000 € · $1,01^{100}$ ≈ 2 704,81 €	1 000 € · $1,001^{1000}$ ≈ 2 716,92 €	1 000 € · $1,0001^{10000}$ ≈ 2 718,15 €

Auch wenn man größere Werte für n einsetzt, wird der Endbetrag nicht größer als 2 718,29 €.

Wenn n beliebig groß wird (n → ∞), also in jedem Moment eine Verzinsung erfolgt (eine *momentane* Verzinsung), ergibt sich als Grenzwert die Zahl 2 718,2818284 ... €.

Definition: Euler'sche Zahl e

Der Grenzwert
$$\lim_{n \to \infty} \left(1 + \frac{1}{n}\right)^n = 2{,}71828182845904523536\ldots$$ wird als EULER'sche Zahl bezeichnet und abgekürzt mit dem Buchstaben e notiert.

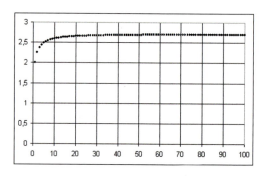

Die EULER'sche Zahl ist auf allen wissenschaftlichen Taschenrechnern über die Exponentialfunktion als e^x mit der Einsetzung x = 1 abrufbar oder über Tabellenkalkulation unter exp(1).

Diese besondere Zahl, auf deren Bedeutung in der Mathematik wir erst in späteren Kapiteln eingehen können, wurde von JOHN NAPIER (1550–1617) entdeckt (die Veröffentlichung seiner Entdeckung erfolgte erst nach seinem Tod, im Jahr 1618). Auch ISAAC NEWTON (1643–1727) untersuchte besondere Eigenschaften (1669) ebenso wie LEONHARD EULER (1707–1783), der u. a. im Jahr 1737 bewies, dass es sich bei dieser Zahl nicht um eine rationale Zahl handelt, d. h. um eine Zahl, die sich als Bruch darstellen lässt. EULER führte schließlich die Bezeichnung e ein (vermutlich wegen „e" wie „Exponentialfunktion", nicht „e" wie „EULER").

Aufgabe 1

a) Zeichnen Sie mithilfe eines Funktionenplotters den Graphen der Funktionen f_1 mit $f_1(x) = e^x = \exp(x)$ und f_2 mit $f_2(x) = e^{-x} = \exp(-x)$. Beschreiben Sie deren globalen Verlauf.

b) Begründen Sie: Verschiebt man den Graphen der Exponentialfunktion $f_1(x) = e^x$ parallel zur x-Achse, dann ergibt sich der Graph einer Exponentialfunktion vom Typ $f(x) = a \cdot e^x$.

c) Wieso folgt aus b), dass man durch Strecken oder Verschieben des Graphen parallel zur x-Achse einer beliebigen Exponentialfunktion vom Typ $y = a \cdot e^x$ den Graphen einer Exponentialfunktion vom gleichen Typ erhält?

Exponentialfunktionen zur Basis e werden kurz als e-Funktionen bezeichnet.

Lösung

a) Für größer werdende x steigt der Graph von f_1 während des gesamten Verlaufs. Der Graph schmiegt sich für betraglich große negative x-Werte an die x-Achse, für betraglich große x-Werte steigen die Funktionswerte über alle Grenzen, also

$$\lim_{x \to -\infty}(e^x) = 0 \text{ und } \lim_{x \to +\infty}(e^x) = +\infty.$$

Der Graph von f_2 ergibt sich aus dem Graphen von f_1 durch Spiegelung an der y-Achse und zeigt daher einen entgegengesetzten Verlauf.

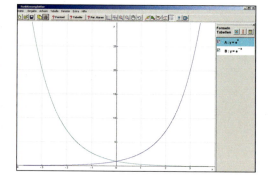

b) Verschiebt man den Graphen von f_1 beispielsweise um 1 Einheit nach rechts, dann erhält man den Graphen der Funktion mit $y = e^{x-1}$, verschiebt man den Graphen beispielsweise um 2 Einheiten nach links, dann erhält man den Graphen der Funktion $y = e^{x+2}$.

Mithilfe der Potenzrechnung kann man die Funktionsterme umformen und erhält:

$y = e^{x-1} = e^x \cdot e^{-1} = \frac{1}{e} \cdot e^x \approx 0{,}368 \cdot e^x$

bzw.

$y = e^{x+2} = e^x \cdot e^2 = e^2 \cdot e^x \approx 7{,}389 \cdot e^x$

2.6 Exponential- und Logarithmusfunktionen

c) Liegt nun der Graph einer Exponentialfunktion vom Typ $y = a \cdot e^x$ vor und wird dieser Graph gestreckt, d.h. der Funktionsterm mit einem Faktor k multipliziert, dann ist dies wieder ein Funktionsterm von diesem Typ.

(1) $y = 3 \cdot e^x$

Streckung mit dem Faktor k = 0,4, dann lautet der Funktionsterm der gestreckten Funktion:

$y = 0{,}4 \cdot (3 \cdot e^x) = 1{,}2 \cdot e^x$

Wird der Graph parallel zur x-Achse verschoben, dann ergibt sich nach Teilaufgabe b) wieder ein Funktionsterm vom gleichen Typ.

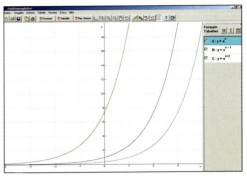

(2) $y = 3 \cdot e^x$

Verschiebung um 2 Einheiten nach rechts, dann lautet der Funktionsterm der neuen Funktion:

$y = 3 \cdot e^{x-2} = 3 \cdot e^x \cdot e^{-2}$

$= \left(\dfrac{3}{e^2}\right) \cdot e^x \approx 0{,}406 \cdot e^x$

Weiterführende Aufgaben

2 Verschieben des Graphen einer Exponentialfunktion parallel zur y-Achse

Der Graph einer Exponentialfunktion vom Typ $y = a \cdot e^x$ werde um c parallel zur y-Achse verschoben.

Beschreiben Sie die Eigenschaften des Graphen.
Ist dies wieder eine Exponentialfunktion vom gleichen Typ?

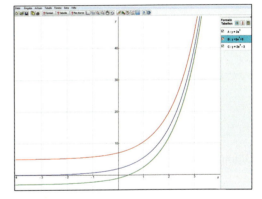

3 Strecken und Verschieben des Graphen von Exponentialfunktionen vom Typ $y = a \cdot e^{-x}$

Untersuchen Sie analog zu Aufgabe 1 und Aufgabe 2, welche Auswirkungen eine Streckung bzw. Verschiebung des Graphen einer Exponentialfunktion vom Typ $y = a \cdot e^{-x}$ hat.

4 Graphen von Exponentialfunktionen vom Typ $y = a \cdot e^{kx}$

Vergleichen Sie den Graphen der Funktion $y = e^x$ mit den Graphen von $y = e^{2x}$, $y = e^{3x}$, $y = e^{\frac{1}{2}x}$.

Informationen

(1) Strecken und Verschieben der Graphen von Exponentialfunktionen zur Basis e

In Aufgabe 1 haben wir gezeigt:

Verschiebt man den Graphen einer Exponentialfunktion vom Typ $y = a \cdot e^x$ oder $y = a \cdot e^{-x}$ parallel zur x-Achse oder streckt die Graphen mit einem Faktor a > 0, dann erhält man wieder den Graphen einer Exponentialfunktion vom gleichen Typ.

(2) Strecken der Graphen von Exponentialfunktionen zur Basis e in Richtung der y-Achse

Analog zu Aufgabe 1 kann man zeigen, dass man den Graphen einer Exponentialfunktion vom Typ $y = a \cdot e^{-x}$ durch Spiegelung des Graphen der Exponentialfunktion mit $y = a \cdot e^x$ erhält. Diese Spiegelung kann auch als Streckung in Richtung der y-Achse mit dem Faktor -1 aufgefasst werden.

In Aufgabe 4 haben wir untersucht, welche Auswirkungen der Faktor k im Exponenten der Funktion mit $y = a \cdot e^{kx}$ hat:

- für $k > 1$ verläuft der Graph steiler als der Graph von $y = a \cdot e^x$
- für $0 < k < 1$ weniger steil als der von $y = a \cdot e^{kx}$.

Für $k < 0$ ergeben sich entsprechend Graphen mit entgegengesetztem Verlauf.

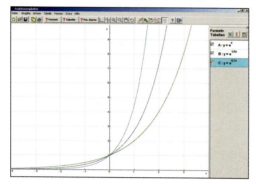
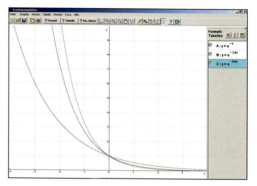

Wir haben somit einen Überblick gewonnen, welchen Globalverlauf Exponentialfunktionen vom Typ $y = a \cdot e^{kx}$ haben.

Im übernächsten Abschnitt werden wir zeigen, dass sich jede Exponentialfunktion vom Typ $y = a \cdot b^{kx}$ auf Exponentialfunktionen mit Basis e zurückführen lassen, es also genügt, dass man sich nur mit den e-Funktionen beschäftigt.

Übungsaufgaben

 5 Vergleichen Sie mithilfe eines Funktionenplotters die Graphen der folgenden Funktionen:

(1) $f_1(x) = e^x$; $f_2(x) = e^{-x}$

(2) $f_3(x) = 2{,}7183 \cdot e^x$; $f_4(x) = e^{x+1}$

(3) $f_5(x) = 0{,}1353 \cdot e^x$; $f_6(x) = e^{x-2}$

(4) $f_1(x) = e^x$; $f_4(x) = e^{x+1}$; $f_7(x) = e^x + 1$

6 Ordnen Sie die abgebildeten Graphen folgenden Funktionen zu. Begründen Sie Ihre Entscheidung.

a) $f_1(x) = e^{-2x}$; $f_2(x) = 2 \cdot e^{-x}$; $f_3(x) = 0{,}5 \cdot e^x$; $f_4(x) = 0{,}5 \cdot e^{2x}$

b) $f_5(x) = e^{0,3x}$; $f_6(x) = 0{,}3 \cdot e^x$; $f_7(x) = e^{x+0,3}$; $f_8(x) = e^x + 0{,}3$

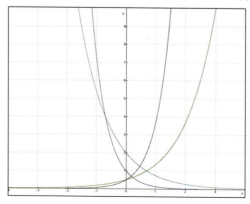
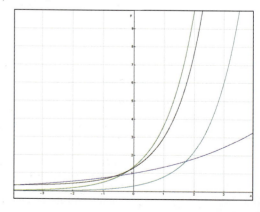

2.6 Exponential- und Logarithmusfunktionen

2.6.4 Exponentielle Regression

Aufgabe

1 Modellierung mithilfe einer Exponentialfunktion

Die nebenstehende Grafik zeigt die Entwicklung der weltweit installierten Windkraft-Kapazitäten. Da es sich um einen Wachstumsprozess handelt, liegt es nahe eine geeignete Exponentialfunktion zu bestimmen, mit der dann Prognosen für die nahe Zukunft möglich sind.

Geben Sie die in der Grafik angegebenen Daten in eine Tabellenkalkulation ein und bestimmen Sie mithilfe der exponentiellen Regression eine Exponentialfunktion, durch welche die Entwicklung beschrieben werden kann.

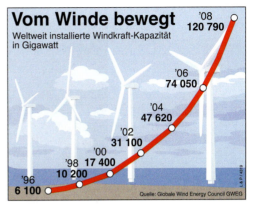

Untersuchen Sie die Qualität der Anpassung an das gewählte Modell und machen Sie eine Prognose für das Jahr 2014.

Lösung

Wir wählen statt der Jahreszahlen (1996, ...) die Zahlen 6, ..., damit die Koeffizienten im Funktionsterm nicht zu groß werden. Die von der Tabellenkalkulation bestimmte exponentielle Regressionsfunktion genügt der Gleichung $y = 1{,}4279 \cdot e^{0{,}2487x}$.

Jahr (ab 1990)	Kapazität (in 1 000 GW)	Modell- rechnung
6 (= 1996)	6,1	6,3
8	10,2	10,4
10	17,4	17,2
12	31,1	28,2
14	47,62	46,4
16	74,05	76,4
18 (= 2008)	120,79	125,6
20		206,5
22		339,5
24 (= 2014)		558,4

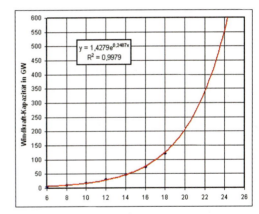

Setzt man die Jahreszahlen 6, 8, ..., 18 in diese Funktionsgleichung ein, dann sieht man, dass die Funktionswerte der Näherungsfunktion sehr gut zu den realen Daten passen. Dies kann man auch an dem Bestimmtheitsmaß $R^2 = 0{,}9979$ (also: Korrelationskoeffizient $r = 0{,}9989$) ablesen, vgl. Seite 62.

Mit der durch die exponentielle Regression bestimmte Exponentialfunktion mit $y = 1{,}4279 \cdot e^{0{,}2487x}$ kann man für das Jahr 2014 eine weltweite Windkraft-Kapazität von ca. 558 000 Gigawatt prognostizieren.

Information

Exponentielle Regression

Analog zur Modellierung von Messreihen mithilfe von ganzrationalen Funktionen, vgl. Seite 125, kann man mithilfe von Tabellenkalkulation oder CAS geeignete Exponentialfunktionen bestimmen, durch die dann auch Prognosen für die Zukunft möglich sind. Tabellenkalkulation und CAS geben Exponentialfunktionen an, deren Basis die EULER'sche Zahl ist.

Die Güte der Anpassung kann qualitativ durch Vergleich der Messwerte mit den Werten der Modellfunktion erfolgen oder quantitativ durch Bestimmung des Bestimmtheitsmaßes bzw. des Korrelationskoeffizienten, die man als Option wählen kann (vgl. auch Seite 102).

Übungsaufgaben **2**

Tankstellenzahl weiter gefallen

Zum 1. Juli 2007 ermittelte der Hamburger Erdölinformationsdienst (EID) 14 975 Stationen und damit nur 61 weniger als Anfang des Jahres. Damit ist die Zahl der Tankstellen in Deutschland erstmals unter 15 000 gesunken. Wie in den vorangegangenen Jahren hat die Zahl der Anlagen allerdings weiterhin nur mäßig abgenommen. Die jährliche Rückgangsrate hat sich von 200 bis 300 Anfang des Jahrzehnts auf 100 bis 200 verringert. Nur mit großer Disziplin dürfte deshalb ein Preiskampf bei immer rückläufigerer Nachfrage nach Kraftstoff zu vermeiden sein, hieß es.

Jahr	Anzahl der Tankstellen
1970	46 091
1975	34 804
1980	27 528
1985	19 781
1990	19 317
1995	17 957
1999	16 617
2001	16 324
2003	15 971
2005	15 428

Zu Beginn des Jahres 2007 gab es in Deutschland 15 036 Tankstellen, im Jahr 2009 waren es 14 447.

a) Welche Anzahl von Tankstellen kann man aufgrund der bisherigen Entwicklung für das Jahr 2020 vorhersagen?
b) Warum ist ein lineares Modell zur Prognose nicht geeignet?
c) Überlegen Sie, welches Modell zur Beschreibung angemessener erscheint.
d) Bestimmen Sie mithilfe einer Tabellenkalkulation eine „passende" Funktion und korrigieren Sie die Vorhersage aus Teilaufgabe a).

3

Jahr	1960	1965	1970	1975	1980	1985	1990	1995	2000	2003	2006	2009
CO_2-Gehalt (in ppm)	316,91	320,04	325,68	331,08	338,68	345,87	354,16	360,62	369,40	375,78	381,85	387,35

Kohlendioxid (CO_2) wird für den Treibhauseffekt und damit für die globale Erwärmung verantwortlich gemacht. Im Observatorium am 4 170 m hohen Mauna Loa, Hawaii, einem der größten aktiven Vulkane der Erde, wird seit 1958 an jedem 15. eines Monats der CO_2-Gehalt in der Atmosphäre gemessen. Die Tabelle rechts enthält die Jahresdurchschnittswerte, die Grafik unten die typischen jahreszeitlich bedingten Schwankungen.

a) Stellen Sie die Entwicklung der Durchschnittswerte mithilfe einer Tabellenkalkulation dar und bestimmen Sie eine geeignete Exponentialfunktion zur Modellierung.
b) Untersuchen Sie die Güte der Anpassung und machen Sie eine Prognose für das Jahr 2020.

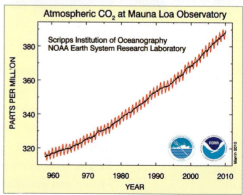

2.6 Exponential- und Logarithmusfunktionen

4 Im Jahr 2002 erschien die rechts abgebildete Grafik.
a) Zeigen Sie, dass die Behauptung exponentiellen Anstiegs zutrifft und bestimmen Sie die Funktionsgleichung einer Funktion, die die Anzahl der Viren in Abhängigkeit von der Zeit beschreibt.
b) Am Jahresende 2006 gab es 410 000 Computerviren, am Ende von 2007 sogar 1 120 000. Prüfen Sie, ob man diese Anzahlen im Jahre 2002 durch eine Prognose vorhergesagt hätte.
c) Recherchieren Sie aktuelle Daten zum Vergleich.

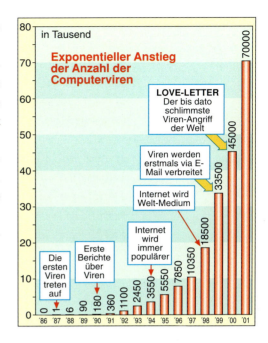

5 Bestimmen Sie zu den fünf in der Grafik enthaltenen Daten eine Exponentialfunktion, die zur Beschreibung der Entwicklung geeignet erscheint. Welche Prognose ergäbe sich hiernach für 2015?

6 In Aufgabe 5 aus Kapitel 1.4 (vgl. Seite 59) wurde eine Prognose für die Siegerzeiten im 100 m-Finale der Frauen und der Männer der Olympischen Spiele im Jahr 2156 mithilfe linearer Modelle vorgenommen.

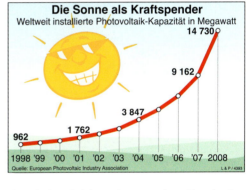

Recherchieren Sie die Daten für die zurückliegenden Olympischen Spiele und untersuchen Sie, ob eine Modellierung mithilfe einer exponentiellen Regression angemessener wäre.

7 In der folgenden Tabelle sind die 2009 gültigen Weltrekorde in den Laufdisziplinen über 100 m, 200 m, ..., 10 000 m erfasst.
Überprüfen Sie durch Recherche, ob diese heute noch gelten.
Es ist plausibel, dass die Läufer für die 400 m-Strecke mehr als doppelt so viel Zeit benötigen wie für die 200 m-Strecke und für die 800 m-Strecke mehr als doppelt so viel wie für die 400 m.

Laufstrecke in m	WR Männer in sec bzw. min	WR Frauen in sec bzw. min
100	9,58	10,49
200	19,19	21,34
400	43,18	47,60
800	1:41,11	1:53,28
1 500	3:26,00	3:50,46
5 000	12:37,35	14:11,15
10 000	26:17,53	29:31,78

Welcher funktionale Zusammenhang besteht hier möglicherweise?
Ist die Modellierung der Wertepaare mithilfe einer Exponentialfunktion angemessen oder ist eine Potenzfunktion geeigneter?
Wie passen die WR-Zeiten über 5 000 m und 10 000 m zu diesen Modellierungen?

2.6.5 Lösen von Exponentialgleichungen – Logarithmus

Aufgabe

1 Da im Funktionsterm einer allgemeinen Exponentialfunktion f mit $f(x) = a \cdot e^{kx}$ zwei Koeffizienten auftreten, ist eine solche Funktion durch die Vorgabe von zwei Punkten eindeutig festgelegt.
a) Bestimmen Sie die Exponentialfunktion, die durch $P(0|2)$ und $Q(1|4)$ festgelegt ist.
b) Welche allgemeine Exponentialfunktion ergibt sich für $P(2|5)$ und $Q(4|3)$?

Lösung

a) Wenn die Punkte P und Q auf dem Graphen von f liegen, dann erfüllen ihre Koordinaten die Funktionsgleichung $f(x) = a \cdot e^{kx}$, d.h. es muss gelten:
$2 = f(0) = a \cdot e^0 = a$.
Damit ist ein Koeffizient bestimmt. Außerdem muss gelten:
$4 = f(1) = 2 \cdot e^k$, also $e^k = 2$.
Gesucht ist also diejenige Zahl k, für die gilt, dass $e^k = 2$. Um diese Gleichung zu lösen, müssen wir also herausfinden, wo die (elementare) Exponentialfunktion $y = e^x$ den Funktionswert 2 annimmt.

(1) Grafische Methode

Wir zeichnen den Graphen der Funktion $y = e^x$ mithilfe eines Funktionenplotters und lesen den ungefähren Wert ab: Für $x \approx 0,69$ gilt $e^x \approx 2$.

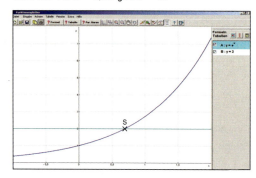
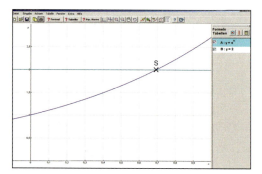

(2) Numerische Methode

Wir legen eine Wertetabelle an und verfeinern schrittweise die Genauigkeit

x	e^x	x	e^x	x	e^x	x	e^x
0	1	0,6	1,822	0,69	1,9937	0,693	1,9997
1	2,718	0,7	2,014	0,70	2,0138	0,694	2,0017

Es gilt also: $e^{0,693} \approx 2$.

Damit haben wir herausgefunden, dass die Punkte $P(0|2)$, $Q(1|4)$ den Graphen der allgemeinen Exponentialfunktion f mit $f(x) = 2 \cdot e^{0,693x}$ bestimmen.

b) Für die Punkte $P(2|5)$ und $Q(4|3)$ finden wir: $5 = f(2) = a \cdot e^{2k}$ und $3 = f(4) = a \cdot e^{4k}$

Bildet man jeweils den Quotienten der linken bzw. rechten Seiten der beiden Gleichungen, dann folgt:
$\frac{3}{5} = \frac{a \cdot e^{4k}}{a \cdot e^{2k}} = \frac{e^{4k}}{e^{2k}} = e^{4k-2k} = e^{2k}$

Gesucht ist also die Lösung der Gleichung $e^{2k} = \frac{3}{5}$.
Analog zu a) findet man die Näherungslösung $k \approx -0,2554$. Einsetzen in eine der beiden Gleichungen ergibt: $5 = a \cdot e^{-0,510}$, also $a \approx 8,333$. Die Punkte P und Q liegen demnach auf dem Graphen der Exponentialfunktion f mit $f(x) \approx 8,333 \cdot e^{-0,2554x}$.

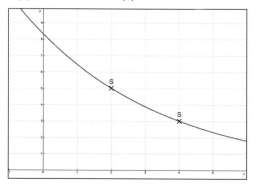

2.6 Exponential- und Logarithmusfunktionen

Information

(1) Logarithmus einer Zahl zur Basis e

Das Suchen nach einer Lösung der Gleichung $e^k = 2$ bzw. $e^{2k} = \frac{3}{5}$ in Aufgabe 1 war ziemlich aufwändig. Wissenschaftliche Taschenrechner und die Tabellenkalkulation enthalten Optionen zur direkten Bestimmung der Lösungen von solchen Gleichungen, die als Exponentialgleichungen bezeichnet werden.

> **Definition: Natürlicher Logarithmus**
> Unter dem Logarithmus von y zur Basis e verstehen wir diejenige Zahl x, mit der man e potenzieren muss, um y zu erhalten. Für die Zahl x gilt also: $y = e^x$.
> Für x schreibt man ln(y) oder auch $\log_e(y)$ (lies: *natürlicher Logarithmus von y oder Logarithmus von y zur Basis e*).
> Das Bestimmen des Logarithmus einer Zahl oder eines Terms bezeichnet man auch als Logarithmieren.

ln:
logarithmus naturalis (lat.)

Beispiele

$\ln(e) = \log_e(e) = 1$; $\ln(1) = \log_e(1) = 0$; $\ln(e^2) = \log_e(e^2) = 2$;

$\ln(\sqrt{e}) = \log_e(\sqrt{e}) = \frac{1}{2}$; $\ln(2) = \log_e(2) = 0{,}6931\ldots$; $\ln\left(\frac{1}{2}\right) = \log_e\left(\frac{1}{2}\right) = -0{,}6931\ldots$

Logarithmuswerte kann man nur von positiven Zahlen bestimmen, da Potenzen e^x stets positiv sind.

(2) Lösen von Exponentialgleichungen

$e^{\ln(x)} = x$; $\ln(e^x) = x$

$\ln(y) = x$ bedeutet $e^x = y$

Ist in einer Gleichung vom Typ $y = b^x$ zu einem gegebenen y-Wert der zugehörige x-Wert gesucht, dann bezeichnet man die Gleichung als **Exponentialgleichung**. Wenn die Basis b die EULER'sche Zahl e ist, dann findet man die Lösung der Gleichung unmittelbar durch Betätigung der ln-Taste des Taschenrechners. Falls die Basis b nicht gleich der EULER'schen Zahl ist, muss ein Verfahren angewandt werden, das in Aufgabe 2 entwickelt wird.

(3) Zur Geschichte der Logarithmen

Logarithmus, Kunstwort aus den griechischen Wörtern **logos,** das Berechnen, Verhältnis **arithmos,** Zahl

Ursprünglich sind die Logarithmen aus dem Bedürfnis heraus entstanden, die Genauigkeit von Berechnungen zu erhöhen (z. B. in der Astronomie). Man hat dabei z. B. den Verhältnissen

$\left(\frac{a}{b}\right)^1, \left(\frac{a}{b}\right)^2, \left(\frac{a}{b}\right)^3, \ldots$ die Zahlen 1, 2, 3, ... gegenübergestellt.

Bedeutende Werke mit Tabellen solcher Gegenüberstellungen stammen vom Schotten JOHN NAPIER (1614) und dem Engländer HENRY BRIGGS (1617). NAPIER und BRIGGS einigten sich darauf, 10 als Basis für ein neu zu erstellendes Tafelwerk zu wählen – so entstanden im Laufe von zehn Jahren Tabellen mit 14-stelligen dekadischen Logarithmen. Diese mussten mühsam mithilfe raffinierter Interpolationsmethoden berechnet werden.

Erst 1748 wurde vom Schweizer LEONARD EULER die Bedeutung von Logarithmen bei Exponentialgleichungen erkannt. Von EULER stammt auch die Sprechweise *Logarithmus zur Basis ...*.

Aufgabe

2 Zurückführen auf Exponentialfunktionen zur Basis e

a) Erläutern Sie die Aussage:
   Man kann den Graphen einer Exponentialfunktion vom Typ $y = b^x$, b > 0, als Graphen einer bzgl. der y-Achse gestreckten Exponentialfunktion mit Basis e auffassen.

b) Lösen Sie mithilfe von Teilaufgabe a):
   1 000 € werden zu 4 % Zinsen angelegt. Nach welcher Zeit sind 1 500 € angespart?

Lösung

a) Alle positive Zahlen b können als Potenzen zur Basis e dargestellt werden; den jeweiligen Exponenten erhalten wir ja gerade durch den natürlichen Logarithmus von b. Beispielsweise gilt:

$2 = e^{\ln(2)} = e^{0{,}6931\ldots} \qquad \frac{1}{2} = e^{\ln(\frac{1}{2})} = e^{-0{,}6931\ldots}$

Daher kann man den Funktionsterm einer Funktion vom Typ $y = b^x$ nach dem Potenzgesetz zum Potenzieren auch schreiben als

$y = (e^{\ln(b)})^x = e^{\ln(b)\cdot x}$, z. B.

$y = 2^x = (e^{\ln(2)})^x = e^{\ln(2)\cdot x} \approx e^{0{,}6931x}$

$y = \left(\frac{1}{2}\right)^x = (e^{\ln(\frac{1}{2})})^x = e^{\ln\frac{1}{2}\cdot x} \approx e^{-0{,}6931x}$

Potenzgesetz:
Potenzen werden potenziert, indem man die Exponenten multipliziert $(a^r)^s = a^{r\cdot s}$

Die Graphen von solchen Funktionen entstehen aus dem Graphen der Funktion mit $y = e^x$ durch Streckung bzgl. der y-Achse, vgl. Seite 171.

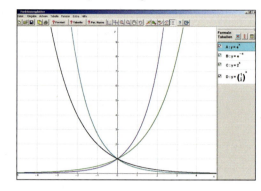

b) Wird das Kapital 1 000 € zu 4 % Zinsen x Jahre verzinst, dann beträgt der Kontostand nach x Jahren 1 000 € · 1,04^x.

Zu lösen ist also die Exponentialgleichung

$1\,000 \cdot 1{,}04^x = 1\,500$

Dies kann man umformen zu $1{,}04^x = 1{,}5$.

Die Basis 1,04 lässt sich schreiben als $e^{\ln(1{,}04)}$, also $(e^{\ln(1{,}04)})^x = e^{\ln(1{,}04)\cdot x}$

Die rechte Seite lässt sich notieren als $e^{\ln(1{,}5)}$.

Daher muss gelten (Vergleich der beiden Exponenten):

$\ln(1{,}04)\cdot x = \ln(1{,}5)$,

also $x = \dfrac{\ln(1{,}5)}{\ln(1{,}04)} = \dfrac{0{,}4054\ldots}{0{,}0392\ldots} = 10{,}3380\ldots$

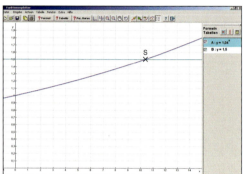

Ergebnis: Nach etwa $10\frac{1}{3}$ Jahren (10 Jahren und 4 Monaten) wäre das Kapital auf 1 500 € angewachsen.

Information

(1) Zusammenhang zwischen den Exponentialfunktionen und den e-Funktionen

Da jede positive Zahl b als Potenz mit Basis e geschrieben werden kann, lässt sich jede Exponentialfunktion vom Typ $y = b^x$ auf eine e-Funktion vom Typ $y = e^{kx}$ zurückführen. Dabei gilt:

Ist $0 < b < 1$, dann gilt: $k < 0$ \qquad Ist $b > 1$, dann gilt: $k > 0$

Beispiele: (1) $y = 0{,}8^x = e^{\ln(0{,}8)\cdot x} \approx e^{-0{,}233x}$ \qquad (2) $y = 2{,}5^x = e^{\ln(2{,}5)\cdot x} \approx e^{0{,}916x}$

(2) Schematisches Lösen von Exponentialgleichungen mit beliebiger Basis

Die Umformungen in der Lösung von Aufgabe 2b) lassen sich kürzer notieren, wenn man auf die Begründungen der einzelnen Schritte verzichtet. Die Lösung von Aufgabe 2b) würde man dann so notieren:

$1{,}04^x = 1{,}5$

$e^{\ln(1{,}04)\cdot x} = e^{\ln(1{,}5)}$ ⟵ *Diesen Schritt kann man auch weglassen*

$\ln(1{,}04)\cdot x = \ln(1{,}5)$

$x = \dfrac{\ln(1{,}5)}{\ln(1{,}04)}$ \qquad oder allgemein:

$b^x = c$

$\ln(b)\cdot x = \ln(c)$

$x = \dfrac{\ln(c)}{\ln(b)}$

2.6 Exponential- und Logarithmusfunktionen

(3) Basis 10 als Alternative zur Euler'schen Zahl e

Da unser Zahlensystem auf der Basis 10 beruht, könnte man alternativ auch alle Exponentialfunktionen zur Basis b auf solche mit Basis 10 zurückführen. Im Rahmen der Differentialrechnung wird deutlich werden, warum dies nicht üblich ist. Da wissenschaftliche Taschenrechner eine eigene Taste für den Logarithmus zur Basis 10 haben (*dekadischer Logarithmus*), könnte die in Aufgabe 2b) enthaltene Exponentialgleichung auch wie folgt gelöst werden:

$$1{,}04^x = 1{,}5$$
$$(10^{\log(1{,}04)})^x = 10^{\log(1{,}5)}$$
$$10^{\log(1{,}04)\cdot x} = 10^{\log(1{,}5)}$$
$$\log(1{,}04)\cdot x = \log(1{,}5)$$
$$x = \frac{\log(1{,}5)}{\log(1{,}04)} = \frac{0{,}17609\ldots}{0{,}01703\ldots} = 10{,}338\ldots$$

(4) Logarithmengesetze

Für das Rechnen mit Logarithmen (egal zu welcher Basis) gelten folgende Gesetze:

Satz (Logarithmengesetze)

Für $b > 0$, $b \neq 1$, $u > 0$, $v > 0$, $r \in \mathbb{R}$ gilt:

statt Multiplizieren Addieren
statt Dividieren Subtrahieren
statt Potenzieren Multiplizieren

- **(L1)** $\log_b(u \cdot v) = \log_b u + \log_b v$ (für $u > 0$, $v > 0$)
- **(L2)** $\log_b \frac{u}{v} = \log_b u - \log_b v$ (für $u > 0$, $v > 0$)
- **(L3)** $\log_b u^r = r \cdot \log_b u$ (für $u > 0$, $r \in \mathbb{R}$)

Beispiele:

Statt $\log_{10}$ schreibt man lg

(1) $\ln(3 \cdot 4) = \ln(3) + \ln(4)$, $\lg(5 \cdot 8) = \lg(5) + \lg(8)$
(2) $\ln\left(\frac{8}{5}\right) = \ln(8) - \ln(5)$, $\lg\left(\frac{1}{3}\right) = \lg(1) - \lg(3) = -\lg(3)$
(3) $\ln(2^6) = 6 \cdot \ln(2)$, $\lg(3^{\frac{1}{2}}) = \frac{1}{2} \cdot \lg(3)$

(5) Zusammenhang zwischen Potenzieren, Logarithmieren und Wurzelziehen (Radizieren)

Das Bilden einer Potenz b^x nennt man auch *Potenzieren*. Man erhält dann als Ergebnis den Potenzwert.

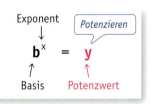

Für das Potenzieren gibt es zwei Umkehrungen:

(a) *Das Radizieren als 1. Umkehrung des Potenzierens*

Sind in der Gleichung $b^x = y$ der Exponent x und der Potenzwert y gegeben und ist die Basis b gesucht, so erhält man diese durch Wurzelziehen (*Radizieren*). Es gilt dann:
$b = y^{\frac{1}{x}}$
Beispiel: $b^4 = 81$; $b = 81^{\frac{1}{4}} = 3$

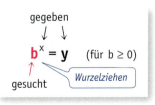

(b) *Das Logarithmieren als 2. Umkehrung des Potenzierens*

Sind in der Gleichung $b^x = y$ die Basis b und der Potenzwert y gegeben und ist der Exponent x gesucht, so erhält man diesen durch *Logarithmieren*. Man schreibt dann:
$x = \log_b y$
Beispiel: $2^x = 256$; $x = \log_2(256) = 8$

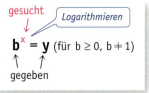

Weiterführende Aufgaben

3 Berechnen von Logarithmen zu einer beliebigen Basis

Wissenschaftliche Taschenrechner und Tabellenkalkulationsprogramme liefern die Werte des natürlichen oder dekadischen Logarithmus mit einer großen Anzahl von Dezimalstellen. Daher können mit ihrer Hilfe auch ausreichend gute Näherungswerte für Logarithmen mit beliebiger Basis berechnet werden.

Begründen Sie: $\log_b y = \frac{\ln(y)}{\ln(b)} = \frac{\lg(y)}{\lg(b)}$

4 Bestimmen der Halbwertszeit mit Logarithmen

Bei exponentiellen Zerfallsprozessen kann man ermitteln, innerhalb welcher Zeitspanne sich der Bestand jeweils halbiert hat. Diese Zeitspanne heißt Halbwertszeit.

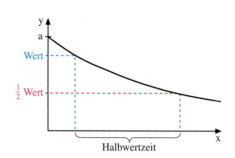

a) Begründen Sie, warum die Halbwertszeit nur von der Basis der Exponentialfunktion $y = a \cdot b^x$ abhängt, aber nicht vom Anfangsbestand a.

b) Begründen Sie den Ansatz zur Bestimmung der Halbwertszeit s und die Umformungsschritte.
Ermitteln Sie die Halbwertszeit des Prozesses mit dem Term $f(t) = 5{,}5 \cdot 0{,}63^t$.
Notieren Sie den Funktionsterm auch als Term einer e-Funktion.

c) Ermitteln Sie eine Formel, die den Bestand von Blei ^{210}Pb nach t Jahren beschreibt, wenn anfangs 3,2 g vorhanden waren. Die Halbwertszeit von ^{210}Pb beträgt 22 Jahre.

Übungsaufgaben

5 Im Bild rechts ist der Zerfall von 30 g radioaktivem Jod dargestellt.

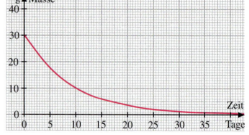

a) Stellen Sie den zugehörigen Funktionsterm auf.

b) Geben Sie den Funktionsterm auch in der Form $y = a \cdot e^{kx}$ dar.

c) Nach welcher Zeit ist weniger als 1 g vorhanden?

6 Bestimmen Sie den Funktionsterm des Graphen einer Funktion vom Typ $y = a \cdot e^{kx}$, der durch die Punkte P, Q verläuft.

(1) P(1|2), Q(2|3) (3) P(1|5), Q(6|1) (5) P(−1|3), Q(4|3)
(2) P(2|2), Q(5|5) (4) P(−3|2), Q(3|1) (6) P(−4|1), Q(−1|4)

7 Bestimmen Sie gemäß Definition (ohne Verwendung eines Taschenrechners) jeweils die Zahl für x.

a) $2^x = 16$; $3^x = 9$; $4^x = 1$
b) $3^x = \frac{1}{9}$; $2^x = \frac{1}{16}$; $5^x = \frac{1}{125}$
c) $2^x = \sqrt[3]{8}$; $3^x = \sqrt[3]{9}$; $5^x = \sqrt[5]{25}$
d) $2^x = \frac{1}{\sqrt[3]{16}}$; $3^x = \frac{1}{\sqrt[3]{9}}$; $4^x = \frac{1}{\sqrt[5]{64}}$

8 Bestimmen Sie gemäß Definition (ohne Verwendung eines Taschenrechners).

a) $\log_2 64$; $\log_2 1024$; $\log_2 1$; $\log_2 \frac{1}{8}$; $\log_2 \frac{1}{16}$; $\log_2 \frac{1}{128}$; $\log_2 \sqrt{2}$; $\log_2 2^{13}$

b) $\log_3 9$; $\log_3 1$; $\log_3 243$; $\log_3 \frac{1}{81}$; $\log_3 \frac{1}{9}$; $\log_3 3^7$; $\log_3 \sqrt{3}$; $\log_3 \sqrt{3^3}$

c) $\log_4 4$; $\log_4 16$; $\log_4 1$; $\log_4 256$; $\log_4 4^5$; $\log_4 0{,}25$; $\log_4 0{,}0625$; $\log_4 2$

2.6 Exponential- und Logarithmusfunktionen

9 Berechnen Sie gemäß Definition (ohne Verwendung eines Taschenrechners) im Kopf, zwischen welchen ganzen Zahlen der Logarithmus liegt. Argumentieren Sie.
a) $\log_2 3$ b) $\log_2 5$ c) $\log_2 \frac{1}{3}$ d) $\log_3 2$ e) $\log_4 13$; f) $\log_5 36$ g) $\log_6 99$ h) $\log_{10} 29{,}5$

10 Ein Kapital von 4000 € wird mit 4,5 % jährlich verzinst. Nach wie viel Jahren hat es sich verdoppelt [verdreifacht; vervierfacht]?

11 Wassermelonen wachsen anfangs so schnell, dass sich ihre Masse täglich um 13 % vermehrt. Nach wie viel Tagen hat eine ursprünglich 1,3 kg schwere Melone die Masse 4,6 kg?

12 Eine Bakterienart vermehrt sich so, dass sie alle 3 Tage auf das 1,5fache anwächst. Nach welcher Zeit sind aus 10 Bakterien 45 geworden?

13 Es gibt Algen, die ihre Höhe jede Woche verdoppeln können. Wie viele Wochen dauert es, bis eine 60 cm große Alge an die Oberfläche des 6,40 m tiefen Sees gelangt?

14 Bei gewissen Untersuchungen wird Patienten radioaktives Iod gegeben, das so zerfällt, dass die vorhandene Menge nach jeweils (etwa) 8 Tagen auf die Hälfte zurückgeht.
Nach wie viel Tagen sind noch 10 % [noch 1 %, noch 2 ‰] der Anfangsdosis vorhanden?

15 Ein Kapital von 2 500 € ist in 4 Jahren auf 2 868,80 € angewachsen. Nach wie vielen Jahren wären bei gleich bleibender Bedingungen 5 000 € auf dem Konto, wann 10 000 €?

16 Die Strahlung von Cäsium 137 wird durch 3,5 cm dicke Aluminiumschichten, die von Cobalt 60 erst durch 5,3 cm dicke Schichten um die Hälfte geschwächt.
a) Wie viele 2 cm dicke Platten benötigt man, wenn man die jeweilige Strahlung auf 5 % reduzieren will?
b) Welche Masse hat die jeweilige Abschirmung, wenn die Platten quadratisch mit einer Seitenlänge von 5 cm sind? Die Dichte von Aluminium beträgt $2{,}7\,\frac{g}{cm^3}$.

17
a) Ein radioaktives Präparat zerfällt so, dass die vorhandene Substanz nach jeweils 5 Tagen auf ein Drittel zurückgeht. Zu Beginn der Messung sind 12 mg vorhanden.
Welche Funktion liegt dem Zerfallsprozess zugrunde? Wie groß ist die Halbwertszeit?
b) Ein radioaktives Präparat zerfällt so, dass seine Masse jeweils in 6 Stunden um 15 % abnimmt. Ermitteln Sie die Halbwertszeit grafisch; zeichnen Sie einen geeigneten Funktionsgraphen und lesen Sie den ungefähren Wert ab.
c) Radioaktives Cäsium 137 hat eine Halbwertszeit von ca. 30 Jahren.
Welcher Anteil der anfangs vorhandenen Menge Cäsium ist nach 10 Jahren [nach 40 Jahren] noch vorhanden?

2.6.6 Logarithmusfunktionen

Aufgabe

1 Die Funktion, die einer positiven Zahl x deren natürlichen Logarithmus zuordnet, wird als ln-Funktion bezeichnet. Zeichnen Sie die Graphen der Funktionen mit $y = \ln(x)$ und $y = e^x$ in ein Koordinatensystem. Vergleichen Sie die Eigenschaften der beiden Funktionen.

Lösung

Der Graph der Logarithmusfunktion mit der Gleichung $y = \ln(x)$ geht aus dem Graphen der Exponentialfunktion $y = e^x$ durch Spiegelung an der Geraden mit der Gleichung $y = x$ hervor (wenn beide Koordinatenachsen die gleiche Skalierung haben). Durch die Spiegelung ergeben sich folgende Eigenschaften der Logarithmusfunktion mit der Gleichung $y = \ln(x)$:

Der Graph der Logarithmusfunktion $y = \ln(x)$ hat einen steigenden Verlauf und ist rechtsgekrümmt;

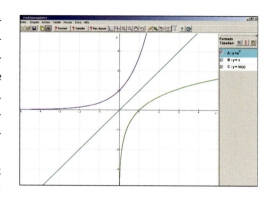

er verläuft durch den 1. und 4. Quadranten. Der Graph schmiegt sich dem negativen Teil der y-Achse an (die y-Achse ist eine Polgerade des Graphen, vgl. Seite 131).

Information

(1) Definition der Logarithmusfunktionen

> **Definition: Logarithmusfunktion**
> Die Funktion mit der Gleichung $y = \log_b x$ mit $x > 0$ heißt **Logarithmusfunktion** zur Basis b, wobei $b > 0$, $b \neq 1$.

Der Graph der Logarithmusfunktion zur Basis b entsteht durch Spiegeln des Graphen der zugehörigen Exponentialfunktion mit der Gleichung $y = b^x$ an der Geraden mit der Gleichung $y = x$. Durch die Spiegelung werden die x- und y-Koordinaten von Punkten vertauscht und die x- und y-Achse aufeinander abgebildet. Die Logarithmusfunktionen zur Basis e bzw. 10 werden kurz mit $y = \ln(x)$ bzw. $y = \lg(x)$ bezeichnet.

(2) Eigenschaften der Logarithmusfunktionen

Wegen des Zusammenhangs der Graphen der Exponentialfunktionen mit denen der entsprechenden Logarithmusfunktionen ergeben sich unmittelbar die Eigenschaften von Logarithmusfunktionen mit der Gleichung $y = \log_b x$.

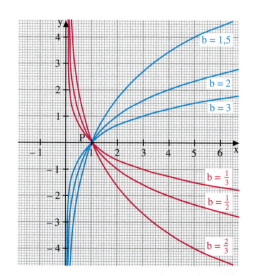

> **Satz: Eigenschaften der Logarithmusfunktionen**
> Für jede Logarithmusfunktion zu $y = \log_b x$ mit $x > 0$, $b > 0$, $b \neq 1$ gilt:
> (1) Der Graph der Funktion steigt für $b > 1$ und fällt für $0 < b < 1$.
> Er ist rechtsgekrümmt für $b < 1$ und linksgekrümmt für $0 < b < 1$.

(2) Der Graph der Funktion liegt rechts von der y-Achse. Jede reelle Zahl kommt als Funktionswert vor; es gilt
- für $b > 1$:
    $\log_b x < 0$, falls $0 < x < 1$
    $\log_b x = 0$, falls $x = 1$
    $\log_b x > 0$, falls $x > 1$
- für $0 < b < 1$:
    $\log_b x > 0$, falls $0 < x < 1$
    $\log_b x = 0$, falls $x = 1$
    $\log_b x < 0$, falls $x > 1$

(3) Der Graph schmiegt sich
- dem negativen Teil der y-Achse an für $b > 1$;
- dem positiven Teil der y-Achse an für $0 < b < 1$.

(4) Jedes Mal, wenn x mit s multipliziert wird, wird zu dem Funktionswert $\log_b x$ der Summand $\log_b s$ addiert (*Grundeigenschaft*).

(5) Alle Graphen haben den Punkt $P(1|0)$ und nur diesen Punkt gemeinsam.

Übungsaufgaben **2**

a) Zeichnen Sie für verschiedene Werte von b die Graphen von Logarithmusfunktionen mit der Gleichung $y = \log_b x$ in ein gemeinsames Koordinatensystem. Wie ändert sich der Graph, wenn man die Basis b ändert? Nennen Sie gemeinsame Eigenschaften und Unterschiede der Graphen.

b) Untersuchen Sie einen Zusammenhang von Graphen der Logarithmusfunktionen mit $y = \log_b x$ und von Exponentialfunktionen mit $y = b^x$. Wählen Sie gleiche Skalierung auf den beiden Koordinatenachsen.

3 Zeichnen Sie den Graphen der Logarithmusfunktionen im Bereich $0 < x \leq 8$.

a) $y = \log_2 x$ b) $y = \log_{\frac{1}{2}} x$ c) $y = \log_{\frac{1}{4}} x$

4 Zeichnen Sie den Graphen zu $y = \log_{\frac{1}{e}} x$. Nennen Sie Eigenschaften dieses Graphen. Begründen Sie die Eigenschaften mithilfe der entsprechenden Eigenschaften der zugehörigen Exponentialfunktion.

5 Bestimmen Sie diejenige Logarithmusfunktion mit $\log_b x$, wobei $b > 0$, deren Graph durch den Punkt P verläuft.

a) $P(8|3)$ d) $P(-13|3)$
b) $P(3|8)$ e) $P(1|0)$
c) $P(0,5|-1)$ f) $P(0,1|-6)$

6 Ordnen Sie jedem der Graphen einen Funktionsterm zu.

(1) $\log_2 x$ (3) $\log_{1,25} x$
(2) $\log_{2,5} x$ (4) $\log_{0,5} x$

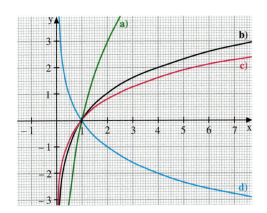

2.6.7 Exponential- und Logarithmusfunktionen in technischen Anwendungen

Aufgabe

Exponentialfunktionen

1 Der Riesenbärenklau ist eine Pflanze, die ursprünglich im Kaukasus beheimatet war und sich seit dem 19. Jahrhundert auch in Mitteleuropa ausgebreitet hat. Aufgrund ihres schnellen Wachstums stellt sie eine Gefahr für die heimischen Pflanzenarten dar und wird daher bekämpft.
Bereits 12 Wochen nach dem Keimen misst sie 1 Meter. Nach weiteren 8 Wochen hat sie oft eine Höhe von 3,20 Meter erreicht.

a) Bestimmen Sie die Funktionsgleichung für das Wachstum des Riesenbärenklaus, wenn es durch die Funktionsgleichung $f(t) = a \cdot e^{kt}$ (t in Wochen nach dem Keimen, f(t) in Metern) beschrieben werden kann.

b) Begründen Sie, dass die Funktionsgleichung $f(t) = a \cdot e^{kt}$ nur für eine begrenzte Zeit das Wachstum der Pflanze beschreiben kann.

2 Statistische Untersuchungen haben ergeben, dass die Halbwertszeit von Hyperlinks im Internet 51 Monate beträgt d.h. nach 51 Monaten ist nur noch die Hälfte der Hyperlinks gültig.
Wie viel Prozent der Hyperlinks wären demnach nach einem Jahr noch gültig?

3 Eine radioaktive Substanz zerfällt nach dem Gesetz $n(t) = n_0 \cdot e^{-\lambda t}$. Berechnen Sie die Zerfallsrate λ für die Präparate in der Tabelle.

Element	Formelzeichen	Halbwertszeit
Uran	^{235}U	704 Mio. Jahr
Plutonium	^{239}Pu	24 110 Jahr
Caesium	^{137}Cs	30,17 Jahr
Schwefel	^{35}S	87,5 Tage
Radon	^{222}Rn	3,8 Tage
Thorium	^{223}Th	0,6 s

4 Ein Abkühlungsprozess wird in Abhängigkeit von der Zeit t mit Hilfe der Funktion $f(t) = (T_0 - T_u) e^{kt} + T_u$ beschrieben werden, wobei T_0 die Anfangstemperatur und T_u die Umgebungstemperatur ist. Ein Gerichtsmediziner misst um 0 Uhr bei einer Leiche eine Körpertemperatur von 32°. Nach weiteren drei Stunden misst er 27°. Die Umgebungstemperatur beträgt 15°. Bestimmen Sie den Todeszeitpunkt.

5 Ein Kondensator wird durch eine Batterie über einen Widerstand aufgeladen. Für die Spannung des Kondensators gilt:
$U(t) = 75 (1 - e^{-0,18\,t})$,
wobei die Ladezeit t in Millisekunden (ms).

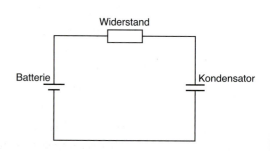

a) Wie groß ist die Spannung nach 3 ms, 13 ms und 17 ms?
b) Skizzieren Sie den Verlauf der Aufladung.
c) Nach wie viel Millisekunden hat der Kondensator eine Spannung von 60 V.

2.6 Exponential- und Logarithmusfunktionen

6 Wird ein Kondensator an eine Gleichspannung gelegt, so fließt ein Strom, der den Kondensator auflädt. Die Spannung am Kondensator verändert sich dabei nach der Funktionsgleichung $U_C(t) = U_0 \left(1 - e^{-\frac{t}{\tau}}\right)$. Dabei ist $U_C(t)$ der Spannungsverlauf am Kondensator, U_0 die Anfangsspannung, τ eine Zeitkonstante, t die Zeit als Variable.

a) Berechnen Sie für die Zeitwerte $t_0 = 0 \cdot \tau$, $t_1 = 1 \cdot \tau$, $t_2 = 2 \cdot \tau$, $t_3 = 3 \cdot \tau$, $t_4 = 4 \cdot \tau$ und $t_5 = 5 \cdot \tau$, die Spannungswerte $U_C(t)$. Die Anfangsspannung beträgt $U_0 = 10$ V.

b) Zeichnen Sie aus den errechneten Werten einen Graphen für $U_C(t)$ und beschreiben Sie den Verlauf von $U_C(t)$.

c) Auf welchen Endwert, d.h. auf welchen Wert hat sich der Kondensator nach sehr langer Zeit t ($t > 5 \cdot \tau$) aufgeladen?

d) Der Ladestrom kann mit der Funktionsgleichung $I_C(t) = I_0 \cdot e^{-\frac{t}{\tau}}$ beschrieben werden. Der Anfangsstrom I_0 beträgt 10 mA. Zeichnen Sie den Graphen für $I_C(t)$.

e) Beschreiben Sie die Zusammenhänge des Strom- und Spannungsverlaufes bei der Aufladung eines Kondensators.

7 Für einen Kondensator mit der Kapazität C = 5,7 µF und einem Widerstand R = 1 kΩ gilt für die Ladung Q die Funktion $Q(t) = U_0 \cdot C \left(1 - e^{-\frac{t}{\tau}}\right)$ und für die Stromstärke I die Funktion $I(t) = \frac{U_0}{R} \cdot e^{-\frac{t}{\tau}}$. Die Anfangsspannung U_0 beträgt 12 V und $\tau = 5{,}7$ ms.

a) Berechnen Sie die Funktionswerte für $t_0 = 0 \cdot \tau$, $t_2 = 2 \cdot \tau$, $t_3 = 3 \cdot \tau$, $t_4 = 4 \cdot \tau$ und $t_5 = 5 \cdot \tau$ und zeichnen Sie jeweils die Graphen.

b) Nach welcher Zeit hat die Ladung Q 80% des Maximalwertes erreicht?

c) Berechnen Sie die Anfangsstromstärke I_0. Auf wie viel Prozent des Anfangswertes ist die Stromstärke nach $t_3 = 3 \cdot \tau$ gesunken?

8 Im Jahr 2009 betrug die Anzahl der Internetnutzer in der Europäischen Union ca. 250 Mio. Es wird erwartet, dass die Zahl in den nächsten Jahren nicht mehr so stark wachsen wird wie in der Vergangenheit. Man geht von einem Zuwachs von 6 % jährlich aus. Ab 2013 wird er nur noch 3 % betragen.
Stellen Sie eine Funktionsgleichung auf, die die Zahl der Internetnutzer ab dem Jahr 2013 in Abhängigkeit von Jahreszahl angibt.

Logarithmische Funktionen

9 Ende des Jahres 2008 gab es in China 600 Millionen Mobilfunkanschlüsse. Die Zahl der Mobilfunkanschlüsse wächst monatlich um 1,3 %.

a) Wie viele Mobilfunkanschlüsse sind für Ende des Jahres 2015 zu erwarten?

b) Wann wird es voraussichtlich 800 Millionen Mobilfunkanschlüsse geben?

c) Bestimmen Sie die Funktionsgleichung einer Funktion, die angibt, in wie viel Monaten eine bestimmte Anzahl von Mobilfunkanschlüssen erreicht ist.

d) In China leben 2008 ca. 1,3 Mrd. Menschen. Die monatliche Wachstumsrate beträgt 0,05 %. Wie lange würde es dauern bis rechnerisch die gesamte Bevölkerung einen Mobilfunkanschluss hätte?

Pressure (engl.): Druck wird gemessen in Pa (nach dem frz. Mathematiker BLAISE PASCAL (1623–1662)

hPa = hektoPascal = 10^2 Pascal

Level (engl.): Pegel

dB (Dezibel) nach dem amerikanischen Erfinder ALEXANDER GRAHAM BELL (1847–1922)

10 Der Luftdruck nimmt in zunehmender Höhe ab. Die Höhe H lässt sich in Abhängigkeit vom Luftdruck p näherungsweise durch die Funktion $H(p) = -7\,700 \ln(p) + 53\,000$ (p in hPa und H in m) angeben. Bestimme die Höhe von Orten an denen folgender Luftdruck herrscht:
(1) 900 hPa (2) 820 hPa (3) 850 hPa

11 In der Akustik wird die Druckschwankung, die wir über das Ohr als Geräusch wahrnehmen, als *Schalldruck p* bezeichnet. Es ist eher üblich, statt des Schalldrucks den *Schalldruckpegel L_p* (engl. level) anzugeben. Dazu wird der betrachtete Schalldruck p eines Schallereignisses mit dem Schalldruck bei der Hörschwelle des menschlichen Gehörs p_0 verglichen ($p_0 = 2 \cdot 10^{-5}$ Pa).
Der Schalldruckpegel ist definiert als der 10-fache Logarithmus des Quadrats des Quotienten $\frac{p}{p_0}$:
$L_p = 10 \cdot \log_{10}\left(\frac{p}{p_0}\right)^2 = 20 \cdot \log_{10}\left(\frac{p}{p_0}\right)$; die Einheit ist Dezibel (dB).

a) Ein 30 m entferntes Düsenflugzeug erzeugt den Schalldruck p = 630 Pa.
   Bestimmen Sie den zugehörigen Schalldruckpegel L_p.
b) Geräusche, die oberhalb Schmerzschwelle von L_p = 134 dB liegen, verursachen gesundheitliche Schäden.
   Bestimmen Sie den zugehörigen Schalldruck p.
c) Skizzieren Sie den Graphen der Funktion $L_p(p)$. Wo liegt die Nullstelle der Funktion?
d) In vielen Fachbüchern findet man folgende Grafik. Erläutern Sie die Achsenbeschriftung.
e) Übertragen Sie die Grafik aus Teilaufgabe d) in Ihr Heft und markieren Sie folgende Punkte:
   (1) Gewehrschuss in 1 m Entfernung: 200 *Pa*,
   (2) Hauptverkehrsstraße in 10 m Entfernung: 80 *dB*,
   (3) Fernseher auf Zimmerlautstärke in 1 m Entfernung: 0,02 *Pa*,
   (4) normales Sprechen: 50 *dB*.
f) Die Gesundheitsminister der Länder beschlossen 2005, dass der Schalldruckpegel im lautesten Bereich von Diskotheken unter 100 *dB* liegen sollte. Zur Überprüfung wurden in 20 bayerischen Diskotheken die Maximalwerte des Schalldruckpegels gemessen.
   Erläutern Sie die grafische Darstellung.

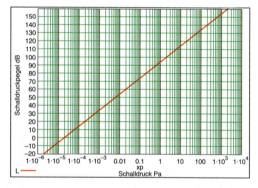

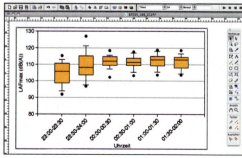

2.7 Trigonometrische Funktionen

2.7.1 Sinus, Kosinus und Tangens im rechtwinkligen Dreieck – Wiederholung

Information

(1) In **rechtwinkligen** Dreiecken gilt:

In rechtwinkligen Dreiecken hängt das Verhältnis zweier Seitenlängen nicht von der Größe des Dreiecks ab, sondern nur von den Größen der beiden spitzen Winkel.
Die folgenden Verhältnisse haben bestimmte Namen erhalten.

Sinus eines Winkels = $\dfrac{\text{Länge der Gegenkathete des Winkels}}{\text{Länge der Hypotenuse}}$

Kosinus eines Winkels = $\dfrac{\text{Länge der Ankathete des Winkels}}{\text{Länge der Hypotenuse}}$

Tangens eines Winkels = $\dfrac{\text{Länge der Gegenkathete des Winkels}}{\text{Länge der Ankathete des Winkels}}$

Beispiel: Für das Dreieck ABC mit $\gamma = 90°$ gilt: $\sin\alpha = \dfrac{a}{c}$; $\cos\alpha = \dfrac{b}{c}$; $\tan\alpha = \dfrac{a}{b}$.

(2) Bei **beliebigen** Dreiecken kann man wie folgt vorgehen.

Strategie zur Berechnung von Stücken eines beliebigen Dreiecks
Durch Einzeichnen einer geeigneten Höhe zerlegt man das gegebene Dreieck in rechtwinklige Dreiecke oder ergänzt es zu einem rechtwinkligen Dreieck. Man wählt die Höhe so, dass in einem der beiden Teildreiecke zwei Stücke gegeben sind.

Bei den Berechnungen muss man hierbei häufig auch den Satz des Pythagoras verwenden.

(3) **Einsparen von Klammern**
Zur Verdeutlichung der funktionalen Abhängigkeit eines Sinuswertes vom Winkel β könnte man Klammern setzen: sin (β), gelesen: *Sinus von β*.
Obwohl etliche Taschenrechner diese Klammern fordern, verzichten wir darauf, sie zu setzen, wenn keine Missverständnisse durch ihr Fehlen entstehen.

Aufgabe

1 Wie hoch reicht die Leiter an der Wand?
Wie weit steht die Leiter von der Wand ab?

Lösung

Vom Dreieck sind gegeben: ein Winkel und die Hypotenuse. Daher können Sinus und Kosinus dazu verwendet werden, die fehlenden Seitenlängen im Dreieck zu bestimmen:

$\sin 31° = \dfrac{\text{Abstand der Leiter}}{3\text{ m}}$ und $\cos 31° = \dfrac{\text{Höhe der Leiter an der Wand}}{3\text{ m}}$

also Abstand der Leiter von der Wand = $3\text{ m} \cdot \sin 31° \approx 1{,}545\text{ m}$
      Höhe der Leiter an der Wand = $3\text{ m} \cdot \cos 31° \approx 2{,}572\text{ m}$

Übungsaufgaben **2**

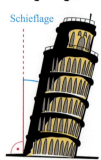

Im Internet findet man folgende Daten für die schiefen Türme der Welt:

Schiefer Turm von Pisa in Italien:
54 m hoch, Schieflage 4,43°, Durchmesser 12 m

Kirchturm in Suurhausen in Ostfriesland:
Höhe 27,37 m; Überhang am Dachfirst 2,47 m, Fläche 11 m x 11 m.

a) Welcher Turm weist eine größere Schieflage auf?
b) Berechnen Sie den Unterschied der beiden Längen des Kirchturms in Suurhausen vom Boden bis zum Dachfirst.

3
a) Wie hoch ist das Gebäude?
b) Das Gebäude ist insgesamt 11 m hoch. Unter welchen Winkeln sind die Dachsparren geneigt? Wie lang ist der andere Dachsparren?

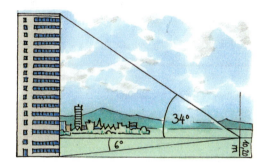
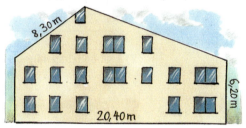

4 Berechnen Sie die fehlenden Längen in dem Dreieck ABC.

a)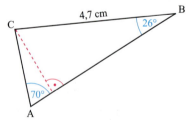
b)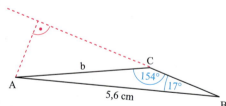

5 Eine quadratische Pyramide mit einer Seitenlänge von 20 m hat 16 m lange Seitenkanten. Berechnen Sie

(1) den Winkel, den die Seitenkanten mit der Grundfläche bilden, und

(2) den Winkel, den die Seitenflächen mit der Grundfläche bilden.

6 Berechnen Sie alle Innenwinkel des Dreiecks ABC mit A(2|0), B(4|3) und C(3|5).

7 Bei Geraden im Koordinatensystem kann man Steigungsdreiecke einzeichnen.
Stellen Sie eine Tabelle auf:
Welchen Steigungswinkel hat eine Gerade mit Steigung m, wobei
m = 0,1; 0,2; ...; 1; 1,2; 1,4; ...; 2; 3; ...; 10?

2.7.2 Sinus und Kosinus am Einheitskreis

Aufgabe

1 Der Arm eines Industrieroboters ist so gelagert, dass er eine Bewegung auf einem Kreis mit dem Radius 1 (gemessen in m) um einen Mittelpunkt M ausführen kann.

In der Ebene, in der dieser Kreis liegt, wählen wir ein Koordinatensystem so, dass der Mittelpunkt des Kreises im Koordinatenursprung liegt.

Dann kann man die Position P des Endpunktes in einfacher Weise mithilfe von Koordinaten beschreiben.

Gesucht ist die Abhängigkeit der Position P vom Drehwinkel α des Armes gegenüber (dem positiven Teil) der Rechtsachse des Koordinatensystems.

a) Zeichnen Sie den Graphen der Funktion, die jedem Drehwinkel α von 0° bis 360° die Höhe der Position P über der Rechtsachse (also die 2. Koordinate v von P) zuordnet.

b) Zeichnen Sie den entsprechenden Graphen für die 1. Koordinate u von P.

c) Beschreiben Sie die Funktionen für Winkel von 0° bis 90° jeweils durch eine Formel.

Lösung

a) Die 2. Koordinate eines Punktes P kann direkt in den Graphen übertragen werden.

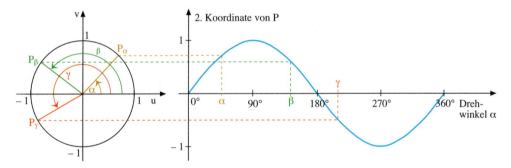

b) Die 1. Koordinate eines Punktes P kann auf der Rechtsachse abgelesen werden. Um sie direkt in den Graphen zu übertragen, müssen wir die 1. Koordinate zunächst auf die Hochachse übertragen.

Dazu zeichnen wir einen Viertelkreis von der 1. Koordinate auf der Rechtsachse bis zur Hochachse.

Der Wert, an dem der Viertelkreis auf die Hochachse trifft, kann nun direkt in den Graphen als 2. Koordinate übertragen werden.

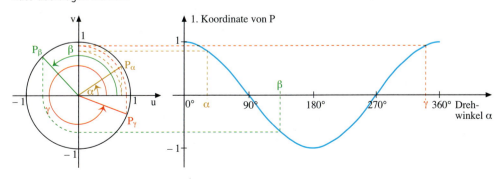

$\sin \alpha = \frac{\text{Gegenkathete}}{\text{Hypotenuse}}$

$\cos \alpha = \frac{\text{Ankathete}}{\text{Hypotenuse}}$

c) Wir betrachten im 1. Quadranten einen Punkt P auf dem Kreis mit dem Radius 1 um den Ursprung O(0|0). Die Koordinaten dieses Punktes P können wir mithilfe des eingezeichneten rechtwinkligen Dreiecks berechnen.

Für die 1. Koordinate u gilt: $\frac{u}{1} = \cos \alpha$, also: $u = \cos \alpha$

Entsprechend erhält man für die 2. Koordinate: $v = \sin \alpha$

Die Funktion *Drehwinkel $\alpha \to$ 1. Koordinate von P* wird also durch die Formel $u = \cos \alpha$ und die Funktion *Drehwinkel $\alpha \to$ 2. Koordinate von P* durch die Formel $v = \sin \alpha$ beschrieben.

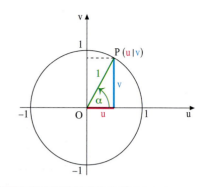

Information

(1) Koordinaten eines Punktes auf dem Einheitskreis für $0° \leq \alpha \leq 360°$

Den Kreis mit Radius 1 um den Ursprung O(0|0) nennt man kurz *Einheitskreis*.

Die in der Lösung c) oben vorgenommene Deutung des Sinus und des Kosinus im 1. Quadranten am Einheitskreis übertragen wir nun auf den ganzen Einheitskreis:

Auch wenn der Punkt P auf dem Teil des Einheitskreises nicht im 1. Quadranten liegt, soll seine 1. Koordinate $\cos \alpha$ und seine 2. Koordinate $\sin \alpha$ sein, wobei α der Winkel zwischen der Halbgeraden $\overline{OP}$ und der positiven Rechtsachse ist.

Für Winkel α von 0° bis 360° gilt also:

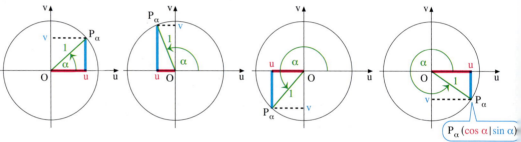

Beispiele für besondere Winkelwerte:

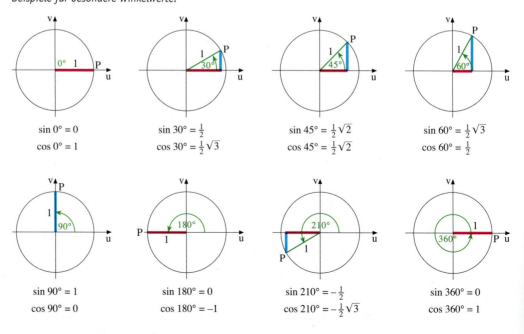

(2) Winkelgrößen über 360° und negative Winkelgrößen

Den Roboterarm in Aufgabe 1 auf Seite 169 haben wir linksherum (d.h. entgegen dem Uhrzeigersinn, auch mathematisch positiv genannt) bis zu seiner Endposition gedreht. Für den Drehwinkel α gilt dann 0° ≤ α ≤ 360°.

Wir können den Roboterarm auch über eine Volldrehung (360°) hinaus weiterdrehen. Den Drehwinkel α geben wir dann durch Winkelgrößen über 360° an.

Für eine Drehung rechtsherum (d.h. im Uhrzeigersinn, auch mathematisch negativ genannt) verwenden wir Winkelgrößen mit negativer Maßzahl.

Am Einheitskreis können wir das so veranschaulichen:

In Bild (1) bildet der Zeiger mit (dem positiven Teil) der Rechtsachse einen Winkel von 40°. Der Zeiger hat diese Lage durch eine Volldrehung und zusätzlich eine Drehung um 40°, also insgesamt durch eine Drehung um 400° linksherum erreicht: 360° + 40° = 400°.

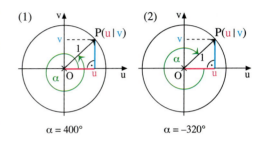

Dreht man den Zeiger rechtsherum, also im Uhrzeigersinn (mathematisch negativ genannt), so gibt man den Drehwinkel durch eine negative Maßzahl an, z.B. – 320° in Bild (2).

Damit können wir nun den Sinus und den Kosinus von beliebigen Winkelgrößen definieren.

Definition

Gegeben ist ein beliebiger Winkel α mit dem Scheitelpunkt im Koordinatenursprung und dem 1. Schenkel auf (dem positiven Teil) der Rechtsachse des Koordinatensystems. Der 2. Schenkel schneidet den Einheitskreis in einem Punkt $P_α(u|v)$. Mithilfe der Koordinaten von $P_α$ wird festgelegt:

$\sin α = v; \quad \cos α = u$

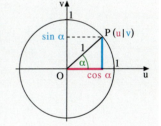

(3) Graphen zu den Funktionen mit y = sin α und y = cos α

Definition

Der Graph der Funktion mit der Gleichung y = sin α heißt **Sinuskurve**.

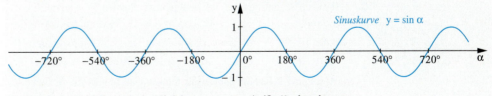

Der Graph der Funktion mit der Gleichung y = cos α heißt **Kosinuskurve**.

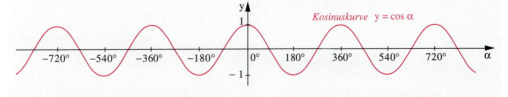

Die Sinuskurve und die Kosinuskurve haben die Periode 360°.

Übungsaufgaben **2** Der Rückstrahler eines sich gleichmäßig drehenden Fahrradpedals zeigt bei Betrachtung von hinten eine besondere Auf- und Abbewegung. Diese Bewegung soll durch ein mathematisches Modell untersucht werden. Anstelle des Fahrradpedals betrachten wir einen Zeiger der Länge r. Er dreht sich um einen Mittelpunkt M mit gleich bleibender Geschwindigkeit. Beleuchtet man den Zeiger von der linken Seite (Ansicht des Pedals von hinten), so entsteht an der Wand ein Schatten des Zeigers. Die Länge v des Schattens ist dabei abhängig von der Größe α des Drehwinkels des Zeigers.

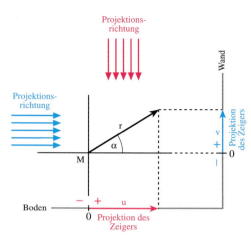

a) Zeichnen Sie den Graphen der Funktion, die jeder Größe α des Drehwinkels die Länge v des Schattens an der Wand zuordnet. Zeigt die Pfeilspitze des Schattens nach oben, so wählen wir v positiv, sonst negativ.

b) Beschreiben Sie die Funktion im Bereich 0° ≤ α ≤ 90° durch eine Gleichung.

c) Betrachten Sie nun eine Beleuchtung von oben (Ansicht des Fahrradpedals von oben). Zeichne den Graphen der Funktion, die jeder Größe α des Drehwinkels die Schattenlänge u auf dem Boden zuordnet. Zeigt die Pfeilspitze nach rechts, so wählen wir u positiv, sonst negativ. Beschreiben Sie die Funktion im Bereich 0° ≤ α ≤ 90° durch eine Gleichung.

3 Bestimmen Sie zeichnerisch am Einheitskreis (r = 1 dm) auf Hundertstel.

a) sin 75° b) sin 156° c) sin 214° d) sin 281° e) sin 349° f) sin 415°
   cos 75°   cos 156°   cos 214°   cos 281°   cos 349°   cos 415°

4 Bestimmen Sie am Einheitskreis die Winkelgrößen aus dem Bereich 0° ≤ α ≤ 360°, für die gilt:

a) sin α = 0,24 b) cos α = 0,75 c) sin α ≥ 0,35 d) cos α ≥ 0,65
   sin α = –0,56   cos α = –0,32   sin α ≤ –0,45   cos α ≤ –0,45

5 Bestimmen Sie die Winkelgrößen im Bereich 0° ≤ α ≤ 360°, für die gilt:

a) cos α = 0 b) sin α = 1 c) cos α = –1 d) sin α = –1 e) cos α = 1

6 Bestimmen Sie mithilfe des Taschenrechners. Runden Sie sinnvoll.

a) sin 119,5° b) sin (–202,8°) c) sin 775,4° d) –sin (–358,1°)
   cos 254,5°   cos (–153,1°)   cos (–514,6°)   –cos (–261,5°)

7 Zu dem Punkt P_α gehört der jeweils angegebene Drehwinkel α. Durch welche Winkelgröße α aus dem Bereich 0° ≤ α ≤ 360° wird dieselbe Lage des Punktes P_α beschrieben?

a) α = 768°   b) α = 920°   c) α = 973°   d) α = –82°   e) α = –138°   f) α = –333°
   α = 432°   α = 860°   α = 1217°   α = –64°   α = –218°   α = –614°

8 Skizzieren Sie die Sinuskurve [Kosinuskurve] im Bereich –360° ≤ α ≤ 720°.

9 Für welche Winkelgrößen α im Bereich 0° ≤ α ≤ 360° gilt jeweils:

a) sin α > 0 b) cos α < 0 c) sin α > 0 und cos α > 0 d) sin α > 0 und cos α < 0

2.7.3 Bogenmaß eines Winkels

Bislang haben wir die Größe von Winkeln im Gradmaß in der Einheit ° gemessen. Jetzt soll die Größe von Winkeln mithilfe reeller Zahlen angegeben werden.

Aufgabe

1 Berechnen der Größe eines Winkels aus der Bogenlänge

Ein Schweißroboter soll für das Herstellen zweier kreisförmiger Schweißnähte programmiert werden. Die Schweißnähte sollen dabei auf Kreisbögen mit den Radien $r_1 = 1$ m und $r_2 = 1,5$ m liegen und eine Bogenlänge von $b_1 = 0,48$ m bzw. $b_2 = 0,72$ m haben.
Welcher Drehwinkel muss für den Roboterarm jeweils programmiert werden?

Lösung

Für die zu einer Kreisbogenlänge b_α gehörende Winkelgröße α gilt:

$b_\alpha = 2\pi r \cdot \frac{\alpha}{360°}$,

also:

$\alpha = \frac{b_\alpha \cdot 360°}{2\pi r} = \frac{b_\alpha \cdot 180°}{\pi r}$

Damit folgt:

$\alpha_1 = \frac{0,48 \text{ m} \cdot 180°}{\pi \cdot 1 \text{ m}} = 27,50\ldots° \approx 27,5°$ und

$\alpha_2 = \frac{0,72 \text{ m} \cdot 180°}{\pi \cdot 1,5 \text{ m}} = 27,50\ldots° \approx 27,5°$

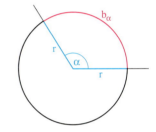

Information

Größen kann man in verschiedenen Einheiten messen:

Länge:
Meter ↔ inch

Temperatur:
Grad Celsius
↔
Grad Fahrenheit

Winkel:
Gradmaß
↔
Bogenmaß

Bogenmaß eines Winkels

In Aufgabe 1 haben wir beide Male als Winkelgröße 27,5° erhalten. Dies liegt daran, dass der Radius r_2 genau 1,5-mal so groß wie der Radius r_1 und auch die Bogenlänge b_2 genau 1,5-mal so groß wie die Bogenlänge b_1 ist.

Formt man die Formel $\alpha = \frac{b_\alpha \cdot 180°}{\pi r}$ um in $\frac{b_\alpha}{r} = \alpha \cdot \frac{\pi}{180°}$,

so sieht man, dass das Verhältnis $\frac{b_\alpha}{r}$ aus Bogenlänge b_α und Radius r nur von der Winkelgröße α abhängt, denn π und 180° sind Konstanten.

Das Verhältnis $\frac{b_\alpha}{r}$ können wir daher auch dazu verwenden, um die Größe eines Winkels anzugeben.

Man nennt es das *Bogenmaß* des Winkels α. Das Bogenmaß eines Winkels ist eine reelle Zahl.

Bisher haben wir die Größe eines Winkels in der Einheit Grad angegeben, also im so genannten Gradmaß.
Mit der Formel $\frac{b_\alpha}{r} = \alpha \cdot \frac{\pi}{180°}$ können wir jede Winkelgröße, die im Gradmaß angegeben ist, in das Bogenmaß umrechnen und umgekehrt.

Definition

Das Verhältnis $\frac{b_\alpha}{r}$ aus der Länge b_α des Kreisbogens und dem Radius r heißt das **Bogenmaß** des Winkels α.

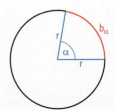

> Das Bogenmaß ist eine reelle Zahl!

Satz
(1) Zu dem Gradmaß α eines Winkels gehört das Bogenmaß $x = \alpha \cdot \frac{\pi}{180°}$.
(2) Zu dem Bogenmaß x eines Winkels gehört das Gradmaß $\alpha = x \cdot \frac{180°}{\pi}$.

Beispiele: α = 152°
$x = \alpha \cdot \frac{\pi}{180°} = 152° \cdot \frac{\pi}{180°} \approx 2{,}65$ x = 5,1
$\alpha = x \cdot \frac{180°}{\pi} = 5{,}1 \cdot \frac{180°}{\pi} \approx 292{,}2°$

Aufgabe

2 Umrechnen vom Gradmaß in das Bogenmaß
Geben Sie für –90°, 0°, 30°, 45°, 60°, 90°, 180°, 270°, 360° und 720° den Zusammenhang zwischen Gradmaß und Bogenmaß an.

Lösung

Sie könnten das Gradmaß für jede einzelne Winkelgröße mithilfe der Formel $x = \alpha \cdot \frac{\pi}{180°}$ berechnen.
Einfacher ist jedoch folgendes Vorgehen:
Zu dem Gradmaß α = 360° eines Winkels gehört das Bogenmaß x = 2π, zu dem Gradmaß 180° gehört das Bogenmaß π, …
Da die Zuordnung zwischen Gradmaß und Bogenmaß proportional ist, erhalten wir:

Gradmaß	–90°	0°	30°	45°	60°	90°	180°	270°	360°	720°
Bogenmaß	$-\frac{\pi}{2}$	0	$\frac{\pi}{6}$	$\frac{\pi}{4}$	$\frac{\pi}{3}$	$\frac{\pi}{2}$	π	$\frac{3}{2}\pi$	2π	4π

> 360° entspricht 2π

Information

Verschiedene Winkelmaße beim Taschenrechner
Der Taschenrechner kann neben dem bisher verwendeten Gradmaß auch das Bogenmaß für Berechnungen verwenden. Dazu muss er aber auf das Bogenmaß umgeschaltet werden. Für das Gradmaß wird dabei die Abkürzung DEG (Degree) und für das Bogenmaß die Abkürzung RAD (Radiant) verwandt. Weitere Winkelmaße, die der Taschenrechner verarbeiten kann, sind für uns ohne Bedeutung.
Auch Tabellenkalkulationsprogramme verwenden das Bogenmaß für Winkelgrößen.

Übungsaufgaben

3 Zur Kontrolle des Winkels einer neu gebauten Diskuswurf-Anlage wird sowohl der Bogen auf dem Wurfkreis gemessen als auch auf der des 50 m-Weitenkreises im Wurfsektor: 0,87 m bzw. 28,50 m.
Überlegen Sie, warum es leichter ist, diese Größen statt der Winkelgröße direkt zu messen. Berechnen Sie dann die Größe des Winkels.

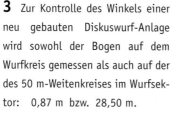

Diskuswerfen
Der Diskus ist eine mit Metall eingefasste Hartholz- oder Metallscheibe, die aus einem Wurfkreis mit 2,50 Meter Durchmesser in das gekennzeichnete Wurffeld geworfen wird.
Der Wurfkreis wird durch eine Metallumrandung oder eine weiße Linie markiert. Vom Mittelpunkt des Kreises führen in einem 40-Grad-Winkel zwei gerade Linien nach vorne und begrenzen somit einen Sektor, in dem alle gültigen Würfe landen müssen. Die Messung der Würfe erfolgt auf einer geraden Linie durch den Kreismittelpunkt von der Auftreffstelle zur Innenkante der Kreisumrandung.

4
a) Gegeben sind Winkelgrößen im Gradmaß. Berechnen Sie jeweils das zugehörige Bogenmaß.
   (1) 37°; 109°; 348°; 258°; 17,5°; 339,8°; 127,1°   (2) –55°; 456°; –125°; –518°; –256,8°
b) Gegeben sind Winkelgrößen im Bogenmaß. Berechnen Sie jeweils das zugehörige Gradmaß.
   (1) 2,67; 5,14; 0,5; –3,25; 23,6; –1,3; 20,4   (2) $\frac{3}{2}\pi$; $\frac{\pi}{4}$; $\frac{5}{4}\pi$; $-\frac{7}{4}\pi$; $-\frac{3}{8}\pi$; $-\frac{5}{8}\pi$; $\frac{7}{8}\pi$; $-\frac{\pi}{6}$

2.7.4 Definition und Eigenschaften der Sinusfunktion

Information

Definition der Sinusfunktion

Die Sinusfunktion kann auch für Winkelgrößen im Bogenmaß definiert werden. In der grafischen Darstellung wird dazu das Gradmaß an der Rechtsachse durch das Bogenmaß ersetzt. Die Werte an der Rechtsachse sind dann reelle Zahlen.

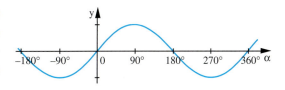

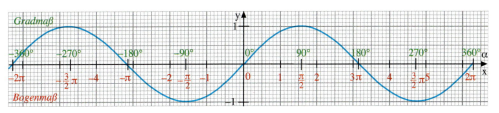

Definition

Die Funktion mit der Gleichung $y = \sin x$ und $\mathbb{R}$ (bzw. einer Teilmenge von $\mathbb{R}$) als Definitionsmenge heißt **Sinusfunktion**. Ihr Graph heißt auch *Sinuskurve*.

Graph der Sinusfunktion:

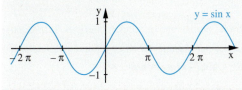

Die Wertemenge ist jeweils die Menge aller reellen Zahlen, für die gilt: $-1 \leq y \leq 1$.

Satz

Die Sinusfunktion ist eine periodische Funktion mit der Periode 2π:

$$\sin(x + 2\pi) = \sin x$$

Besondere Werte: $\sin 0 = 0 \quad \sin \frac{\pi}{2} = 1 \quad \sin \pi = 0 \quad \sin \frac{3}{2}\pi = -1 \quad \sin 2\pi = 0$

Aufgabe

1

a) Zeichnen Sie den Graphen der Sinusfunktion und untersuchen Sie sie auf Symmetrie.

b) Geben Sie die Nullstellen der Funktion an.

Lösung

a) Wir können nur einen kleinen Ausschnitt des Graphen der Sinusfunktion zeichnen.

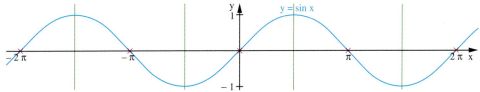

Die rot markierten Punkte sind Symmetriepunkte. Die grünen Geraden sind Symmetrieachsen.

b) Die Sinusfunktion hat zwischen 0 und 2π die Nullstellen 0; π; 2π. Wegen der Periode 2π hat sie in $\mathbb{R}$ unendlich viele Nullstellen, z. B. $-3\pi, -2\pi, -\pi, 0, \pi, 2\pi, 3\pi$; allgemein $k \cdot \pi$ mit $k \in \mathbb{Z}$.

Menge der ganzen Zahlen:
$\mathbb{Z} = \{..., -2, -1, 0, 1, 2, ...\}$

Information

(1) Der Graph der Sinusfunktion ist punktsymmetrisch zu allen Punkten, an denen der Graph die x-Achse schneidet, insbesondere auch zum Koordinatenursprung 0.

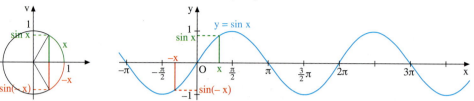

Bezüglich des Koordinatenursprungs O(0|0) gilt also: sin(−x) = −sin x

(2) Der Graph der Sinusfunktion ist achsensymmetrisch zu allen zur y-Achse parallelen Geraden, die durch einen Hoch- oder Tiefpunkt des Graphen verlaufen.

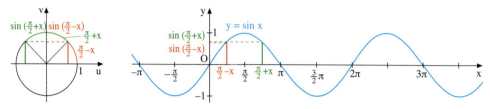

Bezüglich des Hochpunktes H$\left(\frac{\pi}{2}\middle|1\right)$ gilt also beispielsweise: $\sin\left(\frac{\pi}{2} + x\right) = \sin\left(\frac{\pi}{2} - x\right)$

> **Satz**
>
> Der Graph der Sinusfunktion ist punkt- und achsensymmetrisch. Insbesondere gilt:
>
> Der Graph der Sinusfunktion ist punktsymmetrisch zum Koordinatenursprung.
>
> Für alle Winkelgrößen x gilt: **sin(−x) = −sin x**

Übungsaufgaben

2
a) Zeichnen Sie den Graphen der Sinusfunktion im Intervall [0; 2π] mithilfe einer Tabellenkalkulation.
b) Erläutern Sie den Unterschied zwischen
  (1) sin 1 und sin x = 1   (2) sin(−0,5) und sin x = −0,5   (3) sin 2 und sin x = 2
c) Wie viele Lösungen hat die Gleichung   (1) sin x = −1   (2) sin x = 0,5   (3) sin x = $\sqrt{2}$

3 Analog zur Definition der Sinusfunktion kann die der Kosinusfunktion erfolgen.

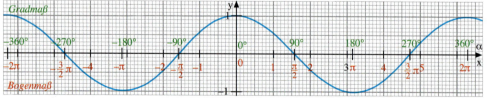

Erläutern Sie, welche Eigenschaften man an dem abgebildeten Graphen ablesen kann.
Geben Sie insbesondere an: (1) Symmetrieeigenschaften   (2) Nullstellen

4 Hier kann man exakte Werte für x angeben. Begründen Sie.
a) sin x = 1   c) sin x = $\frac{1}{2}\sqrt{2}$ e) cos x = 0   g) cos x = $\frac{1}{2}$
b) sin x = 0   d) sin x = $\frac{1}{2}$ f) cos x = −$\sqrt{1}$ h) cos x = −$\frac{1}{2}\sqrt{3}$

2.7.5 Strecken des Graphen der Sinus- und Kosinusfunktion

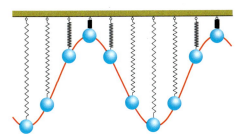

Die Bilder zeigen Bewegungen verschiedener auf- und abschwingender Kugeln. Es ergeben sich Graphen, die denen der Sinus- und Kosinusfunktion sehr ähnlich sind. Im Vergleich zur Sinusfunktion sind sie in Richtung der x- und y-Achse gestreckt oder gestaucht und in Richtung der x- und y-Achse verschoben.

Solche Funktionen werden auch als *allgemeine Sinus- und Kosinusfunktionen* bezeichnet.

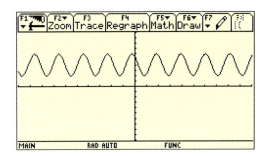

Aufgabe

1 Strecken parallel zur y-Achse

Zeichnen Sie den Graphen der Sinusfunktion mit $y = \sin x$ im Bereich $-2\pi \leq x \leq 2\pi$.

a) Strecken Sie den Graphen der Sinusfunktion von der x-Achse aus parallel zur y-Achse mit dem Faktor 2. Erstellen Sie auch die Funktionsgleichung der zugehörigen Funktion.

b) Strecken Sie den Graphen der Sinusfunktion von der x-Achse aus parallel zur y-Achse mit dem Faktor $\frac{1}{2}$ und erstellen Sie die Funktionsgleichung.

c) Vergleichen Sie die gestreckten Graphen mit dem Graphen der Sinusfunktion.

Lösung

a) Das Strecken der Sinuskurve parallel zur y-Achse mit dem Faktor 2 bedeutet, dass die y-Koordinate jedes Punktes verdoppelt wird, während die x-Koordinate beibehalten wird.

Graph:

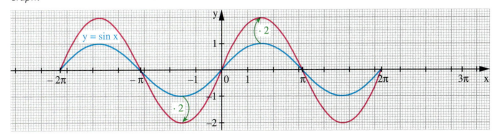

Wertetabelle (mit gerundeten Werten):

x	-2π	$-\frac{7}{4}\pi$	$-\frac{3}{2}\pi$	$-\frac{5}{4}\pi$	$-\pi$	$-\frac{3}{4}\pi$	$-\frac{\pi}{2}$	$-\frac{\pi}{4}$	0	$\frac{\pi}{4}$	$\frac{\pi}{2}$	$\frac{3}{4}\pi$	π	$\frac{5}{4}\pi$	$\frac{3}{2}\pi$	$\frac{7}{4}\pi$	2π
sin x	0	0,7	1	0,7	0	−0,7	−1	−0,7	0	0,7	1	0,7	0	−0,7	−1	−0,7	0
2 · sin x	0	1,4	2	1,4	0	−1,4	−2	−1,4	0	1,4	2	1,4	0	−1,4	−2	−1,4	0

Die Funktionsgleichung zum gestreckten Graphen lautet somit $y = 2 \cdot \sin x$.

b) Entsprechend wird beim Strecken des Graphen der Sinusfunktion von der x-Achse aus parallel zur y-Achse mit dem Faktor $\frac{1}{2}$ die y-Koordinate jedes Punktes mit dem Faktor $\frac{1}{2}$ multipliziert.
Graph:

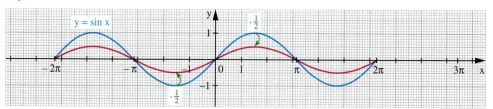

Wertetabelle (mit gerundeten Werten):

x	-2π	$-\frac{7}{4}\pi$	$-\frac{3}{2}\pi$	$-\frac{5}{4}\pi$	$-\pi$	$-\frac{3}{4}\pi$	$-\frac{\pi}{2}$	$-\frac{\pi}{4}$	0	$\frac{\pi}{4}$	$\frac{\pi}{2}$	$\frac{3}{4}\pi$	π	$\frac{5}{4}\pi$	$\frac{3}{2}\pi$	$\frac{7}{4}\pi$	2π
sin x	0	0,7	1	0,7	0	$-0,7$	-1	$-0,7$	0	0,7	1	0,7	0	$-0,7$	-1	$-0,7$	0
$\frac{1}{2} \cdot$ sin x	0	0,35	0,5	0,35	0	$-0,35$	$-\frac{1}{2}$	$-0,35$	0	0,35	$\frac{1}{2}$	0,35	0	$-0,35$	$-0,5$	$-0,35$	0

Die Funktionsgleichung zum gestreckten Graphen lautet somit
$y = \frac{1}{2} \cdot \sin x$.

c) Wir vergleichen die gestreckten Graphen mit dem der Sinusfunktion. Sie besitzen
– dieselben Nullstellen: $-2\pi, \pi, 0, \pi, 2\pi, \ldots$
– dieselben Bereiche, in denen sie steigen bzw. fallen.
– dieselbe Periode 2π.

Beide Funktionen unterscheiden sich bei dem größten und kleinsten Funktionswert und folglich bei den Wertemengen:

Funktion zu	größter Funktionswert	kleinster Funktionswert	Wertemenge
$y = \sin x$	1	-1	$-1 \leq y \leq 1$
$y = 2 \cdot \sin x$	2	-2	$-2 \leq y \leq 2$
$y = \frac{1}{2} \cdot \sin x$	$\frac{1}{2}$	$-\frac{1}{2}$	$-\frac{1}{2} \leq y \leq \frac{1}{2}$

Information

Amplitude (lat.):
Physik:
Schwingungsweite
Math:
größter absoluter
Funktionswert einer
periodischen Funktion

Durch Strecken des Graphen der Sinusfunktion parallel zur y-Achse erhält man Graphen zur Beschreibung der Bewegung von Kugeln, deren maximale Auslenkung verschieden ist.

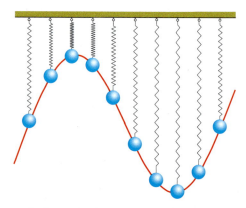

Die maximale Auslenkung aus der Nulllage bezeichnet man auch als *Amplitude*.

2.7 Trigonometrische Funktionen

Eigenschaften der Funktionen mit $y = a \cdot \sin x$ mit $a > 0$

(1) Der Graph entsteht durch Strecken mit dem Faktor a parallel zur y-Achse aus dem Graphen der Sinusfunktion mit $y = \sin x$.
(2) Die Periode ist 2π.
(3) Der größte Funktionswert ist a, der kleinste $-a$. Die Wertemenge ist die Menge aller reellen Zahlen y mit $-a \leq y \leq a$.
(4) Nullstellen sind $\ldots, -4\pi, -3\pi, -2\pi, -\pi, 0, \pi, 2\pi, 3\pi, 4\pi, \ldots$,
allgemein $k \cdot \pi$ mit $k \in \mathbb{Z}$.

Hinweis: Man spricht in der Mathematik auch von Streckung, wenn der positive Streckfaktor kleiner als 1 ist, also eine Stauchung vorliegt.

Aufgabe

2 Strecken parallel zur x-Achse

Zeichnen Sie den Graphen der Sinusfunktion mit $y = \sin x$ im Bereich $0 \leq x \leq 2\pi$.

a) Strecken Sie den Graphen der Sinusfunktion von der y-Achse aus parallel zur x-Achse mit dem Faktor 2. Erstellen Sie auch die Funktionsgleichung der zugehörigen Funktion.
b) Strecken Sie den Graphen der Sinusfunktion von der y-Achse aus parallel zur x-Achse mit dem Faktor $\frac{1}{2}$ und erstellen Sie die Funktionsgleichung.
c) Vergleichen Sie die gestreckten Graphen mit dem der Sinusfunktion.

Lösung

a) Entsprechend zum Strecken parallel zur y-Achse bedeutet das Strecken parallel zur x-Achse mit dem Faktor 2, dass die x-Koordinate jedes Punktes verdoppelt wird, während die y-Koordinate beibehalten wird.

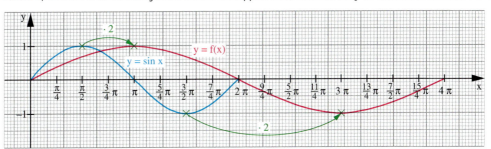

Am Graphen erkennen wir:

Die neue Funktion f hat an der Stelle x denselben Wert wie die Sinusfunktion an der Stelle $\frac{x}{2}$.

Es gilt also:

$y = \sin \frac{x}{2}$ mit $0 \leq x \leq 4\pi$

Eine Wertetabelle bestätigt diesen Zusammenhang:

x	0	$\frac{\pi}{2}$	π	$\frac{3}{2}\pi$	2π	$\frac{5}{2}\pi$	3π	$\frac{7}{2}\pi$	4π
$\sin x$	0	1	0	-1	0				
$\sin \frac{x}{2}$	0	$\frac{1}{2}\sqrt{2}$	1	$\frac{1}{2}\sqrt{2}$	0	$-\frac{1}{2}\sqrt{2}$	-1	$-\frac{1}{2}\sqrt{2}$	0
$\frac{x}{2}$	0	$\frac{\pi}{4}$	$\frac{\pi}{2}$	$\frac{3}{4}\pi$	π	$\frac{5}{4}\pi$	$\frac{3}{2}\pi$	$\frac{7}{4}\pi$	2π

b) Strecken parallel zur x-Achse mit dem Faktor $\frac{1}{2}$ bedeutet, dass die x-Koordinate jedes Punktes halbiert wird.

Am Graphen erkennt man wiederum:
Die neue Funktion f hat an der Stelle x denselben Wert wie die Sinusfunktion an der Stelle 2x.
Es gilt also:
$y = \sin(2x)$ mit $0 \leq x \leq \pi$.

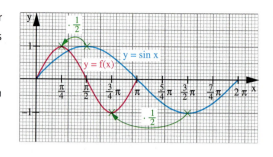

Auch das bestätigen wir mit der Wertetabelle:

x	0	$\frac{\pi}{4}$	$\frac{\pi}{2}$	$\frac{3}{4}\pi$	π	$\frac{5}{4}\pi$	$\frac{3}{2}\pi$	$\frac{7}{4}\pi$	2π
sin x	0	$\frac{1}{2}\sqrt{2}$	1	$\frac{1}{2}\sqrt{2}$	0	$-\frac{1}{2}\sqrt{2}$	-1	$-\frac{1}{2}\sqrt{2}$	0
sin (2x)	0	1	0	-1	0				
2x	0	$\frac{\pi}{2}$	π	$\frac{3}{2}\pi$	2π				

c) Wir vergleichen die gestreckten Graphen mit dem der Sinusfunktion.
Sie besitzen dieselbe Amplitude 1 und somit dieselbe Wertemenge $-1 \leq y \leq 1$.
Beide Funktionen unterscheiden sich in der Periode und den Nullstellen von der Sinusfunktion.

Funktionen	Periode	Nullstellen		
$y = \sin x$	2π	..., 0; π; 2π; 3π; ...	allgemein $k \cdot \pi$ mit $k \in \mathbb{Z}$
$y = \sin(2x)$	π	..., 0; $\frac{\pi}{2}$; π; $\frac{3}{2}\pi$; 2π; ...	allgemein $k \cdot \frac{\pi}{2}$ mit $k \in \mathbb{Z}$
$y = \sin\left(\frac{1}{2}x\right)$	4π	..., 0; 2π; 4π; 6π; ...	allgemein $k \cdot 2\pi$ mit $k \in \mathbb{Z}$

Information

Durch Strecken des Graphen der Sinusfunktion parallel zur x-Achse erhält man Graphen zur Beschreibung der Bewegung von Kugeln, deren Periode verschieden von 2π ist.

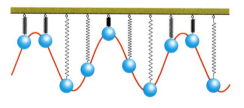
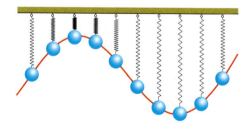

Durch die Sinusfunktion mit $y = \sin(2x)$ beispielsweise wird eine Bewegung der Kugeln beschrieben, die doppelt so schnell ist wie bei $y = \sin x$.

$y = \sin(b \cdot x)$
Faktor b
- größer 1
verkleinert die Periode
- kleiner 1
vergrößert die Periode

Eigenschaften der Funktionen mit $y = \sin(b \cdot x)$ mit $b > 0$

(1) Der Graph entsteht durch Strecken mit dem Faktor $\frac{1}{b}$ parallel zur x-Achse aus dem Graphen der Sinusfunktion mit $y = \sin x$.

(2) Die Periode ist $\frac{2\pi}{b}$.

(3) Der größte Funktionswert ist 1, der kleinste -1.

(4) Die Wertemenge ist die Menge aller reellen Zahlen y mit $-1 \leq y \leq 1$.

(5) Die Nullstellen sind $k \cdot \frac{\pi}{b}$ mit $k \in \mathbb{Z}$.

2.7 Trigonometrische Funktionen

Weiterführende Aufgabe

3 Negative Streckfaktoren

Untersuchen Sie, wie sich der Graph der Sinusfunktion verändert, wenn man mit einem negativen Faktor parallel zur y-Achse [parallel zur x-Achse] streckt.

Betrachten Sie insbesondere auch den Spezialfall, dass der Streckfaktor gleich −1 ist und begründen Sie die folgenden Aussagen:

(1) Strecken parallel zur y-Achse mit dem Faktor −1 entspricht einem Spiegeln an der x-Achse.
(2) Strecken parallel zur x-Achse mit dem Faktor −1 entspricht einem Spiegeln an der y-Achse.

Übungsaufgaben

4 Geben Sie zu den Graphen die Funktionsgleichung an.

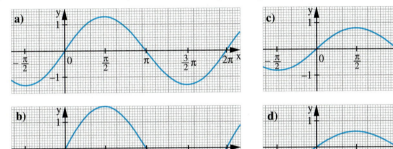

5 Gegeben ist die Funktion f mit $f(x) = 2{,}5 \cdot \sin x$ im Bereich $-\frac{\pi}{2} \leq x \leq \frac{\pi}{2}$.

a) Der Punkt $P_1\left(\frac{\pi}{4} \mid y_1\right)$ soll zum Graphen gehören. Bestimmen Sie die fehlende Koordinate.

b) Der Punkt $P_2(x_2 \mid -1{,}25)$ soll zum Graphen gehören. Bestimmen Sie die fehlende Koordinate. Warum ist dies eindeutig möglich?

c) Liegt der Punkt P_3 auf dem Graphen der Funktion f

(1) $P_3\left(\frac{\pi}{4} \mid 0{,}3427\right)$,   (2) $P_3\left(0{,}3196 \mid \frac{\pi}{4}\right)$,   (3) $P_3(2{,}1253 \mid 2{,}1253)$?

Führen Sie die Punktprobe durch.

6 Bestimmen Sie den Faktor a in der Funktionsgleichung $y = a \cdot \sin x$, sodass gilt:

a) Die Wertemenge der Funktion ist die Menge aller reellen Zahlen y mit $-1{,}3 \leq y \leq 1{,}3$.

b) Der Graph geht durch den Punkt $P\left(\frac{\pi}{6} \mid 3\right)$.

c) Der Graph nimmt im Punkt $P\left(\frac{\pi}{2} \mid -1{,}5\right)$ den kleinsten Wert an.

7 Durch die Gleichung $y = a \cdot \sin x$ ist eine Funktion gegeben. Der Graph dieser Funktion geht durch den Punkt P. Wie lautet die Funktionsgleichung?

a) $P\left(\frac{\pi}{3} \mid 1{,}4\right)$ b) $P\left(-\frac{\pi}{3} \mid -1{,}9\right)$ c) $P\left(\frac{7}{4}\pi \mid -0{,}4\right)$ d) $P\left(-\frac{5}{4}\pi \mid 1{,}5\right)$

8 Zeichnen Sie im Bereich $-2\pi \leq x \leq 2\pi$ den Graphen der Funktion. Geben Sie die Eigenschaften an.

a) $y = \sin\left(\frac{1}{3}x\right)$ b) $y = \sin(3x)$

9 Zeichnen Sie im Bereich $-2\pi \leq x \leq 2\pi$ den Graphen der Funktion. Geben Sie die Eigenschaften an.

a) $y = 3 \cdot \sin(0{,}5x)$ b) $y = 3 \cdot \sin(2x)$ c) $y = 2 \cdot \sin(3x)$

10 Kontrollieren Sie die Hausaufgaben.

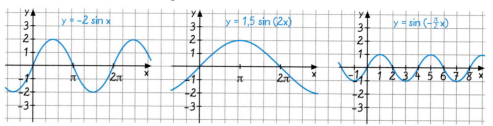

11 Geben Sie die Funktionsgleichung zum Graphen an.

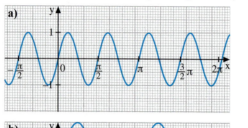
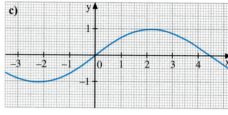
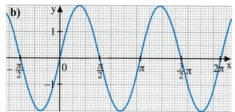
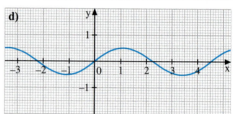

12 Gegeben ist die Funktion mit $y = \sin\left(\frac{1}{3}x\right)$ im Bereich $-3\pi \leq x \leq 3\pi$.
(1) Der Punkt $P_1\left(\frac{\pi}{2} \mid y_1\right)$ soll zum Graphen der Funktion gehören. Bestimmen Sie die 2. Koordinate.
(2) Der Punkt $P_2\left(x_2 \mid -\frac{1}{2}\right)$ soll zum Graphen der Funktion gehören. Bestimmen Sie die 1. Koordinate.
Beschreiben Sie, wie Sie vorgegangen sind. Welche Unterschiede weisen beide Teilaufgaben auf?

13 Durch $y = \sin(b \cdot x)$ ist eine Funktion gegeben.
Bestimmen Sie alle Werte für Faktor b, falls gilt:
a) Die Periode ist $\frac{\pi}{2}$.
b) Der Graph geht durch den Punkt $P\left(\frac{\pi}{12} \mid \frac{1}{2}\sqrt{2}\right)$.

14 Gegeben ist die Funktion mit der Gleichung $y = 1{,}5 \cdot \sin(2x)$ im Bereich $-2\pi \leq x \leq 2\pi$.
Beschreiben Sie, wie der Graph dieser Funktion aus dem Graphen der Sinusfunktion mit $y = \sin x$ entsteht.
Zeichnen Sie auch den Graphen. Geben Sie die Eigenschaften der Funktion an.

15 Untersuchen Sie, wie der Graph der Funktion $y = \cos(b \cdot x)$ aus dem Graphen der Kosinusfunktion hervorgeht. Wählen Sie verschiedene Werte für b. Formulieren Sie eine Regel.
Formulieren Sie Regeln analog zur Information auf Seite 180 unten. Setzen Sie die Sätze fort:
(1) Der Graph der Funktion f mit $f(x) = \cos(b \cdot x)$ entsteht durch Strecken mit dem Faktor ...
(2) Die Periode ist ...
(3) Der größte Funktionswert ist ...
(4) Die Wertemenge ...
(5) Die Nullstellen sind ...

2.7.6 Verschieben des Graphen der Sinus- und Kosinusfunktion

Ziel

Eine Normalparabel kannst du im Koordinatensystem verschieben. Hier lernen Sie kennen, wie man die Graphen der Sinus- und Kosinusfunktion verschiebt.

Zum Erarbeiten

(1) Verschieben des Graphen der Sinusfunktion parallel zur y-Achse

Zeichnen Sie den Graphen der Sinusfunktion mit $y = \sin x$ im Bereich $0 \leq x \leq 2\pi$.

a) Verschieben Sie den Graphen parallel zur y-Achse um 1 Einheit nach oben und geben Sie den Funktionsterm $f(x)$ des verschobenen Graphen an.

b) Verschieben Sie den Graphen parallel zur y-Achse um 2 Einheiten nach unten und geben Sie den Funktionsterm $g(x)$ des verschobenen Graphen an.

> $\sin x + 1$ ist die abgekürzte Schreibweise für $\sin(x) + 1$.

a) An dem Graphen erkennen Sie:
Beim Verschieben eines Punktes $P(x|y)$ der Sinuskurve um 1 Einheit nach oben wird die x-Koordinate beibehalten und zum y-Wert wird 1 addiert.
Der Funktionsterm lautet also:
$f(x) = \sin x + 1$

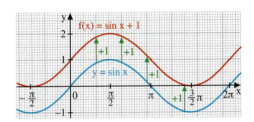

b) An dem Graphen erkennen Sie:
Beim Verschieben eines Punktes $P(x|y)$ der Sinuskurve um 2 Einheiten nach unten wird die x-Koordinate beibehalten und vom y-Wert wird 2 subtrahiert.
Der Funktionsterm lautet also:
$g(x) = \sin x - 2$

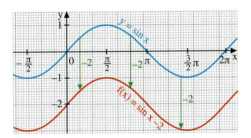

Verschieben parallel zur y-Achse

Den Graphen der Funktion f mit $f(x) = \sin x + d$ erhält man durch Verschieben des Graphen der Sinusfunktion mit $y = \sin x$ parallel zur y-Achse.
Wenn $d > 0$, wird nach oben verschoben;   wenn $d < 0$, wird nach unten verschoben.

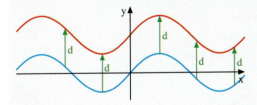
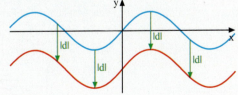

(2) Verschieben des Graphen der Sinusfunktion parallel zur x-Achse

Zeichnen Sie den Graphen der Sinusfunktion mit $y = \sin x$ im Bereich $0 \leq x \leq 2\pi$.

a) Verschieben Sie den Graphen um $\frac{\pi}{4}$ parallel zur x-Achse nach rechts und geben Sie den Funktionsterm $f(x)$ des verschobenen Graphen an.

b) Verschieben Sie den Graphen um $\frac{\pi}{4}$ parallel zur x-Achse nach links und geben Sie den Funktionsterm $g(x)$ des verschobenen Graphen an.

a) Am Graphen erkennen Sie:
Die neue Funktion f hat an der Stelle x denselben Wert wie die Sinusfunktion an der Stelle $x - \frac{\pi}{4}$. Es gilt also:
$f(x) = \sin\left(x - \frac{\pi}{4}\right)$
mit $\frac{\pi}{4} \leq x \leq \frac{9}{4}\pi$.

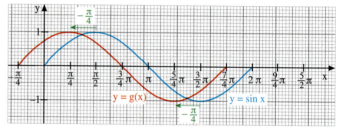

Eine Wertetabelle bestätigt diesen Zusammenhang:

x	0	$\frac{1}{4}\pi$	$\frac{1}{2}\pi$	$\frac{3}{4}\pi$	π	$\frac{5}{4}\pi$	$\frac{3}{2}\pi$	$\frac{7}{4}\pi$	2π	$\frac{9}{4}\pi$
sin x	0	$\frac{1}{2}\sqrt{2}$	1	$\frac{1}{2}\sqrt{2}$	0	$-\frac{1}{2}\sqrt{2}$	-1	$-\frac{1}{2}\sqrt{2}$	0	
$\sin\left(x - \frac{\pi}{4}\right)$		0	$\frac{1}{2}\sqrt{2}$	1	$\frac{1}{2}\sqrt{2}$	0	$-\frac{1}{2}\sqrt{2}$	-1	$-\frac{1}{2}\sqrt{2}$	0
$x - \frac{\pi}{4}$		0	$\frac{1}{4}\pi$	$\frac{1}{2}\pi$	$\frac{3}{4}\pi$	π	$\frac{5}{4}\pi$	$\frac{3}{2}\pi$	$\frac{7}{4}\pi$	2π

b) Am Graphen erkennen Sie:
Die neue Funktion g hat an der Stelle x denselben Wert wie die Sinusfunktion an der Stelle $x + \frac{\pi}{4}$. Es gilt also:
$g(x) = \sin\left(x + \frac{\pi}{4}\right)$
mit $-\frac{\pi}{4} \leq x \leq \frac{7}{4}\pi$.

Eine Wertetabelle bestätigt diesen Zusammenhang:

x	$-\frac{\pi}{4}$	0	$\frac{1}{4}\pi$	$\frac{1}{2}\pi$	$\frac{3}{4}\pi$	π	$\frac{5}{4}\pi$	$\frac{3}{2}\pi$	$\frac{7}{4}\pi$	2π
sin x		0	$\frac{1}{2}\sqrt{2}$	1	$\frac{1}{2}\sqrt{2}$	0	$-\frac{1}{2}\sqrt{2}$	-1	$-\frac{1}{2}\sqrt{2}$	0
$\sin\left(x + \frac{\pi}{4}\right)$	0	$\frac{1}{2}\sqrt{2}$	1	$\frac{1}{2}\sqrt{2}$	0	$-\frac{1}{2}\sqrt{2}$	-1	$-\frac{1}{2}\sqrt{2}$	0	
$x + \frac{\pi}{4}$	0	$\frac{1}{4}\pi$	$\frac{1}{2}\pi$	$\frac{3}{4}\pi$	π	$\frac{5}{4}\pi$	$\frac{3}{2}\pi$	$\frac{7}{4}\pi$	2π	

Information

sin (x + 2):
Verschiebung nach
links
sin (x − 2):
Verschiebung nach
rechts

Verschieben parallel zur x-Achse

Den Graphen einer Funktion f mit $f(x) = \sin(x - c)$ erhält man durch Verschieben des Graphen der Sinusfunktion mit $y = \sin x$ in Richtung der x-Achse.

Wenn $c > 0$, wird nach rechts verschoben;   wenn $c < 0$, wird nach links verschoben.

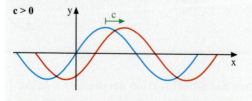 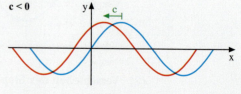

Beachte: In der Physik nennt man c auch die *Phasenverschiebung* und wählt dann dafür den griechischen Buchstaben ϕ (gelesen: Phi).

2.7 Trigonometrische Funktionen

Zum Üben

 1 Vergleichen Sie den Graphen der Sinusfunktion mit dem zu:
(1) $y = \sin x + 2$ (2) $y = \sin x - 3$ (3) $y = \sin x - \pi$ (4) $y = \pi + \sin x$

2 Ermitteln Sie zum Graphen einen Funktionsterm.

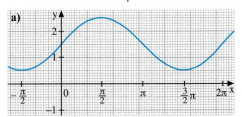
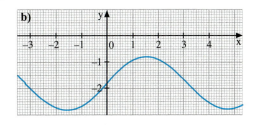

3 Vergleichen Sie den Graphen der Sinusfunktion mit $y = \sin x$ mit denen zu:
(1) $y = \sin\left(x + \frac{\pi}{2}\right)$ (2) $y = \sin\left(x + \frac{\pi}{4}\right)$ (3) $y = \sin\left(x - \frac{\pi}{2}\right)$ (4) $y = \sin\left(x - \frac{\pi}{4}\right)$
Wie gehen die Graphen der angegebenen Funktionen aus dem der Sinusfunktion hervor?

4 Ermitteln Sie zum Graphen einen Funktionsterm.

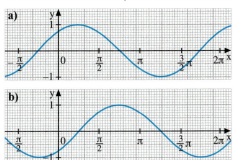
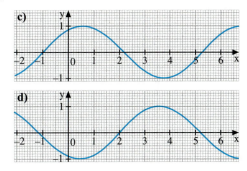

5 Beschreiben Sie mit Worten den Unterschied zwischen dem Graphen der Funktion f mit $f(x) = \sin(x - 1)$ und dem Graphen der Funktion g mit $g(x) = \sin x - 1$.

Zum Erarbeiten

Zusammenhang zwischen Sinus und Kosinus

Vergleichen Sie die Graphen der Sinus- und der Kosinusfunktion miteinander und geben Sie an, wie man aus dem Graphen der Sinusfunktion den Graphen der Kosinusfunktion erzeugen kann.

Verschiebt man den Graphen der Sinusfunktion um $\frac{\pi}{2}$ nach links, so erhält man den Graphen der Kosinusfunktion.

Also gilt:
$\cos x = \sin\left(x + \frac{\pi}{2}\right)$

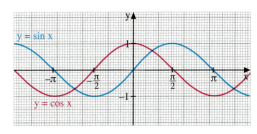

Für die Sinus- und Kosinusfunktion gilt:
$\cos x = \sin\left(x + \frac{\pi}{2}\right) \qquad \sin x = \cos\left(x - \frac{\pi}{2}\right)$

2.7.7 Allgemeine Sinusfunktion

Im vorangehenden Abschnitt haben wir untersucht, wie sich das Verschieben und das Strecken des Funktionsgraphen in Richtung der x-Achse bzw. der y-Achse auf den Funktionsterm einer Sinusfunktion auswirkt. In diesem Abschnitt wird erarbeitet, welche Auswirkungen es hat, wenn mehr als eine dieser Veränderungen vorgenommen wird. Dies führt zum Graphen der allgemeinen Sinusfunktion.

Aufgabe

1 Graph der allgemeinen Sinusfunktion

Zeichnen Sie den Graphen der Sinusfunktion mit y = sin x.
(1) Strecken Sie den Graphen zu y = sin x mit dem Faktor 1,5 parallel zur y-Achse.
(2) Strecken Sie den Graphen aus (1) mit dem Faktor $\frac{1}{2}$ parallel zur x-Achse.
(3) Verschieben Sie den gestreckten Graphen um $\frac{\pi}{6}$ nach rechts.
(4) Verschieben Sie nun diesen Graphen um 1 nach oben.
Geben Sie jeweils die Funktionsgleichung der Graphen an.

Lösung

(1) Strecken wir den Graphen der Sinusfunktion mit dem Faktor 1,5 parallel zur y-Achse, so erhalten wir den Graphen zur Funktion mit y = 1,5 sin x.

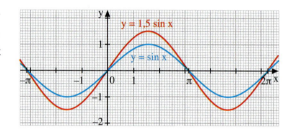

(2) Strecken wir diesen Graphen parallel zur x-Achse mit dem Faktor $\frac{1}{2}$, so erhalten wir den Graphen zur Funktion mit y = 1,5 sin (2x).

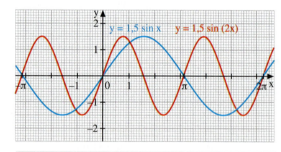

(3) Verschieben wir diesen Graphen um $\frac{\pi}{6}$ nach rechts, so erhalten wir den Graphen zur Funktion mit
y = 1,5 sin $\left(2\left(x - \frac{\pi}{6}\right)\right)$, also
y = 1,5 sin $\left(2x - \frac{\pi}{3}\right)$.

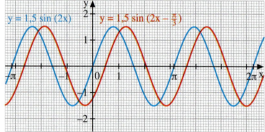

(4) Verschieben wir diesen Graphen um 1 nach oben, so erhalten wir den Graphen zur Funktion mit
y = 1,5 sin $\left(2x - \frac{\pi}{3}\right) + 1$.

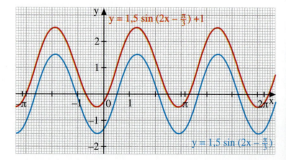

2.7 Trigonometrische Funktionen

Information

Durch Verallgemeinerung des Ergebnisses von Aufgabe 1 erhalten wir:

Graph der allgemeinen Sinusfunktion mit y = a · sin (b (x − c)) + d

Aus dem Graphen der Sinusfunktion mit y = sin x erhält man den zur allgemeinen Sinusfunktion mit y = a · sin (b (x + c)) + d durch
(1) Strecken mit dem Faktor a parallel zur y-Achse;
(2) anschließendes Strecken mit dem Faktor $\frac{1}{b}$ parallel zur x-Achse;
(3) anschließendes Verschieben um c parallel zur x-Achse;
  wenn c > 0, wird nach rechts verschoben;   wenn c < 0, wird nach links verschoben;
(4) anschließendes Verschieben um d parallel zur y-Achse;
  wenn d > 0, wird nach oben verschoben;   wenn d < 0, wird nach unten verschoben.

Hinweis: Löst man z.B. im Funktionsterm $\sin\left(2\left(x + \frac{\pi}{4}\right)\right)$ die Klammern auf, so erhält man den einfacheren Funktionsterm $\sin\left(2x + \frac{\pi}{2}\right)$. Aus diesem kann man aber die Verschiebung parallel zur x-Achse nicht unmittelbar ablesen.

Aufgabe

2 Reihenfolge von Strecken und Verschieben parallel zur x-Achse

a) Strecken Sie den Graphen der Sinusfunktion parallel zur x-Achse mit dem Faktor $\frac{1}{2}$; verschieben Sie dann den gestreckten Graphen um $\frac{\pi}{2}$ nach links. Erstellen Sie den Funktionsterm.

b) Verschieben Sie den Graphen der Sinusfunktion um $\frac{\pi}{2}$ nach links; strecken Sie dann den verschobenen Graphen parallel zur x-Achse mit dem Faktor $\frac{1}{2}$. Erstellen Sie den Funktionsterm.

c) Vergleichen Sie die in den Teilaufgaben a) und b) erhaltenen Graphen.

Lösung

a) (1) Strecken parallel zur x-Achse mit $\frac{1}{2}$

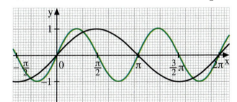

Funktionsterm: $f_1(x) = \sin(2x)$

b) (1) Verschieben um $\frac{\pi}{2}$ nach links

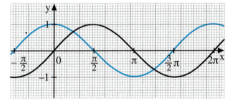

Funktionsterm: $g_1(x) = \sin\left(x + \frac{\pi}{2}\right)$

(2) Verschieben um $\frac{\pi}{2}$ nach links

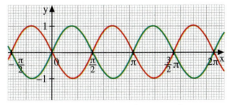

Funktionsterm: $f_2(x) = \sin\left(2\left(x + \frac{\pi}{2}\right)\right)$

(2) Strecken parallel zur x-Achse mit $\frac{1}{2}$

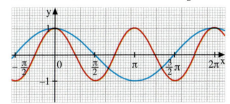

Funktionsterm: $g_2(x) = \sin\left(2x + \frac{\pi}{2}\right)$

c) Die auf den beiden Wegen enthaltenen Graphen sind verschieden. Wird der Graph der Sinusfunktion zunächst verschoben und dann der verschobene Graph gestreckt, so wird auch der Betrag der Verschiebung mit gestreckt. Er unterscheidet sich von dem bei dem umgekehrten Vorgehen: erst Strecken, dann Verschieben. Die Reihenfolge von Verschieben und Strecken parallel zur x-Achse kann nicht ohne weiteres vertauscht werden.

Information

Die Lösung der Aufgabe 2 zeigt, dass es beim Verschieben und Strecken auf die Reihenfolge ankommt. In der Information auf Seite 187 haben wir zuerst gestreckt und dann verschoben.

> Den Graphen der Funktion zu $y = \sin(bx - c)$ erhält man aus den Graphen der Sinusfunktion mit $y = \sin x$ durch
> (1) Verschieben um c parallel zur x-Achse (nach rechts für $c > 0$ bzw. nach links für $c < 0$);
> (2) Strecken mit dem Faktor $\frac{1}{b}$ parallel zur x-Achse.

Weiterführende Aufgabe

3 Bestimmen der Funktionsgleichung einer allgemeinen Sinusfunktion aus dem Graphen

Bestimmen Sie die Funktionsgleichung einer allgemeinen Sinusfunktion zu dem gezeichneten Graphen.
Anleitung: Verfahren Sie in der umgekehrten Reihenfolge zu der in der Information auf Seite 187:
(1) Verschiebung parallel zur y-Achse   (3) Streckung parallel zur x-Achse
(2) Verschiebung parallel zur x-Achse   (4) Streckung parallel zur y-Achse
Kontrollieren Sie anschließend mithilfe eines Funktionenplotters.

a)
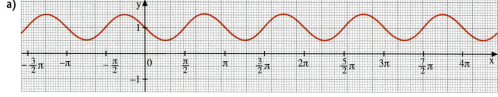

b)
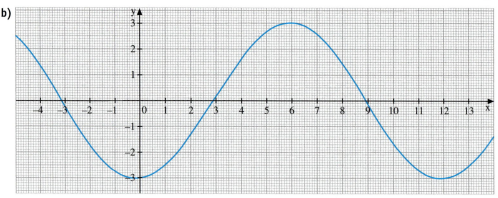

Information

Auf folgende Weise kann man mögliche Werte für die Parameter einer allgemeinen Sinusfunktion mit dem Funktionsterm $f(x) = a \sin(b(x + c)) + d$ aus dem Graphen ermitteln:

Zunächst bestimmt man den größten Funktionswert (*Maximum*) und den kleinsten Funktionswert (*Minimum*).

Dann gilt für die Parameter:

d: Mittelwert aus Maximum und Minimum

a: halbe Differenz von Maximum und Minimum

c: der negative x-Wert derjenigen Stelle, an der der Funktionsgraph einen steigenden Verlauf hat und die Mittellinie (mit $y = d$) schneidet

b: Quotient aus 2π und der Periodenlänge p

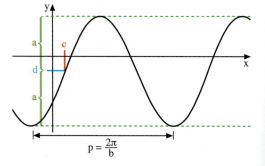

Übungsaufgaben **4** Zeichnen Sie den Graphen der Sinusfunktion und führen Sie nacheinander folgende Abbildungen aus. Ermitteln Sie auch die Funktionsterme der einzelnen Funktionen.

a) Strecken mit dem Faktor 3 parallel zur y-Achse, dann Strecken mit dem Faktor 2 parallel zur x-Achse, dann Verschieben parallel zur x-Achse um π nach rechts, dann Verschieben parallel zur y-Achse um 4 nach oben.

b) Strecken mit dem Faktor -2 parallel zur y-Achse, dann Strecken mit dem Faktor $\frac{1}{3}$ parallel zur x-Achse, dann Verschieben parallel zur x-Achse um $\frac{\pi}{2}$ nach links, dann Verschieben parallel zur y-Achse um 1,5 nach unten.

c) Strecken mit dem Faktor -2 parallel zur y-Achse, dann Strecken mit dem Faktor -1 parallel zur x-Achse, dann Verschieben parallel zur x-Achse um 2 nach rechts, dann Verschieben parallel zur y-Achse um 1 nach oben.

d) Strecken mit dem Faktor $-\frac{1}{2}$ parallel zur y-Achse, dann Strecken mit dem Faktor π parallel zur x-Achse, dann Verschieben parallel zur x-Achse um 1 nach links, dann Verschieben parallel zur y-Achse um 3 nach unten.

5 Beschreiben Sie, wie der Graph der angegebenen Funktion aus dem der Sinusfunktion mit $y = \sin x$ hervorgeht.

a) $y = 2 \sin\left(2\left(x + \frac{\pi}{4}\right)\right)$

b) $y = 3 \sin\left(\frac{1}{2}(x - \pi)\right) + 1$

c) $y = \frac{1}{2} \sin(3(x - 1))$

d) $y = -2 \sin\left(\frac{\pi}{2}(x + 2)\right) - 2$

6 Geben Sie zu dem dargestellten Graphen den Funktionsterm einer allgemeinen Sinusfunktion an.

a)
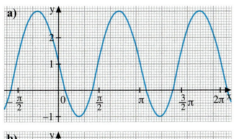

c)
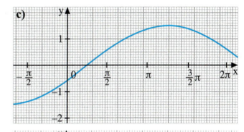

b)
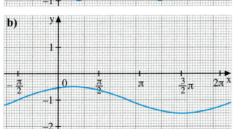

d)
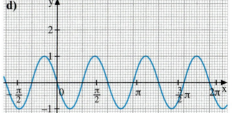

7

a) Geben Sie zu den Graphen mögliche Funktionsgleichungen an.

(1)
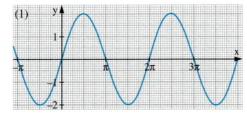

(2)
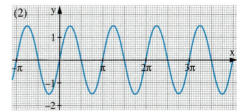

b) Nehmen Sie an, die Graphen beschreiben die Bewegung einer Riesenradgondel. Welche Unterschiede gibt es in den Bewegungen?

2.7.8 Anwenden und Modellieren mit allgemeinen Sinusfunktionen

Aufgabe

Pegel, der, Wasserstandsmesser
Tide, die, (norddeutsch) regelmäßig wiederkehrende Bewegung der See, Flut
NN, Abkürzung für Normalnull

1 Das Amt für Strom- und Hafenbau in Hamburg veröffentlicht im Internet regelmäßig die aktuellen Daten zum Pegelstand der Elbe bei St. Pauli.
Stellen Sie die gegebenen Daten grafisch dar und bestimmen Sie eine allgemeine Sinusfunktion, die die Tidenkurve im gegebenen Zeitraum möglichst beschreibt.

Uhrzeit	Wasserstand über NN (in cm)	Uhrzeit	Wasserstand über NN (in cm)	Uhrzeit	Wasserstand über NN (in cm)
0.00	143	3.30	48	7.00	−124
0.30	161	4.00	17	7.30	−142
1.00	175	4.30	−7	8.00	−160
1.30	168	5.00	−32	8.30	−171
2.00	148	5.30	−58	9.00	−154
2.30	118	6.00	−80		
3.00	84	6.30	−100		

Lösung

Da der Pegelstand sich periodisch um Normalnull verändert, modellieren wir ihn mithilfe einer allgemeinen Sinusfunktion mit $y = a \sin(b(x + c)) + d$, wobei hier $d = 0$.

Die Darstellung zeigt, dass die Amplitude a mit 175 cm gut angenähert ist. Der höchste Wasserstand liegt um 1.00 Uhr, der darauf folgende niedrigste um 8.30 Uhr vor. Die halbe Periodenlänge beträgt somit etwa 7,5 Stunden, die Periode beträgt also 15 Stunden. Damit ist der Graph dieser Funktion gegenüber dem der Sinusfunktion mit $y = \sin x$ um den Faktor $\frac{15}{2\pi} \approx 2{,}4$ parallel zur x-Achse gestreckt. Weiterhin liegt die erste positive Nullstelle beim Zeitpunkt $\approx 4{,}3$ Stunden, die der Funktion mit $y = \sin\left(\frac{2\pi}{15} x\right)$ liegt bei 7,5 Stunden. Also muss der Graph um 3,2 nach links verschoben werden.

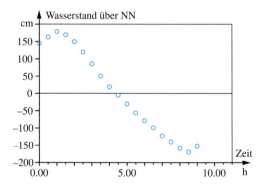

Somit erhalten wir die Funktionsgleichung
$y = 175 \cdot \sin\left(\frac{1}{\frac{15}{2\pi}} (x + 3{,}2)\right)$ oder ausgerechnet näherungsweise $y \approx 175 \cdot \sin(0{,}42 x + 1{,}34)$.

Der Vergleich zwischen den Messwerten und der gefundenen Sinusfunktion zeigt, dass die Rechnungen die Messwerte gut annähern. Im Bereich um die Hoch- und Niedrigwasserpunkte ist die Sinusfunktion aber „breiter" als es die Messwerte vorgeben.

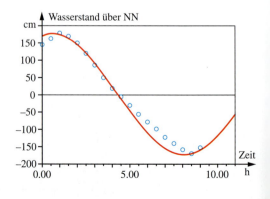

2.7 Trigonometrische Funktionen

Information

Modellieren mithilfe von Sinusfunktionen

Periodische Vorgänge in Natur und Technik kann man häufig mit Sinusfunktionen modellieren. Man kann sich dabei auf die allgemeinen Sinusfunktionen beschränken und allgemeine Kosinusfunktionen vermeiden, da man die Graphen von Kosinusfunktionen durch Verschieben von Graphen von Sinusfunktionen erhalten kann.

Die Bestimmung der Periodenlänge und der Amplitude sind die zentrale Aufgabe beim Erstellen der Funktionsgleichung. Verschiebungen kann man häufig durch eine geeignete Wahl des Koordinatensystems vermeiden.

Übungsaufgaben

2011
Mai 31
☼ Aufgang 04:24
☼ Untergang 20:36

2 Unter der astronomischen Sonnenscheindauer versteht man die Zeitspanne zwischen Sonnenaufgang und Sonnenuntergang. Der 50. Breitengrad verläuft mitten durch die Bundesrepublik, z. B. durch Mainz. Für Orte auf ihm beträgt die astronomische Sonnenscheindauer ungefähr:

Datum	22.6.	22.7.	22.8.	22.9.	22.10.	22.11.	22.12.	22.1.	22.2.	22.3.	22.4.	22.5.
Dauer (in h)	16,2	15,4	13,8	12,0	10,2	8,6	7,8	8,7	10,3	12,2	13,9	15,4

a) Bestimmen Sie eine allgemeine Sinusfunktion, die die astronomische Sonnenscheindauer für Orte auf dem 50. Breitengrad gut annähert.

b) Bestimmen Sie mithilfe von Teilaufgabe a) die astronomische Sonnenscheindauer am 10. Juli.

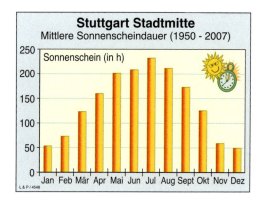

3 Welche allgemeine Sinusfunktion beschreibt die mittlere Sonnenscheindauer in Stuttgart möglichst gut?

4 Beschreiben Sie die mittleren Tagestemperaturen durch allgemeine Sinusfunktionen.

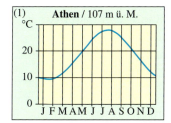
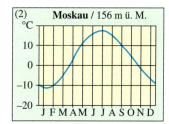
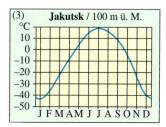

5 Taschenkalender enthalten oftmals auch die Auf- und Untergangszeiten des Mondes. Bestimmen Sie ein geeignetes Modell für die Mondscheindauer.

Mondscheindauer im Dezember			Mondscheindauer im Dezember			Mondscheindauer im Dezember		
Datum	Aufgang	Untergang	Datum	Aufgang	Untergang	Datum	Aufgang	Untergang
01.12.10	02:55	13:43	11.12.10	11:45	22:44	21.12.10	16:38	08:39
02.12.10	04:17	14:07	12.12.10	12:01	23:50	22.12.10	17:54	09:23
03.12.10	05:39	14:36	13.12.10	12:17	–	23.12.10	19:15	09:58
04.12.10	06:59	15:13	14.12.10	12:32	00:56	24.12.10	20:38	10:26
05.12.10	08:11	16:00	15.12.10	12:49	02:03	25.12.10	22:01	10:49
06.12.10	09:12	16:58	16.12.10	13:09	03:11	26.12.10	23:22	11:10
07.12.10	10:00	18:04	17.12.10	13:32	04:20	27.12.10	–	11:29
08.12.10	10:37	19:15	18.12.10	14:02	05:31	28.12.10	00:43	11:49
09.12.10	11:05	20:26	19.12.10	14:42	06:40	29.12.10	02:03	12:12
10.12.10	11:27	21:36	20.12.10	15:34	07:44	30.12.10	03:24	12:38
						31.12.10	04:42	13:11

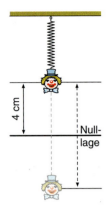

6 Ein Federpendel ist aus der Nulllage um 4 cm nach oben ausgelenkt worden. 2 Sekunden nach dem Loslassen ist es das erste Mal wieder ganz oben angelangt.
Beschreiben Sie die Auslenkung in Abhängigkeit von der Zeit durch eine geeignete Sinus- oder Kosinusfunktion.

7 In den Abbildungen sind die Graphen von periodischen Funktionen gezeigt. Sie sind aus Stücken der Sinuskurve zusammengesetzt. Untersuchen Sie die Graphen der Funktionen auf Punkt- und Achsensymmetrie. Geben Sie gegebenenfalls die Symmetriepunkte bzw. die Symmetrieachsen an.
Bestimmen Sie auch die Periodenlänge.

- ● gehört zum Graphen
- ○ gehört nicht zum Graphen

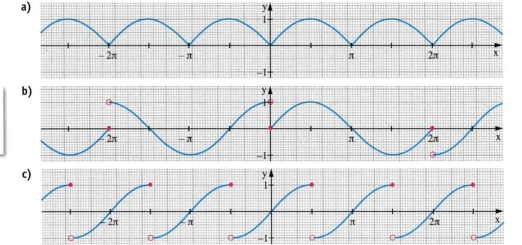

8 Eine sinusförmige Wechselspannung hat eine Amplitude von 30 V und eine Frequenz von 100 Hz. Der Nullphasenwinkel beträgt $\frac{\pi}{5}$.

a) Bestimmen Sie die Periodendauer T und die Kreisfrequenz ω.
b) Bestimmen Sie den Momentanwert für t = 3 ms.
c) Zu welchem Zeitpunkt findet der erste positive Nulldurchgang statt?
d) Wann nimmt die Spannung zum ersten Mal den Wert U = 20 V an?
e) Skizzieren Sie den zeitlichen Verlauf der Wechselspannung.

9 Ein sinusförmiger Wechselstrom $I(t) = 40 \cdot \sin(\omega t + 15°)$ ist 2,5 ms nach dem Einschalten erstmalig auf 20 A angestiegen. Welche Frequenz hat der Wechselstrom?

10 Dargestellt wird das Schaubild eines Oszilloskops mit den Spannungen U_1 und U_2.

a) Bestimmen Sie den Maximalwert der beiden Spannungen anhand der Graphen.
b) Ermitteln Sie die Frequenz f sowie die Kreisfrequenz ω.
c) Bestimmen Sie rechnerisch die Zeitpunkte, zu denen die Spannungen den Wert 8 V haben.
d) Die beiden Spannungen werden überlagert, d. h. sie werden addiert. Zeichnen Sie den Verlauf der Gesamtspannung und geben Sie den Maximalwert an.

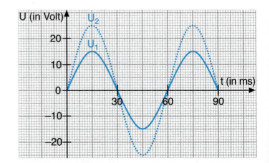

2.7 Trigonometrische Funktionen

11 Wird ein ohmscher Widerstand an eine Wechselspannung gelegt, so fließt durch ihn ein Wechselstrom. Das Bild zeigt die Messschaltung und das Schaubild (Liniendiagramm) von Strom und Spannung. Da es sich hierbei um einen rein ohmschen Widerstand handelt, verlaufen Spannung und Strom gleich, sie haben zur gleichen Zeit die Nulldurchgänge, sie sind phasengleich.
Gegeben ist eine Wechselspannung U mit
$U(t) = U_0 \cdot \sin(314 \cdot t)$ mit $U_0 = 40$ V.
Berechnen Sie unter Verwendung des ohmschen Gesetzes den Strom $I(t)$, der durch den Widerstand $R = 20\ \Omega$ fließt.

ohmsches Gesetz
$I = \frac{U}{R}$

12 Durch zwei in Reihe geschaltete Widerstände fließt ein Wechselstrom mit einem Scheitelwert von 20 mA. Die Frequenz beträgt $f = 16\frac{2}{3}$ Hz.

a) Geben Sie die Kreisfrequenz ω des Wechselstromes an.

b) Berechnen Sie mit Hilfe der gegebenen Widerstandswerte und des ohmschen Gesetzes die Einzelspannungen U_1 und U_2. Zeichnen Sie die beiden Spannungsverläufe in ein Schaubild.

c) Ermitteln Sie anhand der gezeichneten Einzelspannungen die Gesamtspannung und tragen Sie sie mit in das Schaubild aus Teilaufgabe c) ein. Geben Sie die Funktionsgleichung der Gesamtspannung an.

13 Die drei sinusförmigen Spannungsverläufe eines Drei-Phasen-Wechselspannungs-Generators haben eine Phasenverschiebung von 120° zueinander. Die Spannung des 1. Außenleiters U_1 beginnt im Koordinatenursprung. Die weiteren Spannungen U_2, U_3 folgen jeweils um 120° später. Die Amplituden der einzelnen Spannungen haben jeweils einen Wert $U_0 = 325$ V.

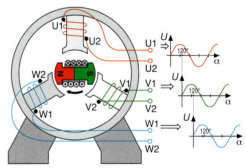

a) Geben Sie die Funktionsgleichungen U_1, U_2 und U_3 der drei Außenleiterspannungen im Gradmaß und Bogenmaß an. Welche Angabe bewirkt die Phasenverschiebung?

b) Zeichnen Sie die drei Spannungen U_1, U_2 und U_3 mit verschiedenen Farben in ein Koordinatensystem ein. Tragen Sie dazu zunächst markante Punkte ein.

c) An welchen Stellen schneiden sich jeweils zwei der Funktionsgraphen? Wie ist dann die Lage des dritten Außenleiters? Welchen Spannungswert besitzt er in diesem Moment.
Erklären Sie den Sachverhalt.

d) Es gibt in diesem System eine weitere Spannung. Sie kann mit der Gleichung $U_{1,2} = U_1 - U_2$ berechnet werden. Berechnen Sie einige markante Punkte dieser Spannung und zeichnen Sie den Graphen in das Koordinatensystem aus Teilaufgabe b).
Wie kann dieser Funktionsgraph graphisch ermittelt werden? Erklären Sie Ihre Vorgehensweise.
Ermitteln Sie grafisch den Spitzenwert der Spannung $U_{1,2}$ und geben Sie ihn an.

Kompetenz-Check

→ **Die Begriffe *Definitionsbereich* und *Wertebereich einer Funktion* kennen und diese für eine angegebene Funktion bestimmen und in der Intervallschreibweise darstellen können.**

1 Bestimmen Sie den Definitionsbereich der folgenden Funktionen. Untersuchen Sie den Graphen mithilfe eines Funktionenplotters und geben Sie den Wertebereich (zumindestens näherungsweise) in der Intervallschreibweise an.

$f_1(x) = x^2 + 6x - 8$ $f_2(x) = 0{,}2x^3 - 0{,}5x^2 - 2x + 20$ $f_3(x) = 0{,}01x^4 + 2x^2 - 10$

$f_4(x) = \dfrac{x-3}{x^2-4}$ $f_5(x) = \dfrac{x-3}{x^2+4}$ $f_6(x) = 0{,}3 \cdot e^{-0{,}3x} + 0{,}3$

$f_7(x) = \ln(x+1)$ $f_8(x) = \sqrt{x+3}$ $f_9(x) = \sqrt{x^2+3x-4}$

→ **Eine Punktprobe durchführen können.**

2 Prüfen Sie, ob der Punkt P_k auf dem Graph der Funktion f_k aus Testaufgabe 1 liegt.

$P_1(-1|1)$; $P_2(3|15)$; $P_3(10|290)$; $P_4(0|-0{,}75)$; $P_5(-1|-0{,}8)$; $P_6(0|0{,}6)$; $P_7(-1|0)$; $P_8(1|1)$; $P_9(-8|6)$

→ **Die Funktionsgleichung einer linearen Funktion (Geradengleichung) aufgrund von angegebenen Eigenschaften bestimmen können.**

3 Bestimmen Sie die Gleichung der linearen Funktion f,

(1) deren Graph durch die Punkte $P(2|5)$ und $Q(5|-3)$ verläuft,

(2) deren Graph durch den Punkt $P(-3|-1)$ verläuft und der die Steigung $m = -2$ hat,

(3) deren Graph durch den Punkt $P(5|1)$ verläuft und die Gerade g mit $g(x) = -\tfrac{1}{2}x + 4$ orthogonal schneidet,

(4) deren Graph die Steigung $m = -1{,}5$ hat und mit den positiven Koordinatenachsen ein Dreieck mit Flächeninhalt $A = 12$ F.E. einschließt.

→ **Nullstellen und Schnittpunkte von Geraden bestimmen können.**

4

a) Bestimmen Sie die Nullstellen der linearen Funktionen

$f_1(x) = 2x - \tfrac{1}{2}$; $f_2(x) = \tfrac{1}{4}x + 4$; $f_3(x) = \tfrac{3}{4}x + \tfrac{4}{3}$

b) Bestimmen Sie die Schnittstellen der Graphen von f_1 und f_2, f_1 und f_3, f_2 und f_3.

→ **Funktionsterme von linearen Funktionen im Sachzusammenhang aufstellen und besondere Punkte deuten können.**

5

a) Gasanbieter A verlangt eine jährliche Grundgebühr von 180 € und einen Arbeitspreis von $0{,}041 \tfrac{€}{kWh}$, Konkurrent B dagegen 160 € Grundgebühr und einen Arbeitspreis von $0{,}045 \tfrac{€}{kWh}$. Bei welchen Verbrauchsmengen ist A günstiger als B?

b) Bei der Produktion von Elektronikbauteilen entstehen Fixkosten von 6 000 € und variable Kosten von 3 Euro pro Bauteil. Die Bauteile werden für 5 Euro verkauft. Bestimmen Sie die Terme der Kosten-, Erlös- und Gewinnfunktion. Bestimmen Sie die Gewinnschwelle und den Break-Even-Point.

→ **Nullstellen und Extremwerte bei quadratischen Funktionen bestimmen können.**

6 Bestimmen Sie Nullstellen und Extremwerte der folgenden Funktionen

$f_1(x) = x^2 - 6x + 8$; $f_2(x) = -x^2 + 2x + 3$; $f_3(x) = (x+3)^2 - 4$; $f_4(x) = (x-1)^2 + 1$

Kompetenz-Check

→ **Die Funktionsgleichung des Graphen einer quadratischen Funktion bestimmen können.**

7 Ermitteln Sie die Funktionsgleichung der quadratischen Funktion, deren Graph bestimmt ist durch
(1) Nullstellen bei $x = -2$ und bei $x = +4$ sowie den Punkt $(0|-4)$
(2) die Punkte $P_1(-2|2)$; $P_2(1|1)$; $P_3(2|10)$

→ **Die Gleichung eines verschobenen Funktionsgraphen bestimmen können.**

8 Bestimmen Sie die Gleichung des Graphen, wenn der Graph der Funktion f im Koordinatensystem um 3 Einheiten nach links und um 2 Einheiten nach oben verschoben wird.

(1) $f(x) = 3x + 4$ (2) $f(x) = x^2 - 2x + 3$ (3) $f(x) = \frac{1}{2} \cdot (x+1)(x-2)$
(4) $f(x) = x^3 + x^2 - x + 1$ (5) $f(x) = \frac{x-3}{x-4}$ (6) $f(x) = e^{-x}$

→ **Achsensymmetrie von Graphen zur y-Achse und Punktsymmetrie von Graphen zum Ursprung nachweisen können.**

9
a) Untersuchen Sie, ob bei den Graphen der folgenden Funktionen eine Punktsymmetrie zum Ursprung oder eine Achsensymmetrie zur y-Achse vorliegt.

(1) $f(x) = x^3 - 5x$ (2) $f(x) = x^4 + 3x + 4$ (3) $f(x) = x^5 - x^3 + 1$
(4) $f(x) = \frac{x}{x^2 \, 4}$ (5) $f(x) = \frac{x^2 - 3}{x^2 - 4}$ (6) $f(x) = e^x - 1$

b) Zeigen Sie mithilfe einer geeigneten Verschiebung, dass der Graph achsensymmetrisch zu einer Parallelen zur y-Achse bzw. punktsymmetrisch zu einem Punkt ist.

(1) $f(x) = x^4 + 4x^3 + 3x^2 - 2x + 3$ (2) $f(x) = x^3 - 6x^2 + 8x - 2$

→ **Den Globalverlauf von Potenzfunktionen, ganzrationalen Funktionen, gebrochenrationalen und Exponentialfunktionen bestimmen können.**

10 Beschreiben Sie den Globalverlauf der Funktion f und begründen Sie Ihre Beschreibung.

(1) $f(x) = x^3 - 3x^2 + 4x - 5$ (2) $f(x) = -x^4 + x^3 - x^2 + 5x$ (3) $f(x) = -x^{-2}$
(4) $f(x) = \frac{x-2}{x^2-1}$ (5) $f(x) = 0{,}5 \cdot e^{0{,}1x}$ (6) $f(x) = 2 \cdot e^{-2x}$

→ **Nullstellen von ganzrationalen Funktionen und Asymptoten bei gebrochenrationalen Funktionen mithilfe der Polynomdivision bestimmen können.**

11
a) Bestimmen Sie alle Nullstellen der ganzrationalen Funktion
(1) $f(x) = x^3 - 2x^2 - 5x + 6$ (2) $f(x) = x^4 + x^3 - x^2 - 7x - 6$

b) Bestimmen Sie die Asymptotenfunktion der gebrochenrationalen Funktion
(1) $f(x) = \frac{2x^2 - 3x + 1}{x^2 + 2}$ (2) $f(x) = \frac{x^2 - 3}{x - 4}$ (3) $f(x) = \frac{x^3 - 4x^2 + 2x - 7}{x^2 + 1}$

→ **Den ungefähren Verlauf der Graphen von ganzrationalen mit mehrfachen Nullstellen beschreiben können.**

12 Skizzieren Sie den Graphen der ganzrationalen Funktion
(1) $f(x) = (x+2) \cdot (x-1) \cdot (x-5)$ (2) $f(x) = (x-2)^2 \cdot (x+1)$ (3) $f(x) = (x+4) \cdot x^2 \cdot (x-1)$
(4) $f(x) = -(x+1)^2 (x-2)^2$ (5) $f(x) = (x+4) \cdot x \cdot (x-3)^2$ (6) $f(x) = (x+1)^3 \cdot (x-2)$

→ **Die Funktionsgleichung des Graphen einer Exponentialfunktion bestimmen können.**

13 Bestimmen Sie die Gleichung einer Exponentialfunktion, deren Graph durch die Punkte P und Q verläuft. Geben Sie den Funktionsterm in der Form $a \cdot b^x$ und in der Form $a \cdot e^{kx}$ an.

(1) P(0|2), Q(3|1) (2) P(1|2), Q(4|3) (3) P(−2|1), Q(3|4)

→ **Exponentialgleichungen lösen können.**

14

a) Bestimmen Sie die Lösung der Gleichung

(1) $2^x = 32$ (2) $\left(\frac{1}{2}\right)^x = \frac{1}{4}$ (3) $3^x = \frac{1}{9}$ (4) $3^x = 2$ (5) $3^x = 4$ (6) $3 \cdot e^x = 5$

b) Ein radioaktives Präparat zerfällt so, dass die Masse in einer Woche um 10 % abnimmt. Bestimmen Sie die Halbwertszeit.

→ **Zu gegebenen Punkten (Messwerten) die Funktionsgleichungen von Modellierungen durch ganzrationale Funktionen, Potenzfunktionen oder Exponentialfunktionen bestimmen können.**

15 Bestimmen Sie den Funktionsterm einer geeigneten Funktion, mit deren Hilfe man die Entwicklung der „Ausgaben für Gesundheit" modellieren könnte.

Welche Prognosen ergeben sich aus den Modellen für 2012?

→ **Die Bedeutung der Parameter im Funktionsterm einer allgemeinen trigonometrischen Funktion kennen und beschreiben können.**

16

a) Skizzieren Sie den Graphen der trigonometrischen Funktion f und beschreiben Sie die charakteristischen Eigenschaften des Graphen

(1) $f_1(x) = 2 \cdot \sin\left(2\left(x - \frac{\pi}{2}\right)\right) + 2$ (2) $f_2(x) = \frac{1}{2} \cdot \sin\left(\frac{1}{2} \cdot \left(x + \frac{\pi}{4}\right)\right) - \frac{1}{2}$

b) Geben Sie eine trigonometrische Funktion an, welche die genannten Eigenschaften erfüllt:

(1) Periodenlänge $p = \frac{\pi}{2}$; Differenz zwischen Maximum und Minimum: 3; Nullstelle bei $x = \frac{\pi}{3}$

(2) Periodenlänge $p = 3\pi$; Differenz zwischen Maximum und Minimum: 1; Nullstelle bei $x = -\frac{\pi}{4}$

c) Gegeben ist eine trigonometrische Funktion f durch $f(x) = \frac{1}{4} \cdot \sin\left(2 \cdot \left(x + \frac{3\pi}{2}\right)\right) + \frac{1}{4}$.

Bestimmen Sie mindestens eine Stelle x, für die gilt:

(1) $f(x) = 0$;   (2) $f(x) = \frac{1}{4}$.

d) Welche Graphen der folgenden trigonometrischen Funktionen stimmen überein? Begründen Sie Ihre Antwort.

(1) $f_1(x) = \sin\left(x + \frac{\pi}{2}\right)$ (2) $f_2(x) = \sin\left(x - \frac{\pi}{2}\right)$ (3) $f_3(x) = \sin\left(x - \frac{3\pi}{2}\right)$ (4) $f_4(x) = \sin\left(x + \frac{3\pi}{2}\right)$

3 Differenzialrechnung

Während der Tour de France werden täglich die Höhenprofile der einzelnen Etappen in den Sportteilen der Zeitungen veröffentlicht.

Aus diesen Höhenprofilen kann man u.a. entnehmen, welche *Steigungen* die Radsportler zu bewältigen haben. So kann man Etappen oder Teile von Etappen miteinander vergleichen.

Die folgende Grafik zeigt das Höhenprofil einer Etappe der Tour de France.

- Beschreiben Sie das abgebildete Höhenprofil mit Worten.
  In welchen Abschnitten liegen die größten Steigungen?
  In welchen Teilen werden die Fahrer vermutlich eine hohe Geschwindigkeit erreichen?
- Das Höhenprofil vermittelt einen übertriebenen Eindruck von den Steigungen der Etappe. Woran liegt das?
- Schätzen Sie für einige Teilstrecken dieser Etappe die Steigung, die die Fahrer überwinden müssen.

In diesem Kapitel

- werden wir erarbeiten, was man unter der Steigung eines gekrümmten Graphen versteht und wie man diese bestimmen kann.

Lernfeld: Änderungen beschreiben

Mobilfunkanschlüsse

Mitte 2008 veröffentlichte der Branchenverband BITKOM die Zahlen über die Mobilfunkanschlüsse in Deutschland. Verschiedene Zeitschriften griffen die Zahlen auf und verarbeiteten sie in eigenen Artikeln:

- Beide Zeitschriften berufen sich auf dieselben Marktzahlen. Die Bewertung der Zahlen fällt aber unterschiedlich aus. Wie kann das sein?

- Stellen Sie sich vor, Sie sind Grafiker bei einem der beiden Magazine. Die verantwortliche Redakteurin wünscht eine Grafik zu erstellen, welche die Aussage der Schlagzeile deutlich widerspiegelt:
  „Auf Rekordhöhe!" bzw. „Immer weniger neue!"
  Für welche der beiden Schlagzeilen würden Sie die abgebildete Grafik oben rechts wählen? Zeichnen Sie eine Grafik für den anderen Artikel.

Segelflug

Ein Schüler ist mit seinem Onkel das erste Mal in einem Segelflugzeug geflogen. Für die Schülerzeitung schreibt er einen Bericht.

„Das Segelflugzeug hat keinen eigenen Motor, deshalb ging es hoch mit einer Seilwinde. Das Variometer im Cockpit zeigte eine Steiggeschwindigkeit von 5 m/s an. Wir wurden kräftig in die Sessel gedrückt. Etwa 1 Minute nach dem Abheben klinkte das Schleppseil aus, und der Pilot machte sich auf die Suche nach einer guten Thermik. Das dauerte etwa 1 Minute, in denen wir 50 Meter an Höhe verloren. In dem Aufwind ging es schnell wieder aufwärts, weit aufwärts: innerhalb von 8 Minuten stiegen wir auf 1 200 m Höhe.

Das war vielleicht eine Aussicht! Unser Dorf war sehr klein unter uns zu sehen, und die Schule gerade noch zu erkennen. In der Ferne am Horizont konnte man das Meer sehen, zu dem wir im Auto immer mindestens zwei Stunden unterwegs sind!

Etwa 10 Minuten lang konnten wir diese Aussicht genießen. In dieser Zeit verloren wir natürlich an Höhe: das Variometer zeigte dabei eine konstante Sinkgeschwindigkeit von etwa 1 m/s an. Dann sorgte der Pilot dafür, dass wir zügig nach unten kamen. In etwa dreieinhalb Minuten gingen wir in der Nähe eines Berghanges auf 200 m herunter. Dort konnten wir uns mithilfe des Hangaufwindes in gleichbleibender Höhe einen guten Einflug zum Landeplatz suchen. Nach 2 Minuten hatten wir uns entschieden und den Landeanflug eingeleitet. Die Erde schien in einem schnellen Tempo auf uns zu zu stürzen. Das Variometer zeigte eine Sinkgeschwindigkeit von 4 m/s an. Eine halbe Stunde nach dem Start hatte uns die Erde wieder."

- Stellen Sie den Segelflug als Graph der Funktion *Zeit → Höhe* grafisch dar. Über welchem Zeitabschnitt ist die Steiggeschwindigkeit am höchsten? Wann ist die Sinkgeschwindigkeit am höchsten?
  Woran kann man das am Graphen erkennen?

- Berechnen Sie für jeden angegebenen Zeitabschnitt die durchschnittliche Steig- bzw. Sinkgeschwindigkeit.
  Vergleichen Sie mit dem vorher gezeichneten Graphen der Funktion *Zeit → Höhe*.

- Skizzieren Sie nun den Graphen der Funktion *Zeit → Steig- bzw. Sinkgeschwindigkeit*. Vergleichen Sie mit dem vorher gezeichneten Graphen zu der Funktion *Zeit → Höhe*.
  Welche Zusammenhänge können Sie erkennen?

Höhenprofile

Einige der Etappenteile der Tour de France werden von Amateurradrennfahrern gerne nachgefahren. Auch hierfür gibt es Höhenprofile, die den Schwierigkeitsgrad der einzelnen Strecken auf den ersten Blick verdeutlichen sollen. Zwei solcher Profile sind hier abgebildet.

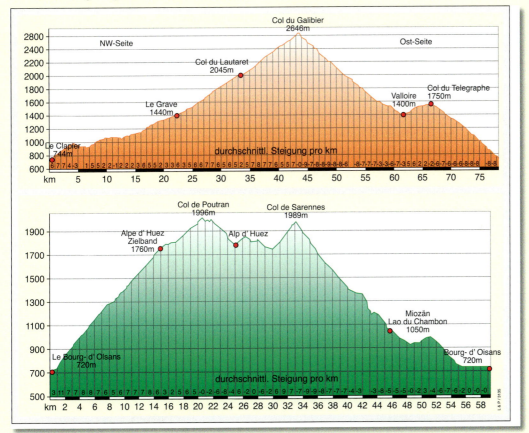

- Welche der beiden Strecken erscheint Ihnen auf den ersten Blick schwieriger? Stellen Sie einige Kriterien zusammen, die den Schwierigkeitsgrad beeinflussen können.

- In beiden Profilen werden „durchschnittliche Steigungen" angegeben. Erklären Sie an einem Beispiel, wie die angegebenen Werte berechnet werden.

3.1 Tangentensteigung und Änderungsrate – Ableitung

3.1.1 Steigung eines Funktionsgraphen in einem Punkt – Ableitung

Einführung

Folgende Vorstellung hilft uns, den Begriff *Steigung* für einen Funktionsgraphen zu erklären:
Wir denken uns den Graphen der Funktion als ein Höhenprofil einer Straße und stellen uns vor, dass wir mit einem Fahrrad diese Straße in Richtung der x-Achse entlang fahren. Im Punkt $A(a|f(a))$ fahren wir bergauf (der Graph *steigt* an). Im Punkt $B(b|f(b))$ haben wir den Gipfel eines Berges (Hochpunkt) erreicht. Im Punkt $C(c|f(c))$ fahren wir bergab (der Graph *fällt*).

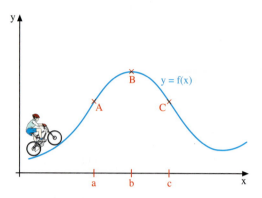

Stellen wir uns vor, dass wir auf einer Geraden entlang fahren, so ändert sich die Steigung nicht. Bei gekrümmten Graphen jedoch kann man offensichtlich nur von der Steigung des Graphen in einem einzelnen Punkt sprechen, da die Steigung in jedem Punkt des Graphen verschieden sein kann.

Wir versuchen, die Steigung des Funktionsgraphen in einem Punkt mithilfe des bekannten Begriffs der Steigung einer Geraden zu erklären. Dazu zeichnen wir in diesem Punkt eine Gerade an den Graphen, die sich diesem in der Nähe des Punktes möglichst gut anschmiegt. Ähnlich wie beim Kreis bezeichnen wir diese Gerade als *Tangente*. In der Nähe des betrachteten Punktes unterscheiden sich dann die Steigungen des Graphen nur wenig von der Steigung der Tangente.

Information

(1) Steigung eines Graphen in einem Punkt

Die Überlegungen aus der Einführung legen folgende Definition nahe.

> **Definition**
>
> P ist ein Punkt auf dem Graphen einer Funktion f mit den Koordinaten $P(x_0|f(x_0))$.
> Als **Steigung des Graphen der Funktion f im Punkt P** bezeichnet man die Steigung der Tangente an den Graphen in diesem Punkt P.
> Die Steigung der Tangente an den Graphen einer Funktion an der Stelle x_0 heißt **Ableitung** der Funktion f an der Stelle x_0.
> Diese Ableitung von f an der Stelle x_0 wird mit $f'(x_0)$ bezeichnet, gelesen: *f Strich von x_0*.

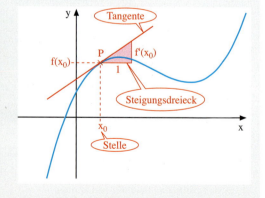

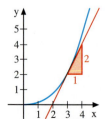

Beispiel

Eine Funktion f hat an der Stelle 3 die Steigung 2. Man sagt dann: f hat an der Stelle 3 die Ableitung 2. Man schreibt: $f'(3) = 2$, gelesen: *f Strich von 3 ist gleich 2*.

3.1 Tangentensteigung und Änderungsrate – Ableitung

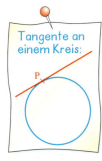

(2) Verschiedene Lagen der Tangente an einen Funktionsgraphen

Eine Tangente an einen Kreis hat mit diesem nur einen einzigen Punkt gemeinsam. Bei einer Tangente an einen Funktionsgraphen sind mehrere Fälle möglich.

| Die Tangente berührt den Graphen in einem Punkt. | Die Tangente durchsetzt den Graphen in einem Punkt. | Die Tangente berührt oder schneidet den Graphen noch in weiteren Punkten. |

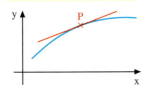 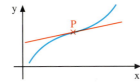 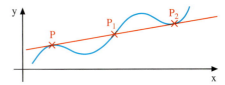

In allen Fällen schmiegt sich die Tangente in der Nähe des Punktes P möglichst gut an den Graphen an.

Aufgabe

1 Die Grafik zeigt das Höhenprofil einer Straße. Es ist der Graph der Funktion
Entfernung vom Ausgangspunkt (in km) → Höhe über dem Ausgangspunkt (in m).

Die Straße hat an den einzelnen Stellen unterschiedliche Steigungen.

a) In welchen Punkten ist die Steigung positiv, in welchen negativ, wo ist sie gleich null?

b) Ein Autofahrer auf dieser Straße begegnet den links abgebildeten Verkehrsschildern. An welchen der Punkte A, B, E könnte das gewesen sein?

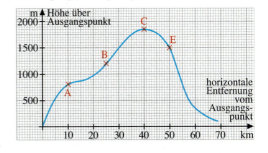

Lösung

a) An den Stellen, an denen es bergauf geht, ist die Steigung positiv: Punkt A und Punkt B.
Dort, wo es bergab geht, ist die Steigung negativ: Punkt E.
Die Tangente im Punkt C verläuft parallel zur horizontalen Achse, die Steigung des Graphen in C ist also null.

b) Zur Bestimmung der Steigung des Graphen in

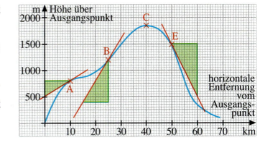

den Punkten A, B und E zeichnen wir in diesen Punkten jeweils die Tangenten an den Funktionsgraphen, also die Geraden, die sich möglichst gut anschmiegen.

Dann wählen wir ein geeignetes Steigungsdreieck aus und ermitteln damit die Steigung der Tangente.

Wir erhalten folgende Näherungswerte:

Steigung bei A: $\quad \dfrac{800\text{ m} - 500\text{ m}}{10\text{ km}} = \dfrac{300\text{ m}}{10\,000\text{ m}} = 0{,}03 = 3\,\%$

Steigung bei B: $\quad \dfrac{1\,200\text{ m} - 400\text{ m}}{10\text{ km}} = \dfrac{800\text{ m}}{10\,000\text{ m}} = 0{,}08 = 8\,\%$

Steigung bei E: $\quad \dfrac{500\text{ m} - 1\,500\text{ m}}{10\text{ km}} = \dfrac{-1\,000\text{ m}}{10\,000\text{ m}} = -0{,}1 = -10\,\%$

Ergebnis: Das Verkehrsschild, das eine Steigung von 8 % anzeigt, müsste am Punkt B stehen. Das Verkehrsschild, das 10 % Gefälle angibt, müsste am Punkt E stehen.

Weiterführende Aufgabe

2 Punkte, für die man keine Steigung des Graphen angeben kann

Für $f(x) = \sqrt{|x-3|} + 1$ ist die Tangente an den Graphen im Punkt $P(3|1)$ orthogonal zur x-Achse. Warum ist für den Graphen im Punkt P keine Steigung definiert?

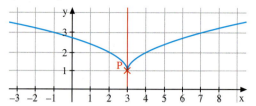

Übungsaufgaben

3 Für ein Triathlon ist das Höhenprofil der Radstrecke angegeben.

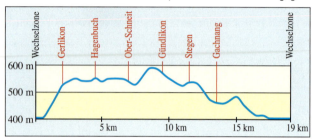

In welchen Punkten ist die Steigung positiv, in welchen negativ, wo ist sie gleich null?
Bestimmen Sie die Steigung in den angegebenen Bahnpunkten und erklären Sie ihr Vorgehen.

4 Vergleichen Sie die Steigungen des Graphen in den Punkten:

(1) A und B   (3) E und F
(2) C und D   (4) G und H

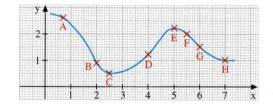

5 Bestimmen Sie die Steigung des Graphen der Funktion f im Punkt P. Notieren Sie das Ergebnis in der Schreibweise mit der Ableitung.

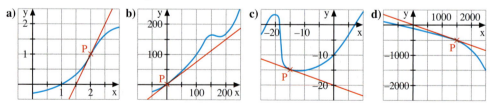

6 Bei einer Überschwemmung wurden die Wasserstände in den Radio-Nachrichten mitgeteilt.

Uhrzeit	7	9	10	13	17
Wasserstand (in m)	1,10	1,40	1,80	2,70	2,90

a) Ermitteln Sie, in welcher Zeitspanne der Wasserstand am schnellsten angestiegen ist.
b) Modellieren Sie die Entwicklung der Wasserstände mithilfe einer ganzrationalen Funktion 3. Grades. Welche Änderungsgeschwindigkeit kann man für 9 Uhr ungefähr ablesen?

7 Lara, Jana und Timo haben die Ableitung f′(0,75) mithilfe des abgebildeten Steigungsdreiecks bestimmt.
Wer hat die Ableitung richtig bestimmt? Was haben die anderen falsch gemacht?

Lara	Jana	Timo
$f'(0{,}75) = \frac{-5}{10}$	$f'(0{,}75) = \frac{-2{,}5}{2{,}25}$	$f'(0{,}75) = -\frac{2{,}5}{2{,}5}$
$f'(0{,}75) = -0{,}5$	$f'(0{,}75) = -1{,}\overline{1}$	$f'(0{,}75) = -1$

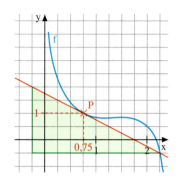

8 Zeichnen Sie einen Graphen, für den beim Durchlaufen von links nach rechts gilt:

a) Vom Punkt A bis zum Punkt B ist die Steigung positiv. Im Punkt B ist die Steigung null. Vom Punkt B bis zum Punkt C ist die Steigung negativ.

b) Vom Punkt A bis zum Punkt B ist die Steigung negativ. Im Punkt B ist die Steigung null. Von B bis C ist sie positiv. Von C bis D ist sie überall gleich, und zwar positiv.

c) Die Steigung ist immer negativ, wird aber immer größer.

9 Skizzieren Sie einen Graphen und einen Punkt P auf dem Graphen, sodass Folgendes gilt:

a) Die Steigung im Punkt P ist 1. Der Graph verläuft oberhalb der Tangente in P.

b) Die Steigung im Punkt P ist −1 [0]. Die Tangente durchsetzt den Graphen.

c) Die Steigung im Punkt P ist $-\frac{1}{3}$. Die Tangente schneidet [berührt] den Graphen noch in einem weiteren Punkt.

d) Die Steigung im Punkt P kann nicht angegeben werden.

10 Verwenden Sie die dem Buch beigelegte CD, um möglichst große Ausdrucke vom Funktionsgraphen für ihre Gruppe anzufertigen. Bestimmen Sie dann näherungsweise die Ableitungen der Funktionen. Vergleichen Sie ihre Ergebnisse untereinander.
Mögliche Funktionsgleichungen und Stellen x_0 sind zum Beispiel:

(1) $y = -(x - 2)^2 + 3$; $x_0 = 3$;   [$x_0 = 1$]
(2) $y = (x - 1)(x + 2)x$; $x_0 = 1$;   [$x_0 = -1$]
(3) $y = 0{,}2x^3 - 1{,}2x^2 + 0{,}6x + 5$; $x_0 = -1$;   [$x_0 = 2$; $x_0 = 0{,}25$]

11 Zeichnen Sie die Normalparabel und markieren Sie den Punkt P(2,5 | 6,25). Stellen Sie dann einen Taschenspiegel so auf die Zeichnung durch den Punkt P, dass der Verlauf des Spiegelbildes der Parabel den Verlauf der Parabel auf dem Blatt Papier knickfrei fortsetzt.
Markieren Sie dann die Kante des Spiegels auf dem Papier. Die erhaltene Gerade ist orthogonal zur gesuchten Tangente. Zeichnen Sie nun noch die Tangente ein und bestimmen Sie deren Steigung.
Bestimmen Sie auch für andere Punkte auf diese Weise die Steigung.

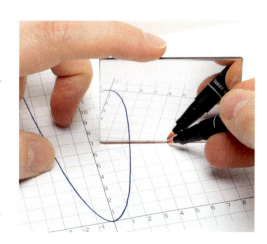

3.1.2 Lokale Änderungsrate

Einführung

Ein Automobilhersteller hat ein Versuchsfahrzeug mit einem verbrauchsoptimierten Antrieb entwickelt und möchte dessen Fahrleistungen mit dem eines Serienfahrzeuges vergleichen.

Zur Bestimmung der Beschleunigungsdaten wird das Fahrzeug aus dem Stand beschleunigt und seine Entfernung vom Startpunkt (f(x) in m) in Abhängigkeit von der Zeit (x in s) gemessen.

Die Messungen ergeben, dass diese Funktion näherungsweise durch den Funktionsterm $f(x) = x^2$ beschrieben werden kann.

Zum Vergleich der Beschleunigung des Versuchsfahrzeugs mit der des Serienfahrzeugs stellen wir folgende Frage:

Welche Geschwindigkeit hat das Versuchsfahrzeug nach 10 Sekunden erreicht?

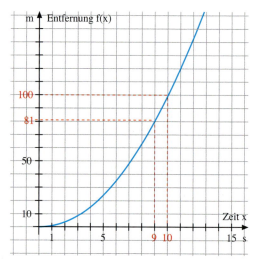

Die Geschwindigkeit berechnet sich als zurückgelegte Strecke pro Zeitabschnitt.

In den ersten 10 Sekunden entfernt sich das Fahrzeug 10^2 m = 100 m von seinem Startpunkt. Dies entspricht einer Geschwindigkeit von:

$\frac{100 \text{ m}}{10 \text{ s}} = 10 \frac{\text{m}}{\text{s}}$

Die Einheit $\frac{\text{m}}{\text{s}}$ für die Geschwindigkeit ist in der Physik üblich, im Alltag ist jedoch die Einheit $\frac{\text{km}}{\text{h}}$ gebräuchlicher. Es gilt:

Eine Stunde hat 3 600 Sekunden.

$1 \frac{\text{m}}{\text{s}} = \frac{0{,}001 \text{ km}}{\frac{1}{3600} \text{ h}} = 3{,}6 \frac{\text{km}}{\text{h}}$

Also beträgt die Geschwindigkeit innerhalb der ersten 10 Sekunden 36 $\frac{\text{km}}{\text{h}}$. Diese Geschwindigkeit ist eine *Durchschnittsgeschwindigkeit* in den ersten 10 Sekunden. Am Graphen erkennt man deutlich, dass sich das Fahrzeug zunächst langsamer bewegt, z. B. 1 m in der 1. Sekunde, und dann immer schneller, z. B. 3 m in der 2. Sekunde.

Ein Näherungswert für die Geschwindigkeit nach 10 Sekunden ist z. B. die Durchschnittsgeschwindigkeit in der Zeitspanne von 9 bis 10 Sekunden.

Nach 9 Sekunden hat das Fahrzeug 9^2 m = 81 m zurückgelegt, nach 10 Sekunden 10^2 m = 100 m.

Für die Durchschnittsgeschwindigkeit in dieser Zeitspanne gilt also:

$\frac{100 \text{ m} - 81 \text{ m}}{10 \text{ s} - 9 \text{ s}} = \frac{19 \text{ m}}{1 \text{ s}} = 68{,}4 \frac{\text{km}}{\text{h}}$

3.1 Tangentensteigung und Änderungsrate – Ableitung

Man erhält noch bessere Annäherungen für die Geschwindigkeit nach 10 Sekunden, wenn man die Zeitspanne, für die man die Durchschnittsgeschwindigkeit bestimmt, noch kleiner wählt. Wir stellen die Ergebnisse in der Tabelle rechts zusammen.

Zeitspanne	Durchschnittsgeschwindigkeit
0 s – 10 s	$36 \frac{km}{h}$
9 s – 10 s	$68{,}4 \frac{km}{h}$
9,5 s – 10 s	$\frac{100\,m - 90{,}25\,m}{10\,s - 9{,}5\,s} = \frac{9{,}75\,m}{0{,}5\,s} = 19{,}5 \frac{m}{s} = 70{,}2 \frac{km}{h}$
9,9 s – 10 s	$\frac{100\,m - 98{,}01\,m}{10\,s - 9{,}9\,s} = \frac{1{,}99\,m}{0{,}1\,s} = 19{,}9 \frac{m}{s} = 71{,}64 \frac{km}{h}$
9,99 s – 10 s	$\frac{100\,m - 99{,}801\,m}{10\,s - 9{,}9\,s} = \frac{0{,}1999\,m}{0{,}01\,s} = 19{,}99 \frac{m}{s} = 71{,}964 \frac{km}{h}$

Je kleiner die Zeitspanne wird, desto größer wird die Geschwindigkeit in dieser Zeitspanne und desto besser stimmt sie mit der *Momentangeschwindigkeit* zum Zeitpunkt 10 Sekunden statt.

Um diese zu bestimmen, betrachten wir eine kleine Zeitspanne von t bis 10. Der Übersichtlichkeit halber verzichten wir hier darauf, auch die Maßeinheiten zu notieren.

Zu Beginn dieser Zeitspanne ist die Entfernung des Fahrzeugs vom Startpunkt t^2, am Ende 10^2. Für die Durchschnittsgeschwindigkeit v in dieser Zeitspanne gilt dann:

$$v = \frac{10^2 - t^2}{10 - t} = \frac{(10 - t)(10 + t)}{10 - t} = 10 + t \qquad \text{3. Binomische Formel}$$

Wir erkennen an diesem Term:

Je kleiner die Zeitspanne wird, also je näher t an 10 ist, desto näher ist v an 10 + 10 = 20. Daher hat die Momentangeschwindigkeit zum Zeitpunkt 10 s den Wert:

$20 \frac{m}{s} = 72 \frac{km}{h}$

Ergebnis: Nach 10 Sekunden hat das Fahrzeug eine Geschwindigkeit von $72 \frac{km}{h}$ erreicht; seine Beschleunigung ist also nicht so groß wie die eines Serienfahrzeuges.

Aufgabe

1 Auf einer Teststrecke mit genau fest gelegten Bedingungen wurde ständig gemessen, wie viel Benzin ein Auto schon verbraucht hatte. Die Abbildung rechts zeigt das Testergebnis.

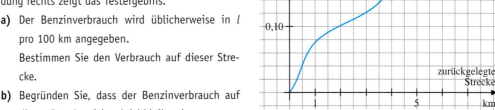

a) Der Benzinverbrauch wird üblicherweise in l pro 100 km angegeben.
   Bestimmen Sie den Verbrauch auf dieser Strecke.

b) Begründen Sie, dass der Benzinverbrauch auf dieser Strecke nicht gleichbleibend war.
   Wie müsste ein Graph bei gleich bleibendem Verbrauch aussehen?
   Nennen Sie je eine Teilstrecke, auf der der Verbrauch kleiner bzw. größer als der Durchschnittsverbrauch war.

c) In manchen Fahrzeugen gibt es Bordcomputer, die auch den momentanen Benzinverbrauch anzeigen.
   An welcher Stelle der Teststrecke ist dieser am kleinsten, bzw. am größten?

d) Wie könnte man vorgehen, um den momentanen Kraftstoffverbrauch an der Stelle 1 km zu bestimmen?

Lösung

a) Auf einer Fahrtstrecke von 5 km wurden insgesamt 0,20 l Benzin benötigt, das entspricht einem Verbrauch von $\frac{0,2\,l}{5\,km} = \frac{0,04\,l}{1\,km} = \frac{4\,l}{100\,km}$.

b) Bei gleich bleibendem Verbrauch auf der Strecke müsste der Graph gleichmäßig ansteigen, also auf einer Gerade liegen.

Teilstrecken mit anderem Benzinverbrauch sind z. B. die Folgenden:

Auf der ersten Strecke von 0 bis 1 km verläuft der Graph steiler als die eingezeichnete Gerade. Dort ergibt sich ein höherer Benzinverbrauch:

$\frac{0,075\,l}{1\,km} = \frac{7,5\,l}{100\,km}$

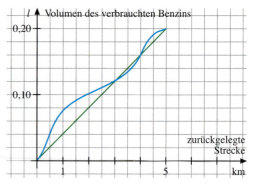

Auf der Stecke zwischen 1 km und 2 km verläuft der Graph flacher als die eingezeichnete Gerade. Hier ist der Verbrauch niedriger als der Durchschnittsverbrauch:

$\frac{0,105\,l - 0,075\,l}{2\,km - 1\,km} = \frac{0,03\,l}{1\,km} = \frac{3\,l}{100\,km}$

c) Der größte momentane Benzinverbrauch liegt an der Stelle vor, an der der Graph am steilsten ansteigt, da dann am meisten Benzin für eine Strecke benötigt wird. Beim hier gezeichneten Graph ist das bei 0,5 km der Fall.

Der kleinste momentane Benzinverbrauch liegt entsprechend an der Stelle vor, an der der Graph am flachsten ansteigt, hier also bei 2 km.

d) Man könnte den momentanen Benzinverbrauch an der Stelle 0,5 km ermitteln, indem man die benötigte Benzinmenge für eine kleine Strecke, z. B. von 0,5 km bis 0,6 km betrachtet. Der Durchschnittsverbrauch während dieser Strecke ist dann die Steigung der Geraden, die den Graphen an den Stellen 0,5 km und 0,6 km schneidet.

Einen noch genaueren Wert für den momentanen Benzinverbrauch an der Stelle 0,5 km erhält man, wenn man eine noch kleinere Strecke, z. B. von 0,5 km bis 0,51 km wählt.

Der momentane Benzinverbrauch an der Stelle 0,5 km ist gerade die Steigung der Tangenten an der Stelle 0,5 km an dem Graphen; er ist in der Einheit $\frac{l}{100\,km}$ anzugeben.

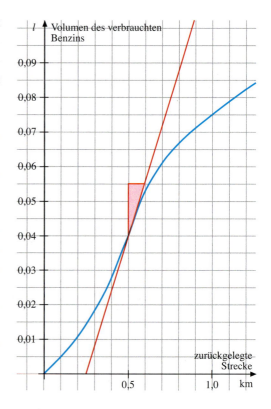

Information

(1) Änderungsrate einer Funktion in einem Intervall

In der Einführung haben wir die Geschwindigkeit eines Autos berechnet als Quotient aus der zurückgelegten Strecke und der dafür benötigten Zeit.

In Aufgabe 1 haben wir den Benzinverbrauch eines Autos berechnet als Quotient aus dem benötigten Benzinvolumen und der damit gefahrenen Strecke. In beiden Fällen wurden Änderungen von Funktionswerten dividiert durch einen Zeitabschnitt bzw. eine Strecke, also jeweils Änderungen von Ausgangsgrößen.

3.1 Tangentensteigung und Änderungsrate – Ableitung

Definition: Änderungsrate

Gegeben ist eine Funktion f, die in einem Intervall [a; b] definiert ist.

Der Quotient $\frac{f(b)-f(a)}{b-a}$ heißt **Änderungsrate von f im Intervall [a; b]**.

Geometrisch gedeutet ist dieser Quotient die Steigung m_s der Geraden (Sekante) durch die Punkte $P(a\,|\,f(a))$ und $Q(b\,|\,f(b))$ auf dem Graphen von f, also $m_s = \frac{f(b)-f(a)}{b-a}$ (**Sekantensteigung**).

> Man sagt auch **Differenzenquotient**.

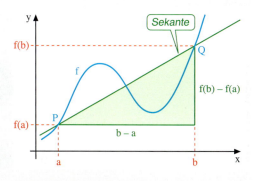

(2) Lokale Änderungsrate einer Funktion an einer Stelle

Die Änderungsrate kann geometrisch als Steigung einer Sekante durch zwei Punkte auf dem Funktionsgraphen gedeutet werden. Bei der Lösung von Aufgabe 1c) haben wir den momentanen Kraftstoffverbrauch als Steigung des Graphen in einem Punkt gedeutet. Man spricht in diesem Zusammenhang deshalb auch von einer lokalen (oder auch punktuellen) Änderungsrate. Die Steigung eines Graphen in einem Punkt $P(x_0\,|\,f(x_0))$, kennen wir als Ableitung $f'(x_0)$, also als Steigung der Tangente an den Graphen von f in P.

> Statt von lokaler oder punktueller Änderungsrate spricht man manchmal auch von momentaner Änderungsrate

Definition: Lokale Änderungsrate

Die **lokale Änderungsrate** einer Funktion f an einer Stelle x_0 ist die Ableitung $f'(x_0)$ der Funktion an der Stelle x_0.

Geometrisch gedeutet ist die lokale Änderungsrate einer Funktion f an einer Stelle x_0 die Steigung der Tangente an den Graphen von f im Punkt $P(x_0\,|\,f(x_0))$.

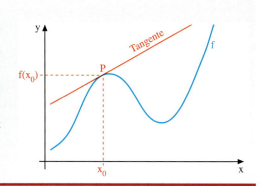

Beispiele für Änderungsraten in Anwendungen

Funktion	Änderungsrate	lokale Änderungsrate
Zeit → zurückgelegter Weg	Durchschnittsgeschwindigkeit	Momentangeschwindigkeit
Zeit → Geschwindigkeit	durchschnittliche Beschleunigung	Momentanbeschleunigung
Weg → benötigtes Benzinvolumen	durchschnittlicher Benzinverbrauch	momentaner Benzinverbrauch
Zeit → Wassermenge in einer Badewanne, die gefüllt wird	durchschnittliche Zuflussgeschwindigkeit	momentane Zuflussgeschwindigkeit

(3) Ableitung, Steigung, lokale Änderungsrate

Ableitung, Steigung und lokale Änderungsrate sind drei verschiedene Begriffe, die denselben Sachverhalt kennzeichnen.

Hat eine Funktion f an der Stelle −3 die Ableitung −2, so schreibt man dafür $f'(-3) = -2$.

Geometrisch bedeutet dies, dass die Tangente an den Graphen von f an der Stelle −3 die Steigung −2 hat. Rechnerisch kann man die Änderung der Funktionswerte an dieser Stelle durch die lokale Änderungsrate −2 beschreiben.

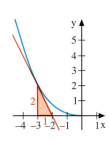

Übungsaufgaben **2**

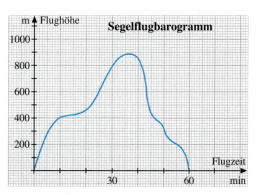

Die Flughöhe eines Segelflugzeuges wird während eines Fluges ständig gemessen und im Cockpit angezeigt. Ein automatischer Schreiber hält diese Messergebnisse in einem so genannten Segelflugbarogramm fest.

a) Beschreiben Sie mithilfe des Graphen das Flugverhalten des Segelfliegers.
b) Berechnen Sie die durchschnittliche Steiggeschwindigkeit in den ersten 10 Minuten in $\frac{m}{s}$.
c) Berechnen Sie die durchschnittliche Sinkgeschwindigkeit im Zeitraum von 40 bis 60 Minuten.
d) Im Cockpit zeigt ein Instrument, das so genannte Variometer, zu jedem Zeitpunkt die aktuelle Steig- bzw. Sinkgeschwindigkeit an. Bestimmen Sie aus dem obigen Diagramm die Steiggeschwindigkeit zum Zeitpunkt 30 min.

3

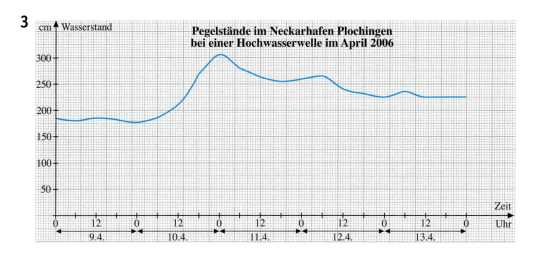

a) Bestimmen Sie für jeden Tag die Änderungsrate des Pegelstandes.
b) Bestimmen Sie den Zeitpunkt, zu dem die lokale Änderungsrate am größten war. Wie groß war sie?
c) Wann ist der Wasserstand am schnellsten gefallen und wie schnell?

4 Die Tabelle enthält Daten eines startenden Space-Shuttles der NASA.

Zeit (in s)	0	5	10	20	40	60	120
Höhe (in m)	0	92,5	370	1 480	5 920	13 320	53 280

a) Stellen Sie die Tabellendaten in einem Koordinatensystem dar und beschreiben Sie den Startverlauf.
b) Begründen Sie kurz, dass die Änderungsraten hier Angaben über durchschnittliche Geschwindigkeiten machen. Berechnen Sie die Durchschnittsgeschwindigkeit über den Zeitabschnitten [0; 5], [5; 10], ..., [60; 120], und zwar in der Einheit $\frac{km}{h}$.
c) Jemand behauptet, man könne die Durchschnittsgeschwindigkeit des Shuttles über den gesamten Zeitraum als Durchschnitt der in Teilaufgabe b) berechneten Geschwindigkeiten berechnen. Stimmt das?

3.1 Tangentensteigung und Änderungsrate – Ableitung

5 Ein Flüssigkeitsbehälter wird durch ein Ventil entleert. Zum Zeitpunkt t ist im Behälter das Volumen V(t).
Präzisieren Sie die Begriffe *mittlere Ausflussgeschwindigkeit in einem Zeitintervall* und *momentane Ausflussgeschwindigkeit zum Zeitpunkt t*; deuten Sie diese Begriffe am Graphen der Funktion t → V(t).
Verwenden Sie auch den Begriff der Änderungsrate.

6 Ein Thermograph zeichnet über einen längeren Zeitraum zu jedem Zeitpunkt die Temperatur auf. Zum Zeitpunkt t beträgt die Temperatur $\vartheta(t)$. Der Thermograph zeichnet den Graphen der Funktion t → $\vartheta(t)$ auf.
Deuten Sie die Ausdrücke:

$\vartheta(t) - \vartheta(t_0)$, $\frac{\vartheta(t) - \vartheta(t_0)}{t - t_0}$ und $\vartheta'(t_0)$

> ϑ (griech. Buchstabe): Theta

7 Der Luftdruck nimmt mit der Höhe ab. Zu jeder Höhe h gehört ein bestimmter Luftdruck p(h).
Deuten Sie auch:

$p(h) - p(h_0)$, $\frac{p(h) - p(h_0)}{h - h_0}$ und $p'(h_0)$.

8 Verwenden Sie im Programm Graphix von der dem Buch beigefügten CD den Programmpunkt *Änderungsdiagramm*.

a) Geben Sie zunächst im Menü *Formel* eine Geradengleichung ein, z. B. $y = \frac{1}{2}x + 3$. Wählen Sie bei den Diagrammoptionen die dritte Option ganz rechts.
Beschreiben Sie und erklären Sie die Grafik und die Tabelle, die das Programm erzeugt. Verwenden Sie auch noch weitere Geradengleichungen.

b) Schalten Sie im Menü *Zunahme y* nun auf die Option $\frac{\Delta y}{\Delta x}$.
Erläutern Sie die Grafik und die Tabelle des Programms; arbeiten Sie auch hier mit weiteren Geradengleichungen.

c) Verwenden Sie nun statt einer linearen Funktion die Quadratfunktion.
Welche Aussage können Sie über das Änderungsverhalten der Funktionswerte folgern?

d) Experimentieren Sie mit weiteren Funktionen und vergleichen Sie die Ergebnisse.

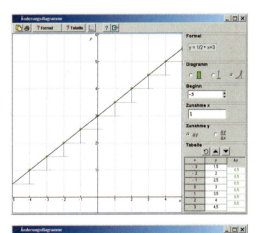

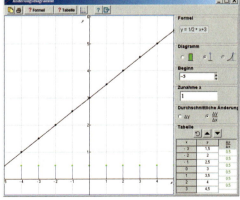

3.1.3 Ableitung der Quadratfunktion – Brennpunkteigenschaft

Einführung

(1) Grundidee

Wir wollen die Steigung der Normalparabel an der Stelle 0,5 bestimmen. Mit dem Funktionsterm $f(x) = x^2$ erhalten wir die 2. Koordinate des Punktes P: $f(0,5) = 0,5^2 = 0,25$.

Wir betrachten zunächst statt der Tangente im Punkt P(0,5|0,25) Geraden durch P, welche die Normalparabel noch in einem weiteren Punkt Q schneiden. Solche Geraden nennt man *Sekanten*. Aus den Koordinaten der Punkte auf der Normalparabel kann man die Steigung einer Sekante genau berechnen. Je näher der zweite Schnittpunkt Q der Sekante am Punkt P liegt, desto näher liegt die Sekante an der Tangente und desto weniger unterscheidet sich die Steigung der Sekante von der Steigung der Tangente.

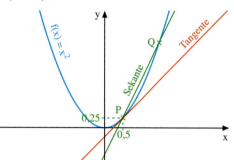

(2) Berechnen der Steigung von Sekanten durch den Punkt P(0,5|0,25)

Wir betrachten zunächst eine Sekante mit dem zweiten Schnittpunkt Q(1,5|2,25).
Diese Sekante hat die Steigung:

$$m = \frac{f(1,5) - f(0,5)}{1,5 - 0,5} = \frac{2,25 - 0,25}{1,5 - 0,5} = \frac{2}{1} = 2$$

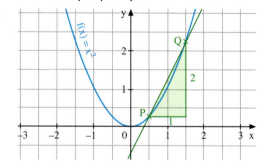

Einen noch besseren Näherungswert für die Tangentensteigung erhalten wir, wenn wir die Sekante durch den zweiten Punkt R(1|1) betrachten.
Diese Sekante hat die Steigung:

$$m = \frac{f(1) - f(0,5)}{1 - 0,5} = \frac{1 - 0,25}{1 - 0,5} = \frac{0,75}{0,5} = 1,5$$

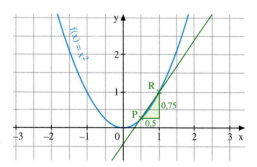

Um die Steigungen weiterer Sekanten zu berechnen, bezeichnen wir den zweiten Schnittpunkt allgemein mit $Q(x|x^2)$ mit $x \neq 0,5$. Für die Steigung der Sekanten erhalten wir den Term:

$$m = \frac{f(x) - f(0,5)}{x - 0,5} = \frac{x^2 - 0,25}{x - 0,5}$$

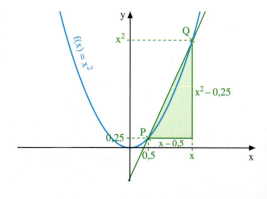

Mithilfe dieses Terms können wir die Steigung bequem mit einer Tabellenkalkulation berechnen:
gewählter Punkt P(0,5|0,25)

x	f(x)	f(x) − f(0,5)	x − 0,5	Differenzenquotient
1	1	0,75	0,5	1,5
0,9	0,81	0,56	0,4	1,4
0,8	0,64	0,39	0,3	1,3
0,7	0,49	0,24	0,2	1,2
0,6	0,36	0,11	0,1	1,1
0,5	0,25	0	0	#DIV/0!
0,4	0,16	−0,09	−0,1	0,9
0,3	0,09	−0,16	−0,2	0,8
0,2	0,04	−0,21	−0,3	0,7
0,1	0,01	−0,24	−0,4	0,6
0	0	−0,25	−0,5	0,5

Für x = 0,5 meldet die Tabellenkalkulation den Fehler **#DIV/0!**, weil der Nenner des Differenzenquotienten den Wert 0 hat.

Die Tabellenkalkulation liefert auch einen Wert für die Sekante, wenn der zweite Schnittpunkt Q links von der Stelle 0,5 liegt. Die Formel für die Steigung der Sekanten gilt auch, falls der zweite Schnittpunkt Q links von P(0,5|0,25) liegt:

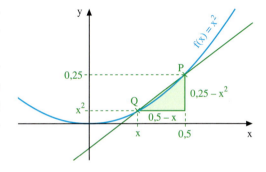

$$\frac{0{,}25 - x^2}{0{,}5 - x} = \frac{-(0{,}25 - x^2)}{-(0{,}5 - x)} = \frac{-0{,}25 + x^2}{-0{,}5 + x} = \frac{x^2 - 0{,}25}{x - 0{,}5}$$

Um noch genauere Werte für die Tangentensteigung zu erhalten, muss man die Tabelle verfeinern und x-Werte wählen, die immer dichter an der Stelle x = 0,5 liegen. Aus den Werten der letzten Tabellenspalte lässt sich vermuten, dass die Sekantensteigung umso näher bei 1 liegt, je näher x bei 0,5 liegt.

x	f(x)	f(x) − f(0,5)	x − 0,5	Differenzenquotient
0,51	0,2601	0,0101	0,01	1,01
0,501	0,251001	0,001001	0,001	1,001
0,5001	0,25010001	0,00010001	0,0001	1,0001
0,50001	0,25001	1E-05	0,00001	1,00001
0,5	0,25	0	0	#DIV/0!
0,49999	0,24999	−9,9999E-06	−0,00001	0,99999
0,4999	0,24990001	−9,999E-05	−0,0001	0,9999
0,499	0,249001	−0,000999	−0,001	0,999
0,49	0,2401	−0,0099	−0,01	0,99

(3) Bestimmen der Tangentensteigung im Punkt P(0,5|0,25)

Durch Umformen des Terms für die Sekantensteigung kann man zeigen, dass sich die Werte tatsächlich genau der Zahl 1 nähern. Für x ≠ 0,5 gilt:

$$m = \frac{x^2 - 0{,}25}{x - 0{,}5} = \frac{(x + 0{,}5)(x - 0{,}5)}{x - 0{,}5} = x + 0{,}5 \qquad \text{3. Binomische Formel}$$

Liegt Q rechts von P (x > 0,5), so ist m = x + 0,5 > 1. Liegt Q links von P (x < 0,5), so ist m = x + 0,5 < 1. An m = x + 0,5 (für x ≠ 0,5) erkennt man, dass sich die Sekantensteigung m umso weniger von 0,5 + 0,5, also 1, unterscheidet, je weniger sich x von 0,5 unterscheidet. Die Zahl 1 ist offenbar die gesuchte Steigung der Tangente in P(0,5|0,25). Die Tangente in P(0,5|0,25) hat die Steigung f′(0,5) = 1.

Weiterführende Aufgabe

1 Zeigen Sie: Die Gleichung der Tangente t an den Graphen der Funktion f mit $f(x) = x^2$ durch den Punkt $P(0,5 | 0,25)$ ist gegeben durch: $t(x) = 1 \cdot x - 0,25$

Information

In der Einführung haben wir für die Sekantensteigung den Term $x + 0,5$ ermittelt. Zur Berechnung der Tangentensteigung haben wir die Stelle x, an der die Sekante die Normalparabel schneidet, der Stelle 0,5 immer mehr angenähert und untersucht, wie sich dabei die Sekantensteigung ändert. Kurz:
Wenn x gegen 0,5 geht, strebt $x + 0,5$ gegen 1.
Dafür haben wir die Schreibweise kennen gelernt (siehe Seite 131):
$$\lim_{x \to 0,5} (x + 0,5) = 1$$

Die Steigung der Tangente an den Graphen einer Funktion f im Punkt $P(x_0 | f(x_0))$ erhält man folgendermaßen:

(1) Man wählt einen von P verschiedenen Punkt $Q(x | f(x))$ auf dem Graphen von f.

(2) Man bestimmt die Steigung der Sekante durch P und Q:
$$m = \frac{f(x) - f(x_0)}{x - x_0}$$
Diesen Term bezeichnet man als **Differenzenquotient.**

(3) Man lässt den Punkt Q auf dem Graphen zum Punkt P wandern; dabei nähert sich x der Stelle x_0 an. Die Steigung der Tangenten ist dann der *Grenzwert* der Steigungen der Sekanten durch Q und P:
$$f'(x_0) = \lim_{x \to x_0} \frac{f(x) - f(x_0)}{x - x_0}$$
Diesen Grenzwert bezeichnet man als **Differenzialquotienten**

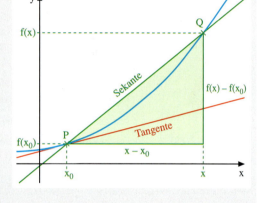

Aufgabe

2 Bestimmen Sie die Gleichung der Tangente t an die Normalparabel in einem beliebigen Punkt $P(x_0 | x_0^2)$.

Lösung

(1) **Bestimmen der Sekantensteigung**
Wir betrachten eine Sekante durch den Punkt $P(x_0 | x_0^2)$ und einem anderen Punkt $Q(x | x^2)$. Für deren Steigung gilt:
$$m = \frac{x^2 - x_0^2}{x - x_0} = \frac{(x + x_0)(x - x_0)}{(x - x_0)} = x + x_0 \quad (\text{für } x \ne x_0)$$

(2) **Bestimmen der Tangentensteigungen**
Wandert der zweite Schnittpunkt $Q(x | x^2)$ der Sekante auf der Normalparabel immer näher an den Punkt $P(x_0 | x_0^2)$, so gilt für den Grenzwert der Sekantensteigung, also die Tangentensteigung:
$$f'(x_0) = \lim_{x \to x_0} \frac{x^2 - x_0^2}{x - x_0} = \lim_{x \to x_0} (x + x_0) = 2x_0$$

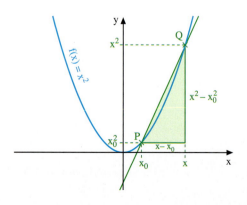

(3) Bestimmen der Tangentengleichung

Die Gleichung einer Geraden g mit der Steigung m durch einen Punkt P(a|b) ist gegeben durch:

$y = m \cdot (x - a) + b$ (siehe Seite 80)

also hier mit $m = f'(x_0)$ und $a = x_0$ sowie $b = f(x_0) = x_0^2$:

$t(x) = 2x_0 \cdot (x - x_0) + x_0^2 = 2x_0 \cdot x - x_0^2$

Information

(1) Ableitung der Quadratfunktion

In der Aufgabe 1 haben wir bewiesen:

> **Satz**
> Die Quadratfunktion f mit $f(x) = x^2$ hat an der Stelle x_0 die Ableitung $f'(x_0) = 2x_0$.

(2) Berechnen der Tangentensteigung mit der h-Schreibweise

In der Aufgabe 1 haben wir die Koordinaten des 2. Schnittpunktes der Sekanten mit $Q(x|x^2)$ bezeichnet. Für manche Berechnungen ist es günstiger, die Stelle, an der die Sekante den Graphen zum zweiten Mal schneidet, nicht mit x sondern mit $x_0 + h$ zu bezeichnen. Dabei gibt h an, wie weit die zweite Schnittstelle von x_0 entfernt ist. h ist positiv, falls der Punkt Q rechts von P liegt, h ist negativ, falls Q links von P liegt.

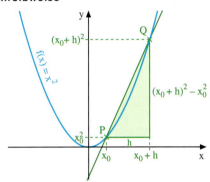

Für die Steigung m der Sekante durch P und Q gilt:

$m = \dfrac{(x_0 + h)^2 - x_0^2}{h} = \dfrac{x_0^2 + 2x_0 h + h^2 - x_0^2}{h} = 2x_0 + h$ (für $h \neq 0$)

Stellt man sich nun vor, dass Q auf P zu wandert, so unterscheidet sich h immer weniger von 0 und die Steigung m immer weniger von $2x_0$.

Daher gilt für die Tangentensteigung:

$f'(x_0) = \lim\limits_{h \to 0} \dfrac{(x_0 + h)^2 - x_0^2}{h} = \lim\limits_{h \to 0} (2x_0 + h) = 2x_0$

Weiterführende Aufgaben

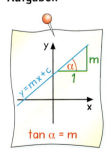

tan α = m

3 Steigungswinkel

a) Welchen Winkel schließt die Tangente an den Graphen von $f(x) = x^2$ im Punkt $P(0,5|0,25)$ mit der (positiven) x-Achse ein?

b) Welche Tangente an den Graphen von $f(x) = x^2$ schließt mit der (positiven) x-Achse einen Winkel von 30° ein?

4 Normalen

Eine Gerade, die eine andere Gerade senkrecht schneidet, wird als Normale bezeichnet.

a) Zeichnen Sie den Graphen der Funktion f mit $f(x) = x^2$ sowie die Normalen zu den Tangenten an den Stellen $x = -2, -1, 0, +1, +2$.

b) Welche Steigung haben die in a) gezeichneten Normalen? Wie lautet die Gleichung der Normalen?

c) Geben Sie allgemein die Steigung der Normalen an der Stelle x_0 an sowie die allgemeine Gleichung einer Normalen zum Graphen von $f(x) = x^2$.

Aufgabe

Ein **Rotationsparaboloid** entsteht, wenn man eine zur y-Achse symmetrische Parabel um die y-Achse rotieren lässt.

5 Brennpunkteigenschaft

Gegeben ist ein Parabolspiegel, der durch Rotation der Parabel mit der Gleichung $f(x) = \frac{1}{2}x^2$ entstanden ist. Wir untersuchen den Strahlengang eines Lichtstrahls (rot), der von oben parallel zur y-Achse einfällt und auf die Wandung des Parabolspiegels (blau) trifft. Nach dem Reflexionsgesetz wird der Strahl so reflektiert, dass der Einfallswinkel α und der Ausfallswinkel β gleich groß sind. Beide Winkel liegen symmetrisch zu der Normalen (grün) durch den Punkt der Parabolspiegel-Fläche, in dem der Strahl auftrifft.

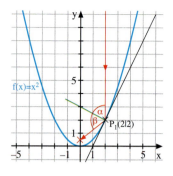

a) Betrachten Sie einen Strahl, der parallel zur y-Achse im Punkt $P_1(2|2)$ reflektiert wird.
   (1) Bestimmen Sie die Steigung der Tangente in diesem Punkt und die Steigung der Normalen. Bestimmen daraus dann die Größe des Einfalls- und Ausfallswinkels.
   (2) Berechnen Sie den Steigungswinkel des reflektierten Strahls; bestimmen Sie hieraus die Gleichung der Geraden, längs der der reflektierte Strahl verläuft. Wo schneidet dieser Punkt die y-Achse?

b) Bestimmen Sie analog zu Teilaufgabe a) für die Punkte $P_2(1|0,5)$ und $P_3(-3|4,5)$ jeweils die Gleichung der Geraden zum reflektierten Strahl sowie den Schnittpunkt mit der y-Achse. Was fällt auf?

Lösung

a) Für die Ableitung der Funktion f mit $f(x) = \frac{1}{2}x^2$ gilt: $f'(x) = x$.

(1) Die Parabel hat im Punkt $P_1(2|2)$ die Steigung $m_1 = f'(2) = 2$, also die Normale zu der Tangente die Steigung $\overline{m_1} = -\frac{1}{m_1} = -\frac{1}{2}$.

Diese Normale hat demnach einen Steigungswinkel von $\tan^{-1}\left(-\frac{1}{2}\right) = -26{,}57°$, d.h. zwischen der Normalen und einer Parallelen zur y-Achse liegt ein Winkel von $90° - 26{,}57° = 63{,}43°$ vor. Es gilt also: α = β = 63,43°.

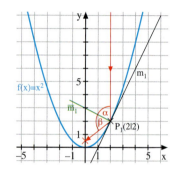

(2) Der Steigungswinkel des reflektierten Strahls ist demnach:
$γ = α + β - 90° = 36{,}86°$

Die Steigung des reflektierten Strahls ist dann: $m = \tan(γ) = 0{,}75$
Die Gleichung der Geraden, längs der der reflektierte Strahl verläuft, ist daher: $y = 0{,}75 \cdot (x - 2) + 2$,
also $y = 0{,}75x + 0{,}5$ (gemäß Punkt-Steigungsform, siehe Seite 80).
Der reflektierte Strahl schneidet also im Punkt $(0|0{,}5)$ die y-Achse.

b) Analog zu Teilaufgabe a) erhalten wir:

Punkt	$P_2(1\|0{,}5)$	$P_3(-3\|4{,}5)$
Steigung der Tangente	$m_2 = f'(1) = 1$	$m_3 = f'(-3) = -3$
Steigung der Normalen	$\overline{m_2} = -\frac{1}{1} = -1$	$\overline{m_3} = -\frac{1}{-3} = +\frac{1}{3}$
Steigungswinkel der Normalen	$\tan^{-1}(-1) = -45°$	$\tan^{-1}\left(\frac{1}{3}\right) = 18{,}43°$
Einfalls- und Ausfallswinkel	α = β = 45°	α = β = 71,57°
Steigungswinkel des reflektierten Strahls	γ = -180°	γ = -53,13°
Steigung des reflektierten Strahls	$\tan(γ) = 0$	$\tan(γ) = -\frac{4}{3}$
Gleichung des reflektierten Strahls	$y = 0 \cdot (x - 1) + 0{,}5 = 0{,}5$	$y = -\frac{4}{3} \cdot (x + 3) + 4{,}5 = -\frac{4}{3}x + 0{,}5$
Schnittpunkt mit der y-Achse	(0|0,5)	(0|0,5)

Es fällt auf, dass alle reflektierten Strahlen durch den Punkt F(0|0,5) verlaufen. Dies ist der **Brennpunkt der Parabel** mit der Gleichung $y = \frac{1}{2}x^2$ und der Brennpunkt des zugehörigen Parabolspiegels.

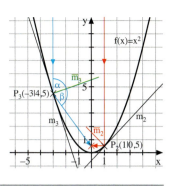

Weiterführende Aufgabe **6 Lage des Brennpunktes einer beliebigen Parabel durch den Ursprung**

Man kann allgemein zeigen, dass für den Brennpunkt F einer Parabel mit der Gleichung $y = a \cdot x^2$ gilt: $F\left(0 \mid \frac{1}{4a}\right)$.

Wählen Sie für eine Arbeit in Gruppen verschiedene Beispiele für a > 0 aus sowie verschiedene Punkte der Parabel, in denen der parallel zur y-Achse verlaufende einfallende Strahl reflektiert wird.
Bestätigen Sie die Angabe über die Lage des Brennpunkts.

Übungsaufgaben **7** Für die Funktion f mit $f(x) = 4 - x^2$ soll die Tangentensteigung im Punkt P(1|3) möglichst genau bestimmt werden. Betrachten Sie das Bild rechts. Dort wird die Tangente in P näherungsweise durch Sekanten ersetzt.

a) Bestimmen Sie die Steigungen aller eingezeichneten Sekanten rechnerisch.
Wie kann man einen noch besseren Näherungswert für die Tangentensteigung erhalten?

b) Entwickeln Sie aus den Überlegungen in Teilaufgabe a) ein Verfahren zur rechnerischen Bestimmung der Ableitung an einer beliebigen Stelle x_0.

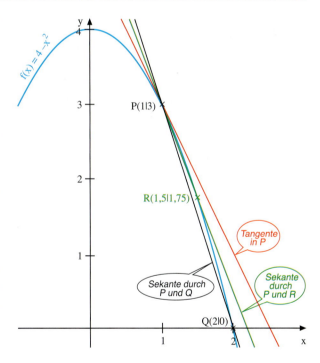

8
a) Geben Sie die Ableitung der Quadratfunktion an der Stelle 3 $\left[7; -4; -0,5; \frac{2}{3}\right]$ an sowie jeweils die Gleichung der Tangente.
b) An welcher Stelle hat die Quadratfunktion die Ableitung 8 $\left[-6; 0; \frac{1}{2}; -0,8\right]$?
c) In welchen Punkten ist die Tangente parallel zu der Ursprungsgeraden mit der Gleichung
   (1) y = 2x   (2) y = 3x   (3) y = 0,5x   (4) y = −0,2x   (5) y = −4x
d) In welchen Punkten hat die Tangente einen Steigungswinkel von
   (1) 20°   (2) 55°   (3) −45°   (4) −75°   (5) 0°

9 Betrachten Sie die Quadratfunktion f mit $f(x) = x^2$.
a) Geben Sie an: (1) $f'(5)$, (2) $f'(-5)$, (3) $f'(0)$, (4) $f'\left(\frac{1}{2}\right)$, (5) $f'\left(\frac{1}{2}\right)$
b) An welchen Stellen x gilt: (1) $f'(x) = 3$, (2) $f'(x) = -3$, (3) $f'(x) = 0$, (4) $f'(x) = 1{,}8$?

10 Bestimmen Sie die Ableitung der Funktion f an den Stellen 3 und -3 mithilfe der h-Schreibweise.
a) $f(x) = x^2 + 3$ b) $f(x) = 3x^2$ c) $f(x) = (x-2)^2$ d) $f(x) = x^2 + 2x$

11 Arbeiten Sie mit der dem Buch beiliegenden CD „Mathematik interaktiv". Stellen Sie mit dem Programmteil „Steigung" das Verfahren zur Bestimmung der Tangente an eine Parabel grafisch dar. Experimentieren Sie mit den Programm und beschreiben Sie ihre Beobachtungen.

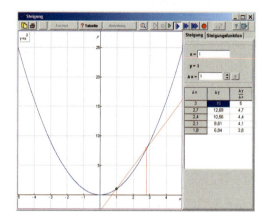

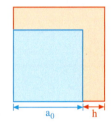

12 Betrachten Sie die Funktion, die jeder Seitenlänge a den Flächeninhalt des entsprechenden Quadrates zuordnet. Berechnen Sie die lokale Änderungsrate für eine Seitenlänge a. Deuten Sie das Ergebnis geometrisch.

13 Der Reflektor eines Autoscheinwerfers hat die Form eines Rotationsparaboloids. Der Glühfaden befindet sich im Brennpunkt B. Zeichnen Sie ein, wie Strahlen, die vom Brennpunkt kommen, reflektiert werden.
Welchen Abstand muss der Glühfaden vom Scheitelpunkt haben?

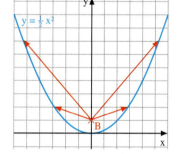

14 Es soll eine Antenne mit parabelförmigem Querschnitt für den Empfang von Satellitenprogrammen entworfen werden.
Bei diesem Modell soll der Empfänger 50 cm vor dem Scheitelpunkt liegen.
Das Paraboloid soll am Rand einen Durchmesser von 80 cm haben.
Welche Tiefe muss das Paraboloid haben?

15 Die Reflektorschale des Radioteleskops Effelsberg (Eifel) ist als Paraboloid gestaltet. Sie hat am Rand einen Durchmesser von 100 m und eine Tiefe von 20 m.
Wo befindet sich der Brennpunkt?

3.1 Tangentensteigung und Änderungsrate – Ableitung

3.1.4 Ableitung weiterer Funktionen

Ziel Hier bestimmen Sie die Ableitungen weiterer Funktionen mit den Verfahren, die Sie bei der Quadratfunktion kennen gelernt haben.

Zum Erarbeiten   **(1) Ableitung der Kubikfunktion**

Kubikfunktion
ordnet jeder Zahl ihre
3. Potenz zu: $y = x^3$

- Bestimmen Sie die Ableitung der Kubikfunktion f mit $f(x) = x^3$ an einer Stelle x_0 mithilfe der h-Schreibweise.

Die Steigung der Tangente an der Stelle x_0 wird in folgenden Schritten bestimmt:

(1) Bestimmen der Sekantensteigung

Wir betrachten eine Sekante durch die Punkte $P(x_0 | x_0^3)$ und $Q(x_0 + h | (x_0 + h)^3)$ mit $h \neq 0$.
Für deren Steigung gilt:

$$m = \frac{(x_0 + h)^3 - x_0^3}{h} = \frac{(x_0 + h)^2 (x_0 + h) - x_0^3}{h}$$

2. Binomische Formel

$$= \frac{(x_0^2 + 2x_0 h + h^2)(x_0 + h) - x_0^3}{h}$$

$$= \frac{x_0^3 + 3x_0^2 h + 3x_0 h^2 + h^3 - x_0^3}{h}$$

$$= \frac{3x_0^2 h + 3x_0 h^2 + h^3}{h} = 3x_0^2 + 3x_0 h + h^2$$

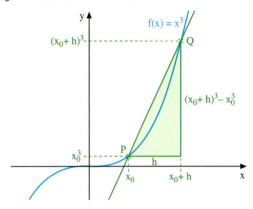

(2) Bestimmen der Tangentensteigung

Wandert der zweite Schnittpunkt $Q(x_0 + h | (x_0 + h)^3)$ der Sekante auf der Normalparabel immer näher an den Punkt $P(x_0 | x_0^3)$ heran, unterscheidet sich h immer weniger von 0. Für den Grenzwert der Sekantensteigung, also die Tangentensteigung folgt daraus:

$$f'(x_0) = \lim_{h \to 0} \frac{(x_0 + h)^3 - x_0^3}{h} = \lim_{h \to 0} (3x_0^2 + 3x_0 h + h^2) = 3x_0^2$$

Satz
Die Kubikfunktion f mit $f(x) = x^3$ hat an der Stelle x_0 die Ableitung $f'(x_0) = 3x_0^2$.

---

(2) Ableitung der Kehrwertfunktion

Kehrwertfunktion
ordnet jeder von 0 verschiedenen Zahl ihren Kehrwert zu:
$y = \frac{1}{x}$

- Bestimmen Sie die Ableitung der Kehrwertfunktion f mit $f(x) = \frac{1}{x}$ für $x \neq 0$ an einer Stelle $x_0 \neq 0$ mithilfe der h-Schreibweise.

Die Steigung der Tangente an der Stelle x_0 wird in folgenden Schritten bestimmt:

(1) Bestimmen der Sekantensteigung
Wir betrachten eine Sekante durch die Punkte $P(x_0 | \frac{1}{x_0})$ und $Q(x_0 + h | \frac{1}{x_0 + h})$ mit $h \neq 0$.
Für die Steigung gilt:

$$m = \frac{\frac{1}{x_0 + h} - \frac{1}{x_0}}{x_0 + h - x_0} = \frac{\frac{x_0}{(x_0 + h) x_0} - \frac{x_0 + h}{x_0(x_0 + h)}}{h}$$

$$= \frac{-\frac{h}{x_0(x_0 + h)}}{h} = -\frac{h}{x_0(x_0 + h) h} = -\frac{1}{x_0(x_0 + h)}$$

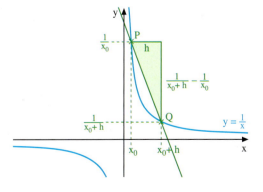

(2) Bestimmen der Tangentensteigung

Wandert der zweite Schnittpunkt $Q\left(x_0 + h \mid \frac{1}{x_0 + h}\right)$ der Sekante auf der Hyperbel immer näher an den Punkt $P\left(x_0 \mid \frac{1}{x_0}\right)$, unterscheidet sich h immer weniger von 0. Für den Grenzwert der Sekantensteigung folgt daraus:

$$f'(x_0) = \lim_{h \to 0} \frac{\frac{1}{x_0 + h} - \frac{1}{x_0}}{h}$$

$$= \lim_{h \to 0}\left(-\frac{1}{x_0(x_0 + h)}\right) = -\frac{1}{x_0^2}$$

Satz

Die Kehrwertfunktion f mit $f(x) = \frac{1}{x}$ hat an der Stelle $x_0 \neq 0$ die Ableitung $f'(x_0) = -\frac{1}{x_0^2}$.

(3) Ableitung der Quadratwurzelfunktion

- Bestimmen Sie die Ableitung der Quadratwurzelfunktion f mit $f(x) = \sqrt{x}$ für $x \geq 0$ an einer Stelle $x_0 > 0$. Überlegen Sie anschließend, warum die Stelle $x_0 = 0$ ausgeschlossen wurde.

Die Steigung der Tangente an der Stelle x_0 wird in folgenden Schritten bestimmt:

(1) Bestimmen der Sekantensteigung

Wir betrachten eine Sekante durch die Punkte $P(x_0 \mid \sqrt{x_0})$ und $Q(x \mid \sqrt{x})$ mit $x \neq x_0$.
Für deren Steigung gilt:

$$m = \frac{\sqrt{x} - \sqrt{x_0}}{x - x_0} \quad \text{3. Binomische Formel}$$

$$= \frac{\sqrt{x} - \sqrt{x_0}}{(\sqrt{x})^2 - (\sqrt{x_0})^2} = \frac{\sqrt{x} - \sqrt{x_0}}{(\sqrt{x} + \sqrt{x_0})(\sqrt{x} - \sqrt{x_0})}$$

$$= \frac{1}{\sqrt{x} + \sqrt{x_0}}$$

$(\sqrt{a})^2 = \sqrt{a} \cdot \sqrt{a} = a$

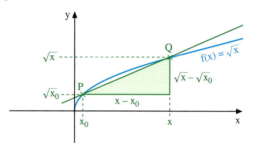

(2) Bestimmen der Tangentensteigung

Wandert der zweite Schnittpunkt $Q(x \mid \sqrt{x})$ der Sekante auf den Graphen immer näher an den Punkt $P(x_0 \mid \sqrt{x_0})$, so unterscheidet sich x immer weniger von x_0. Für den Grenzwert der Sekantensteigung folgt daraus:

$$f'(x_0) = \lim_{h \to 0} \frac{\sqrt{x_0 + h} - \sqrt{x_0}}{h}$$

$$= \lim_{h \to 0}\left(\frac{1}{\sqrt{x} + \sqrt{x_0}}\right) = \frac{1}{2\sqrt{x_0}}$$

(3) Ausschließen der Stelle 0

Die Sekante durch den Ursprung $O(0 \mid 0)$ und den Punkt $Q(x \mid \sqrt{x})$ hat die Steigung $m = \frac{\sqrt{x} - 0}{x - 0} = \frac{\sqrt{x}}{x} = \frac{1}{\sqrt{x}}$. Je näher Q auf dem Graphen an 0 rückt, desto kleiner wird $\sqrt{x}$. Die Sekantensteigung wird beliebig groß. An der Stelle 0 hat die Quadratwurzelfunktion somit eine senkrechte Tangente, da die Normalparabel an der Stelle 0 eine waagerechte Tangente hat. Für eine Gerade, die parallel zur y-Achse verläuft, kann man keine Steigung angeben. Daher musste die Stelle 0 beim Bestimmen der Ableitung ausgeschlossen werden.

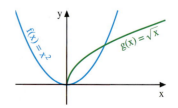

Satz

Die Quadratwurzelfunktion f mit $f(x) = \sqrt{x}$ hat an der Stelle $x_0 > 0$ die Ableitung $f'(x_0) = -\frac{1}{2\sqrt{x_0}}$.

Zum Üben

1 Die Ableitung der Kubikfunktion und der Kehrwertfunktion haben wir mit der h-Schreibweise bestimmt, die der Quadratwurzelfunktion nicht. Untersuchen Sie, ob die Bestimmung der Ableitung mit der jeweils anderen Methode genau so günstig ist.

2 Bestimmen Sie die Ableitung einer linearen Funktion f mit $f(x) = mx + c$ an einer Stelle x_0. Geben Sie zunächst an, welches Ergebnis Sie erwarten. Bestimmen Sie dann die Ableitung mithilfe von Sekantensteigungen.

3 Beweisen Sie:

Die Funktion f mit $f(x) = x^4$ hat an einer Stelle $x_0 \neq 0$ die Ableitung $f'(x_0) = 4x_0^3$.

---

4 Beweisen Sie:

Die Funktion f mit $f(x) = \frac{1}{x^2}$ hat an einer Stelle x_0 die Ableitung $f'(x_0) = -\frac{2}{x_0^3}$.

---

5 Bestimmen Sie für die Funktion f mit

a) $f(x) = x^3$, b) $f(x) = \frac{1}{x}$, c) $f(x) = \sqrt{x}$, d) $f(x) = x^4$, e) $f(x) = \frac{1}{x^2}$

die Ableitungen $f'(1)$, $f'(2)$, $f'(2,5)$, $f'\left(\frac{1}{4}\right)$.

6 An welcher Stelle hat der Graph von f die angegebene Steigung?

a) $f(x) = x^3$, Steigung 27 [7; 0]
b) $f(x) = x^4$, Steigung 16 [−1; 4]
c) $f(x) = \frac{1}{x}$ Steigung −1 [−4; −7]
d) $f(x) = \sqrt{x}$, Steigung $\frac{1}{9}$ [16; 3]

7 Welche Steigungen kommen für den Graphen von f überhaupt nicht vor? Deuten Sie das Ergebnis geometrisch.

a) $f(x) = x^3$ b) $f(x) = \frac{1}{x}$ c) $f(x) = \sqrt{x}$

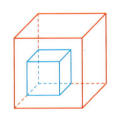

8 Betrachten Sie die Funktion, die jeder Kantenlänge das Volumen des zugehörigen Würfels zuordnet. Berechnen Sie die lokale Änderungsrate für eine Kantenlänge a_0. Deuten Sie das Ergebnis geometrisch.

9 Die Ableitung der Quadratwurzelfunktion kann auch durch geometrische Überlegungen gefunden werden. Erläutern Sie die folgenden Schritte für die Herleitung. Fertigen Sie auch hierzu notwendige Skizzen zur Veranschaulichung an.

- Der Graph der Quadratwurzelfunktion g mit $g(x) = \sqrt{x}$ entsteht aus dem Graphen der Quadratfunktion f mit $f(x) = x^2$ durch Spiegelung an der Achse mit $y = x$ (Halbierende des 1. und 3. Quadranten).
- Die Steigung m der Quadratwurzelfunktion in einem Punkt $P(a|a^2)$ mit $a > 0$ ist gleich $m = f'(a) = 2a$, d.h. zeichnet man im Punkt $(a|a^2)$ an die Tangente ein Steigungsdreieck, bei dem eine Kathete die Länge 1 hat, dann hat die andere Kathete die Länge 2a.
- Spiegelt man die Figur, bestehend aus Punkt P, Tangente und Steigungsdreieck an der Geraden mit $y = x$, dann erhält man eine Tangente an den Graphen der Funktion g im Punkt $P'(b|\sqrt{b})$, wobei $b = a^2$, und ein Steigungsdreieck, an dem man die Steigung der Tangente von g ablesen kann.

Daher gilt: $g'(b) = \frac{1}{2a} = \frac{1}{2\sqrt{b}}$

3.2 Differenzierbarkeit – Ableitungsfunktion

3.2.1 Differenzierbarkeit

Einführung

Rechts sehen Sie den Graphen der Funktion f mit $f(x) = |x^2 - 1|$. Man kann ihn sich folgendermaßen entstanden denken:

Der Teil des Graphen zu $y = x^2 - 1$, der unterhalb der x-Achse liegt, wird an der x-Achse gespiegelt. Somit hat der Graph zu $f(x) = |x^2 - 1|$ an den Stellen 1 und -1 eine Spitze.

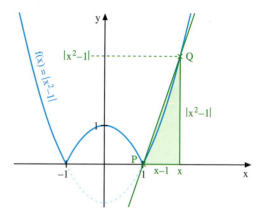

Wir wollen nun die Ableitung von f an der Stelle 1 bestimmen. Dazu betrachten wir zunächst eine Sekante durch den Punkt $P(1|0)$ mit zweitem Schnittpunkt $Q(x|f(x))$ mit $x \neq 1$. Deren Steigung beträgt:

$$m = \frac{f(x) - f(1)}{x - 1} = \frac{|x^2 - 1| - 0}{x - 1} = \frac{|x^2 - 1|}{x - 1}$$

Wegen des Betrages müssen wir eine Fallunterscheidung zum Umformen dieses Terms vornehmen.

1. Fall: Für $x > 1$, d.h. Q liegt rechts von P, gilt:

$$m = \frac{|x^2 - 1|}{x - 1} = \frac{x^2 - 1}{x - 1} \quad \text{(da } x^2 - 1 > 0 \text{ für } x > 1\text{)}$$

$$= \frac{(x + 1)(x - 1)}{x - 1} = x - 1, \quad \text{also } \lim_{x \to 1} m = 2$$

2. Fall: Für $x < 1$ liegt Q links von P. Da wir Q an P annähern wollen, können wir uns darauf beschränken, nur den Fall $x > 0$ zu betrachten. In diesem Fall gilt:

$$m = \frac{|x^2 - 1|}{x - 1} = \frac{-(x^2 - 1)}{x - 1} \quad \text{(da } x^2 - 1 < 0 \text{ für } 0 < x < 1\text{)}$$

$$= \frac{-(x + 1)(x - 1)}{x - 1} = -x - 1, \quad \text{also } \lim_{x \to 1} m = -2$$

Lässt man bei einer Sekante, deren zweiter Schnittpunkt rechts von P liegt, diesen Schnittpunkt auf P zu wandern, so nähern sich die Sekantensteigungen dem Wert 2. Dagegen nähern sich bei Sekanten mit zweitem Schnittpunkt links von P die Sekantensteigungen dem Wert -2. Bei Annäherung von links und rechts nähern sich die Sekanten verschiedenen Geraden an. Es gibt also keine Gerade, die sich zugleich links und rechts von P gut an den Graphen von f anschmiegt. Daher gibt es keine Tangente im Punkt P an der Stelle 1. Folglich hat die Funktion f an der Stelle 1 keine Ableitung.

Entsprechende Überlegungen lassen sich für die Stelle -1 durchführen.

Aufgabe

1 Die Heavisidefunktion H hat keinen einheitlichen Funktionsterm, sondern wird abschnittsweise definiert:

$$H(x) = \begin{cases} 0 & \text{für } x \leq 0 \\ 1 & \text{für } x > 0 \end{cases}$$

Zeichnen Sie den Graphen der Funktion und untersuchen Sie, ob die Funktion eine Ableitung an der Stelle 0 besitzt.

OLIVER HEAVISIDE
(1850–1925)
BRITISCHER MATHEMATIKER
UND PHYSIKER

3.2 Differenzierbarkeit – Ableitungsfunktion

Lösung

- • gehört zum Graphen
- ○ gehört nicht zum Graphen

Wir betrachten zunächst eine Sekante durch den Punkt $P(0|0)$ und den zweiten Schnittpunkt $Q(x|H(x))$ mit $x \neq 0$. Für deren Steigung gilt:

$$m = \frac{H(x) - H(0)}{x - 0} = \frac{H(x) - 0}{x - 0} = \frac{H(x)}{x},$$

also $m = \begin{cases} \frac{1}{x} & \text{für } x > 0 \\ 0 & \text{für } x < 0 \end{cases}$

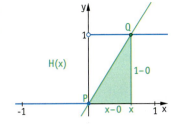

Alle Sekanten mit zweitem Schnittpunkt Q links von P haben also die Steigung 0.

Für Sekanten mit zweitem Schnittpunkt rechts von P gilt:

1. Koordinate von Q	1	0,5	0,1	0,01	0,001	...
Sekantensteigung $\frac{1}{x}$	1	2	10	100	1000	...

Je näher der zweite Schnittpunkt an P rückt, desto größer wird die Steigung der Sekante. Sie nähert sich keiner Zahl an. Bei Annäherung von links und rechts nähern sich die Sekanten verschiedenen Geraden an. Es gibt also keine Gerade, die sich zugleich links und rechts von P gut an den Graphen von H anschmiegt. Daher gibt es keine Tangente im Punkt P an der Stelle 0. Folglich hat die HEAVISIDE-Funktion H an der Stelle 0 keine Ableitung.

Information

An einer Stelle, an der ein Graph eine Spitze oder einen Sprung aufweist, gibt es keine Gerade, die sich dem Graphen zugleich links und rechts von dieser Stelle gut anschmiegt. Der Graph hat an dieser Stelle keine Tangente. Daher hat die Funktion an dieser Stelle keine Ableitung. An dieser Stelle nähern sich die Sekantensteigungen keiner gemeinsamen Zahl an, wenn sich die zweite Schnittstelle von links oder rechts dieser Stelle nähert.

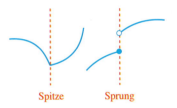

Spitze   Sprung

Definition

Zur Bestimmung der Ableitung einer Funktion f an einer Stelle x_0 geht man folgendermaßen vor:

(1) Man bestimmt für Sekanten, die den Graphen an einer zweiten Stelle $x \neq x_0$ schneiden, die Steigung, d. h. den Differenzenquotienten:

$$m = \frac{f(x) - f(x_0)}{x - x_0}$$

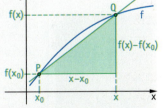

(2) Man nähert die Stelle x immer mehr der Stelle x_0 an. Nähern sich dabei die Werte des Differenzenquotienten sowohl bei Annäherung von links als auch von rechts derselben Zahl an, so nennt man die Funktion **differenzierbar** an der Stelle x_0. Der Grenzwert des Differenzenquotienten ist die **Ableitung**:

$$f'(x_0) = \lim_{x \to x_0} \frac{f(x) - f(x_0)}{x - x_0}$$

Andernfalls heißt die Funktion f **nicht differenzierbar** an der Stelle x_0 und hat dann an dieser Stelle keine Ableitung.

Weiterführende Aufgaben

2 **Untersuchung auf Differenzierbarkeit bei parallel zur y-Achse verlaufenden Tangenten**

Betrachten Sie die Funktion f mit: $f(x) = \begin{cases} \sqrt{x} & \text{für } x \geq 0 \\ -\sqrt{-x} & \text{für } x < 0 \end{cases}$

Untersuchen Sie, ob die Funktion f an der Stelle 0 differenzierbar ist. Hat der Graph an der Stelle 0 eine Tangente?

3 Abschnittsweise definierte Funktionen mit differenzierbarem Übergang

a) Begründen Sie: Die abschnittsweise definierte Funktion f mit
$$f(x) = \begin{cases} x^2 & \text{für } x \leq 1 \\ 2x - 1 & \text{für } x > 1 \end{cases}$$
ist für alle $x \in \mathbb{R}$ differenzierbar (d. h. auch an der Stelle $x = 1$).

b) Geben Sie zwei weitere abschnittsweise Funktionen an, die für alle $x \in \mathbb{R}$ differenzierbar sind. Zeichnen Sie jeweils die zugehörigen Graphen (ggf. mithilfe der Software Graphix – diese enthält die Option, den Definitionsbereich einzuschränken und so verschiedene Teilgraphen aneinanderzusetzen).

Information

(1) Exakte Definition der Tangente

Auf Seite 201 haben wir anschaulich von einer Tangenten an einen Funktionsgraphen gesprochen. Beim zeichnerischen Bestimmen ergaben sich ungenaue Werte. Mithilfe der Ableitung können wir nun festlegen:

> **Definition**
>
> Der Graph einer Funktion f hat in einem Punkt $P(x_0 | f(x_0))$ eine Tangente, wenn f an der Stelle x_0 differenzierbar ist.
>
> Die Tangente ist dann die Gerade durch P, welche die Steigung $f'(x_0) = \lim_{x \to x_0} \frac{f(x) - f(x_0)}{x - x_0}$ hat.
>
> Ist f an der Stelle x_0 nicht differenzierbar, so hat der Graph im Punkt $P(x_0 | f(x_0))$ auch keine Tangente, es sei denn, die Tangente verläuft parallel zur y-Achse.

(2) Andere Sprech- und Bezeichnungsweisen

Die Ableitung der an der Stelle x_0 differenzierbaren Funktion wird auch **Differenzialquotient** genannt. Diese Bezeichnung hat historische Gründe. LEIBNIZ vertrat die Auffassung, die Steigung der Tangente sei ein Quotient von so genannten Differenzialen. Vor allem bei Anwendungen in Physik und Technik schreibt man auch Δx (gelesen: Delta x) für die Koordinatendifferenz $x - x_0$:

$\Delta x = x - x_0$

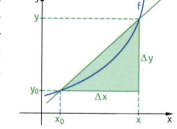

Für die Differenz $f(x) - f(x_0)$ schreibt man dann folgerichtig Δy:

$\Delta y = y - y_0 = f(x) - f(x_0)$

Für die Sekantensteigung m gilt dann: $m = \frac{\Delta y}{\Delta x}$.

Für die Ableitung $f'(x)$ an einer beliebigen Stelle x schreibt man auch y' oder $\frac{dy}{dx}$.
$\frac{dy}{dx}$ ist nach unserer Theorie $\frac{dy}{dx}$ kein Quotient. Deswegen wird gelesen: *dy nach dx*. Das Symbol $\frac{dy}{dx}$ muss hier als Ganzes gesehen werden.

GOTTFRIED WILLHELM LEIBNIZ führte dieses Symbol im Jahr 1675 ein.

GOTTFRIED WILHELM LEIBNIZ (1646–1716)

Beispiel

Die Funktion f ist durch die Gleichung $y = x^2$ gegeben.

Dann ist $\frac{dy}{dx} = 2x$ ⟵ *gelesen: dy nach dx gleich 2x*

Bei CAS-Rechnern lautet der Befehl zum Ableiten $\frac{d}{dx}(\ )$. Die Schreibweise dieses Befehls erinnert an die von LEIBNIZ.

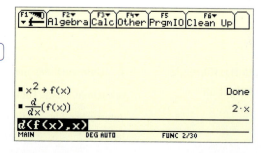

3.2 Differenzierbarkeit – Ableitungsfunktion

Übungsaufgaben **4** Der Graph zu $f(x) = |4 - x^2|$ weist besondere Punkte auf.
Untersuchen Sie, ob der Graph in diesen Punkten eine Tangente hat.

5 Funktionenmikroskop

In den Bildern rechts wurde jeweils eine Stelle des Graphen zur Funktion f mit $f(x) = |x^2 - 2{,}25|$ mehrfach vergrößert.
Beschreiben Sie und vergleichen Sie.

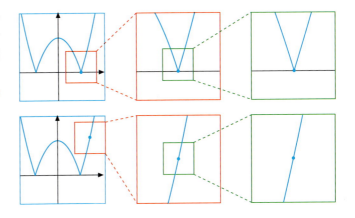

6 An den Graphen einer Funktion sind an der Stelle x_0 Tangenten eingezeichnet.
Nehmen Sie Stellung dazu.

a) 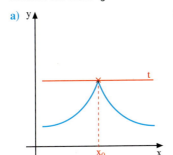   b) 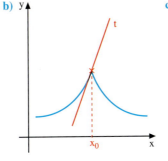   c)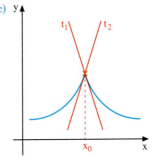

7 Untersuchen Sie, ob die Funktion f an der angegebenen Stelle differenzierbar ist. Hat der Graph an dieser Stelle eine Tangente?

a) $f(x) = |x|$; Stelle 0
b) $f(x) = |x^2 - 9|$; Stelle 3 [Stelle –3]
c) $f(x) = x \cdot |x|$; Stelle 0

8 An welchen Stellen hat der Graph keine Tangente?

a) 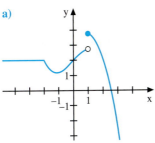   b) 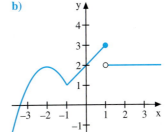   c)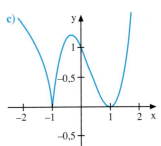

3.2.2 Ableitungsfunktion

Aufgabe

1 Betrachten Sie die Quadratfunktion f mit $f(x) = x^2$.

a) Legen Sie eine Tabelle an, in der für jede der Stellen $-4; -3; -2; -1; 0; 1; 2; 3; 4$ die Ableitung von f an der betreffenden Stelle notiert ist.
Die Tabelle kann als Wertetabelle einer neuen Funktion aufgefasst werden. Zeichnen Sie den Graphen dieser Funktion und geben Sie ihren Funktionsterm an.

b) Vergleichen Sie diese neue Funktion mit der Funktion f.

Lösung

a) Für die Ableitung an der Stelle x_0 gilt:
$f'(x_0) = 2x_0$
Damit erhält man folgende Tabelle:

x_0	-4	-3	-2	-1	0	1	2	3	4
$f'(x_0)$	-8	-6	-4	-2	0	2	4	6	8

Der Graph dieser Funktion ist eine Ursprungsgerade mit der Steigung 2. Der Funktionsterm dieser Funktion ist $2x$. Er gibt die Ableitung der Quadratfunktion f an der Stelle x an.
Also können wir dafür schreiben:
$f'(x) = 2x$

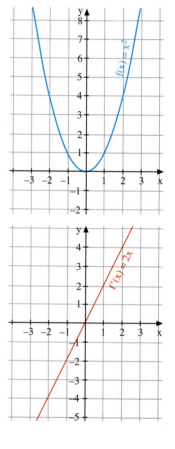

b) Links von der y-Achse fällt der Graph der Funktion f und zwar umso weniger, je mehr er sich der Stelle 0 nähert. Die Steigung ist hier an jeder Stelle negativ und wird zunehmend weniger negativ. Entsprechend verläuft der Graph der *Ableitungsfunktion f'* unterhalb der x-Achse und nähert sich dieser von unten an.
An der Stelle 0 hat der Graph der Funktion f eine waagerechte Tangente im Scheitelpunkt.
Entsprechend hat die Ableitungsfunktion an der Stelle 0 den Wert 0.
Rechts von der y-Achse steigt der Graph der Funktion f zunehmend stärker an. Die Steigung ist hier an jeder Stelle positiv und wird immer größer.
Entsprechend verläuft der Graph der Ableitungsfunktion f' oberhalb der x-Achse und steigt stets an.

Information

(1) Ableitungsfunktion

In Aufgabe 1 haben wir zu der Quadratfunktion f mit $f(x) = x^2$ die Funktion betrachtet, die an jeder Stelle x die Ableitung der Quadratfunktion angibt.
Der Funktionsterm dieser Funktion f' ist $f'(x) = 2x$.

> **Definition**
> Unter der **Ableitungsfunktion f' der Ausgangsfunktion f** (meist kurz **Ableitung f'** von f genannt) versteht man diejenige Funktion, die jeder Stelle x die Ableitung von f an dieser Stelle zuordnet.

Mithilfe der h-Schreibweise zum Bestimmen der Ableitungen können wir den Funktionsterm der Ableitungsfunktion so schreiben:

$$f'(x) = \lim_{h \to 0} \frac{f(x+h) - f(x)}{h}$$

Da dieser Funktionsterm der Grenzwert eines Differenzenquotienten ist, nennt man das Bilden der Ableitung f' einer Funktion f auch **Differenzieren**.

(2) Zusammenstellung wichtiger Grundfunktionen und ihrer Ableitungen

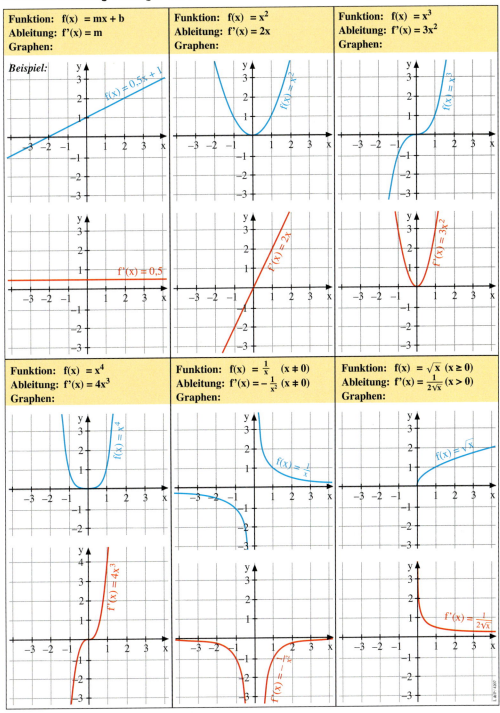

Weiterführende Aufgabe

2 Graph der Ableitungsfunktion durch grafisches Differenzieren bestimmen

In der Abbildung rechts ist nur der Graph einer Funktion gegeben. Der Funktionsterm ist nicht bekannt. Durch grafisches Differenzieren kann man jedoch hier den Graphen der Ableitungsfunktion näherungsweise bestimmen.

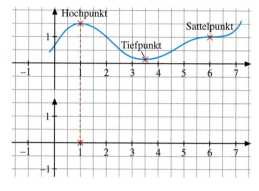

Übertragen Sie dazu die Grafik mit beiden Koordinatensystemen auf Karopapier.
Bestimmen Sie durch zeichnerisches Differenzieren die Tangentensteigungen der Tangenten an den eingezeichneten und an weiteren Punkten.
Tragen Sie die erhaltenen Werte in das untere Koordinatensystem ein.
Verwenden Sie dabei zunächst markante Punkte des Graphen: *Hochpunkte, Tiefpunkte, Sattelpunkte*.
Verbinden Sie die erhaltenen Punkte zu einem durchgehenden Graphen.

Übungsaufgaben

3 Gegeben ist die Funktion f mit $f(x) = x^3$. Notieren Sie in einer Tabelle die Ableitung von f an den folgenden Stellen: $-3; -2; -1; 0; +1; +2; +3$
Die Tabelle kann als Wertetabelle der Ableitungsfunktion f′ aufgefasst werden. Geben Sie den Funktionsterm f′(x) an und zeichnen Sie den Graphen von f′.

4 Zeichnen Sie die Graphen von f und f′ in untereinander gezeichnete Koordinatensysteme.
a) $f(x) = 2x + 3$ **b)** $f(x) = -3x + 1$ **c)** $f(x) = x$ **d)** $f(x) = 5$ **e)** $f(x) = \frac{1}{x^2}$

5 Beschreiben Sie, wie der Graph der Funktion f aus dem Graphen der Quadratfunktion entsteht. Folgern Sie daraus die Ableitung der Funktion. Zeichnen Sie die Graphen von f und f′ in untereinander gezeichnete Koordinatensysteme.
a) $f(x) = x^2 + 1$ **b)** $f(x) = x^2 - 3$ **c)** $f(x) = -x^2$ **d)** $f(x) = (x + 1)^2$ **e)** $f(x) = (x - 3)^2$

6 Übertragen Sie den Funktionsgraphen in Ihr Heft und bestimmen Sie durch grafisches Differenzieren in ein darunter gezeichnetes Koordinatensystem den Graphen der Ableitungsfunktion.

a)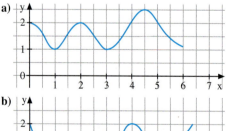

b)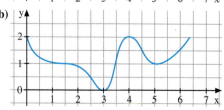

c)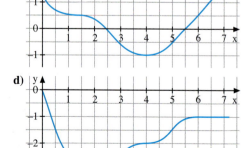

d)

7 Zeichnen Sie selbst Funktionsgraphen und lassen Sie den Partner durch grafisches Differenzieren in einem darunter gezeichneten Koordinatensystem den Graphen der Ableitungsfunktion skizzieren. Tauschen Sie die Rollen nach jedem Graphen.

8 In (1), (2) und (3) sind Graphen von Funktionen gezeichnet, in (A), (B) und (C) die Graphen ihrer Ableitungsfunktionen. Ordnen Sie zu und begründen Sie die Entscheidung.

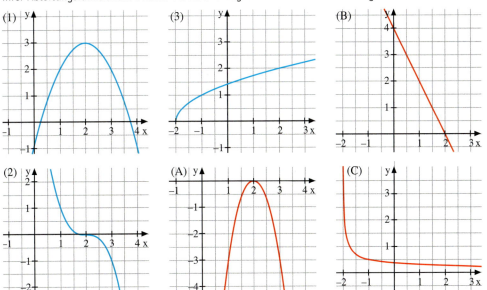

9 Arbeiten Sie mit der dem Buch beiliegenden CD „Mathematik interaktiv". Benutzen Sie den Funktionenplotter, um die Graphen der Funktion f zu zeichnen. Drucken Sie den geplotteten Graphen aus, tragen Sie nach Augenmaß den zugehörigen Graphen der Ableitungsfunktion ein.

a) $f(x) = x^3 + x^2$ **b)** $f(x) = x^2 - x$ **c)** $f(x) = 4x^2 + 2x$ **d)** $f(x) = -2x^2 + 3x$

10 Die Ableitungsfunktion f' einer Funktion f ist konstant; es gilt $f'(x) = 3$ für alle $x \in \mathbb{R}$.
Machen Sie Aussagen zur Ausgangsfunktion f.

11 Das Diagramm zeigt den Anfahrvorgang eines Pkw.

a) Berechnen Sie die Durchschnittsgeschwindigkeit während dieses Anfahrvorgangs. Veranschaulichen Sie sie grafisch.
b) Ermitteln Sie zu einigen Zeitpunkten die Momentangeschwindigkeiten und zeichnen Sie den Graphen der Funktion
Zeit → Momentangeschwindigkeit.
Stellen Sie Zusammenhänge zu den Graphen der Funktion Zeit → Weg her.

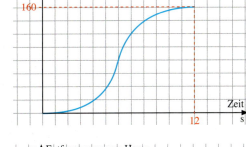

12 Rechts sehen Sie einen Graphen, der den Schulweg einer Mitschülerin beschreibt.
a) Welche Informationen können Sie daraus entnehmen?
b) Skizzieren Sie dazu den entsprechenden Graphen mit den jeweiligen lokalen Änderungsraten. Beschreiben Sie ihn, auch im Zusammenhang zum obenstehenden Graphen.

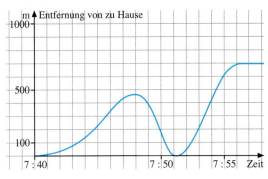

13 Betrachten Sie zur Vase links die Funktion *eingefüllte Wassermenge (in ml) → Füllhöhe (in cm)*.
a) Skizzieren Sie den Graphen dieser Funktion.
b) Skizzieren Sie auch den Graphen der zugehörigen lokalen Änderungsraten. Vergleichen Sie beide Graphen.
c) Skizzieren Sie auch den Graphen der Einfüllfunktion für die folgenden abgebildeten Gefäße sowie den Graphen der zugehörigen lokalen Änderungsrate.

(1)
(2)
(3)
(4)
(5)
(6)

14 Beim Test eines neuen Motorrad-Modells wurden die Beschleunigungswerte gemessen.

Beschleunigung	Zeit	Beschleunigung	Zeit
0 - 10 km/h	0,55 s	0 - 110 km/h	3,8 s
0 - 20 km/h	0,85 s	0 - 120 km/h	4,3 s
0 - 30 km/h	1,2 s	0 - 130 km/h	4,8 s
0 - 40 km/h	1,5 s	0 - 140 km/h	5,2 s
0 - 50 km/h	1,8 s	0 - 150 km/h	5,8 s
0 - 60 km/h	2,1 s	0 - 160 km/h	6,6 s
0 - 70 km/h	2,45 s	0 - 170 km/h	7,2 s
0 - 80 km/h	2,8 s	0 - 180 km/h	8,0 s
0 - 90 km/h	3,1 s	0 - 190 km/h	8,9 s
0 - 100 km/h	3,4 s	0 - 200 km/h	9,9 s

a) Zeichnen Sie den Graphen der Funktion *Zeit (in s) → erreichte Geschwindigkeit* $\left(\text{in } \frac{km}{h}\right)$. Beschreiben Sie ihn.
b) Ermitteln Sie grafisch zu den angegebenen Zeitpunkten die lokalen Änderungsraten. Welche Bedeutung haben sie?
c) Zeichnen Sie einen Graphen für die lokale Änderungsrate in Abhängigkeit von der Zeit und beschreiben Sie ihn.

3.2.3 Ableitung der Sinus- und Kosinusfunktion

Aufgabe 1

a) Bestimmen Sie durch grafisches Differenzieren den Graphen der Ableitungsfunktion der
   (1) Sinusfunktion;   (2) Kosinusfunktion.
   Formulieren Sie eine Vermutung.

b) Überprüfen Sie ihre Vermutung durch grafisches Differenzieren in den Wendepunkten.

Lösung

a) Wir erstellen den Graphen der Ableitung anhand markanter Punkte, in denen der Graph der Funktion die Steigung 0 hat (Hoch- und Tiefpunkte).

(1)
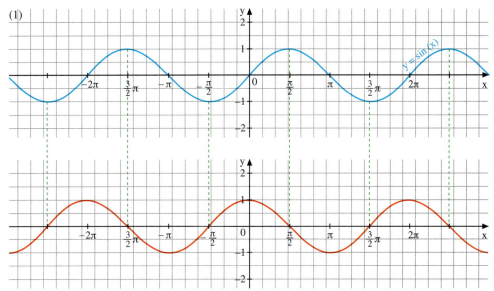

Vermutung: Die Sinusfunktion mit $f(x) = \sin(x)$ hat die Ableitung $f'(x) = \cos(x)$.

(2)
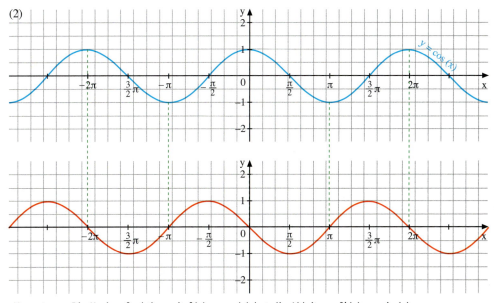

Vermutung: Die Kosinusfunktion mit $f(x) = \cos(x)$ hat die Ableitung $f'(x) = -\sin(x)$.

b) Wir zeichnen Tangenten an den Graphen von f(x) = sin(x) in den Wendepunkten (0|0) und $\left(\frac{\pi}{2}\big|0\right)$:

Diese haben offensichtlich die Steigung m = 1 bzw. m = −1.

Es gilt also:

sin′(0) = 1 = cos(0) und sin′(π) = −1 = cos(π)

Entsprechend können wir bei den Wendepunkten der Kosinus-Funktion verfahren:

Hier gilt:

$\cos'\left(-\frac{\pi}{2}\right) = 1 = -\sin\left(-\frac{\pi}{2}\right)$ und $\cos'\left(\frac{\pi}{2}\right) = -1 = -\sin\left(\frac{\pi}{2}\right)$

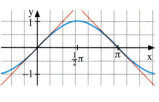
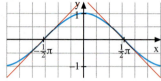

Information

Wir fassen die Ergebnisse von Aufgabe 1 zusammen.

| Für die Sinusfunktion f mit f(x) = sin(x) gilt: | f′(x) = cos(x) |
| Für die Kosinusfunktion f mit f(x) = cos(x) gilt: | f′(x) = −sin(x) |

Für den formalen Beweis der Ableitungsregel sin′ = cos benötigt man den Grenzwert des Differenzenquotienten $\frac{f(x_0 + h) - f(x_0)}{h} = \frac{\sin(x_0 + h) - \sin(x_0)}{h}$:

Den Term $\sin(x_0 + h)$ kann man mithilfe einer besonderen Regel der Trigonometrie, dem Additionstheorem, umformen: $\sin(x_0 + h) = \sin(x_0) \cdot \cos(h) + \sin(h) \cdot \cos(x_0)$

Für den Differenzenquotienten ergibt sich daher:

$\frac{\sin(x_0 + h) - \sin(x_0)}{h} = \sin(x_0) \cdot \frac{\cos(h)}{h} + \cos(x_0) \cdot \frac{\sin(h)}{h}$

Man muss dann noch zeigen: $\lim_{h \to 0}\left(\frac{\cos(h)}{h}\right) = 0$ und $\lim_{h \to 0}\left(\frac{\sin(h)}{h}\right) = 1$; hieraus ergibt sich dann:

$\lim_{h \to 0}\left(\frac{\sin(x_0 + h) - \sin(x_0)}{h}\right) = \sin(x_0) \cdot 0 + \cos(x_0) \cdot 1 = \cos(x_0)$. Auf die Einzelbeweise verzichten wir hier.

Übungsaufgaben

2 Bestimmen Sie die Ableitung der Funktion f für die Stellen: $0, \frac{\pi}{2}, \frac{\pi}{4}, \pi, \frac{3}{2}\pi, 2\pi, \frac{3}{4}\pi$.

a) f(x) = sin(x)   b) f(x) = cos(x)

3 An welchen Stellen hat die Ableitung der Funktion f den Wert $0, \frac{1}{2}, -\frac{1}{2}, 1, -1$?

a) f(x) = sin(x)   b) f(x) = cos(x)

4 Welche Werte kommen für die Tangentensteigung an den Graphen der Sinusfunktion nicht vor?

5 Mithilfe der Figur rechts kann bewiesen werden, dass die Ableitung der Sinusfunktion die Kosinusfunktion ist. Die x-Werte sind hier als Bogenlängen auf einem Einheitskreis gezeichnet.

(1) Beweisen Sie zunächst, dass die beiden Dreiecke APQ und OFM ähnlich zueinander sind.

(2) Erstellen Sie dann den Term für die Steigung der Sekante PQ. Zeigen Sie, dass dieser wertgleich zu $\cos\left(x_0 + \frac{h}{2}\right)$ ist.

(3) Folgern Sie daraus die Ableitung.

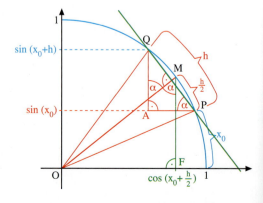

3.2.4 Ableitung von Potenzfunktionen – Potenzregel

Aufgabe

1
a) Erstellen Sie eine Tabelle mit den Potenzfunktionen zu $f(x) = x$, $f(x) = x^2$, $f(x) = x^3$, $f(x) = x^4$ und ihren Ableitungen. Formulieren Sie eine Regel für die Ableitung der Potenzfunktion zu $f(x) = x^n$.
b) Überprüfen Sie, ob die vermutete Regel auch für die Exponenten 0, −1, und $\frac{1}{2}$ zutrifft.

Lösung

a)

$f(x)$	x	x^2	x^3	x^4
$f'(x)$	1	$2x$	$3x^2$	$4x^3$

Vermutung: Die Potenzfunktion zu $f(x) = x^n$ hat die Ableitung $f'(x) = n \cdot x^{n-1}$.

b) *Exponent 0:* Die Potenzfunktion f mit $f(x) = x^0 = 1$ hat die Ableitung $f'(x) = 0$.
Dafür können wir auch schreiben: $f'(x) = 0 \cdot x^{-1}$ falls $x \neq 0$.

Exponent −1: Die Potenzfunktion f mit $f(x) = x^{-1} = \frac{1}{x}$ mit $x \neq 0$ hat die Ableitung $f'(x) = -\frac{1}{x^2}$.
Dafür können wir auch schreiben: $f'(x) = -1 \cdot x^{-2}$.

Exponent $\frac{1}{2}$: Die Potenzfunktion f mit $f(x) = x^{\frac{1}{2}} = \sqrt{x}$ hat die Ableitung $f'(x) = \frac{1}{2\sqrt{x}}$ für $x > 0$.
Dafür können wir auch schreiben: $f'(x) = \frac{1}{2} \cdot \frac{1}{\sqrt{x}} = \frac{1}{2} \cdot x^{-\frac{1}{2}}$.

Also trifft die Regel auch für die Exponenten 0 (falls $x \neq 0$), −1 und $\frac{1}{2}$ zu.

$\frac{1}{x^n} = x^{-n}$
$\sqrt{x} = x^{\frac{1}{2}}$

Information

Aufgabe 1 zeigt, dass die Potenzfunktionen sowohl für ganzzahlige als auch gebrochene Exponenten nach einer einheitlichen Regel abgeleitet werden können. Wir verzichten auf einen Beweis.

Potenzregel

Für alle rationalen Zahlen r gilt: Die Funktion zu $f(x) = x^r$ hat als Ableitung: $f'(x) = r \cdot x^{r-1}$

Übungsaufgaben

 2 Rechts sehen Sie, wie die Ableitungen einiger Potenzfunktionen mithilfe von CAS bestimmt werden. Formulieren Sie eine Regel und überprüfen Sie diese an weiteren Beispielen.

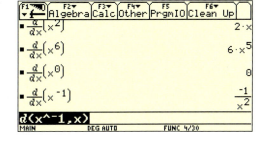

3 Bestimmen Sie die Ableitung.
a) $f(x) = x^7$ c) $f(x) = x^{-3}$ e) $f(x) = x^{\frac{3}{2}}$
b) $f(x) = x^{12}$ d) $f(x) = x^{n+2}$ f) $g(s) = s^{-2}$

4 Bestimmen Sie eine Potenzfunktion mit der angegebenen Ableitung.
a) $f'(x) = 14x^{13}$ c) $f'(x) = -5x^{-6}$ e) $f'(x) = \frac{3}{2}x^{\frac{1}{2}}$ g) $v'(h) = 2h^2$
b) $f'(x) = 7x^6$ d) $f'(x) = (s-2)x^{s-3}$ f) $h'(t) = 5t^4$ h) $u'(z) = -2z^{-3}$

 5 Welche Fehler wurden rechts gemacht?

$f(x) = x^{-2}$ $g(x) = -3x^3$
$f'(x) = -2x^{-1}$ $g'(x) = 3x^2$

6 An welchen Stellen haben die Funktionen zu f mit $f(x) = x^n$ mit $n \in \mathbb{Z}$ die Steigung 1 [−1]?

3.3 Ableitungsregeln

3.3.1 Faktorregel

Aufgabe

1 Es soll die Ableitung der Funktion f mit $f(x) = 1{,}5x^2$ bestimmt werden.

a) Zeichnen Sie den Graphen der Funktion f und beschreiben Sie, wie er aus der Normalparabel, dem Graphen der Quadratfunktion u mit $u(x) = x^2$, hervorgeht.

b) Zeichnen Sie an der Stelle 2 sowohl an den Graphen von u als auch an den Graphen von f die Tangenten und vergleichen Sie diese.
Formulieren Sie eine Vermutung für die Ableitung von f.

c) Begründen Sie die Vermutung mithilfe von Sekantensteigungen.

Lösung

a) Der Graph von f entsteht aus der Normalparabel durch Strecken mit dem Faktor 1,5 parallel zur y-Achse.

b) Die Tangente an die Normalparabel an der Stelle 2 hat die Steigung $f'(2) = 2 \cdot 2 = 4$.

Die Tangente an die Funktion f an der Stelle 2 entsteht vermutlich auch durch Strecken mit dem Faktor 1,5 aus der entsprechenden Tangente an die Normalparabel.

Ihre Steigung beträgt dann $1{,}5 \cdot 4 = 6$.

Da diese Überlegungen sich auf andere Stellen übertragen lassen, hat die Funktion f vermutlich die Ableitung:

$f'(x) = 1{,}5 \cdot u'(x) = 1{,}5 \cdot 2x = 3x$

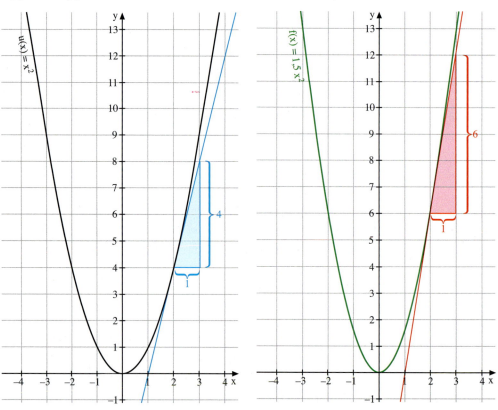

c) Wir bestimmen die Ableitung an einer Stelle x mit der h-Schreibweise. Dazu betrachten wir zunächst eine Sekante des Graphen zu g durch die Punkte $P(x|1{,}5x^2)$ und $Q(x+h|1{,}5(x+h)^2)$ mit $h \neq 0$.
Diese Sekante hat die Steigung:

$$m = \frac{1{,}5(x+h)^2 - 1{,}5x^2}{h}$$
$$= \frac{1{,}5((x+h)^2 - x^2)}{h}$$
$$= \frac{1{,}5(x^2 + 2xh + h^2 - x^2)}{h}$$
$$= \frac{1{,}5(2xh + h^2)}{h}$$
$$= \frac{1{,}5h(2x+h)}{h} = 1{,}5(2x+h)$$

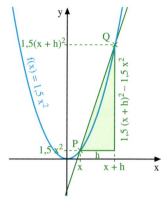

Nähert sich nun der zweite Schnittpunkt Q der Sekante auf dem Graphen immer mehr P an, so folgt:

$$\lim_{h \to 0} 1{,}5(2x+h) = 3x$$

Also hat die Tangente an der Stelle x die Steigung $f'(x) = 3x$.

Information

Satz: Faktorregel

Wenn die Funktion u die Ableitung u' hat, dann hat die Funktion f mit $f(x) = k \cdot u(x)$ die Ableitung:
$f'(x) = k \cdot u'(x)$ mit $k \in \mathbb{R}$

Beispiele:

$f(x) = 3x^8$ $\qquad\qquad$ $f(x) = 5 \cdot \sin(x)$
$f'(x) = 3 \cdot 8x^7 = 24x^7$ $\qquad$ $f'(x) = 5 \cdot \cos(x)$

Ein konstanter Faktor bleibt beim Ableiten enthalten!

Begründung:
Der Graph der Funktion f mit $f(x) = k \cdot u(x)$ geht aus dem der Funktion u durch Streckung mit dem Faktor k parallel zur y-Achse hervor. Dabei ist anschaulich klar, dass die Tangenten an dem Graphen von f durch Streckung aus den Tangenten an den Graphen von u entstehen.
Dies lässt sich auch mithilfe von Sekantensteigungen beweisen.
Wir betrachten eine Sekante des Graphen von f durch die Punkte $P^*(x|f(x))$ und $Q^*(x+h|f(x+h))$.
Für deren Steigung gilt:

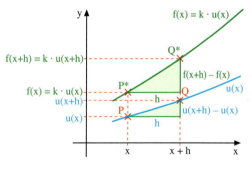

$$m = \frac{f(x+h) - f(x)}{h} = \frac{k \cdot u(x+h) - k \cdot u(x)}{h} = k \cdot \frac{u(x+h) - u(x)}{h}$$

Der Term $\frac{u(x+h) - u(x)}{h}$ gibt die Steigung der Sekante des Graphen von u durch die Punkte $P(x|u(x))$ und $Q(x+h|u(x+h))$ an. Je mehr sich $x+h$ der Stelle x annähert, desto mehr nähert sich diese Sekantensteigung der Tangentensteigung u' an der Stelle x an:

$$\lim_{h \to 0} = \frac{u(x+h) - u(x)}{h} = u'(x)$$

Für die Ableitung der Funktion f an der Stelle x gilt daher: $f'(x) = k \cdot u'(x)$

Übungsaufgaben **2** Betrachten Sie die Funktion, die für Kreise jedem Radius r den Flächeninhalt A(r) des entsprechenden Kreises zuordnet.

a) Bestimmen Sie die lokale Änderungsrate dieser Funktion. Deuten Sie das Ergebnis geometrisch.

b) Zeichnen Sie den Graphen der Funktion zu A(r) und den der lokalen Änderungsrate in zwei Koordinatensysteme untereinander. Beschreiben Sie beide Graphen.

3 Bestimmen Sie die Ableitung.

a) $f(x) = 3x^5$ c) $g(x) = \frac{1}{8}x^5$ e) $h(t) = \sqrt{2} \cdot t^4$ g) $f(s) = (-7) \cdot \frac{1}{8}$ i) $h(s) = -\frac{1}{6}s$

b) $f(x) = 7x^9$ d) $f(t) = \frac{1}{10}t^6$ f) $f(t) = \frac{3}{4}t^8$ h) $f(s) = \frac{1}{3}\sqrt{s}$ j) $g(r) = \frac{2}{3}r^3$

4 Wie könnte die zugehörige Funktion f lauten? Überprüfen Sie durch Ableiten.

a) $f'(x) = 4x^3$ d) $f'(s) = 7s^8$ g) $f'(x) = 0$ j) $f'(x) = \sin(x)$

b) $f'(x) = x^4$ e) $f'(x) = 4x^6$ h) $f'(x) = 5x$ k) $f'(x) = 3 \cdot \cos(x)$

c) $f'(x) = x^9$ f) $f'(x) = \frac{1}{x^2}$ i) $f'(x) = 7x^2$ l) $f'(x) = 2 \cdot \sin(t)$

5 Nehmen Sie an, dass der Querschnitt des Kraters durch eine gestreckte Parabel bestimmt werden kann.
Bestimmen Sie deren Gleichung. Ermitteln Sie damit die Tiefe des Kraters.

Marsmobil

Am 25.1.2004 landete das Marsmobil Opportunity auf dem Mars im Krater Eagle, der einen Durchmesser von 22 m aufweist. Am 24.3.2004 gelang es ihm im zweiten Anlauf, diesen Krater zu verlassen. Beim ersten Versuch, die 16 %ige Steigung zu nehmen, rutschte der Rover wieder ab und drohte sogar umzukippen.

Formelsammlung kann helfen

6 Führen Sie entsprechende Überlegungen wie in Übungsaufgabe 2 für die Funktion
Radius → Volumen bei Kugeln durch.

7

a) Ermitteln Sie eine Formel für die Geschwindigkeit v(t) einer Schneelawine in Abhängigkeit von der Zeit t.

b) Zeichnen Sie den Graphen von v(t) für verschiedene Neigungswinkel α in ein gemeinsames Koordinatensystem.

c) Geben Sie Beispiele für den Neigungswinkel α und die Zeit t an, sodass die Lawinengeschwindigkeit 300 $\frac{km}{h}$ beträgt.

Tückische Gefahr für Winterurlauber

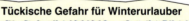

Lawinen können mehrere Ursachen haben:

Lawinen können den Berg mit der Geschwindigkeit eines Formel-I-Rennwagens hinunterdonnern: 300 km/h sind keine Seltenheit! Je steiler der Hang ist, und desto länger die Lawine schon rollt, desto schneller wird sie: Für den zurückgelegten Weg s(t) in Abhängigkeit von der Zeit t gilt: $s(t) = \frac{1}{2} g \sin(\alpha) \cdot t^2$
Dabei ist g = 9,81 $\frac{m}{s^2}$ die Erdbeschleunigung und α der Neigungswinkel des Berges.

3.3.2 Summenregel

Aufgabe

1 Gegeben sind die Funktionen u mit $u(x) = x^3$ und v mit $v(x) = x^2$.

a) Zeichnen Sie in ein Koordinatensystem (z. B. mithilfe der Software *Graphix*):
die Graphen von $u(x)$, $v(x)$ und von $f(x) = u(x) + v(x)$.
Zeichnen sie an der Stelle $x = 0{,}5$ die Tangenten an die Graphen von $u(x)$ und $v(x)$ mit einem Steigungsdreieck ($\Delta x = 1$).
Skizzieren Sie die Tangente an der Stelle $x = 0{,}5$ an den Graphen der Funktion f. Was vermuten Sie?

b) Stellen Sie eine Vermutung auf, wie sich die Steigung der Tangente des Graphen von f allgemein (d. h. an beliebigen Stellen) berechnet.

Lösung

a)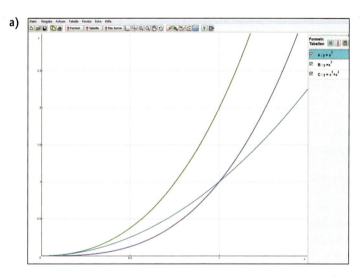

An der Stelle $x = 0{,}5$ hat die Tangente an den Graphen von $u(x) = x^3$ die Steigung $u'(0{,}5) = 3 \cdot 0{,}5^2 = 0{,}75$ und die Tangente an den Graphen von $v(x) = x^2$ die Steigung $v'(0{,}5) = 1$.

Es ist zu vermuten, dass die Tangente an den Graphen von f an der Stelle $x = 0{,}5$ dann die Steigung $f'(0{,}5) = 1{,}75$ hat.

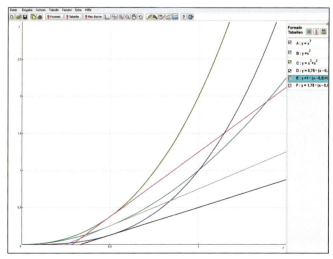

b) Die Überlegungen aus der obigen Aufgabe lassen sich auf beliebige Funktionen verallgemeinern.

Satz: Summenregel

Wenn die Funktion u die Ableitung u'(x) und die Funktion v die Ableitung v'(x) hat, dann hat die Funktion f mit f(x) = u(x) + v(x) die Ableitung:

f'(x) = u'(x) + v'(x)

Beispiele:

$f(x) = x^4 + x^5$ $\qquad\qquad g(x) = \frac{1}{x} + \sin(x)$

$f'(x) = 4x^3 + 5x^4$ $\qquad\qquad g'(x) = -\frac{1}{x^2} + \cos(x)$

Eine Summe wird gliedweise abgeleitet!

Begründung der Summenregel:

Wir betrachten die Sekante an den Graphen f durch die Punkte P(x|f(x)) und Q(x + h|f(x + h)). Für deren Steigung gilt:

$m = \frac{f(x+h) - f(x)}{h}$

$ = \frac{u(x+h) + v(x+h) - (u(x) + v(x))}{h}$

$ = \frac{u(x+h) - u(x) + v(x+h) - v(x)}{h}$

$ = \frac{u(x+h) - u(x)}{h} + \frac{v(x+h) - v(x)}{h}$

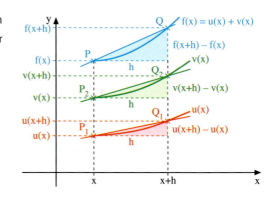

Der linke Bruchterm gibt die Steigung der Sekante des Graphen von u durch die Punkte $P_1(x|u(x))$ und $Q_1(x + h|u(x + h))$ an. Der rechte Bruchterm gibt die Steigung der Sekante des Graphen von v durch die Punkte $P_2(x|v(x))$ und $Q_2(x + h|v(x + h))$ an.

Je mehr sich x + h der Stelle x annähert, desto mehr nähern sich diese Sekantensteigungen den Tangentensteigungen u'(x) und v'(x) an der Stelle x an:

$\lim\limits_{h \to 0} \left(\frac{u(x+h) - u(x)}{h} + \frac{v(x+h) - v(x)}{h} \right) = u'(x) + v'(x)$

Für die Ableitung der Funktion f gilt daher:

f'(x) = u'(x) + v'(x)

Weiterführende Aufgaben

2 Differenzregel

Beweisen Sie folgende Regel zum Ableiten einer Differenz.

Satz: Differenzregel

Wenn die Funktion u die Ableitung u'(x) und die Funktion v die Ableitung v'(x) hat, dann hat die Funktion f mit f(x) = u(x) − v(x) die Ableitung:

f'(x) = u'(x) − v'(x)

Beispiele:

$f(x) = x^4 - x^5$ $\qquad\qquad g(x) = \frac{1}{x} - x^2$

$f'(x) = 4x^3 - 5x^4$ $\qquad\qquad g'(x) = -\frac{1}{x^2} - 2x$

Eine Differenz wird gliedweise abgeleitet!

3.3 Ableitungsregeln

3 Ein konstanter Summand fällt beim Differenzieren weg

a) Der Graph der Funktion f wird um c parallel zur y-Achse verschoben. Wir erhalten den Graphen der Funktion g mit g(x) = f(x) + c. Begründen Sie geometrisch, dass beide Funktionen an der Stelle x dieselbe Steigung haben, dass also gilt:

g'(x) = f'(x)

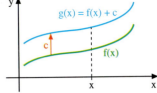

b) Das Ergebnis in Teilaufgabe a) kann man auch so formulieren:

Ein konstanter Summand wird beim Differenzieren zu null.

Begründen Sie diese Regel auch mithilfe von Ableitungsregeln.

4 Werden Produkte und Quotienten gliedweise abgeleitet?

Zeigen Sie am Beispiel $f(x) = x^5$ und $g(x) = x^3$, dass im Allgemeinen gilt:

a) $(f(x) \cdot g(x))' \neq f'(x) \cdot g'(x)$

b) $\left(\dfrac{f(x)}{g(x)}\right)' \neq \dfrac{f'(x)}{g'(x)}$

Information

Rückblick auf die Ableitungsregeln

Potenzregel, Faktorregel, Summenregel und Differenzregel sind in unterschiedlichem Sinne Ableitungsregeln:

Während die Potenzregel unmittelbar die Ableitung einer Potenzfunktion angibt, lassen sich die anderen drei Regeln nur anwenden, um die Ableitung einer Funktion auf schon bekannte Ableitungen zurückzuführen.

Übungsaufgaben

5 Ermitteln Sie die Ableitung der Funktion f mit $f(x) = x^2 + \dfrac{1}{x}$.
Formulieren Sie eine allgemeine Vermutung.

6 Leiten Sie die Funktion f ab.

a) $f(x) = x^5 + x^8$
b) $f(x) = x^4 - x^3$
c) $f(x) = x^3 + x^4$
d) $f(x) = x^5 - x^7$
e) $g(x) = x^9 + x^5$
f) $f(x) = 2x^4 - 3x^6$
g) $h(x) = x^{10} + 2x$
h) $f(s) = 2s^2 + 3s$
i) $f(x) = x + \dfrac{1}{x}$
j) $f(x) = \dfrac{1}{x} - \sqrt{x}$
k) $f(x) = x^2 + \sqrt{x}$
l) $h(t) = t^2 - \dfrac{1}{t^2}$

7 Bilden Sie die Ableitung der Funktion f.

a) $f(x) = \dfrac{1}{8}x^5 + \dfrac{1}{2}x^3 - 0{,}7x$
b) $f(x) = 2x^4 - 7x^2 + 5x$
c) $f(x) = 8x^{12} - \sqrt[3]{17}\,x^2 + 5x$
d) $h(x) = 9x^4 - \sqrt{3}\,x^3 + 5x - 7$
e) $g(x) = 4x^6 + 2x^3 - 9x^2 - 18x + 2$
f) $f(x) = 9x^4 - \dfrac{1}{3}x^3 + \dfrac{1}{2}x^2 - \sqrt[3]{2}\,x + 8$

8 Geben Sie die Ableitung an.

a) $f(x) = \dfrac{3}{x} + 2\sqrt{x}$
b) $f(x) = \dfrac{1}{x} - x^2 - x^4$
c) $g(x) = \dfrac{7}{x} + \dfrac{2}{3}x^2 + 5$
d) $h(x) = 4x^5 + \dfrac{3}{x} - \dfrac{1}{2}\sqrt{x}$
e) $f(x) = ax^2 - \dfrac{b}{x} + \dfrac{\sqrt{x}}{5}$
f) $f(x) = \dfrac{1}{x} + \cos(x)$
g) $h(x) = 2 \cdot \sin(x) - 3 \cdot \cos(x)$
h) $f(x) = a \cdot \cos(x) + c$
i) $f(x) = 4\sqrt{t} + 2 \cdot \cos(t)$

9 Gegeben ist die Ableitungsfunktion f'. Gesucht ist eine mögliche Ausgangsfunktion f.

a) $f'(x) = 3x^2 + 2x$
b) $f'(x) = 4x^3 - 7x^6$
c) $f'(x) = 9x^8 - 6x^5 + 8$
d) $f'(t) = t^6 + t^2$
e) $f'(x) = x^4 - x^3$
f) $f'(x) = 2x^4 - 8x^3 + 2x^2$
g) $f'(t) = \sin(t) - \cos(t)$
h) $f'(x) = 2 \cdot \cos(x) - \dfrac{1}{2x^2}$

10 Kontrollieren Sie durch Rechnung.

11 Leiten Sie folgende Funktion ab.

$$f(x) = x^2 \cdot \frac{1}{x} \qquad g(x) = \frac{\sqrt{x}}{x}$$
$$f'(x) = 2x \cdot \left(-\frac{1}{x^2}\right) = -\frac{2}{x} \qquad g'(x) = \frac{\frac{1}{2\sqrt{x}}}{1} = \frac{1}{2\sqrt{x}}$$

a) $f(x) = (x+1)^2$

b) $f(x) = x^{-1} + x^{\frac{1}{2}}$

c) $f(x) = \frac{x^2 - 1}{x + 1}$

d) $f(x) = (7x - 4) \cdot (3x^2 + 7x + 4)$

e) $f(x) = (ax^2 + b) \cdot (cx + d)$

f) $g(x) = 3 \cdot (4 - x^2) \cdot (2 - x) + \frac{1}{2}(4 - x)$

g) $f(t) = t \cdot (t - 1) - t \cdot (t + 1)$

h) $f(s) = (s - 5)^2 + (s - 2)^2 - 3(s + 5)$

i) $f(p) = 2p(p - 4)^2 + 7p^2(p + 5)^2$

12 Ein Fallschirmspringer fliegt im freien Fall, dann öffnet er den Fallschirm und schwebt zu Boden. Für die Höhe (in m) h(t) in Abhängigkeit von der Zeit t (in s) kann näherungsweise folgende Funktionsvorschrift verwendet werden:

$$h(t) = \begin{cases} 3\,000 - 4{,}1 \cdot t^2 & \text{für } 0 \leq t \leq 22 \\ -5 \cdot t + 1\,125{,}6 & \text{für } t > 22 \end{cases}$$

a) Zeichnen Sie den Graphen dieser Funktion – beispielsweise mit der Software Graphix (diese enthält die Option, den Definitionsbereich einzuschränken und so verschiedene Teilgraphen aneinander zusetzen).

b) Skizzieren Sie den Graphen der Geschwindigkeit-Zeit-Funktion zu der in Teilaufgabe a) gezeichneten Weg-Zeit-Funktion.

c) Geben Sie eine Funktionsvorschrift für die Geschwindigkeit-Zeit-Funktion an und zeichnen Sie den zugehörigen Graphen. Vergleichen Sie mit der Skizze in Teilaufgabe b).

d) Mit welchem Graphen kann man die folgenden Fragen beantworten: Mit welcher Geschwindigkeit kommt der Springer am Boden an? Wann hat er seine größte Geschwindigkeit? Was passiert unmittelbar danach?

13

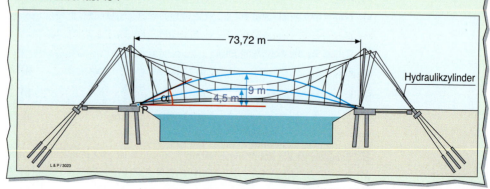

Überprüfen Sie die Aussage über den Steigungswinkel α im Zeitungstext durch eigene Berechnungen.

3.4 Differenzialrechnung in technischen Anwendungen

1 Die Parabelkirche in Gelsenkirchen wurde von dem Architekten Josef Franke in den Jahren 1927 bis 1929 erbaut. Beim Bau des Kirchenmittelschiffes (bei einer Breite b von 10 Metern und einer Höhe h von 15 Metern) wurden die in den Boden eingelassenen Stützpfeiler aus Fertigungsgründen als einfache Geradenstücke, nicht mehr als Parabelstücke angefertigt.

a) Wählen Sie ein Koordinatensystem und bestimme eine Parabelgleichung.
b) Berechnen Sie die Steigung eines in den Boden eingelassenen geraden Stützpfeilers.
c) Welchen Winkel schließen Pfeiler und Erdboden miteinander ein?
d) Ermitteln Sie Gleichungen für die Stützpfeiler.

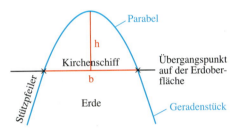

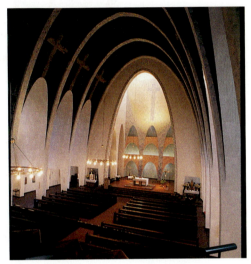

2 Eine Firma bietet Satellitenantennen mit verschiedenen Durchmessern an:

(1) d = 60 cm (2) d = 80 cm (3) d = 90 cm (4) d = 120 cm

a) Alle Antennen haben eine Tiefe von 12 cm. Bestimmen Sie für jeden Antennentyp den Wert des Parameters a zur Funktionsgleichung $y = a \cdot x^2$ und geben Sie die Lage der Brennpunkte in einem geeigneten Koordinatensystem an.
b) Die Profilkurve einer Satellitenantenne verläuft – in einem geeigneten Koordinatensystem – durch den Punkt P(20|20). Bestimmen Sie die Gleichung der zugehörigen quadratischen Funktion.
c) Welches Antennenprofil hat den Brennpunkt F(0|20)?
d) Der Brennpunkt aller Antennen soll bei 30 cm liegen. Welche Tiefe ergibt sich dann?

3 Bei einem Kies- und Sandwerk kann man beobachten, dass die Höhe eines Sandberges nach einer gewissen Zeit kaum noch zu wachsen scheint, obwohl über den Trichter in regelmäßigen Zeitabschnitten gleichmäßig neuer Sand hinzugefügt wird. Der Sandberg hat die Form eines Kegels und wird deswegen auch in der Baubranche Schüttkegel genannt.

Wir betrachten sein Anwachsen.

Das Verhältnis $\frac{\text{Höhe h}}{\text{Radius r}}$ hängt von der Materialbeschaffenheit, insbesondere auch von der Feuchtigkeit des Sandes ab. Oft gilt $\frac{h}{r} = 1{,}5$.

Geben Sie den Term der Funktion an, die dem Volumen V des Sandkegels die Höhe h zuordnet. Erläutern Sie den Begriff „lokale Höhenrate" und berechnen Sie zu gegebenen Volumina diese lokale Höhenrate näherungsweise.

Erklären Sie damit die oben beschriebene Beobachtung.

4

 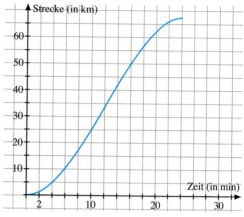

Ein ICE fährt die Strecke von Hamm/Westf. nach Bielefeld (67 km) in 24 Minuten (= 0,4 h). Die Fahrt kann durch den Graphen einer ganzrationalen Funktion 3. Grades modelliert werden.

a) Begründen Sie, warum typische Eigenschaften einer Fahrt von einem Bahnhof zum nächsten durch einen solchen Graphen beschrieben werden können.

b) Geben Sie charakteristische Eigenschaften des Graphen an, durch die der Funktionsterm der ganzrationalen Funktion bestimmt werden könnte.

c) Der abgebildete Graph hat die Funktionsgleichung $f(x) = -0{,}0097\,x^3 + 0{,}35\,x^2$.
   (1) Welche Strecke hat der Zug nach 10 minütiger Fahrzeit ungefähr zurückgelegt?
   (2) Welche Geschwindigkeit $\left(\text{in } \frac{km}{h}\right)$ hat der Zug zu diesem Zeitpunkt erreicht?
   (3) Zu welchem Zeitpunkt ist die Geschwindigkeit des Zuges am größten? Wie groß ist diese Höchstgeschwindigkeit? Vergleichen Sie diese mit der Durchschnittsgeschwindigkeit auf der Strecke.
   (4) Unterwegs fährt der Zug durch Gütersloh, das 17 km von Bielefeld entfernt ist. Nach welcher Fahrzeit ist dies ungefähr der Fall? Welche Geschwindigkeit hat der Zug dort gemäß der Modellierung?

5

Gezeitenkraftwerke

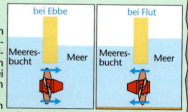

funktionieren nach dem Staudamm-Prinzip und werden an Meeresbuchten errichtet, die einen besonders hohen Tidenhub (Differenz zwischen Hoch- und Niedrigwasserstand) aufweisen. Dazu wird die entsprechende Bucht mit einem Deich abgedämmt. Im Deich befinden sich Wasserturbinen, die bei Flut vom einfließenden Wasser, bei Ebbe vom ausfließenden Wasser durchströmt werden.
Das erste und zur Zeit größte Gezeitenkraftwerk wurde von 1961 bis 1966 an der Atlantikküste in der Mündung der Rance bei Saint-Malo in Frankreich erbaut. Der Betondamm ist 750 Meter lang, wodurch ein Staubecken mit einer Oberfläche von 22 km² und einem Nutzinhalt von 184 Mio. m³ entsteht. Der Damm besitzt 24 Durchlässe, in denen jeweils eine Turbine mit einer Nennleistung von 10 MW installiert ist. Die gesamte Anlage hat somit eine Leistung von 240 MW und erzeugt jährlich rund 600 Millionen Kilowattstunden Strom.

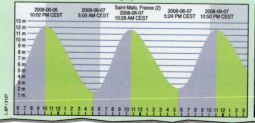 

Modellieren Sie den Verlauf des Wasserstandes mithilfe einer Sinuskurve. Bestimmen Sie dann die Funktion, die die Steig- und Sinkgeschwindigkeit des Pegelstandes angibt. Welchen höchsten Wert hat sie?

6 An der Abbildung kann abgelesen werden, welche Regenmenge y in einem Zeitraum von 12 Stunden auf einer Fläche von einem Quadratmeter niedergegangen ist (Angaben in Liter). Der Graph kann näherungsweise mithilfe der ganzrationalen Funktion f mit $f(x) = \frac{1}{300}x^3 - \frac{1}{20}x^2 + \frac{13}{50}x$ modelliert werden.

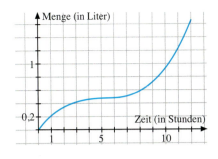

a) Beschreiben Sie mit Worten, wie sich das Wetter an diesem Regentag entwickelt hat. Zeigen Sie, dass drei Stunden nach Beginn der Messung insgesamt 0,42 Liter Regenwasser aufgefangen worden sind.

b) Welche mittlere Regenmenge pro Stunde ist bis zum Zeitpunkt x = 8 h aufgefangen worden?

c) Welche Regenmenge wäre nach 12 Stunden zu erwarten gewesen, wenn die Regenintensität so geblieben wäre, wie zum Zeitpunkt x = 2 h (zwei Stunden nach Beginn der Messung)?

7

Zehnjähriges Jubiläum

Vom 3. bis zum 17. September 2007 veranstaltete das Deutsche Zentrum für Luft- und Raumfahrt (DLR) zum zehnten Mal seine Parabelflüge mit dem Airbus A300 ZERO-G. Vom Köln Bonn Airport aus startet das größte fliegende Labor der Welt zu insgesamt fünf Forschungsflügen in die Schwerelosigkeit. Diese nutzen die Wissenschaftler für ihre Versuche in Biologie, Humanphysiologie, Physik und Materialforschung. Über dem Atlantik vollführt das Flugzeug etwa dreißig Mal immer wieder dasselbe Flugmanöver:

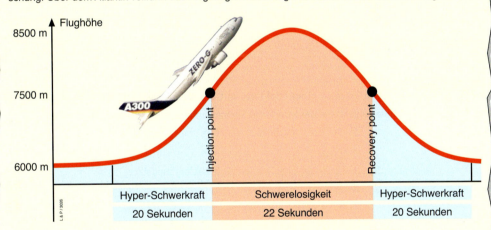

Die Maschine fliegt zunächst horizontal mit Höchstgeschwindigkeit. Sie geht dann mit einem Bahnneigungswinkel von 45° in einer 1. Phase in einen Steigflug über. Während dieser Phase herrscht in der Maschine ca. doppelte Erdbeschleunigung, also ca. 2g.
In der normalerweise ca. 5 Sekunden andauernden 2. Phase, der Transitionsphase, werden die Triebwerke gedrosselt, sodass der Schub nur den Luftwiderstand ausgleicht. In dieser Phase kann man eine deutliche Schwerkraftabnahme spüren (freier Fall).
In der 3. Phase, der eigentlichen Schwerelosigkeitsphase, die im englischen Sprachraum mit microgravity genauer beschrieben wird, steigt die Maschine weiter, indem sie einer Wurfparabel folgt. Sie erreicht am höchsten Punkt, abhängig vom Flugzeugtyp, etwa 8500 m. Die Zeitdauer der Schwerelosigkeit beträgt ca. 22 Sekunden.
Der Pilot steuert in der 4. Phase die Maschine so, dass sie einen Bahnneigungswinkel von ca. − 45° erreicht und leitet damit durch Starten der Triebwerke den Parabelflug aus. Hierbei herrschen wiederum ca. 2g. Dieser Vorgang dauert 20 Sekunden.
Nach ca. 2 Minuten kann dann der nächste Parabelflug beginnen.

Beschreiben Sie die Parabel, auf der sich das Flugzeug in der Phase der Schwerelosigkeit befindet, in einem geeigneten Koordinatensystem.

Kompetenz-Check

→ Die Begriffe Sekantensteigung, Tangentensteigung, Änderungsrate und lokale Änderungsrate erläutern können.

1
a) Betrachten Sie die Funktion f mit $f(x) = x^2 - 4x + 15$ im Punkt $P(1|f(1))$ und erläutern Sie die Begriffe Sekante bzw. Tangente durch P.
Bestimmen Sie auch die Funktionsgleichung einer Sekante durch P und der Tangente durch P.

b) Der Pegelstand eines Flusses gegenüber dem Normalniveau lässt sich über den Zeitraum der nächsten 10 Stunden mithilfe der Funktion f mit $f(t) = 0,01 t^2 - 0,2 t + 1$ (t in Stunden) modellieren.
Erläutern Sie für den Zeitpunkt t = 5 die Begriffe Änderungsrate und lokale Änderungsrate und ihre Bedeutung im Sachzusammenhang.

→ Bei einem gegebenen Graphen einer Funktion die Steigung und den Steigungswinkel der Tangente in einem Punkt näherungsweise ablesen können.

2 Bestimmen Sie näherungsweise die Steigung der Tangente an den abgebildeten Graphen an den Stellen x = 1, x = 3 und x = 6 sowie den Steigungswinkel.

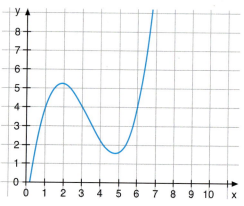

→ Bei einem gegebenen Graphen einer Funktion, mit der eine Anwendungssituation modelliert wird, näherungsweise Werte für die lokale Änderungsrate ablesen und im Sachzusammenhang interpretieren können.

3 Der Benzinverbrauch (in Litern) eines Testfahrzeuges kann auf einer Strecke von 6 km durch den abgebildeten Graphen einer Funktion modelliert werden.
Lesen Sie näherungsweise die lokale Änderungsrate nach 5 km ab und geben Sie die Bedeutung dieses Werts im Sachzusammenhang an.

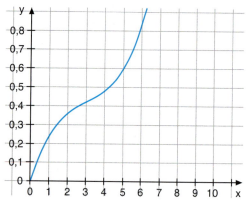

→ Den Differenzenquotienten einer Funktion in einem Punkt bilden können und erläutern können, was dieser Term mit dem Differenzialquotienten der Funktion in dem Punkt zu tun hat.

4 Bestimmen Sie den Differenzenquotienten der Funktion f mit $f(x) = x^3 - x^2$ für die Punkte $P(1|f(1))$ und $Q(1,1|f(1,1))$.
Welcher Zusammenhang besteht zwischen diesem Term und dem des Differenzialquotienten an der Stelle x = 1?

Kompetenz-Check

→ An Beispielen die beiden Methoden der Grenzwertbildung bei einem Differenzenquotienten ($x \to x_0$, $h \to 0$) erläutern können.

5 Erläutern Sie am Beispiel der Funktion f mit $f(x) = x^4 + x$ die Bestimmung des Differenzialquotienten an der Stelle $x_0 = -1$ nach der ($x \to x_0$)-Methode und nach der ($h \to 0$)-Methode.

→ Entscheiden können, ob eine Funktion an einer Stelle a differenzierbar ist.

6 Untersuchen Sie die Differenzierbarkeit der Funktion f mit $f(x) = |x^2 - 3x + 2|$ an den Stellen $x = -1$, $x = +1$ und $x = +2$.

→ Den Graphen der Ableitungsfunktion zu dem Graphen einer differenzierbaren Funktion skizzieren können.

7 Die Abbildung zeigt den Graphen einer ganzrationalen Funktion.
Skizzieren Sie den Graphen der zugehörigen Ableitungsfunktion.

→ Die Grundregeln zum Differenzieren von Funktionen (Potenz-, Faktor-, Summenregel) nennen und anwenden können.

8 Bilden Sie die Ableitung der folgenden Funktionen und erläutern Sie die beim Differenzieren angewandten Ableitungsregeln.

(1) $f_1(x) = x^{-4} + 3x^2 + 1$

(2) $f_2(x) = 3x^3 - 2x^2 + 1x - 4$

(3) $f_3(x) = \frac{1}{x^2} + x^2$

(4) $f_4(x) = (x^2 + 1) \cdot (x - 1)$

→ Sinus- und Kosinus-Funktion ableiten und Punkte mit besonderer Steigung bestimmen können.

9

a) Berechnen Sie die Ableitungsfunktion f'. Skizzieren Sie den Graphen von f und von f'.
   (1) $f(x) = 2 \cdot \sin(x)$ (2) $f(x) = \frac{1}{2} \cdot \cos(x)$

b) Bestimmen Sie mindestens einen Punkt des Graphen von f aus Teilaufgabe a), in dem für die Steigung m gilt
   (1) $m = 0$ (2) $m = +1$ (3) $m = -1$

c) Bestimmen Sie die Gleichung der Tangente an den Graphen von f aus Teilaufgabe a) im Punkt $P(\pi | f(\pi))$.

d) Die Abbildung zeigt den Graphen der Funktion $f(x) = \sin(x) + \cos(x)$.

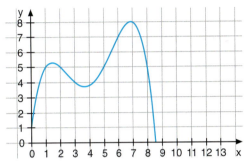

(1) Bestimmen Sie die Ableitungsfunktion f' gemäß den Ableitungsregeln.

(2) Der Graph könnte durch geeignetes Verschieben und Strecken auch aus dem Graphen der Sinus-Funktion gewonnen werden, d.h. man könnte den Funktionsterm f(x) auch in der Form $f(x) = a \cdot \sin(x - b)$ notieren.
Entnehmen Sie dem Verlauf des Graphen, wie groß die Parameter a und b sein müssen.

Lösungen zu Kapitel 1 (Seiten 67 bis 68)

1 (1) qualitatives Merkmal: weiblich, männlich
(2) quantitatives Merkmal: z. B. 16 Jahre, 17 Jahre, ...
(3) qualitatives Merkmal: sehr gut, gut, ..., ungenügend
(4) qualitatives Merkmal: Montag, Dienstag, ..., Sonntag
(5) qualitatives Merkmal (Noten) oder quantitatives Merkmal (Anzahl der richtigen Vokabeln)
(6) quantitatives Merkmal:
z. B. 700 mm (Wasserhöhe über einer Fläche von 1 m²)
d. h. 700 l/m² Jahresniederschlag
(7) qualitatives Merkmal: z. B. annehmbar, nicht annehmbar
(8) qualitatives Merkmal: z. B. sehr beliebt, beliebt, ..., unbeliebt oder quantitatives Merkmal: Angaben zur Sehbeteiligung in Prozent oder absoluten Zuschauerzahlen

2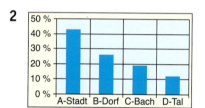

3 a) Die kumulierte Häufigkeitsverteilung gibt Informationen darüber, welcher Anteil der Angestellten ihre Arbeit vor ... Uhr beginnt.
b) Arbeitsbeginn
vor 7.30 Uhr: 44 % ⎫ Differenz
vor 7.45 Uhr: 51 % ⎭ 7 Prozentpunkte
vor 7.40 Uhr: $\left(\frac{2}{3} \text{ von } 7\,\%\right) + 44\,\% \approx 49\,\%$

4 Für das Histogramm werden gleich große Klassen gewählt (je 30 Minuten) – eigentlich müsste dann für den Zeitraum ab 8.30 Uhr eine weitere Klasse gebildet werden.

5 Da die Berge hintereinander angeordnet sind, kann man deren wahre Größe kaum beurteilen (wegen der Sehgewohnheiten wirken die hinten liegenden Berge größer). Der Grafiker scheint aber überhaupt die zugrundeliegenden Daten nicht beachtet zu haben.
Andere Darstellungsformen: Säulendiagramm mit einzelnen Säulen, deren Höhen durch die Schuldenbeträge bestimmt sind oder Kreisdiagramm, bei dem der Vollkreis dem gesamten öffentlichen Schuldenstand entspricht.
Bei der Grafik zum Wohnungsbau fehlt der Bezug zu einem Koordinatensystem (Matterhorn-Effekt), durch den Polygonzug wird die Entwicklung verdeutlicht.
Andere Darstellungsform: Säulendiagramm.

6 a) $\bar{x} = 0{,}012 \cdot 60\,g + 0{,}049 \cdot 61\,g + \ldots + 0{,}018 \cdot 70\,g \approx 64{,}4\,g$
b) Eigentlich werden für die Mittelwertbestimmung die Klassenmitten betrachtet. Einfacher ist es jedoch, das Ende einer Klasse zu betrachten und nach der Mittelwertberechnung die halbe Klassenbreite abziehen:
$\bar{x}_1 \approx 0{,}08 \cdot 7\,h + 0{,}21 \cdot 7{,}25\,h + \ldots$
$\quad + 0{,}11 \cdot 8{,}5\,h + 0{,}03 \cdot 8{,}75\,h \approx 7{,}53\,h$
Klassenbreite: 0,25 h, also $\bar{x} \approx 7{,}4\,h$ (d. h. ca. 7 h 24 min)

7 a) Median zu Aufgabe 3a): Klasse 7.30–7.44 Uhr
Median zu Aufgabe 6a): Klasse 64 g
b) $\bar{x} \approx 0{,}308;\ \tilde{x} = 0{,}29$
Der Messwert 0,52 s ist ein Ausreißer, der dazu beiträgt, dass das arithmetische Mittel größer ist als der Median.

8 Median aus 34 Daten = arithmetisches Mittel aus dem 17. und 18. Wert der geordneten Liste:
Schalke: $x_{17} = 60\,886;\ x_{18} = 60\,999 : \tilde{x} = 60\,942{,}5$
Dortmund: $x_{17} = 66\,600;\ x_{18} = 66\,900 : \tilde{x} = 66\,750$

9 Berechnung der empirischen Varianz mithilfe einer Tabellenkalkulation.
Aufgabe 3a):

Klassenmitte x_i	rel. Häufigkeit $h(x_i)$	gewichtete quadrat. Differenz
6,875	0,08	$(6{,}875 - 7{,}4)^2 \cdot 0{,}08$
7,125	0,21	$(7{,}125 - 7{,}4)^2 \cdot 0{,}21$
...	...	...

Aufgabe 6a):

Klassenmitte x_i	rel. Häufigkeit $h(x_i)$	gewichtete quadrat. Differenz
60 g	0,012	$(60 - 64{,}4)^2 \cdot 0{,}012$
61 g	0,049	$(61 - 64{,}4)^2 \cdot 0{,}049$
...	...	...
		$\bar{s}^2 \approx 5{,}26$

Aufgabe 7b):
$\bar{s}^2 = (0{,}28 - 0{,}308)^2 + (0{,}29 - 0{,}308)^2 + \ldots + (0{,}36 - 0{,}308)^2 \approx 0{,}00444$

10 Durch die Tabellenkalkulation wird eine Gerade bestimmt, für die gilt, dass die Summe der quadratischen Abweichungen der y-Werte der Punkte der Punktwolke von den zugehörigen Punkten der Geraden minimal ist.
Die Tabellenkalkulation bestimmt als Regressionsgerade (Trendlinie) die lineare Funktion mit $y = 0{,}115\,x + 9{,}63$ für $x = 4, 5, 6, \ldots$ (Jahreszahlen nach 2000).
Für das Jahr 2012 ergibt sich so der Schätzwert von 11,01 Mrd. Fahrgästen.
Problematisch könnte es sein, eine Prognose über einen zu langen Zeitraum vorzunehmen.

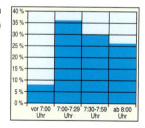

Lösungen zum Kompetenz-Check

Lösungen zu Kapitel 2 (Seiten 194 bis 196)

1 $D_{f_1} = \mathbb{R}$; $W_{f_1} = \{y | y \geq -17\} = [-17; +\infty[$
$D_{f_2} = \mathbb{R}$; $W_{f_2} = \mathbb{R}$
$D_{f_3} = \mathbb{R}$; $W_{f_3} = \{y | y \geq -10\} = [-10; +\infty[$
$D_{f_4} = \mathbb{R} \setminus \{-2; +2\}$; $W_{f_4} \approx]-\infty; +0{,}095] \cup [+0{,}65; +\infty[$
$D_{f_5} = \mathbb{R}$; $W_{f_5} \approx [-0{,}83; +0{,}076]$
$D_{f_6} = \mathbb{R}$; $W_{f_6} =]0{,}3; +\infty[$
$D_{f_7} = \{x | x > -1\} =]-1; +\infty[$; $W_{f_7} = \mathbb{R}$
$D_{f_8} = \{x | x \geq -3\} = [-3; +\infty[$; $W_{f_8} = \mathbb{R}_0^+ = [0; +\infty[$
$D_{f_9} = \{x | x^2 + 3x - 4 \geq 0\} =]-\infty; -4] \cup [1; +\infty[$; $W_{f_9} = \mathbb{R}_0^+ = [0; +\infty[$

2 $f_1(-1) = -13$ $f_4(0) = 0{,}75$ $f_7(-1)$ nicht definiert
$f_2(3) = 14{,}9$ $f_5(-1) = -0{,}8$ $f_8(1) = 2$
$f_3(10) = 290$ $f_6(0) = 0{,}6$ $f_9(-8) = 6$

3 (1) $y = -\frac{8}{3}x + \frac{31}{3}$
(2) $y = -2 \cdot (x + 3) - 1 = -2x - 7$
(3) $y = 2 \cdot (x - 5) + 1 = 2x - 9$
(4) $A = \frac{1}{2} \cdot x \cdot \frac{3}{2}x = 12$, also $x = 4$

4 a) $f_1(x) = 0$: $x = \frac{1}{4}$; $f_2(x) = 0$: $x = -16$; $f_3(x) = 0$: $x = -\frac{16}{9}$
b) $f_1(x) = f_2(x)$ gilt für $x = \frac{18}{7}$, also $S\left(\frac{18}{7} | \frac{65}{14}\right)$
$f_1(x) = f_3(x)$ gilt für $x = \frac{22}{15}$, also $S\left(\frac{22}{15} | \frac{73}{30}\right)$
$f_2(x) = f_3(x)$ gilt für $x = \frac{16}{3}$, also $S\left(\frac{16}{3} | \frac{16}{3}\right)$

5 a) $K_A(x) = 180 + 0{,}041x$; $K_B(x) = 160 + 0{,}045x$
$K_A(x) < K_B(x)$ gilt für $x > 5000$ kWh
b) $K(x) = 6000 + 3x$; $E(x) = 5x$; $G(x) = E(x) - K(x) = 2x - 6000$
Gewinnschwelle: $E(x) = K(x)$ für $x = 3000$
Break-Even-Point: $(3000 | 15000)$

6 $f_1(x) = 0$ für $x_1 = 2$; $x_2 = 4$; $T(3|-1)$ ist Tiefpunkt
$f_2(x) = 0$ für $x_1 = -1$; $x_2 = 3$; $H(1|4)$ ist Hochpunkt
$f_3(x) = 0$ für $x_1 = -5$; $x_2 = -1$; $T(-3|-4)$ ist Tiefpunkt
$f_4(x) = 0$ ist nicht erfüllbar (f_4 hat keine Nullstellen);
der Tiefpunkt $T(1|1)$ liegt oberhalb der x-Achse

7 (1) Ansatz $f(x) = k(x+2)(x-4) = k \cdot (x^2 - 2x - 8)$
Aus $f(0) = -4$ folgt: $k = \frac{1}{2}$,
also ist $f(x) = \frac{1}{2}x^2 - x - 4$
(2) Für $y = ax^2 + bx + c$ muss das Gleichungssystem erfüllt sein
$\begin{vmatrix} 4a - 2b + c = 2 \\ a + b + c = 1 \\ 4a + 2b + c = 10 \end{vmatrix}$.
Lösung: $a = \frac{8}{3}$; $b = 2$; $c = -\frac{10}{3}$
also $f(x) = \frac{8}{3}x^2 + 2x - \frac{10}{3}$

8 (1) $y = (3(x+3) + 4) + 2 = 3x + 15$
(2) $y = ((x+3)^2 - 2(x+3) + 3) + 2 = x^2 + 4x + 8$
(3) $y = \frac{1}{2}(x+4)(x+1) + 2 = \frac{1}{2}x^2 + \frac{5}{2}x + 4$
(4) $y = ((x+3)^3 + (x+3)^2 - (x+3) + 1) + 2$
$= x^3 + 10x^2 + 32x + 36$
(5) $y = \frac{x}{x-1} + 2 = \frac{3x-2}{x-1}$
(6) $y = e^{-x-3} + 2 \approx 0{,}05 \cdot e^{-x} + 2$

9 a) (1) $f(-x) = (-x)^3 - 5(-x) = -x^3 + 5x = -f(x)$
(2) $f(-x) = (-x)^4 + 3(-x) + 4 = x^4 - 3x + 4 \neq f(x)$; $-f(x)$
(3) $f(-x) = (-x)^5 - (-x)^3 + 1 = -x^5 + x^3 + 1 \neq f(x)$; $-f(x)$
(4) $f(-x) = \frac{-x}{(-x)^2 + 4} = -\frac{x}{x^2 + 4} = -f(x)$
(5) $f(-x) = \frac{(-x)^2 - 3}{(-x)^2 - 4} = \frac{x^2 - 3}{x^2 - 4} = f(x)$
(6) $f(-x) = e^{-x} - 1 \neq f(x)$; $-f(x)$
b) (1) Verschieben des Graphen von f um 1 nach rechts:
$g(x) = f(x - 1) = (x-1)^4 + 4(x-1)^3 +$
$3(x-1)^2 - 2(x-1) + 3 = x^4 - 3x^2 + 5$
Der Funktionsterm enthält nur Potenzen von x mit geradem Exponenten; daher ist der Graph von g achsensymmetrisch zur y-Achse (und f achsensymmetrisch zu $x = 1$).
(2) Verschieben des Graphen um 2 nach links und 2 nach oben:
$g(x) = (x+2)^3 - 6(x+2)^2 + 8(x+2) - 2 + 2 = x^3 - 4x$

10 (1) Der Graph unterscheidet sich global gesehen nur wenig von dem Graphen von $g(x) = x^3$, denn
$f(x) = x^3 \cdot \left(1 - \frac{3}{x^2} + \frac{4}{x^2} - \frac{5}{x^3}\right)$,
also $\lim_{x \to -\infty} f(x) = -\infty$; $\lim_{x \to +\infty} f(x) = +\infty$
(2) Der Graph unterscheidet sich global gesehen nur wenig von den Graphen von $g(x) = -x^4$, denn
$f(x) = -x^4 \cdot \left(1 - \frac{1}{x} + \frac{1}{x^2} - \frac{5}{x^3}\right)$
(3) Den Graphen der Funktion f erhält man aus dem Graphen der Potenzfunktion g mit $g(x) = x^{-2} = \frac{1}{x^2}$
durch Spiegelung an der x-Achse, d.h.
es gilt: $\lim_{x \to -\infty} f(x) = 0$ und $\lim_{x \to +\infty} f(x) = 0$
und an der Polstelle $x = 0$ gilt $\lim_{x \to 0} f(x) = -\infty$
für $x < 0$ und für $x > 0$.
(4) Der Verlauf des Graphen ist bestimmt durch das Verhalten an den Polstellen bei $x = -1$ und $x = +1$:
$\lim_{x \to -1} f(x) = -\infty$ für $x < -1$ und
$\lim_{x \to -1} f(x) = +\infty$ für $x > -1$
$\lim_{x \to +1} f(x) = +\infty$ für $x < +1$ und
$\lim_{x \to +1} f(x) = -\infty$ für $x > +1$
sowie $\lim_{x \to -\infty} f(x) = 0$ und $\lim_{x \to +\infty} f(x) = 0$
(5) Es handelt sich um den Graphen einer monoton wachsenden Exponentialfunktion, die im Punkt $(0|0{,}5)$ die y-Achse schneidet und nur im positiven Bereich verläuft. Es gilt
$\lim_{x \to -\infty} f(x) = 0$ und $\lim_{x \to +\infty} f(x) = +\infty$
(6) Es handelt sich um den Graphen einer monoton fallenden Exponentialfunktion, die im Punkt $(0|2)$ die y-Achse schneidet und nur im positiven Bereich verläuft. Es gilt
$\lim_{x \to -\infty} f(x) = +\infty$ und $\lim_{x \to +\infty} f(x) = 0$

11 a) (1) $f(x) = (x-3)(x-1)(x+2) = 0$ für $x_1 = 3$; $x_2 = 1$; $x_3 = -2$
(2) $f(x) = (x-2)(x+1)(x^2+2x+3) = 0$ für $x_1 = 2$; $x_2 = -1$
$x^2 + 2x + 3 = (x+1)^2 + 2 > 0$ für alle $x \in \mathbb{R}$
b) (1) $\frac{2x^2 - 3x + 1}{x^2 + 2} = 2 - \frac{3x+3}{x^2+2}$, also $a(x) = 2$
(2) $\frac{x^2 - 3}{x - 4} = x + 4 + \frac{13}{x-4}$, also $a(x) = x + 4$
(3) $\frac{x^3 - 4x^2 + 2x - 7}{x^2 + 1} = x - 4 + \frac{x-3}{x^2+1}$, also $a(x) = x - 4$

12 (1) einfache Nullstellen bei $x_1 = -2$; $x_2 = 1$; $x_3 = 5$
Verlauf: monoton steigend von $-\infty$ bis zu einem Hochpunkt zwischen $x_1 = -2$ und $x_2 = +1$, dann monoton fallend bis zu einem Tiefpunkt zwischen $x_2 = +1$ und $x_3 = +5$, danach monoton steigend nach $+\infty$.

(2) doppelte Nullstelle bei $x_1 = 2$; einfache Nullstelle bei $x_2 = -1$
Verlauf: monoton steigend von $-\infty$ bis zu einem Hochpunkt zwischen $x_2 = -1$ und $x_1 = +2$, dann monoton fallend bis zum Tiefpunkt bei $x_1 = +2$, danach monoton steigend nach $+\infty$.

(3) einfache Nullstellen bei $x_1 = -4$ und $x_2 = +1$, doppelte Nullstelle bei $x_3 = 0$
Verlauf: monoton fallend von $+\infty$ bis zu einem Tiefpunkt zwischen $x_1 = -4$ und $x_3 = 0$, dann monoton steigend bis zum Hochpunkt bei $x_3 = 0$, dann monoton fallend bis zu einem Tiefpunkt zwischen $x_3 = 0$ und $x_2 = +1$, danach monoton steigend nach $+\infty$.

(4) doppelte Nullstellen bei $x_1 = -1$ und bei $x_2 = +2$
Verlauf: monoton steigend von $-\infty$ bis zum Hochpunkt bei $x_1 = -1$, dann monoton fallend bis zu einem Tiefpunkt zwischen $x_1 = -1$ und $x_2 = +2$, dann monoton steigend bis zum Hochpunkt bei $x_2 = +2$, danach monoton fallend nach $-\infty$.

(5) einfache Nullstellen bei $x_1 = -4$ und bei $x_2 = 0$, doppelte Nullstelle bei $x_3 = +3$
Verlauf: monoton fallend von $+\infty$ bis zu einem Tiefpunkt zwischen $x_1 = -4$ und $x_2 = 0$, dann monoton steigend bis zu einem Hochpunkt zwischen $x_2 = 0$ und $x_3 = +3$, dann monoton fallend bis zum Tiefpunkt bei $x_3 = +3$; danach monoton steigend nach $+\infty$.

(6) dreifache Nullstelle bei $x_1 = -1$, einfache Nullstelle bei $x_2 = +2$
Verlauf: monoton fallend von $+\infty$ bis zur dreifachen Nullstelle, dann weiter bis zu einem Tiefpunkt zwischen $x_1 = -1$ und $x_2 = +2$, danach monoton steigend nach $+\infty$.

13 Aus dem Koordinaten der gegebenen Punkte ergibt sich das Gleichungssystem

(1) $\begin{vmatrix} a \cdot b^0 = 2 \\ a \cdot b^3 = 1 \end{vmatrix}$ also $a = 2$; $b = \sqrt[3]{\frac{1}{2}} \approx 0{,}794$; d. h. $y \approx 2 \cdot 0{,}794^x$

(2) $\begin{vmatrix} a \cdot b = 2 \\ a \cdot b^4 = 3 \end{vmatrix}$ also $a = 1{,}747$; $b = \sqrt[3]{\frac{3}{2}} \approx 1{,}145$; d. h. $y \approx 1{,}747 \cdot 1{,}145^x$

(3) $\begin{vmatrix} a\, b^{-2} = 1 \\ a\, b^3 = 4 \end{vmatrix}$ also $a = 1{,}741$; $b = \sqrt[5]{4} \approx 1{,}320$; d. h. $y \approx 1{,}741 \cdot 1{,}320^x$

bzw.

(1) $\begin{vmatrix} a \cdot e^0 = 2 \\ a \cdot e^{3k} = 1 \end{vmatrix}$ also $a = 2$; $k = \frac{1}{3}\ln\left(\frac{1}{2}\right) \approx -0{,}231$; d. h. $y \approx 2 \cdot e^{-0{,}231x}$

(2) $\begin{vmatrix} a \cdot e^k = 2 \\ a \cdot e^{4k} = 3 \end{vmatrix}$ also $k = \frac{1}{3}\ln\left(\frac{3}{2}\right) \approx 0{,}135$; $a \approx 1{,}747$; d. h. $y \approx 1{,}747 \cdot e^{0{,}135x}$

(3) $\begin{vmatrix} a \cdot e^{-2k} = 1 \\ a \cdot e^{3k} = 4 \end{vmatrix}$ also $k = \frac{1}{5}\ln(4) \approx 0{,}277$; $a \approx 1{,}740$; d. h. $y \approx 1{,}740 \cdot e^{0{,}277x}$

14 a) (1) $x = 5$
(2) $x = 2$
(3) $x = -2$
(4) $x = \log_3 2 = \frac{\ln 2}{\ln 3} \approx 0{,}631$
(5) $x = \log_3 4 = \frac{\ln 4}{\ln 3} \approx 1{,}262$
(6) $x = \ln\left(\frac{5}{3}\right) \approx 1{,}465$

b) Ansatz: $y = m \cdot 0{,}9^x$ mit m Anfangsmasse, x Zeit in Wochen, y Masse nach x Wochen
Gesucht: x mit $\frac{1}{2}m = m \cdot 0{,}9^x$ also $0{,}9^x = 0{,}5$
Lösung: $x = \log_{0{,}9} 0{,}5 = \frac{\ln 0{,}5}{\ln 0{,}9} \approx 6{,}58$ ($\approx$ 6 Wochen 4 Tage)

c) Ansatz: $K(t) = K(0) \cdot 1{,}062^t$, t in Jahren
Gesucht: t mit $K(t) = 2 \cdot K(0) = K(0) \cdot 1{,}062^t$, also $1{,}062^t = 2$
Lösung: $t = \log_{1{,}062} 2 = \frac{\ln 2}{\ln 1{,}062} \approx 11{,}52$

15 Gibt man die Jahreszahlen als $x = 2$ (für 1992), $x = 6$ (für 1996) usw. ein, dann erhält man die Regressionsgerade mit $y = 6{,}2425x + 149{,}915$ ($r = 0{,}993$). Für 2012 ergibt sich als Prognose $y = 287{,}25$.

16 a) (1) Der Graph hat die Periodenlänge $p = \pi$ und die Amplitude 2; er ist gegenüber der Standard-Sinusfunktion um 2 Einheiten nach oben und um $\frac{\pi}{2}$ nach links verschoben. Der Graph ist achsensymmetrisch zu allen Parallelen zur y-Achse mit $x = \frac{\pi}{4} \pm k \cdot \frac{\pi}{2}$, $k \in \mathbb{Z}$, und punktsymmetrisch zu allen Punkten $P\left(k \cdot \frac{\pi}{2} \mid 0\right)$.

(2) Der Graph hat die Periodenlänge $p = 4\pi$ und die Amplitude 0,5; er ist gegenüber der Standard-Sinusfunktion um 0,5 Einheiten nach unten und um $\frac{\pi}{4}$ nach rechts verschoben. Der Graph ist achsensymmetrisch zu allen Parallelen zur y-Achse mit $x = \frac{3\pi}{4} \pm k \cdot \pi$, $k \in \mathbb{Z}$, und punktsymmetrisch zu allen Punkten $P\left(-\frac{\pi}{4} + k \cdot 2\pi \mid 0\right)$.

b) (1) $f(x) = 1{,}5 \cdot \sin\left(4 \cdot \left(x - \frac{\pi}{3}\right)\right)$
(2) $f(x) = 0{,}5 \cdot \sin\left(\frac{2}{3} \cdot \left(x + \frac{\pi}{4}\right)\right)$

c) (1) $\frac{1}{4} \cdot \sin\left(2 \cdot \left(x + \frac{3\pi}{2}\right)\right) + \frac{1}{4} = 0$ bedeutet: $\sin\left(2 \cdot \left(x + \frac{3\pi}{2}\right)\right) = -1$. Die Standard-Sinusfunktion nimmt den Funktionswert $y = -1$ ein, für $x = \frac{3}{2}\pi$. Die Gleichung $\left(2 \cdot \left(x + \frac{3\pi}{2}\right)\right) = \frac{3}{2}\pi$ kann umgeformt werden zu $x + \frac{3}{2}\pi = \frac{3}{4}\pi$, also $x = -\frac{3}{4}\pi$. Da der Graph die Periodenlänge $p = \pi$ hat, tritt der Funktionswert $y = 0$ auch auf bei $x = \frac{3}{4}\pi$, $x = \frac{7}{4}\pi$, ... und für $x = -\frac{5}{4}\pi$, $x = -\frac{9}{4}\pi$ usw.

(2) $\frac{1}{4} \cdot \sin\left(2 \cdot \left(x + \frac{3\pi}{2}\right)\right) + \frac{1}{4} = \frac{1}{4}$ bedeutet: $\sin\left(2 \cdot \left(x + \frac{3\pi}{2}\right)\right) = 0$. Die Standard-Sinusfunktion nimmt den Funktionswert $y = 0$ ein, für $x = k \cdot \pi$. Die Gleichung $\left(2 \cdot \left(x + \frac{3\pi}{2}\right)\right) = k \cdot \pi$ kann umgeformt werden zu $x + \frac{3}{2}\pi = \frac{1}{2}k\pi$, also $x = \left(\frac{1}{2}k - \frac{3}{2}\right) \cdot \pi$, d. h. der Funktionswert $y = \frac{1}{4}$ tritt auf bei $x = -\frac{3}{2}\pi$, $x = -\pi$, $x = -\frac{1}{2}\pi$, $x = 0$, $x = \frac{1}{2}\pi$ usw.

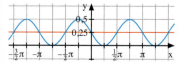

d) Die Graphen der Funktionen $f_1, \ldots, f_4$ sind gegenüber dem Graphen der Standard-Sinusfunktion nur nach rechts bzw. links verschoben – die Periodenlänge $p = 2\pi$ bleibt unverändert. Die Graphen von
$f_1(x) = \sin\left(x + \frac{\pi}{2}\right)$ und von $f_3(x) = \sin\left(x - \frac{3\pi}{2}\right)$ stimmen überein (blau) sowie von $f_2(x) = \sin\left(x - \frac{\pi}{2}\right)$ und von $f_4(x) = \sin\left(x + \frac{3\pi}{2}\right)$ (rot).

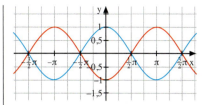

Lösungen zu Kapitel 3 (Seiten 242 bis 243)

1 a) Die Tangente berührt den Graphen im Punkt $P(1|12)$; sie hat die Steigung $f'(1) = -2$. Damit ergibt sich die Tangentengleichung $t(x) = -2 \cdot (x - 1) + 12 = -2x + 14$. Sekanten verlaufen durch den Punkt P und einen weiteren Punkt des Graphen, z. B. durch $Q(2|11)$. Die Steigung dieser Sekante ist $m = \frac{11-12}{2-1} = -1$; daher lautet die zugehörige Sekantengleichung: $s(x) = -1 \cdot (x - 1) + 12 = -x + 13$.

b) Der Pegelstand zum Zeitpunkt $t = 5$ wird durch $f(5) = 0{,}25$ angegeben. Die lokale Änderungsrate gibt die aktuelle Veränderung des Pegelstandes an; sie beträgt $f'(5) = -0{,}1 \left(\frac{m}{h}\right)$. Die Änderungsrate bezieht sich auf ein Intervall, z. B. auf das Intervall $[4; 5]$. Die Steigung der Sekante durch $(5|0{,}25)$ und $(4|0{,}36)$ ist $m = \frac{0{,}25 - 0{,}36}{5 - 4} = -0{,}11$. Der Quotient gibt die mittlere Änderung des Pegelstandes im Zeitraum zwischen 4 h und 5 h an; sie beträgt $-0{,}11 \frac{m}{h}$.

2 Dargestellt ist der Graph der Funktion f mit
$f(x) = 0{,}3x^3 - 3x^2 + 8{,}1x - 1{,}4$.
Die Steigung der Tangente ist: $m(1) = 3$; $m(3) = -1{,}8$; $m(6) = 4{,}5$.
Die Steigungswinkel sind: $\alpha(1) \approx 71{,}6°$; $\alpha(3) \approx -60{,}9°$; $\alpha(6) \approx 77{,}5°$.

3 Dargestellt ist der Graph der Funktion f mit
$f(x) = 0{,}01x^3 - 0{,}09x^2 + 0{,}32x$.
Die lokale Änderungsrate (Steigung der Tangente), an der Stelle $x = 5$ (nach 5 km Fahrt) beträgt $0{,}17 \frac{l}{km}$ (aktueller Benzinverbrauch).

4 Der Differenzquotient der Funktion f für die Punkte P und Q gibt die Steigung der Sekante durch $P(1|0)$ und $Q(1{,}1|0{,}121)$ an; sie beträgt $m = \frac{0{,}121 - 0}{1{,}1 - 1} = 1{,}21$. Der Differenzialquotient an der Stelle $x = 1$ ist der Grenzwert des Differenzenquotienten, wenn der Punkt Q auf P zuläuft, d. h.

$\lim_{h \to 0} \frac{f(1+h) - f(1)}{(1+h) - 1} = \lim_{h \to 0} \frac{(1+h)^3 - (1+h)^2 - 0}{h}$

$= \lim_{h \to 0} \frac{h + 2h^2 + h^3}{h} = \lim_{h \to 0} (1 + 2h + h^2) = 1$

5 Es gilt: $f(-1) = 0$; der Grenzwert des Differenzenquotienten an der Stelle $x_0 = -1$ berechnet sich wie folgt:

$\lim_{x \to -1} \frac{f(x) - f(-1)}{x - (-1)} = \lim_{x \to -1} \frac{(x^4 + x) - 0}{x + 1}$

$= \lim_{x \to -1} (x^3 - x^2 + x) = (-1)^3 - (-1)^2 + (-1) = -3$

wobei der Quotient $(x^4 + x) : (x + 1) = x^3 - x^2 + x$ durch Termdivision vereinfacht wurde.

$\lim_{h \to 0} \frac{f(-1+h) - f(-1)}{(-1+h) - (-1)} = \lim_{h \to 0} \frac{[(-1)+h]^4 + (-1+h)] - 0}{h}$

$= \lim_{h \to 0} \frac{[(-1)^4 + 4 \cdot (-1)^3 \cdot h + 6 \cdot (-1)^2 \cdot h^2 + 4 \cdot (-1) \cdot h^3 + h^4] + [-1 + h]}{h}$

$= \lim_{h \to 0} \frac{1 - 4h + 6h^2 - 4h^3 + h^4 - 1 + h}{h} = \lim_{h \to 0} \frac{-3h + 6h^2 - 4h^3 + h^4}{h}$

$= \lim_{h \to 0} (-3 + 6h + 4h^2 + h^3) = -3$

6 Da die Nullstellen des Terms $x^2 - 3x + 2$ bei $x = 1$ und bei $x = 2$ liegen und der Term für $x < 1$ und für $x > 2$ positive Werte annimmt sowie für $1 < x < 2$ negative Werte, gilt:
$f(x) = x^2 - 3x + 2$ für $x \leq 1$ und für $x \geq 2$
sowie $f(x) = -(x^2 - 3x + 2)$ für $1 \leq x \leq 2$

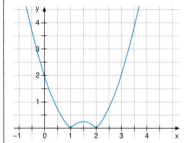

Die Funktion ist auf den Intervallen $]-\infty; +1[$, $]+1; +2[$ und $]+2; +\infty[$, also insbesondere an den Stellen $x = -1$ und $x = +3$ differenzierbar, da der Differenzialquotient existiert.
Für $x < +1$ und für $x > +2$ gilt:
$f'(x) = 2x - 3$; für $+1 < x < +2$ gilt: $f'(x) = -2x + 3$.
An den Stellen $x = +1$ und $x = +2$ ist f nicht differenzierbar, denn:

$\lim_{x \to +1} \frac{f(x) - f(1)}{x - 1} = 2 \cdot 1 - 3 = -1$, falls man sich von links der Stelle $x = +1$ nähert, aber

$\lim_{x \to +1} \frac{f(x) - f(1)}{x - 1} = -2 \cdot 1 + 3 = +1$, falls man sich von rechts der Stelle $x = +1$ nähert.
Das umgekehrte gilt an der Stelle $x = +2$.

7 Es handelt sich um den Graphen der Funktion f mit
$f(x) = -0{,}05x^4 + 0{,}8x^3 - 4{,}05x^2 + 7{,}3x + 1$.
Aufgrund der Stellen mit horizontalen Tangenten sowie den Steigungen in den Wendepunkten kann der Graph der Ableitungsfunktion wie folgt skizziert werden:

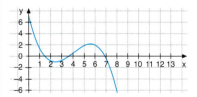

8 $f_1'(x) = (-4) \cdot x^{-5} + 6x$
$f_2'(x) = 9x^2 - 4x + 1$
$f_3'(x) = (-2) \cdot x^{-3} + 2x$, da $f_3(x) = x^{-2} + x^2$
$f_4'(x) = 3x^2 - 2x + 1$, da $f_4(x) = x^3 - x^2 + x - 1$
Angewandt wurde
– die allgemeine Potenzregel, d. h. $(x^n)' = n \cdot x^{n-1}$ für $n \in \mathbb{Z}$,
– die Faktorregel, d. h. $(k \cdot f)' = k \cdot f'$
– die Summenregel, d. h. $(f + g)' = f' + g'$.

9 a) (1) $f(x) = 2 \cdot \sin(x) \Rightarrow f'(x) = 2 \cdot \cos(x)$ nach Faktorregel

Graph von f:

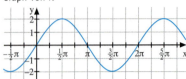

Graph von f′:

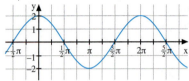

(2) $f(x) = \frac{1}{2} \cdot \cos(x) \Rightarrow f'(x) = -\frac{1}{2} \cdot \sin(x)$

Graph von f:

Graph von f′:

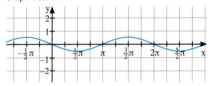

b) (1) Gesucht ist mindestens ein $x \in \mathbb{R}$, für das gilt $f'(x) = 2 \cdot \cos(x) = 0$. Dies trifft beispielsweise für $x = 0$ zu.
(2) $f'(x) = 2 \cdot \cos(x) = +1$, d.h. $\cos(x) = \frac{1}{2}$. Mithilfe eines TR finden wir heraus: z. B. $x \approx 1{,}047$
(3/1) $f'(x) = 2 \cdot \cos(x) = -1$, d.h. $\cos(x) = -\frac{1}{2}$: z. B. $x \approx 2{,}094$
(3/2) $f'(x) = -\frac{1}{2} \cdot \sin(x) = 0$, z. B. $x = 0$; $f'(x) = -\frac{1}{2} \cdot \sin(x) = +1$, also $\sin(x) = -2$: Diese Bedingung ist für kein $x \in \mathbb{R}$ erfüllt; $f'(x) = -\frac{1}{2} \cdot \sin(x) = -1$, also $\sin(x) = 2$: auch diese Bedingung ist nicht erfüllbar

c) Es gilt: (1) $f(\pi) = 0$; $f'(\pi) = 2 \cdot \cos(\pi) = -2$, also $t(x) = -2 \cdot (x - \pi) + 0 = -2x + 2\pi$
(2) $f(\pi) = -\frac{1}{2}$; $f'(\pi) = -\frac{1}{2} \sin(\pi) = 0$, also $t(x) = 0 \cdot (x - \pi) + \frac{1}{2} = \frac{1}{2}$

d) (1) $f'(x) = \cos(x) - \sin(x)$ gemäß Summenregel
(2) Verschiebt man den Graphen der (Standard-) Sinus-Funktion um $\frac{1}{4}\pi$ nach links und streckt sie mit dem Faktor $\sqrt{2}$, dann erhält man den abgebildeten Graphen von $f(x) = \sin(x) + \cos(x)$. Es gilt also auch: $f(x) = \sqrt{2} \cdot \sin\left(x + \frac{\pi}{4}\right)$.

Stichwortverzeichnis

A

Ableitung 200, 221
– der Kehrwertfunktion 217
– der Kubikfunktion 217
– der Quadratfunktion 213
– der Quadratwurzelfunktion 218
Ableitungsfunktion 224
Ableitungsregeln 237
Abnahme
– exponentielle 142
Abnahmefaktor 142
Abnahmerate 142
absolute Häufigkeit 12
Abweichung
– mittlere lineare 47, 48
– mittlere quadratische 48, 49
Achseneinteilung
– bei Liniendiagrammen 24
– bei Säulendiagrammen 24
Amplitude 178
Änderungsrate
– im Intervall 207
– lokale 207
arithmetisches Mittel
– einer Häufigkeitsverteilung 29
Asymptote 131, 132
Ausgleichsgerade 56

B

Bestimmtheitsmaß 62
Blockdiagramm 13
Bogenmaß 173
Boxplot 43
Brennpunkteigenschaft 2

D

Darstellung
– falsche 25
Definitionsbereich 73
Definitionslücke 128
– bei gebrochenrationaler Funktion 129
– hebbare 131
Differenzenquotient 212
Differenzialquotient 212, 222
differenzierbar 221
Differenzregel 236
Diskriminante 91

E

Einheitskreis 170
empirische Standardabweichung 48
empirische Varianz 47, 48

Euler'sche Zahl e 148, 149
Exponentialfunktion 145, 146
– strecken 151, 152
– verschieben 151, 152
Exponentialgleichung 157
exponentielle Abnahme 142
exponentielle Regression 153
Exponentielles Wachstum 141, 147

F

Faktorregel 233
Funktion 73
– ganzrationale 110
– gebrochenrationale 129
–, lineare 79
–, quadratische 95
Funktionenschar 80
Funktionswert 73

G

Ganzrationale Funktion 110
– Globalverlauf 114
Gauß'scher Algorithmus 100
gebrochenrationale Funktion 129
– Definitionslücke 129
– Globalverlauf 129
geometrisches Mittel 39
gewichtetes Mittel 29
Gleichung
– quadratische 91
Globalverlauf 114, 129
Grad
– eines Polynoms 110
grafische Darstellung
– flächige Objekte 23
– räumliche Objekte 24
Grenzwert 131, 212
Grundgesamtheit 12

H

Häufigkeit
– absolute 12
– relative 12
– Häufigkeitsachse 13
Häufigkeitsverteilung 11, 12
– kumulierte 16
harmonisches Mittel 40
Histogramm 18, 21

I

Intervall 74

K

kausaler Zusammenhang 64
Klassen 18
Klassenbildung 20
Klassenbreiten 18
Klassengrenze 18
Koeffizient
– eines Polynoms 110
Korrelation 64
– schwach 63
– stark 63
Korrelationskoeffizient
– linearer 62, 63
Korrelationsrechnung 53
Kosinus 167
Kosinuskurve 171
Kosinusfunktion 176, 230
Kreis 76
Kreisdiagramm 13
kubisches Wachstum 107

L

Limes 131, 212
lineare Funktion 79
– Nullstelle
lineare Regression 54
lineares Wachstum 141
Linearfaktor 119
– ganzrationaler Funktionen 120
Linearfaktorzerlegung
– quadratischer Terme 119
Liniendiagramm
– Achseneinteilung 24
linksgekrümmt 106
Logarithmus 157
Logarithmusfunktion 162
Logarithmengesetze 159

M

Matterhorn-Effekt 25
Median 32
– einer Häufigkeitsverteilung 35
Merkmal 12
– qualitatives 12
– quantitatives 12
Merkmalsausprägung 12
Mittel
– arithmetisches 29
– gewichtetes 29
– geometrisches 39
– harmonisches 40

Mittelwert
- bei klassierte Daten 29, 30
mittlere lineare Abweichung 47, 48, 52
mittlere quadratische Abweichung 48, 49, 52
mittlere quadratische Abweichung 48, 49, 52

N

Normale 213
Nullstelle
- einer linearen Funktion 83
- einer quadratischen Funktion 89
- mehrfache 121
- Mindestanzahl 115
Nullstellensatz 122

O

orthogonal 83

P

Parabel 95
parallel 83
Perzentil 43
Phasenverschiebung 184
Pol 135
- mit Vorzeichenwechsel 135
- ohne Vorzeichenwechsel 135
Polgerade 135
Polygonzug 13, 16
Polynom 110
- Grad 110
- Koeffizient 110
- Polynomdivision 122
Potenzfunktion
- mit natürlichen Exponenten 106
- mit negativen ganzzahligen Exponenten 127
Potenzregel 231
Potenzielles Wachstum 107
Proportionales Wachstum 141
Punkt-Steigungs-Form 80
Punktwolke 53
- Gestalt 63
- Schwerpunkt 54

Q

quadratische Funktion 89
- Linearfaktorzerlegung 89
- Nullstelle einer 89
Quadratische Gleichung
- Lösungsformel 91
- Quadratisches Wachstum 107
Quartil 43, 44
- oberes 43
- unteres 43
Quartilabstand 43

R

Rangmerkmal 12
Regression
- lineare 54
- nicht-lineare 112
- quadratische 102
Regressionsgerade 56, 62
- Gleichung einer 56
Regressionsrechnung 53
relative Häufigkeit 12

S

Säulendiagramm 13
- Achseneinteilung 24
Schar von Parabeln 101
Schwerpunkt
- einer Punktwolke 54, 56
- von Messwerten 56
Scheitelpunkt 89, 106
Scheitelpunktsform 94, 95
Sekantensteigung 207
Sinus 167
Sinuskurve 171
Sinusfunktion 175, 230
- strecken 178, 180
- verschieben 183, 184
Spannbreite 43
Spannweite 47, 48
Summenregel 236
Stabdiagramm 13
Standardabweichung
- empirische 48

Steigung 80
- eines Graphen 200
Steigungswinkel 83, 213
Stichprobe 11, 12
Symmetrie
- von Graphen 117

T

Tangens 167
Tangente 222
Tangentensteigung
- mit der h-Schreibweise 213

V

Varianz
- empirische 47, 48, 49
Verhalten im Unendlichen 115, 131
Vorzeichenwechsel
- an Nullstellen 122
- bei Polstellen 131

W

Wachstum
- exponentielles 141, 147
- kubisches 107
- lineares 141
- proportionales 141
- potenzielles 107
- quadratisches 107
Wachstumsfaktor 142
Wachstumsrate 142
Wendepunkt 106
Wertebereich 73
Wertemenge 73

Z

Zentralwert 32

Mathematische Symbole

Mengen, Zahlen

$\mathbb{N}$	Menge der natürlichen Zahlen
$\mathbb{Z}$	Menge der ganzen Zahlen
$\mathbb{Q}$	Menge der rationalen Zahlen
$\mathbb{R}_+$	Menge der positiven reellen Zahlen einschließlich Null
$\mathbb{R}_+^*$	Menge der positiven reellen Zahlen ohne Null
$x \in M$	x ist Element von M
$x \notin M$	x ist nicht Element von M
$\{x \in M \mid \ldots\}$	Menge aller x aus M, für die gilt …
$\{a, b, c, d\}$	Menge mit den Elementen a, b, c, d
$\{\ \}$	leere Menge
$[a; b]$	abgeschlossenes Intervall, $\{x \in \mathbb{R} \mid a \leq x \leq b\}$
$]a; b[$	offenes Intervall, $\{x \in \mathbb{R} \mid a < x < b\}$
$a < b$	a kleiner b
$a \leq b$	a kleiner oder gleich b
$|x|$	Betrag von x
$\sqrt{x}$	Quadratwurzel aus x
$\sqrt[n]{x}$	n-te Wurzel aus x
b^x	b hoch x
$\log_b x$	Logarithmus x zur Basis b
$\ln x$	natürlicher Logarithmus von x
$\sin x$	Sinus x
$\cos x$	Kosinus x
$\tan x$	Tangens x

Funktionen

$y = \operatorname{sgn} x$	Signumfunktion
$y = H(x)$	HEAVISIDE-Funktion
$y = e^x$	e-Funktion
$y = a \cdot b^x$	allgemeine Exponentialfunktion
$y = \sin x$	Sinusfunktion
$y = \cos x$	Kosinusfunktion
D_f	Definitionsbereich von f
W_f	Wertebereich von f
f'	Ableitungsfunktion von f
$f'(a)$	Ableitung von f an der Stelle a
$\lim_{x \to a} f(x)$	Grenzwert der Funktion f an der Stelle a

Geometrie

$P(x \mid y)$	Punkt mit den Koordinaten x und y
AB	Gerade durch A und B
$\overline{AB}$	Strecke mit den Endpunkten A und B
$\overrightarrow{AB}$	Strahl mit Anfangspunkt A durch B
$|AB|$	Länge der Strecke $\overline{AB}$
ABC	Dreieck mit den Eckpunkten A, B und C
$g \parallel h$	g parallel zu h
$g \perp h$	g orthogonal zu h

Stochastik

A	Ereignis A
$\overline{A}$	Gegenereignis zu A
$A \cap B$	Und-Ereignis von A und B
$A \cup B$	Oder-Ereignis von A und B
$P(E)$	Wahrscheinlichkeit für das Ereignis E
$P_B(A)$	Wahrscheinlichkeit für A unter der Bedingung B
$h(E)$	relative Häufigkeit von E
$\bar{x}$	arithmetisches Mittel einer Häufigkeitsverteilung (gewichtetes Mittel)
$\tilde{x}$	Median (Zentralwert) einer Häufigkeitsverteilung
$\hat{g}$	geometrisches Mittel einer Häufigkeitsverteilung
$\bar{x}_h$	harmonisches Mittel einer Häufigkeitsverteilung
P_p	p%-Perzentil
Q_1, Q_3	1. bzw. 3. Quartil
$\bar{s}^2$	empirische Varianz (mittlere quadratische Abweichung)
$\tilde{d}$	mittlere lineare Abweichung
r^2	Bestimmtheitsmaß
r	linearer Korrelationskoeffizient
σ	Standardabweichung
X, Y, Z	Zufallsgrößen

Bildquellenverzeichnis

Umschlagfoto: iStockphoto, Calgary; 7.1: Picture-Alliance, Frankfurt (dpa-Infografik); 7.2: Picture-Alliance, Frankfurt (dpa-Infografik); 7.3: Picture-Alliance, Frankfurt (dpa-Infografik); 7.4: Picture-Alliance, Frankfurt (dpa-Infografik); 8.1: imago, Berlin (Manja Elsässer); 8.2: stockagentur Gerhard Leber, Berlin; 9.2: Picture-Alliance, Frankfurt (dpa-Infografik); 10.1: mauritius images, Mittenwald (Beck); 17.1: Bildmaschine.de, Berlin (Erwin Wodicka); 21.3: F1online, Frankfurt (PhotoAlto); 25.1: Picture-Alliance, Frankfurt (Globus Infografik); 25.2: Picture-Alliance, Frankfurt (Globus-Infografik); 25.3: mauritius images, Mittenwald (John Warburton-Lee); 27.5: Picture-Alliance, Frankfurt (Globus Infografik); 28.1: Fotex, Frankfurt (Susa); 29.1: Picture-Alliance, Frankfurt (dpa-Infografik); 40.1: Picture-Alliance, Frankfurt (dpa-Infografik); 40.2: Picture-Alliance, Frankfurt (dpa-Infografik); 41.1: Picture-Alliance, Frankfurt (dpa-Infografik); 41.2: Picture-Alliance, Frankfurt (dpa-Infografik); 47.1: Christy-Brown-Schule, Herten; 48.1: Michael Fabian, Hannover; 49.1: mauritius images, Mittenwald (Mehlig); 50.1: Caro, Berlin (Sorge); 50.2: fotolia.com, New York; 50.3: fotolia.com, New York (Thorsten Ahlf); 50.3: Picture-Alliance, Frankfurt (Günter Schiffmann); 60.1: Picture-Alliance, Frankfurt (dpa/Iris Hensel); 60.2: DFL, Frankfurt; 65.2: Picture-Alliance, Frankfurt (dpa-infografik); 65.3: Picture-Alliance, Frankfurt (Globus Infografik); 66.2: Picture-Alliance, Frankfurt (dpa-Infografik); 67.1: Picture-Alliance, Frankfurt (Globus Infografik); 67.2: Picture-Alliance, Frankfurt (dpa-Infografik); 69.1: AISA; 70.1: Picture-Alliance, Frankfurt (dpa-Infografik); 70.2: Picture-Alliance, Frankfurt (dpa-Infografik); 71.1: Picture-Alliance, Frankfurt (dpa-Infografik); 72.1: Volkswagen AG, Wolfsburg; 78.1: Picture-Alliance, Frankfurt (dpa-Infografik); 79.1: Okapia, Frankfurt (Reinhard); 81.1: BBT Thermotechnik GmbH, Wetzlar; 85.2: Corbis, Düsseldorf (Walter Hodges/Brand X); 85.4: Intro, Berlin (Stefan Kiefer); 86.1: Stadt Solingen; 99.2: mauritius images, Mittenwald (imagebroker/Olaf Döring); 100.1: akg-images, Berlin; 101.2: Michael Fabian, Hannover; 104.1: Picture-Alliance, Frankfurt (epa Scanpix Lise Aserud); 104.2: Corbis, Düsseldorf (Steve Parish Publishing); 104.3: mauritius images, Mittenwald (Ley); 135.1: Joker, Bonn (Paul Eckenroth); 136.1: vario images, Bonn; 140.1: mauritius images, Mittenwald (Torino); 142.1: mauritius images, Mittenwald (Waldkirch); 142.2: mauritius images, Mittenwald (Fergusson); 143.1: Picture-Alliance, Frankfurt (dpa); 154.1: Langner & Partner, Hemmingen-Arnum; 154.2: Corbis, Düsseldorf (Roger Ressmeyer); 154.3: NOAA, Washington; 155.3: Picture-Alliance, Frankfurt (epa Rich Clement); 159.1: Torsten Warmuth, Berlin; 161.1: Blickwinkel, Witten (K. Wothe); 164.1: Naturbildportal, Hannover (Manfred Ruckszio); 165.1: Joker, Bonn (Walter G. Allgoewer); 166.3: Saba Laudanna, Berlin; 168.1–2: Langner & Partner, Hemmingen-Arnum; 168.5: Torsten Warmuth, Berlin; 169.1: mauritius images, Mittenwald (Rosenfeld); 172.1: Michael Fabian, Hannover; 173.1: mauritius images, Mittenwald (Rosenfeld); 174.1: Michael Fabian, Hannover; 174.2: mauritius images, Mittenwald (Arthur); 190.1: mauritius images, Mittenwald (Hänel); 197.1: Picture-Alliance, Frankfurt (dpa); 198.1, 198.2: Langner & Partner, Hemmingen-Arnum; 203.1: Druwe & Polastri, Cremlingen/Weddel; 204.1: F1online, Frankfurt (Michael Lebed); 208.1: F1online, Frankfurt (Tips Images); 208.2: go digitalpro!, Wietze (Gottschalk); 208.3: NASA, Houston/Texas; 209.1: Michael Fabian, Hannover; 209.2: mauritius images, Mittenwald (Stock4B); 216.1: Haag & Kropp, Heidelberg; 216.2: Picture-Alliance, Frankfurt (dpa); 220.1: mauritius images, Mittenwald (Science Source / Photo Researchers, Inc.); 222.1: akg-images, Berlin; 228.1: fotolia.com, New York (creative studio); 228.2: fotolia.com, New York (Birgit Reitz-Hofmann); 228.3: fotolia.com, New York (blende40); 228.4: Bildagentur Peter Widmann, Tutzing; 228.5: Jahreszeiten Verlag, Hamburg (Kumicak + Namslau); 228.6: fotolia.com, New York (ExQuisine); 228.7: Honda Motor Europe (North) GmbH, Offenbach; 234.1: Astrofoto, Sörth (Bernd Koch); 238.1: Getty Images, München (Steve Fitchett); 239.1: Cornelia Fischer, Gelsenkirchen; 241.1: Langner & Partner, Hemmingen-Arnum; 241.2: Langner & Partner, Hemmingen-Arnum.

Es war nicht in allen Fällen möglich, den Inhaber der Bildrechte ausfindig zu machen und um Abdruckgenehmigung zu bitten. Berechtigte Ansprüche werden selbstverständlich im Rahmen der üblichen Konditionen abgegolten.